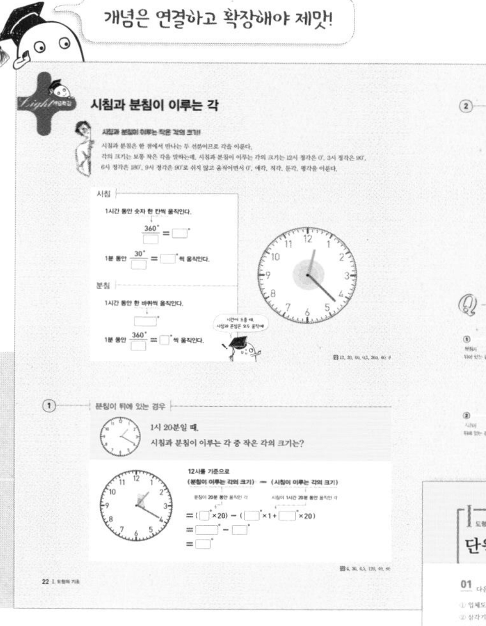

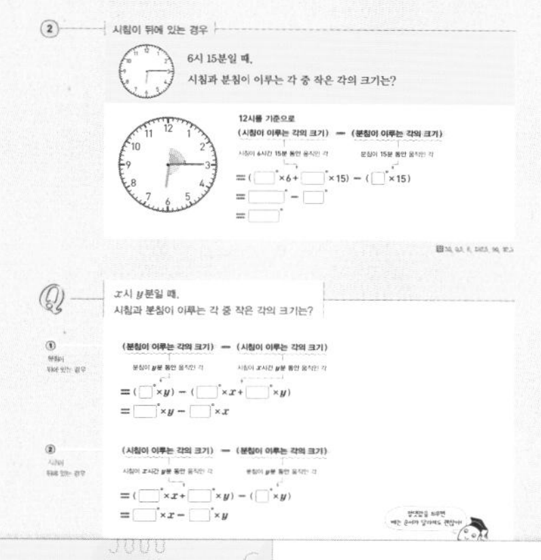

Light 개념특강

학습한 내용에서 자연스럽게 확장되는 과정과 개념을 보여주어 논리적 사고를 넓힐 수 있도록 하였으며, 이를 통해 이후 학습에 대한 방향성을 제시하였습니다.

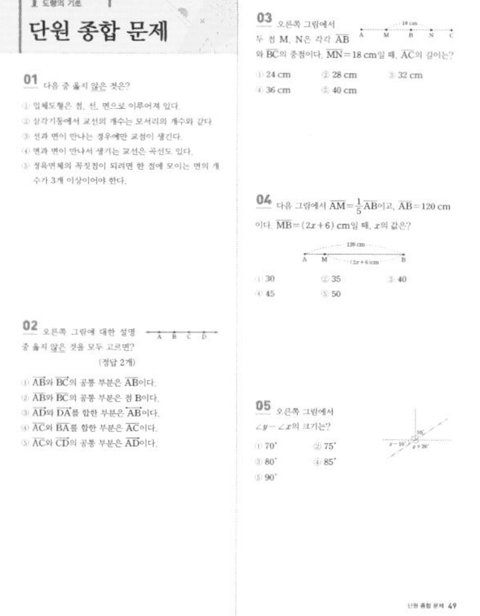

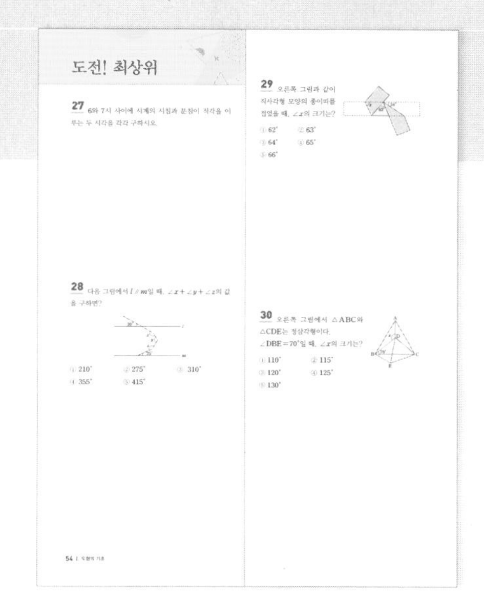

단원 종합 문제

대단원 학습 내용을 정리할 수 있도록 학습 내용, 난이도, 문제 형태를 고려하여 엄선된 문제를 구성하였습니다.

도전! 최상위

최상위 문제의 도전을 통해 학습의 성취감을 느끼며, 심화 학습에 대한 자신감을 가질 수 있도록 하였습니다.

Contents

I 도형의 기초

II 평면도형

III 입체도형

IV 통계

최상위 수학

중 1-2

Light 라이트

디딤돌

Structure

상위권으로 가는 필수 교재,
최상위 수학 라이트

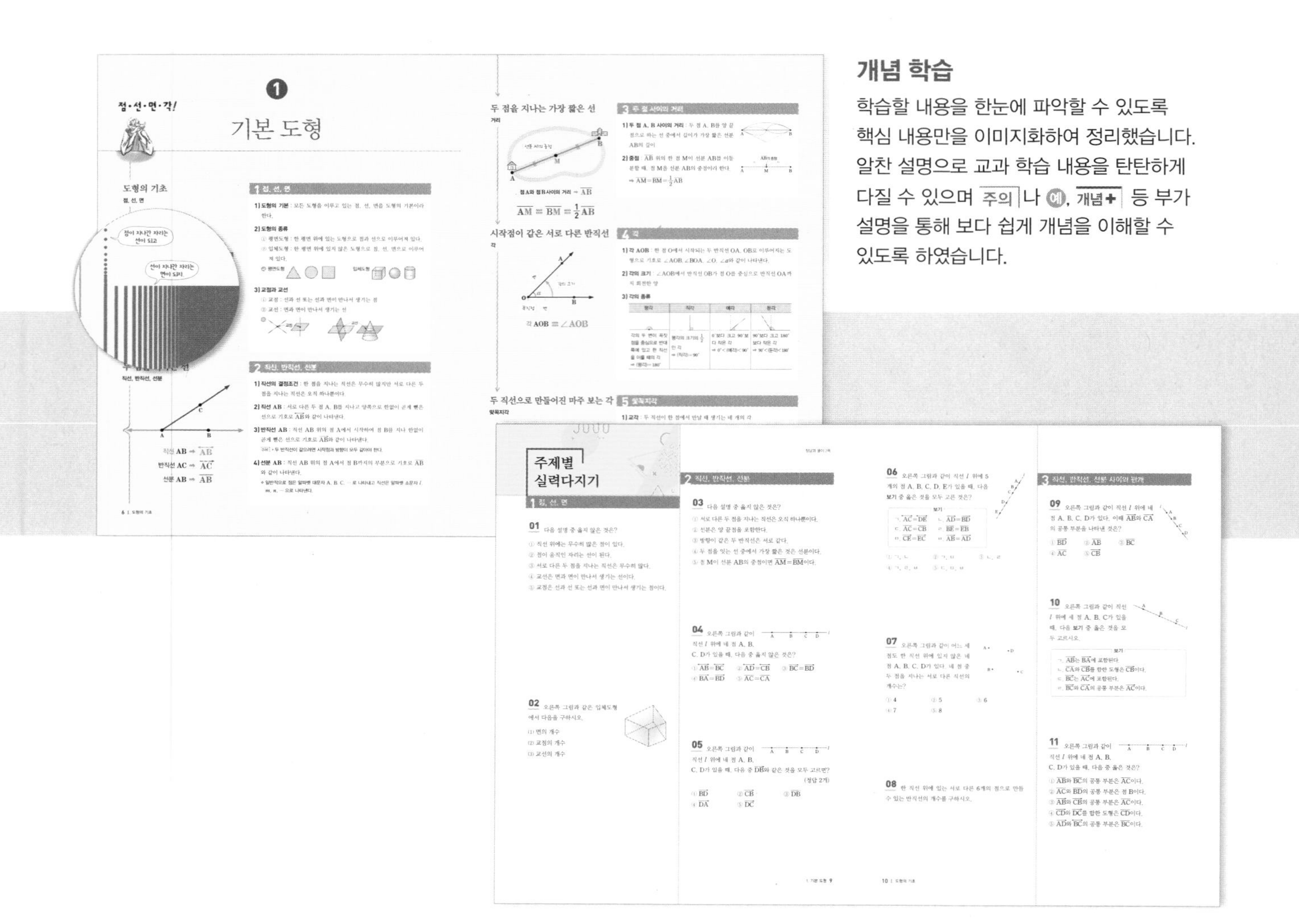

개념 학습

학습할 내용을 한눈에 파악할 수 있도록 핵심 내용만을 이미지화하여 정리했습니다. 알찬 설명으로 교과 학습 내용을 탄탄하게 다질 수 있으며 주의 나 예, 개념+ 등 부가 설명을 통해 보다 쉽게 개념을 이해할 수 있도록 하였습니다.

주제별 실력 다지기

중단원별로 세분화 유형 중 시험에 잘 나오거나 틀리기 쉬운 핵심 유형을 수록하여 집중 연습할 수 있도록 하였습니다. 보다 깊이있는 수학적 개념의 이해를 위한 엄선된 문제를 제시하여 문제해결 능력을 키울 수 있도록 하였습니다.

최상위수학 라이트

이 책을 만드신 선생님
최문섭 최희영 송낙천 한송이 김종군 민승기 남덕우 김의진 이상범 박선영

이 책을 검토하신 선생님
최상위에듀 집필연구소

최상위수학 라이트 중 1-2
펴낸날 [초판 1쇄] 2024년 5월 1일
펴낸이 이기열
펴낸곳 (주)디딤돌 교육
주소 (03972) 서울특별시 마포구 월드컵북로 122 청원선와이즈타워
대표전화 02-3142-9000
구입문의 02-322-8451
내용문의 02-336-7918
팩시밀리 02-335-6038
홈페이지 www.didimdol.co.kr
등록번호 제10-718호

[2470340]

I 도형의 기초

1 기본 도형

2 위치 관계

3 작도와 합동

1

점·선·면·각!

기본 도형

도형의 기초

점, 선, 면

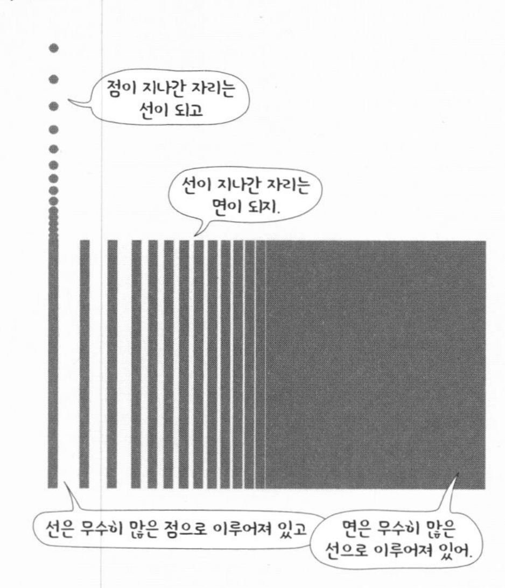

1 점, 선, 면

1) 도형의 기본 : 모든 도형을 이루고 있는 점, 선, 면을 도형의 기본이라 한다.

2) 도형의 종류

① 평면도형 : 한 평면 위에 있는 도형으로 점과 선으로 이루어져 있다.

② 입체도형 : 한 평면 위에 있지 않은 도형으로 점, 선, 면으로 이루어져 있다.

예 평면도형 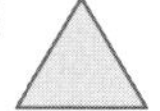   입체도형 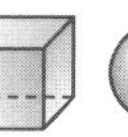  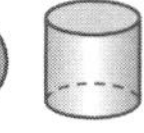

3) 교점과 교선

① 교점 : 선과 선 또는 선과 면이 만나서 생기는 점

② 교선 : 면과 면이 만나서 생기는 선

예

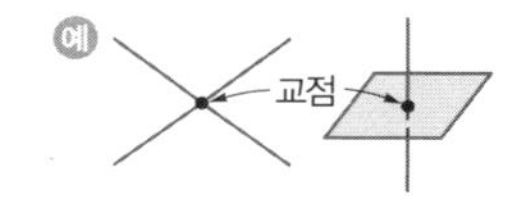

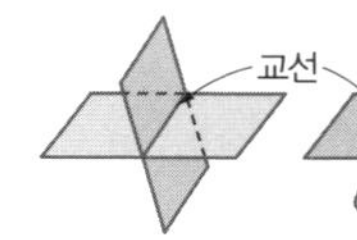

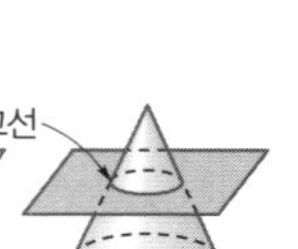

두 점을 지나는 선

직선, 반직선, 선분

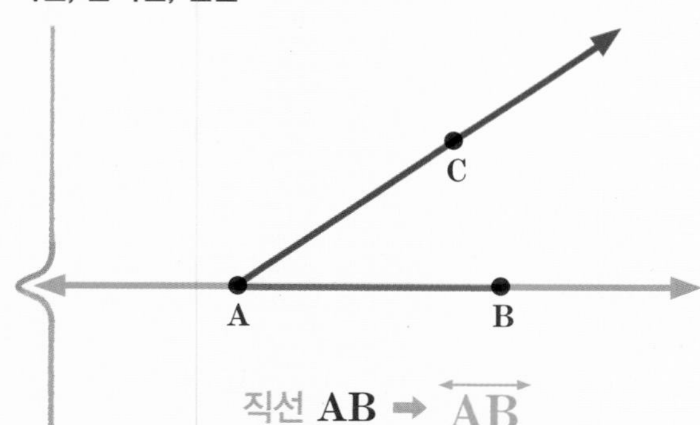

직선 AB ➡ $\overleftrightarrow{AB}$

반직선 AC ➡ $\overrightarrow{AC}$

선분 AB ➡ $\overline{AB}$

2 직선, 반직선, 선분

1) 직선의 결정조건 : 한 점을 지나는 직선은 무수히 많지만 서로 다른 두 점을 지나는 직선은 오직 하나뿐이다.

2) 직선 AB : 서로 다른 두 점 A, B를 지나고 양쪽으로 한없이 곧게 뻗은 선으로 기호로 $\overleftrightarrow{AB}$와 같이 나타낸다.

3) 반직선 AB : 직선 AB 위의 점 A에서 시작하여 점 B를 지나 한없이 곧게 뻗은 선으로 기호로 $\overrightarrow{AB}$와 같이 나타낸다.

주의 • 두 반직선이 같으려면 시작점과 방향이 모두 같아야 한다.

4) 선분 AB : 직선 AB 위의 점 A에서 점 B까지의 부분으로 기호로 $\overline{AB}$와 같이 나타낸다.

+ 일반적으로 점은 알파벳 대문자 A, B, C, … 로 나타내고 직선은 알파벳 소문자 l, m, n, … 으로 나타낸다.

두 점을 지나는 가장 짧은 선

거리

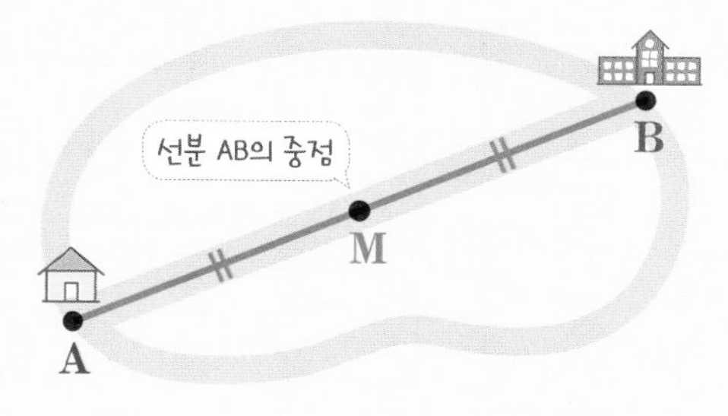

점 A와 점 B 사이의 거리 ➡ $\overline{AB}$

$$\overline{AM}=\overline{BM}=\frac{1}{2}\overline{AB}$$

3 두 점 사이의 거리

1) 두 점 A, B 사이의 거리 : 두 점 A, B를 양 끝점으로 하는 선 중에서 길이가 가장 짧은 선분 AB의 길이

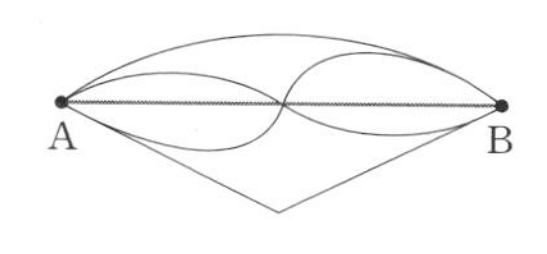

2) 중점 : $\overline{AB}$ 위의 한 점 M이 선분 AB를 이등분할 때, 점 M을 선분 AB의 중점이라 한다.

➡ $\overline{AM}=\overline{BM}=\frac{1}{2}\overline{AB}$

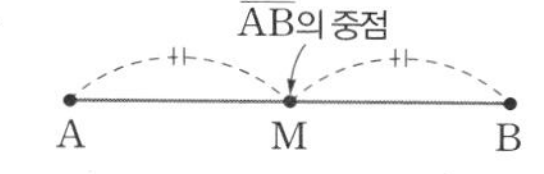

시작점이 같은 서로 다른 반직선

각

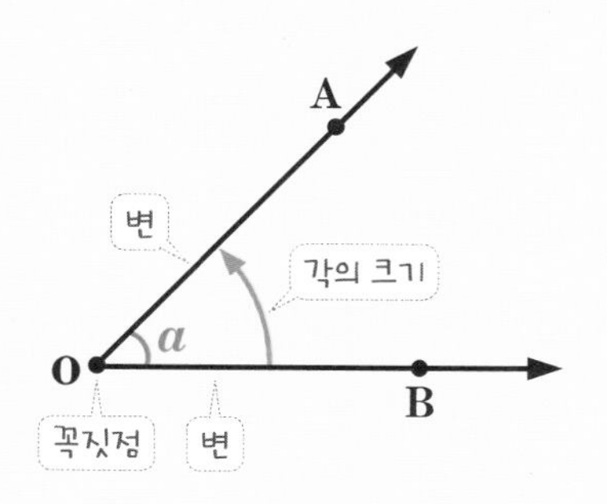

각 AOB = ∠AOB

4 각

1) 각 AOB : 한 점 O에서 시작되는 두 반직선 OA, OB로 이루어지는 도형으로 기호로 ∠AOB, ∠BOA, ∠O, ∠a와 같이 나타낸다.

2) 각의 크기 : ∠AOB에서 반직선 OB가 점 O를 중심으로 반직선 OA까지 회전한 양

3) 각의 종류

평각	직각	예각	둔각
각의 두 변이 꼭짓점을 중심으로 반대쪽에 있고 한 직선을 이룰 때의 각 ➡ (평각)$=180^\circ$	평각의 크기의 $\frac{1}{2}$인 각 ➡ (직각)$=90^\circ$	0°보다 크고 90°보다 작은 각 ➡ $0^\circ<$(예각)$<90^\circ$	90°보다 크고 180°보다 작은 각 ➡ $90^\circ<$(둔각)$<180^\circ$

두 직선으로 만들어진 마주 보는 각

맞꼭지각

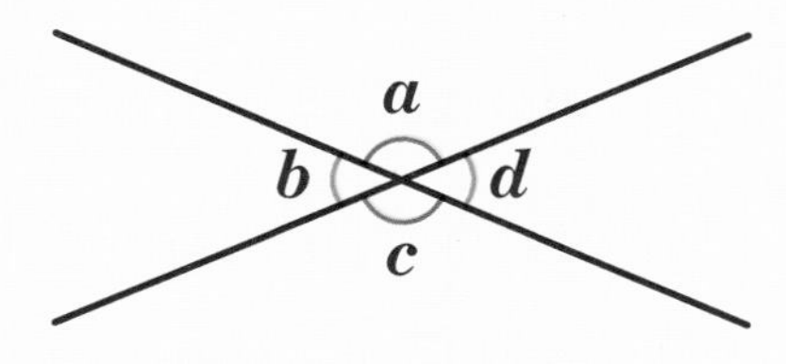

∠a의 맞꼭지각은 ∠c ➡ ∠a = ∠c

∠b의 맞꼭지각은 ∠d ➡ ∠b = ∠d

5 맞꼭지각

1) 교각 : 두 직선이 한 점에서 만날 때 생기는 네 개의 각

➡ ∠a, ∠b, ∠c, ∠d

2) 맞꼭지각 : 교각 중 서로 마주 보는 두 각

➡ ∠a와 ∠c, ∠b와 ∠d

3) 맞꼭지각의 성질 : 맞꼭지각의 크기는 서로 같다.

➡ ∠a=∠c, ∠b=∠d

+ ∠a+∠$d$$=180^\circ$, ∠$c$+∠$d$$=180^\circ$이므로 ∠$a$=∠$c$
  또, ∠a+∠$b$$=180^\circ$, ∠$a$+∠$d$$=180^\circ$이므로 ∠$b$=∠$d$

수직으로 만나는 두 직선

수선

C

A M B

D

l

직선 l은 선분 AB의 수직이등분선!

두 직선이 직각으로 만나!

$\overleftrightarrow{AB} \perp \overleftrightarrow{CD}$

$l \perp \overline{AB}$

$\overline{AM} = \overline{BM}$

6 수직과 수선

1) 직교 : 두 직선 AB와 CD의 교각이 직각일 때, 두 직선은 서로 직교한다고 하며 기호로 $\overleftrightarrow{AB} \perp \overleftrightarrow{CD}$와 같이 나타낸다.

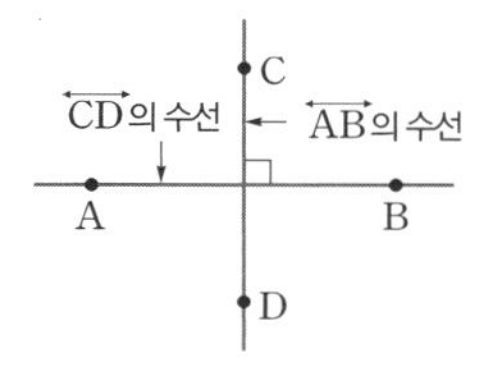

2) 수직과 수선 : 직교하는 두 직선을 서로 수직이라 하고, 한 직선을 다른 직선의 수선이라 한다.

3) 수선의 발 : 한 직선과 그 수선의 교점

주의 • 수선과 수선의 발을 혼동하지 않도록 한다. 수선은 직선이고 수선의 발은 점이다.

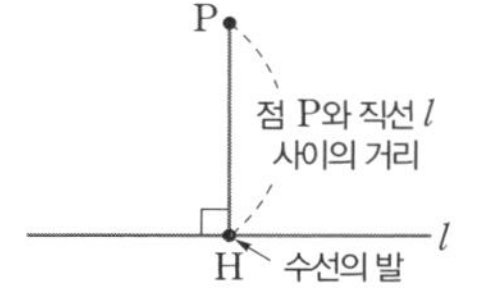

4) 점과 직선 사이의 거리 : 직선 l 위에 있지 않은 한 점 P에서 직선 l에 내린 수선의 발 H까지의 거리, 즉 $\overline{PH}$

+ $\overline{PH}$는 점 P와 직선 l 위에 있는 점을 이은 무수히 많은 선분 중에서 길이가 가장 짧다.
즉, (점 P와 직선 l 사이의 거리)$=$($\overline{PH}$의 길이)

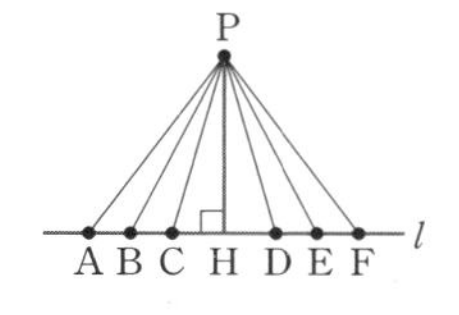

5) 수직이등분선 : 선분 AB의 중점 M을 지나고 선분 AB에 수직인 직선

➡ $\overline{AM}=\overline{BM}$, $\overline{AB}\perp l$

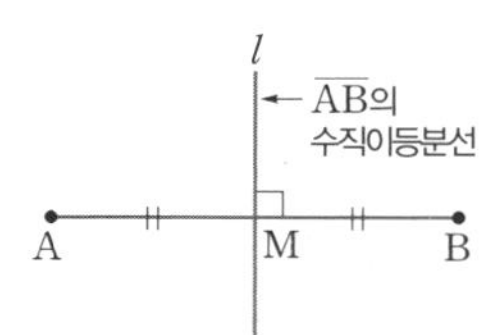

같은 위치, 엇갈린 위치

동위각, 엇각

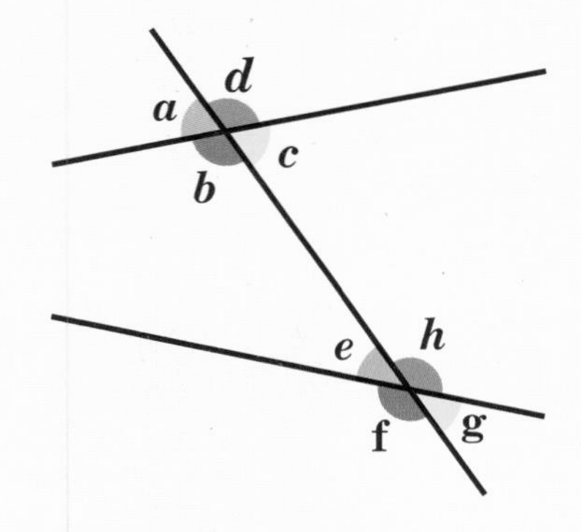

서로 같은 위치에 있는 두 각

$\angle a$와 $\angle e$, $\angle b$와 $\angle f$
$\angle c$와 $\angle g$, $\angle d$와 $\angle h$ ➡ 동위각

서로 엇갈린 위치에 있는 두 각

$\angle b$ 와 $\angle h$
$\angle c$ 와 $\angle e$ ➡ 엇각

7 평행선의 성질

1) 동위각과 엇각

① 동위각 : 서로 같은 위치에 있는 두 각

② 엇각 : 서로 엇갈린 위치에 있는 두 각

2) 평행선의 성질

① $l /\!/ m$이면
$\angle a = \angle b$(동위각)

② $l /\!/ m$이면
$\angle c = \angle d$(엇각)

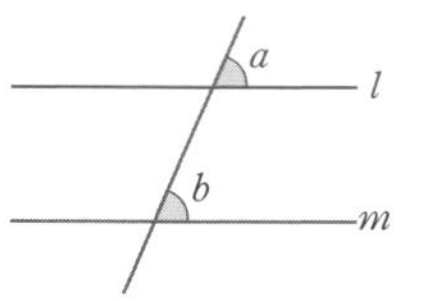

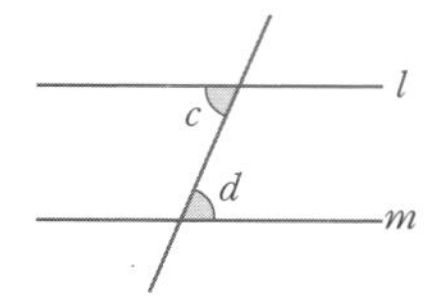

3) 두 직선이 평행할 조건

① $\angle a = \angle b$이면 $l /\!/ m$

② $\angle c = \angle d$이면 $l /\!/ m$

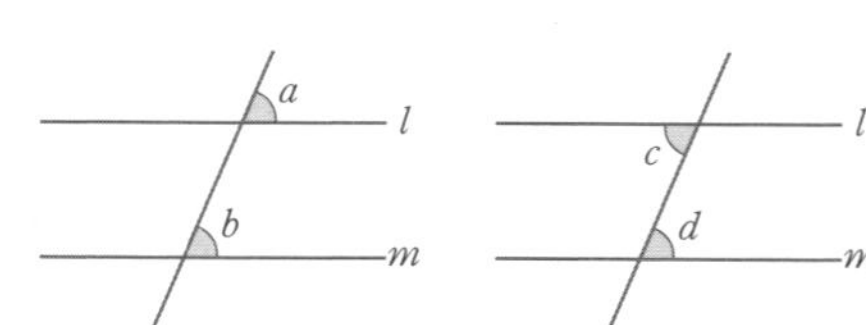

주제별 실력다지기

1 점, 선, 면

01 다음 설명 중 옳지 않은 것은?

① 직선 위에는 무수히 많은 점이 있다.
② 점이 움직인 자리는 선이 된다.
③ 서로 다른 두 점을 지나는 직선은 무수히 많다.
④ 교선은 면과 면이 만나서 생기는 선이다.
⑤ 교점은 선과 선 또는 선과 면이 만나서 생기는 점이다.

02 오른쪽 그림과 같은 입체도형에서 다음을 구하시오.

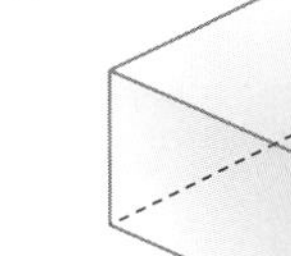

(1) 면의 개수
(2) 교점의 개수
(3) 교선의 개수

2 직선, 반직선, 선분

03 다음 설명 중 옳지 않은 것은?

① 서로 다른 두 점을 지나는 직선은 오직 하나뿐이다.
② 선분은 양 끝점을 포함한다.
③ 방향이 같은 두 반직선은 서로 같다.
④ 두 점을 잇는 선 중에서 가장 짧은 것은 선분이다.
⑤ 점 M이 선분 AB의 중점이면 $\overline{AM}=\overline{BM}$이다.

04 오른쪽 그림과 같이 직선 l 위에 네 점 A, B, C, D가 있을 때, 다음 중 옳지 않은 것은?

① $\overleftrightarrow{AB}=\overleftrightarrow{BC}$　② $\overleftrightarrow{AD}=\overleftrightarrow{CB}$　③ $\overrightarrow{BC}=\overrightarrow{BD}$
④ $\overrightarrow{BA}=\overrightarrow{BD}$　⑤ $\overline{AC}=\overline{CA}$

05 오른쪽 그림과 같이 직선 l 위에 네 점 A, B, C, D가 있을 때, 다음 중 $\overrightarrow{DB}$와 같은 것을 모두 고르면? (정답 2개)

① $\overrightarrow{BD}$　② $\overrightarrow{CB}$　③ $\overline{DB}$
④ $\overrightarrow{DA}$　⑤ $\overrightarrow{DC}$

06 오른쪽 그림과 같이 직선 l 위에 5개의 점 A, B, C, D, E가 있을 때, 다음 **보기** 중 옳은 것을 모두 고른 것은?

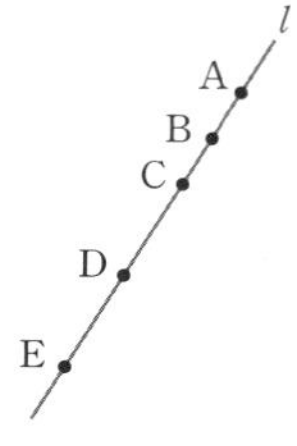

보기

ㄱ. $\overleftrightarrow{AC}=\overleftrightarrow{DE}$　　ㄴ. $\overrightarrow{AD}=\overrightarrow{BD}$

ㄷ. $\overline{AC}=\overline{CB}$　　ㄹ. $\overline{BE}=\overline{EB}$

ㅁ. $\overrightarrow{CE}=\overrightarrow{EC}$　　ㅂ. $\overrightarrow{AB}=\overrightarrow{AD}$

① ㄱ, ㄴ　　② ㄱ, ㅁ　　③ ㄴ, ㄹ

④ ㄱ, ㄹ, ㅂ　　⑤ ㄷ, ㅁ, ㅂ

07 오른쪽 그림과 같이 어느 세 점도 한 직선 위에 있지 않은 네 점 A, B, C, D가 있다. 네 점 중 두 점을 지나는 서로 다른 직선의 개수는?

① 4　　② 5　　③ 6

④ 7　　⑤ 8

08 한 직선 위에 있는 서로 다른 6개의 점으로 만들 수 있는 반직선의 개수를 구하시오.

3 직선, 반직선, 선분 사이의 관계

09 오른쪽 그림과 같이 직선 l 위에 네 점 A, B, C, D가 있다. 이때 $\overrightarrow{AB}$와 $\overrightarrow{CA}$의 공통 부분을 나타낸 것은?

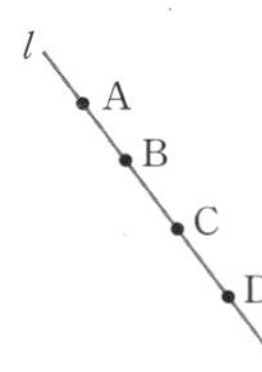

① $\overrightarrow{BD}$　　② $\overline{AB}$　　③ $\overline{BC}$

④ $\overline{AC}$　　⑤ $\overrightarrow{CB}$

10 오른쪽 그림과 같이 직선 l 위에 세 점 A, B, C가 있을 때, 다음 **보기** 중 옳은 것을 모두 고르시오.

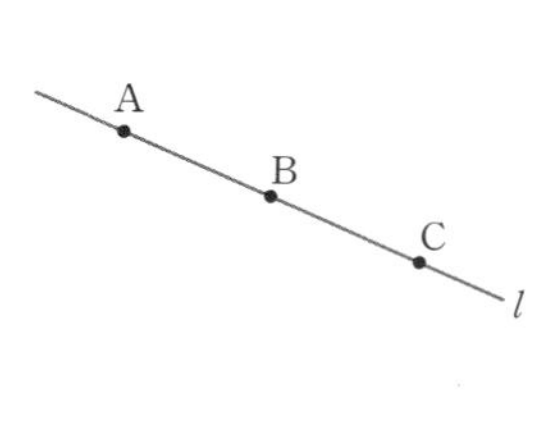

보기

ㄱ. $\overrightarrow{AB}$는 $\overrightarrow{BA}$에 포함된다.

ㄴ. $\overline{CA}$와 $\overrightarrow{CB}$를 합한 도형은 $\overrightarrow{CB}$이다.

ㄷ. $\overrightarrow{BC}$는 $\overrightarrow{AC}$에 포함된다.

ㄹ. $\overrightarrow{BC}$와 $\overrightarrow{CA}$의 공통 부분은 $\overrightarrow{AC}$이다.

11 오른쪽 그림과 같이 직선 l 위에 네 점 A, B, C, D가 있을 때, 다음 중 옳은 것은?

① $\overline{AB}$와 $\overline{BC}$의 공통 부분은 $\overline{AC}$이다.

② $\overline{AC}$와 $\overline{BD}$의 공통 부분은 점 B이다.

③ $\overrightarrow{AB}$와 $\overrightarrow{CB}$의 공통 부분은 $\overline{AC}$이다.

④ $\overrightarrow{CD}$와 $\overrightarrow{DC}$를 합한 도형은 $\overline{CD}$이다.

⑤ $\overrightarrow{AD}$와 $\overleftrightarrow{BC}$의 공통 부분은 $\overline{BC}$이다.

4 선분의 두 점 사이의 거리

12 오른쪽 그림에서 두 점 M, N은 각각 $\overline{AB}$, $\overline{AM}$의 중점이다. $\overline{AB}=48$ cm일 때, $\overline{MN}$의 길이는?

① 8 cm ② 10 cm ③ 12 cm
④ 14 cm ⑤ 16 cm

13 오른쪽 그림에서 점 M은 $\overline{AB}$의 중점이고 $\overline{AB}=4\overline{BC}$, $\overline{AC}=10$ cm일 때, $\overline{BM}$의 길이를 구하시오.

14 다음 그림에서 $\overline{AD}=3\overline{BD}$, $\overline{CD}=\frac{1}{3}\overline{BD}$이다. $\overline{AD}=18$ cm일 때, $\overline{AC}$의 길이는?

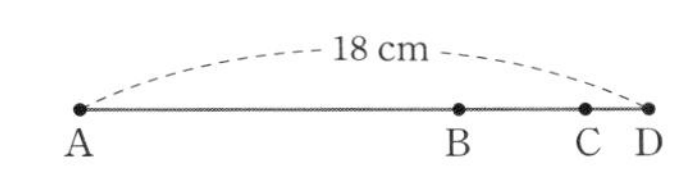

① 10 cm ② 12 cm ③ 14 cm
④ 16 cm ⑤ 17 cm

15 다음 그림에서 두 점 M, N은 각각 $\overline{AB}$, $\overline{BC}$의 중점이고 $\overline{AB}:\overline{BC}=3:1$이다. $\overline{MB}=6$ cm일 때, $\overline{BN}$의 길이를 구하시오.

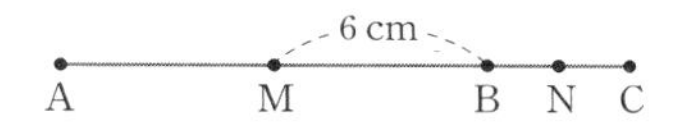

16 다음 그림에서 두 점 M, N은 각각 $\overline{AB}$, $\overline{BC}$의 중점이다. $\overline{AB}=\frac{1}{4}\overline{BC}$, $\overline{MN}=10$ cm일 때, $\overline{AB}$의 길이는?

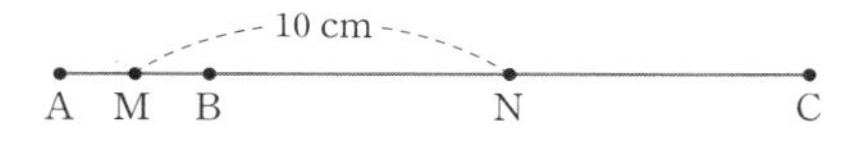

① 1 cm ② 2 cm ③ 3 cm
④ 4 cm ⑤ 5 cm

17 다음 그림에서 $\overline{AE}=36$ cm이고, $\overline{BC}=3\overline{AB}$, $\overline{CD}=3\overline{DE}$일 때, $\overline{BD}$의 길이를 구하시오.

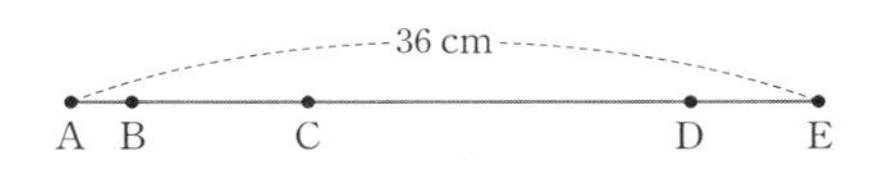

5 각

18 다음 설명 중 옳지 않은 것은?

① 둔각은 90°보다 크고 180°보다 작은 각이다.

② 45°는 직각의 $\frac{1}{2}$이다.

③ 평각은 직각의 2배이다.

④ 직각에서 예각을 빼면 항상 예각이다.

⑤ 두 예각을 합한 각은 둔각이다.

19 다음 **보기**의 두 각을 더하여 만들 수 있는 둔각은 모두 몇 개인가?

보기

25°, 65°, 30°, 90°, 150°

① 1개　② 2개　③ 3개
④ 4개　⑤ 5개

20 오른쪽 그림에서 $\angle BOC = \frac{4}{3}\angle COD$일 때, $\angle AOB$의 크기는?

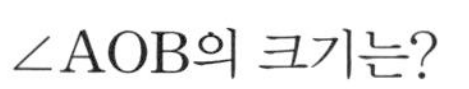

① 80°　② 82°　③ 84°
④ 86°　⑤ 88°

21 오른쪽 그림에서 $\angle AOB : \angle BOD = 1 : 5$일 때, $\angle x$의 크기를 구하시오.

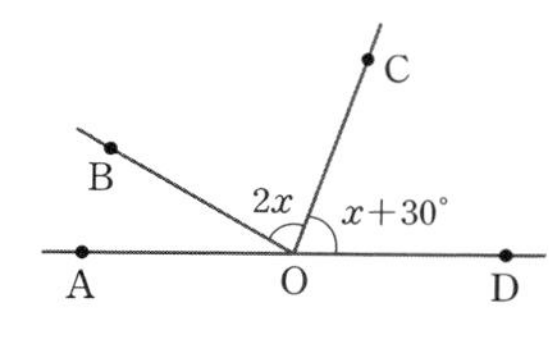

22 오른쪽 그림에서 $\angle AOC = 90°$, $\angle BOD = 90°$이고, $\angle AOB + \angle COD = 52°$일 때, $\angle BOC$의 크기를 구하시오.

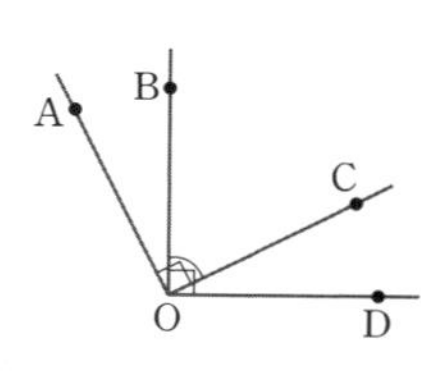

23 오른쪽 그림에서

$\angle AOB=\frac{3}{4}\angle AOC$,

$\angle COD=\frac{1}{4}\angle COE$일 때,

$\angle BOD$의 크기를 구하시오.

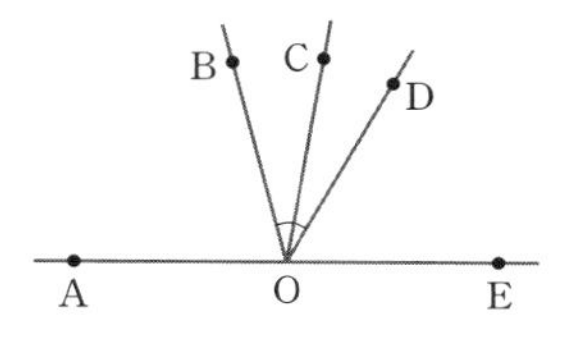

6 시계에서의 각의 문제

24 오른쪽 그림과 같이 시계가 9시 30분을 가리키고 있을 때, 시침과 분침이 이루는 각 중 작은 쪽의 각의 크기를 구하시오.

25 어느 순간 시계를 보았더니 7시 20분이었다. 이때 두 바늘이 이루는 각 중 작은 쪽의 각의 크기를 구하시오.

7 맞꼭지각

26 오른쪽 그림과 같이 세 직선이 한 점에서 만날 때 생기는 맞꼭지각은 모두 몇 쌍인가?

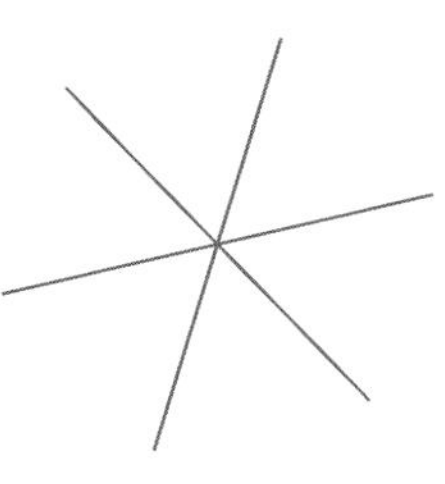

① 3쌍 ② 4쌍 ③ 5쌍
④ 6쌍 ⑤ 7쌍

27 오른쪽 그림과 같이 서로 다른 7개의 직선이 한 점에서 만날 때,

$\angle a+\angle b+\angle c+\angle d$
$+\angle e+\angle f+\angle g$

의 크기를 구하시오.

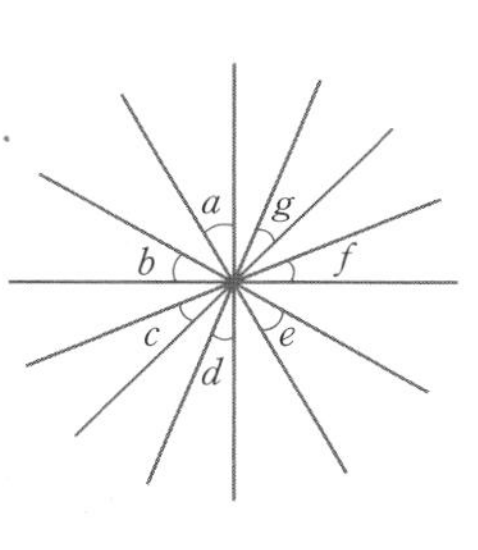

28 오른쪽 그림에서 $\angle x + \angle y$의 크기를 구하시오.

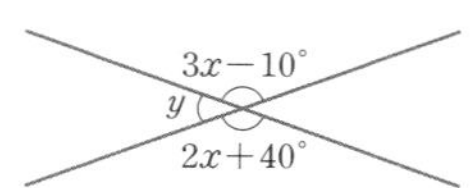

29 오른쪽 그림에서 $\angle x$의 크기는?

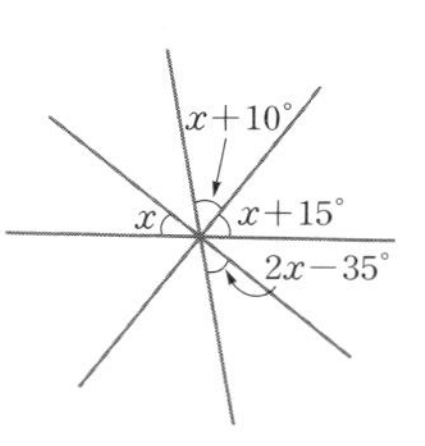

① 34° ② 36°
③ 38° ④ 40°
⑤ 42°

30 오른쪽 그림에서 $\angle AOH = \angle DOE = 90°$, $\angle DOH = 25°$일 때, 다음 중 옳지 않은 것은?

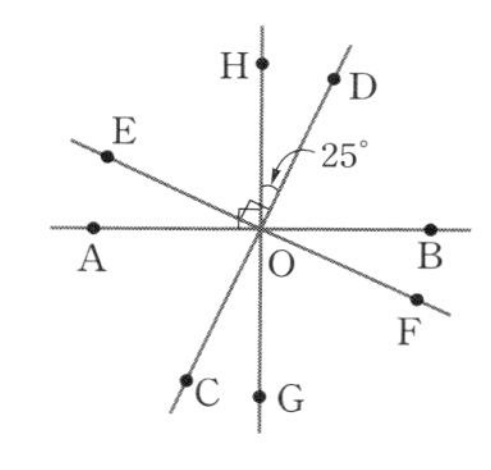

① $\angle AOE = 25°$
② $\angle FOG = 65°$
③ $\angle BOC = 115°$
④ $\angle EOH = \angle BOD$
⑤ $\angle AOF = 145°$

8 수직과 수선

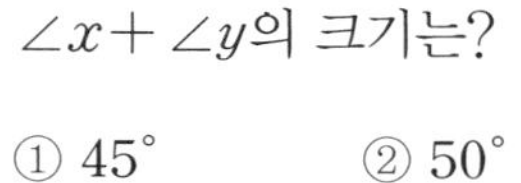

31 오른쪽 그림에서 $\angle x + \angle y$의 크기는?

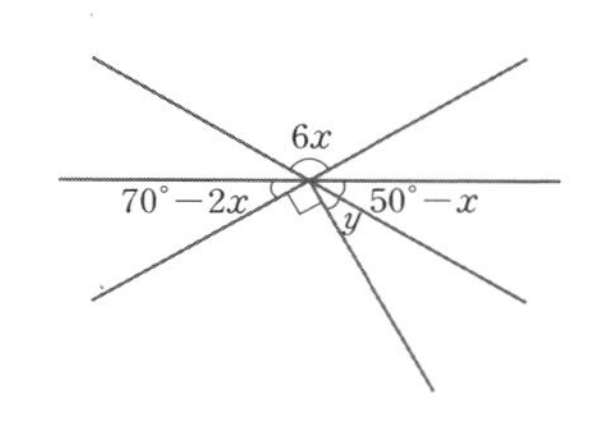

① 45° ② 50°
③ 55° ④ 60°
⑤ 65°

32 오른쪽 그림에서 두 직선 AB와 CD가 서로 수직일 때, 다음 중 옳지 않은 것은?

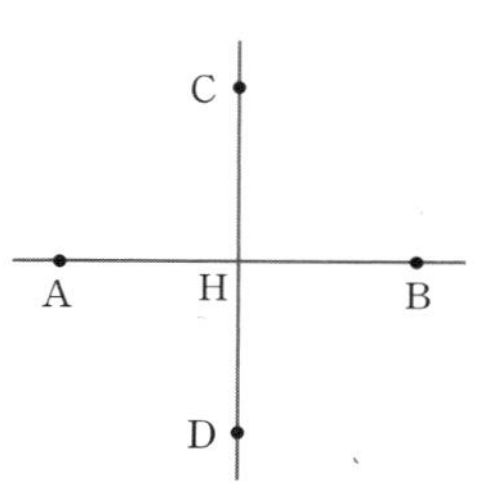

① $\angle AHC = 90°$
② $\overleftrightarrow{CD}$는 $\overleftrightarrow{AB}$의 수선이다.
③ $\overleftrightarrow{AB} \perp \overleftrightarrow{CD}$
④ 점 C와 $\overleftrightarrow{AB}$ 사이의 거리는 $\overline{CD}$이다.
⑤ 점 C에서 $\overleftrightarrow{AB}$에 내린 수선의 발은 점 H이다.

33 다음 중 오른쪽 그림과 같은 사다리꼴 ABCD에 대한 설명으로 옳은 것을 모두 고르면? (정답 2개)

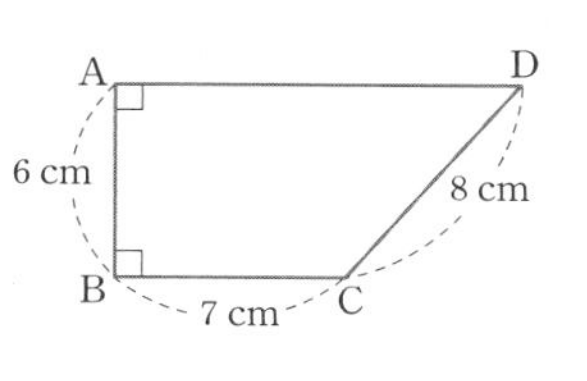

① 점 B와 변 AD 사이의 거리는 8 cm이다.
② 점 C와 변 AB 사이의 거리는 7 cm이다.
③ 점 C에서 변 AD에 내린 수선의 발은 점 D이다.
④ 변 AB와 변 AD는 점 A에서 만난다.
⑤ $\overline{AD} \perp \overline{CD}$

34 오른쪽 그림에서 $\overleftrightarrow{AE} \perp \overleftrightarrow{OB}$이고 $\angle AOB : \angle BOC = 3 : 1$, $\angle COE = 3\angle COD$일 때, $\angle COD$의 크기를 구하시오.

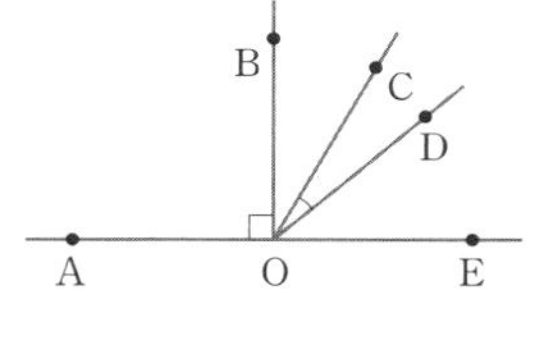

35 오른쪽 그림에서 $\overleftrightarrow{AB} \perp \overleftrightarrow{OE}$이고 $\angle BOD = 7\angle DOE$, $\angle AOD = 5\angle COD$일 때, $\angle COE$의 크기는?

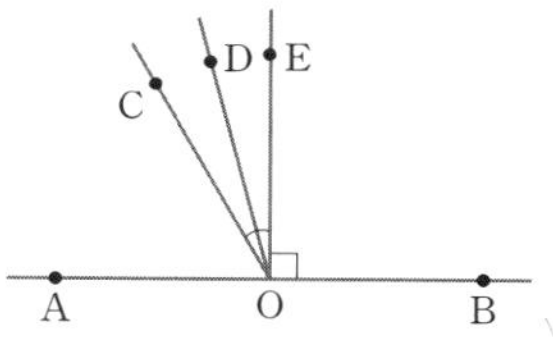

① 20° ② 25° ③ 30°
④ 35° ⑤ 40°

9 동위각과 엇각

36 오른쪽 그림에서 $\angle f$의 동위각과 엇각을 차례로 나열한 것은?

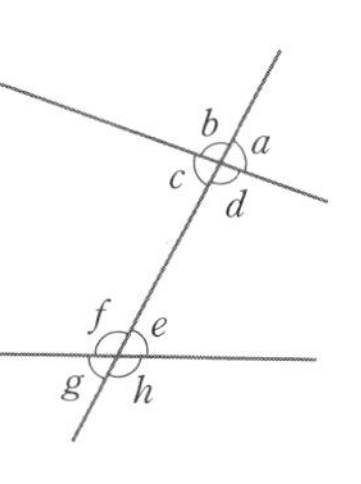

① $\angle b$, $\angle a$ ② $\angle b$, $\angle d$
③ $\angle c$, $\angle d$ ④ $\angle h$, $\angle a$
⑤ $\angle h$, $\angle d$

37 다음 중 오른쪽 그림에 대한 설명으로 옳은 것을 모두 고르면? (정답 2개)

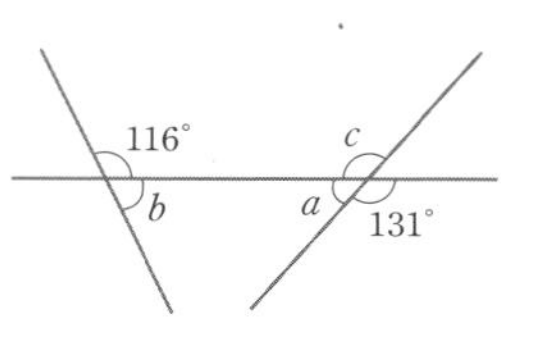

① $\angle a$의 동위각의 크기는 64°이다.
② $\angle a$의 엇각의 크기는 131°이다.
③ $\angle b$의 동위각의 크기는 131°이다.
④ $\angle b$의 엇각의 크기는 49°이다.
⑤ $\angle c$의 동위각의 크기는 64°이다.

38 다음 **보기** 중 오른쪽 그림에 대한 설명으로 옳은 것을 모두 고르시오.

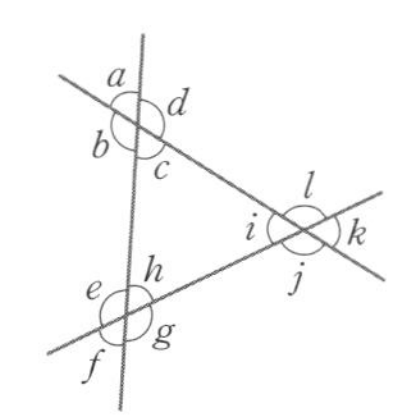

보기

ㄱ. $\angle a$와 $\angle l$은 동위각이다.
ㄴ. $\angle b$와 $\angle i$는 엇각이다.
ㄷ. $\angle c$와 $\angle e$는 엇각이다.
ㄹ. $\angle f$와 $\angle k$는 동위각이다.

10 평행선에서의 동위각과 엇각

39 오른쪽 그림에서 $l \,/\!/\, m$일 때, $\angle x$의 크기는?

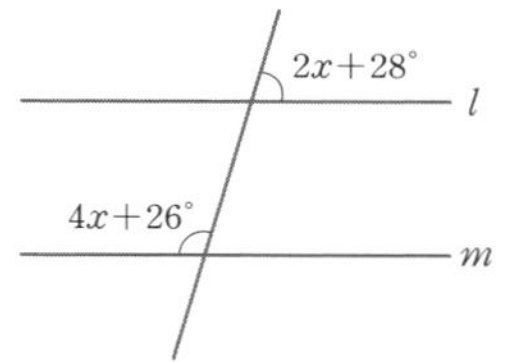

① 15° ② 17°
③ 19° ④ 21°
⑤ 23°

40 오른쪽 그림에서 $\overline{AB} \,/\!/\, \overline{CD}$일 때, $\angle x$의 크기는?

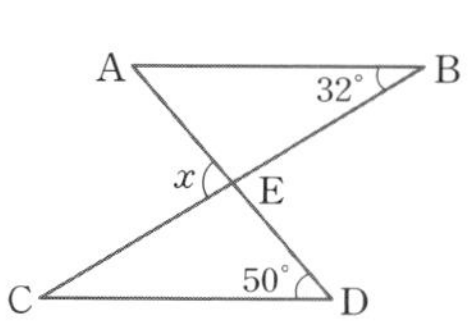

① 80° ② 82°
③ 84° ④ 86°
⑤ 88°

41 오른쪽 그림에서 $l \,/\!/\, m$일 때, $\angle x + \angle y$의 크기는?

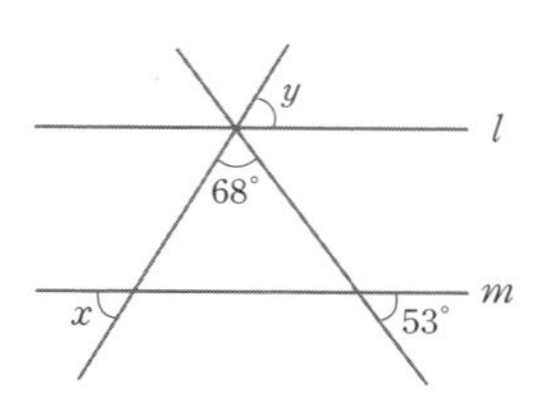

① 118° ② 125°
③ 128° ④ 131°
⑤ 136°

42 오른쪽 그림에서 $l /\!/ m$이고 $p /\!/ q$일 때, $\angle y - \angle x$의 크기는?

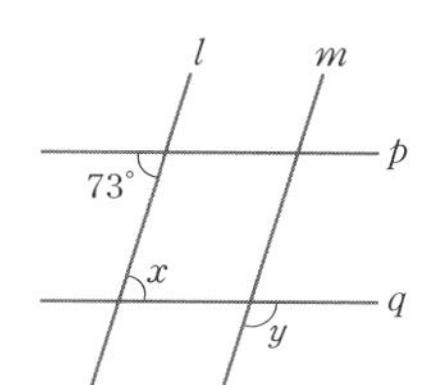

① 34°　② 35°　③ 36°　④ 37°　⑤ 38°

43 오른쪽 그림에서 세 직선 l, m, n이 서로 평행할 때, $\angle x + \angle y$의 크기는?

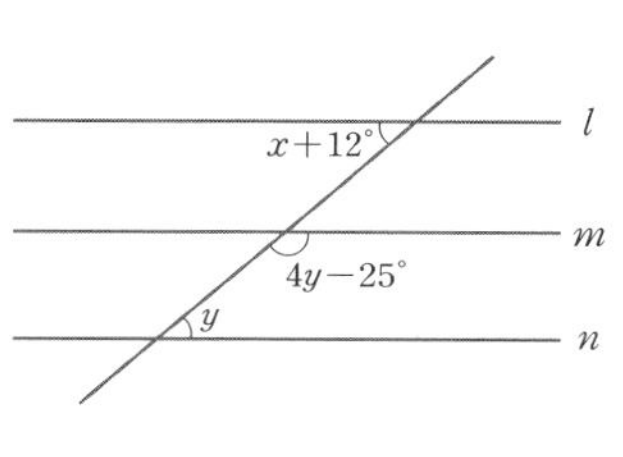

① 65°　② 70°　③ 74°　④ 78°　⑤ 82°

44 오른쪽 그림에서 $l /\!/ m$일 때, $\angle x$, $\angle y$의 크기를 각각 구하시오.

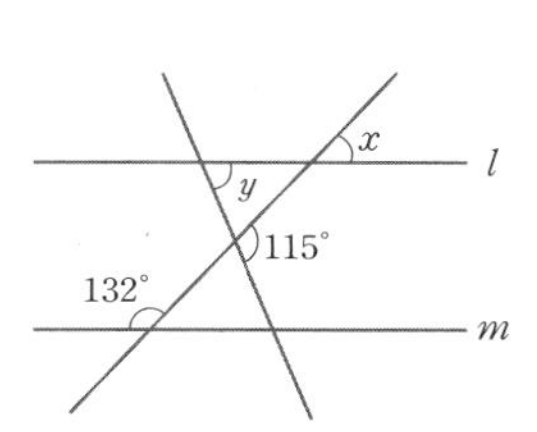

45 오른쪽 그림에서 $l /\!/ m$이고 두 직선 l, m과 정삼각형 ABC가 각각 두 점 A, C에서 만날 때, $\angle x$의 크기를 구하시오.

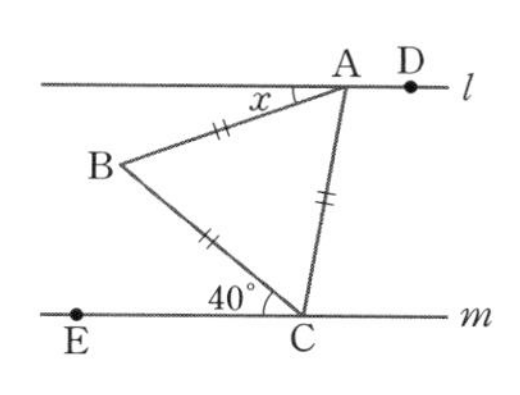

46 다음 그림에서 $l /\!/ m$이고 $\angle CAB : \angle ABD = 7 : 2$, $\angle CAD = \angle BAD$, $\angle ABC = \angle DBC$일 때, $\angle ADB - \angle ACB$의 크기를 구하시오.

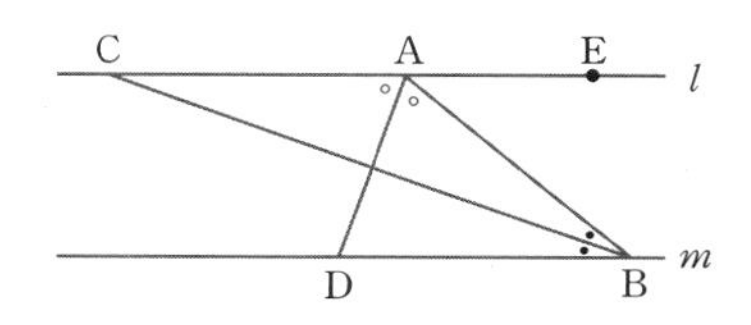

11 두 직선이 평행하기 위한 조건

47 오른쪽 그림에 대한 다음 설명 중 옳지 않은 것은?

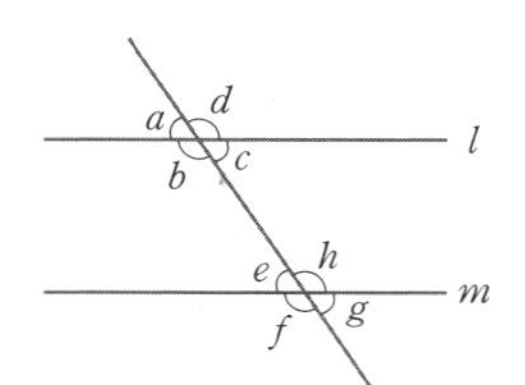

① $\angle c=\angle e$이면 $l /\!/ m$이다.

② $\angle b=\angle f$이면 $l /\!/ m$이다.

③ $\angle d=\angle h$이면 $l /\!/ m$이다.

④ $l /\!/ m$이면 $\angle a=\angle g$이다.

⑤ $l /\!/ m$이면 $\angle d+\angle f=180^\circ$이다.

48 다음 중 오른쪽 그림의 두 직선 l, m이 평행하기 위한 조건을 모두 고르면? (정답 2개)

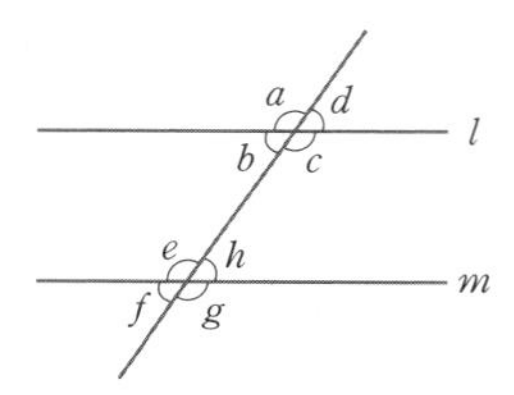

① $\angle a=\angle f$

② $\angle b=\angle h$

③ $\angle c=\angle f$

④ $\angle d=\angle g$

⑤ $\angle c+\angle h=180^\circ$

49 오른쪽 그림에서 평행한 두 직선을 모두 찾으시오.

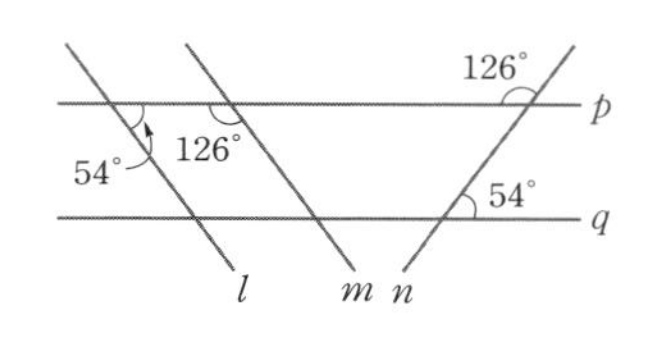

50 5개의 직선이 오른쪽 그림과 같이 만나고 있을 때, 다음 중 옳은 것은?

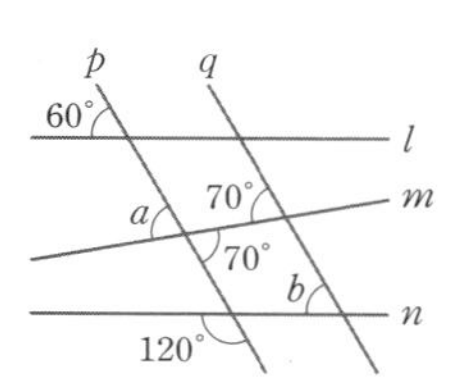

① $\angle a=60^\circ$　　② $\angle b=70^\circ$

③ $l /\!/ m$　　④ $m /\!/ n$

⑤ $p /\!/ q$

12 평행선에서 꺾인 부분의 각의 크기

51 오른쪽 그림에서 $l \mathbin{/\!/} m$일 때, $\angle x$의 크기를 구하시오.

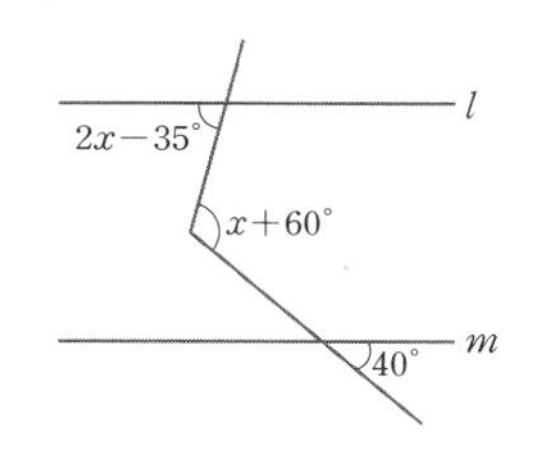

52 오른쪽 그림에서 $l \mathbin{/\!/} m$이고 $\angle ABD=\frac{2}{5}\angle CBD$일 때, $\angle CBD$의 크기를 구하시오.

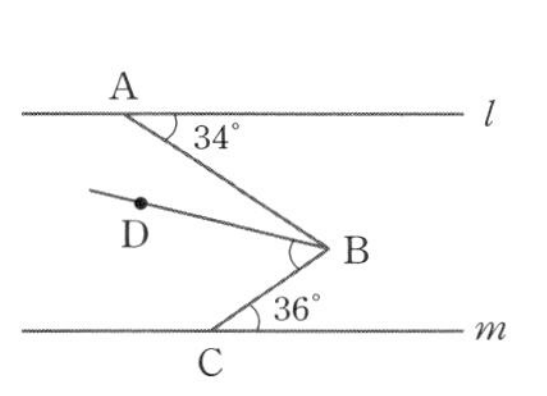

53 오른쪽 그림에서 $l \mathbin{/\!/} m$일 때, $\angle x$의 크기는?

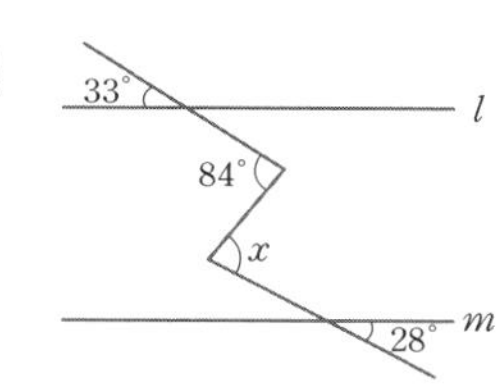

① 77°　② 78°　③ 79°　④ 80°　⑤ 81°

54 오른쪽 그림에서 $l \mathbin{/\!/} m$일 때, $\angle x$의 크기는?

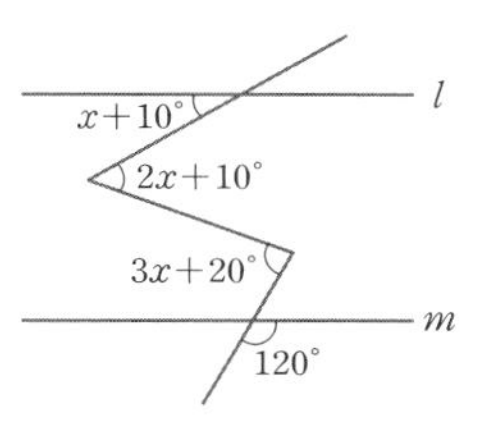

① 15°　② 20°　③ 25°　④ 30°　⑤ 35°

55 오른쪽 그림에서 $l \mathbin{/\!/} m$일 때, $\angle x$의 크기를 구하시오.

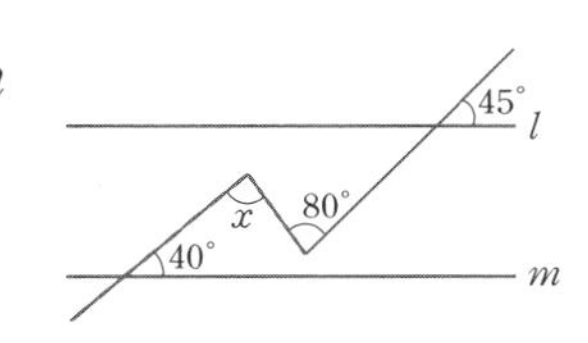

56 오른쪽 그림에서 $l \parallel m$일 때, $\angle x + \angle y$의 크기는?

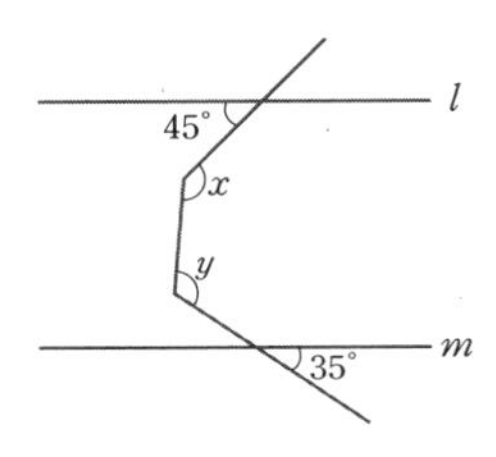

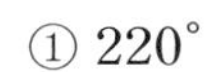

① 220°　　② 230°
③ 240°　　④ 250°
⑤ 260°

57 오른쪽 그림에서 $l \parallel m$일 때, $\angle x$의 크기를 구하시오.

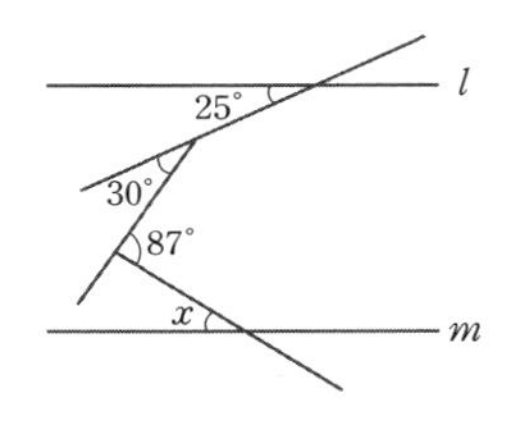

58 오른쪽 그림에서 $l \parallel m$일 때, $\angle x + \angle y$의 크기를 구하시오.

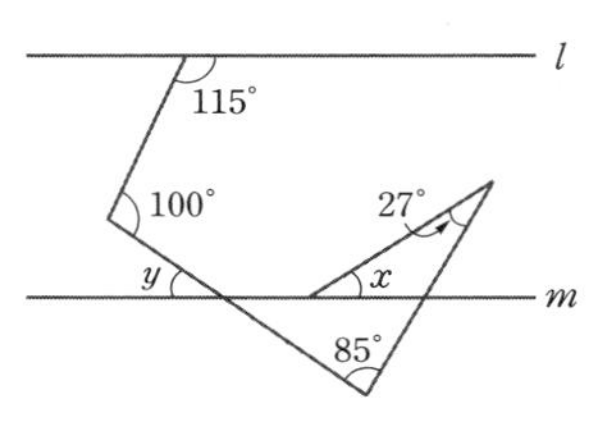

13 종이를 접었을 때의 각의 크기

59 오른쪽 그림은 직사각형 모양의 종이테이프를 접은 것이다. $\angle AGE = 70°$일 때, $\angle x$의 크기는?

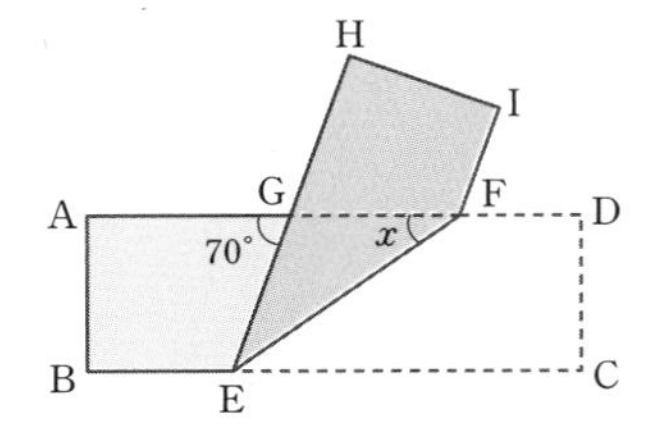

① 20°　　② 25°
③ 30°　　④ 35°
⑤ 40°

60 오른쪽 그림과 같이 직사각형 모양의 종이를 접었을 때, $\angle x$의 크기를 구하시오.

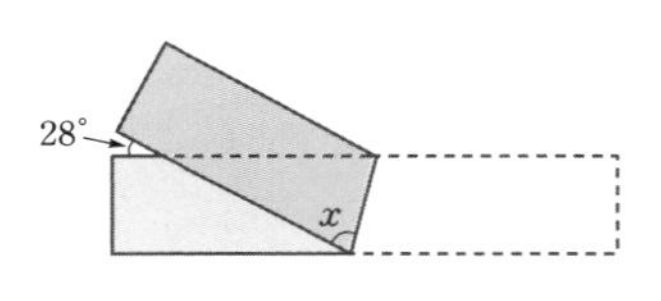

61 오른쪽 그림과 같이 직사각형 모양의 종이테이프를 접었을 때, $\angle x$의 크기는?

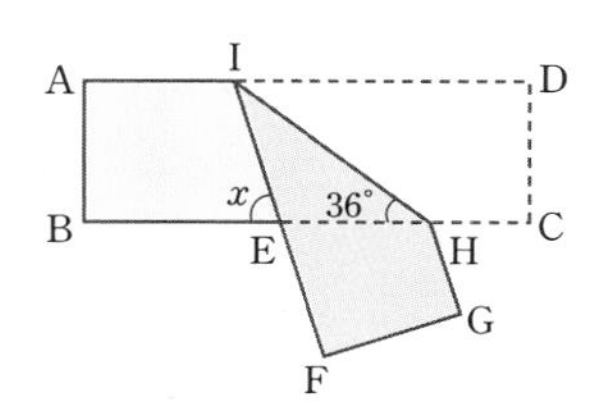

① 76° ② 74°
③ 72° ④ 70°
⑤ 68°

62 오른쪽 그림과 같이 직사각형 모양의 종이테이프를 접었을 때, $\angle x$의 크기는?

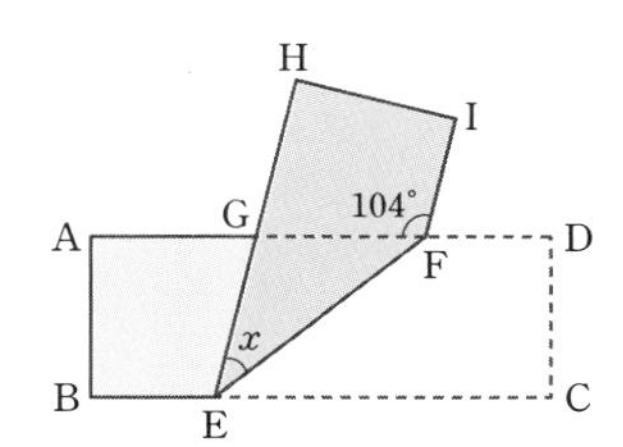

① 32° ② 34°
③ 36° ④ 38°
⑤ 42°

63 오른쪽 그림과 같이 직사각형 모양의 종이테이프를 대각선 BD를 접는 선으로 하여 접었을 때, $\angle$APE의 크기는?

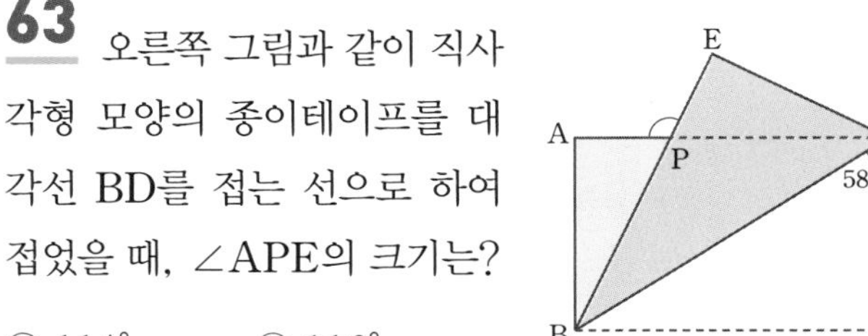

① 114° ② 116°
③ 118° ④ 122°
⑤ 126°

64 오른쪽 그림은 직사각형 모양의 종이의 한쪽 끝을 $\overline{EC}$를 접는 선으로 하여 접은 것이다. 이때 $\angle x+\angle y$의 크기는?

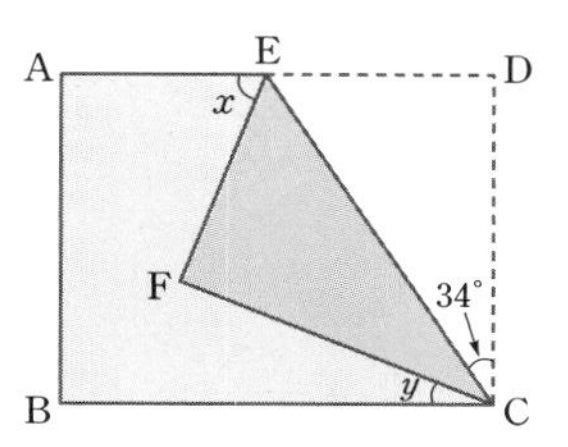

① 84° ② 86°
③ 88° ④ 90°
⑤ 92°

65 오른쪽 그림과 같이 직사각형 모양의 종이테이프의 양쪽 끝을 접었을 때, $\angle x$의 크기는?

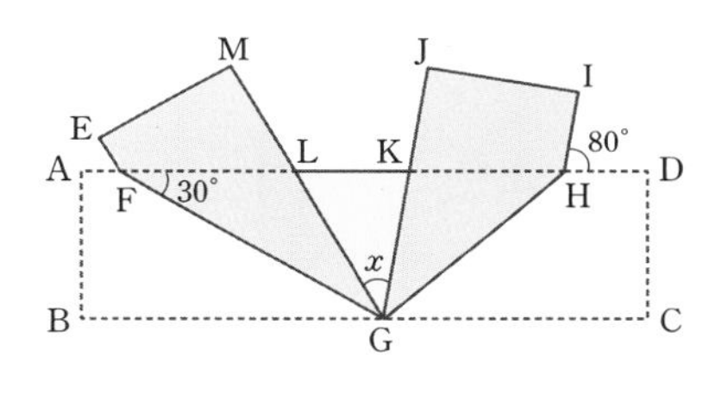

① 32° ② 34° ③ 36°
④ 38° ⑤ 40°

시침과 분침이 이루는 각

시침과 분침이 이루는 작은 각의 크기!

시침과 분침은 한 점에서 만나는 두 선분이므로 각을 이룬다.
각의 크기는 보통 작은 각을 말하는데, 시침과 분침이 이루는 각의 크기는 12시 정각은 0°, 3시 정각은 90°, 6시 정각은 180°, 9시 정각은 90°로 쉬지 않고 움직이면서 0°, 예각, 직각, 둔각, 평각을 이룬다.

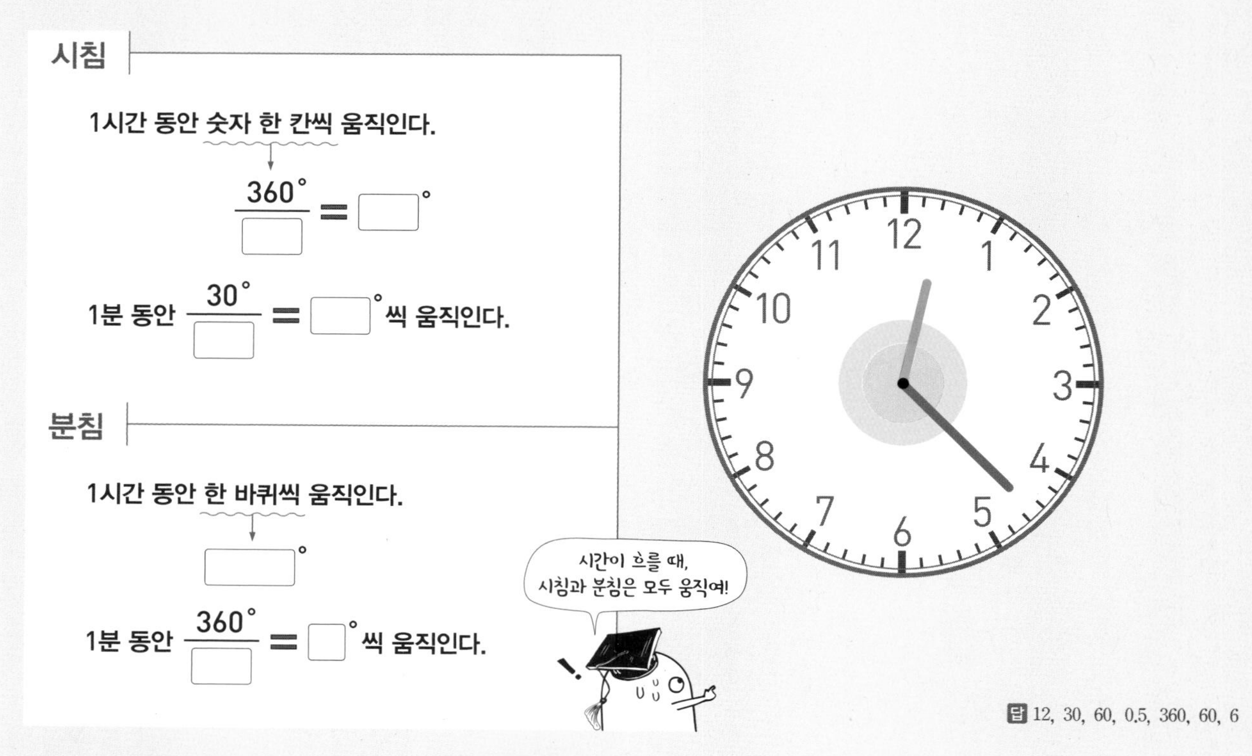

답 12, 30, 60, 0.5, 360, 60, 6

1 분침이 뒤에 있는 경우

1시 20분일 때,
시침과 분침이 이루는 각 중 작은 각의 크기는?

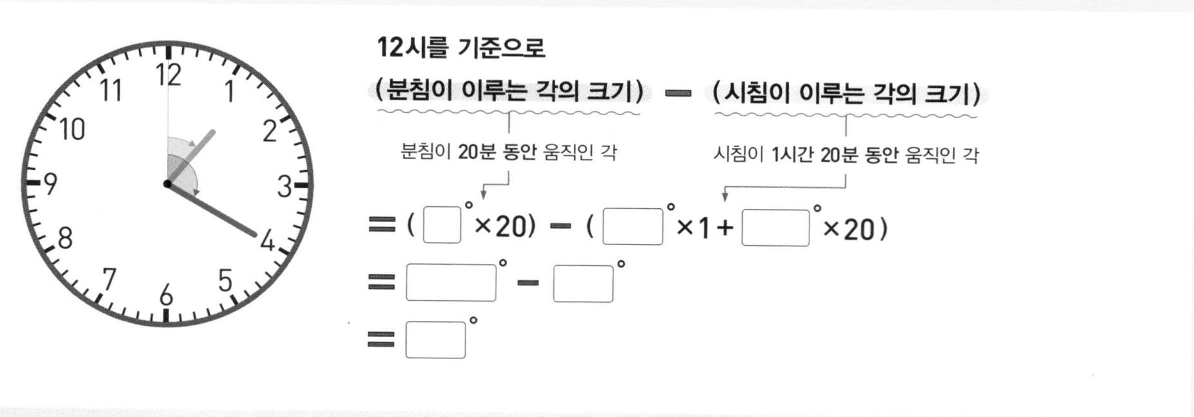

답 6, 30, 0.5, 120, 40, 80

② 시침이 뒤에 있는 경우

6시 15분일 때,
시침과 분침이 이루는 각 중 작은 각의 크기는?

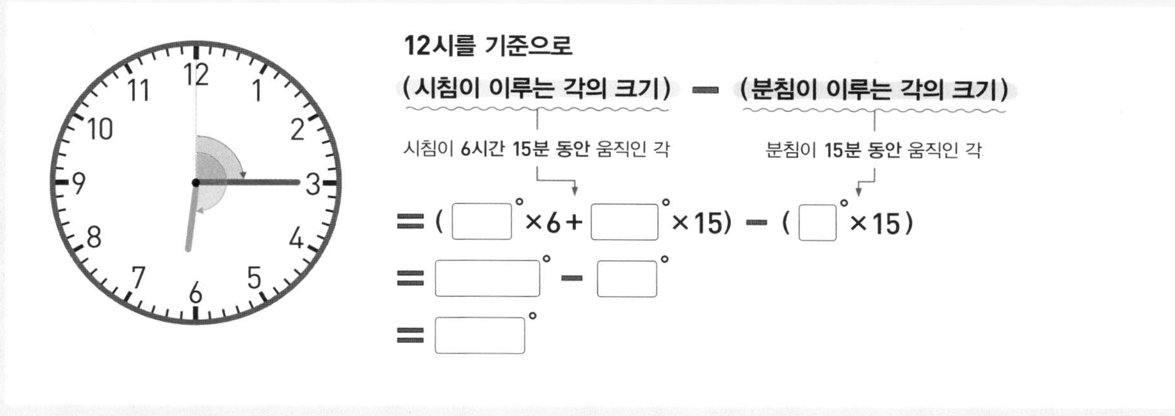

답 30, 0.5, 6, 187.5, 90, 97.5

x시 y분일 때,
시침과 분침이 이루는 각 중 작은 각의 크기는?

❶ 분침이 뒤에 있는 경우

(분침이 이루는 각의 크기) − (시침이 이루는 각의 크기)

분침이 y분 동안 움직인 각 / 시침이 x시간 y분 동안 움직인 각

$= (\square^\circ \times y) - (\square^\circ \times x + \square^\circ \times y)$

$= \square^\circ \times y - \square^\circ \times x$

❷ 시침이 뒤에 있는 경우

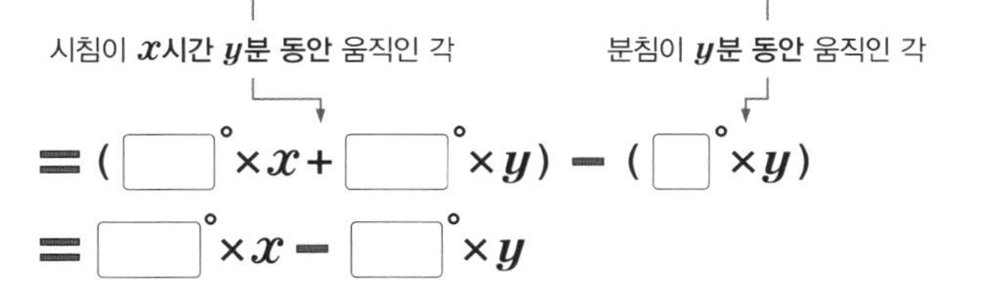

$= (\square^\circ \times x + \square^\circ \times y) - (\square^\circ \times y)$

$= \square^\circ \times x - \square^\circ \times y$

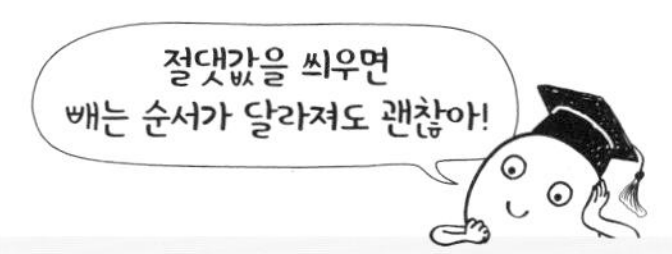

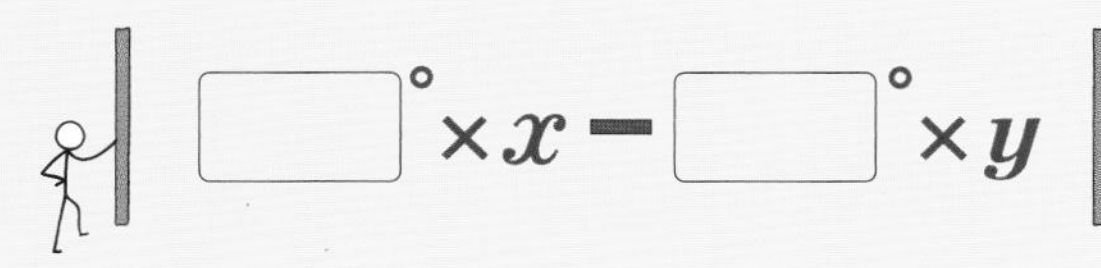

답 ❶ 6, 30, 0.5, 5.5, 30 ❷ 30, 0.5, 6, 30, 5.5 | 30, 5.5

점 • 선 • 면의 위치!

2 위치 관계

위에 있거나, 위에 있지 않거나!

점 • 직선, 점 • 평면의 위치 관계

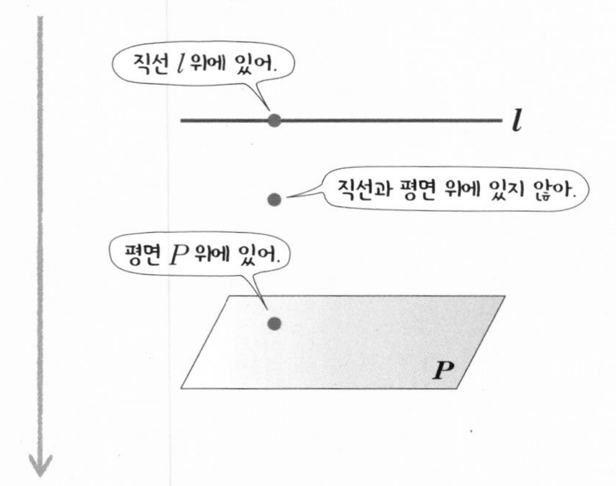

만나거나, 만나지 않거나!

평면에서의 두 직선

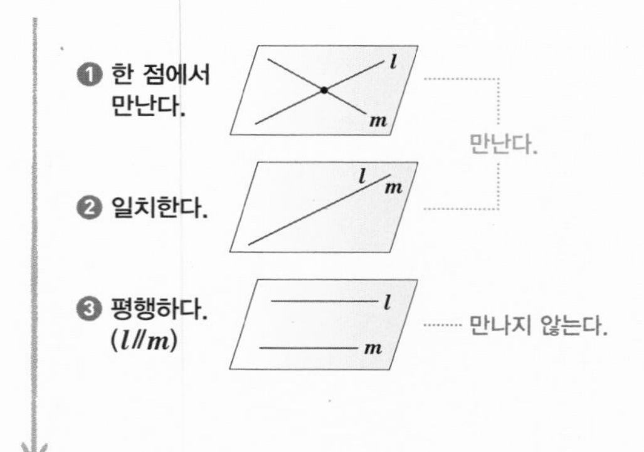

공간에서의 두 직선

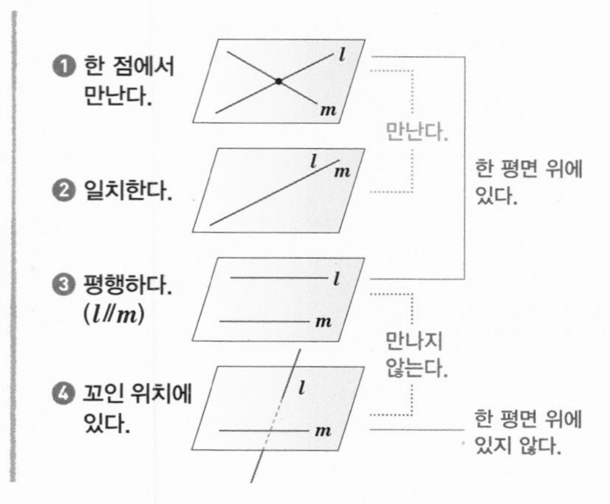

1 점과 직선, 점과 평면의 위치 관계

1) 점과 직선의 위치 관계

① 점 A는 직선 l 위에 있다.
(직선 l이 점 A를 지난다.)

② 점 B는 직선 l 위에 있지 않다.
(직선 l이 점 B를 지나지 않는다.)

2) 점과 평면의 위치 관계

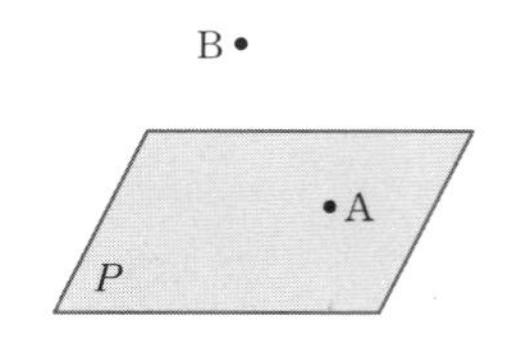

① 점 A는 평면 P 위에 있다.

② 점 B는 평면 P 위에 있지 않다.
(점 B는 평면 P 밖에 있다.)

+ 평면은 보통 기호로 P, Q, R, ⋯ 와 같이 나타낸다.

2 평면에서 두 직선의 위치 관계

한 평면에서 두 직선의 위치 관계는 다음의 3가지가 있다.

① 한 점에서 만난다. ⇨ 교점이 1개

② 일치한다. ⇨ 교점이 무수히 많다.

③ 평행하다. ($l /\!/ m$) ⇨ 교점이 없다.

주의 • 두 직선이 일치하는 경우는 하나의 직선으로 생각한다.

개념+ 다음과 같은 경우에 평면이 하나로 결정된다.
① 한 직선 위에 있지 않은 서로 다른 세 점
② 한 직선과 그 직선 위에 있지 않은 한 점
③ 한 점에서 만나는 두 직선
④ 평행한 두 직선

3 공간에서 두 직선의 위치 관계

공간에서 두 직선의 위치 관계는 다음의 4가지가 있다.

① 한 점에서 만난다.
② 일치한다.
③ 평행하다. ($l /\!/ m$)
④ 꼬인 위치에 있다.

+ 공간에서 두 직선이 만나지도 않고 평행하지도 않을 때, 두 직선은 꼬인 위치에 있다고 한다.

주의 • 꼬인 위치는 공간에서 직선과 직선의 위치 관계에만 존재한다.

만나거나, 만나지 않거나!

공간에서의 한 직선과 한 평면

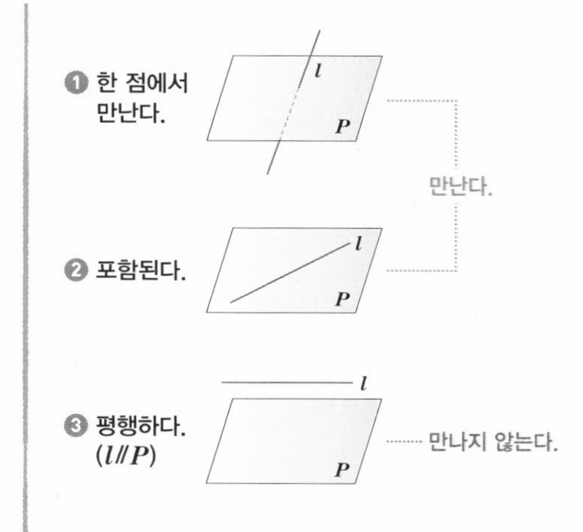

4 공간에서 직선과 평면의 위치 관계

1) 공간에서 직선과 평면의 위치 관계

공간에서 직선과 평면의 위치 관계는 다음의 3가지가 있다.

① 한 점에서 만난다. ② 직선이 평면에 포함된다.

③ 평행하다. ($l \,/\!/\, P$)

예 오른쪽 직육면체에서

① 면 ABCD에 포함된 모서리는 $\overline{\text{AB}}$, $\overline{\text{AD}}$, $\overline{\text{BC}}$, $\overline{\text{CD}}$이다.

② 면 CGHD와 한 점에서 만나는 모서리는 $\overline{\text{AD}}$, $\overline{\text{BC}}$, $\overline{\text{EH}}$, $\overline{\text{FG}}$이다.

③ 모서리 BF와 평행한 면은 면 AEHD, 면 CGHD이다.

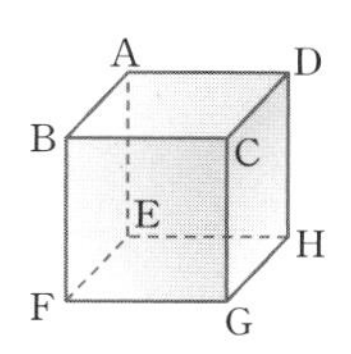

2) 직선과 평면의 수직

직선 l이 평면 P와 한 점 H에서 만나고, 직선 l이 점 H를 지나는 평면 P 위의 모든 직선과 수직일 때, 직선 l과 평면 P는 서로 수직이라 하고, 기호로 $l \perp P$와 같이 나타낸다.
이때 직선 l을 평면 P의 수선이라 하고, 점 H를 수선의 발이라 한다.

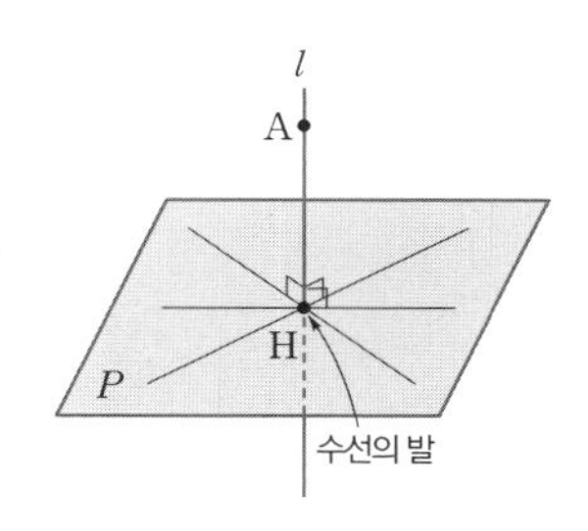

개념+ 평면 P 위에 있지 않은 한 점 A에서 평면 P에 내린 수선의 발 H까지의 거리, 즉 $\overline{\text{AH}}$의 길이를 점 A와 평면 P 사이의 거리라 한다.

공간에서의 두 평면

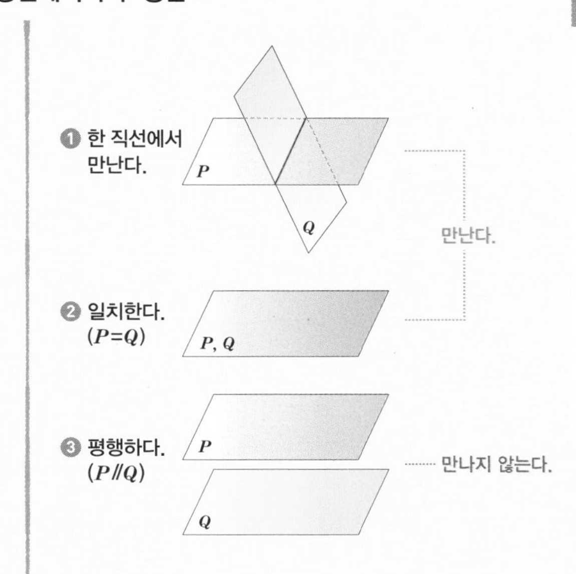

5 두 평면의 위치 관계

공간에서 두 평면의 위치 관계는 다음의 3가지가 있다.

① 한 직선에서 만난다. ② 일치한다. ③ 평행하다. ($P \,/\!/\, Q$)

+ 한 평면에 평행한 모든 평면은 서로 평행하다.

개념+ 평면 P가 평면 Q에 수직인 직선 l을 포함할 때, 평면 P는 평면 Q에 수직이라 하고, 기호로 $P \perp Q$와 같이 나타낸다.

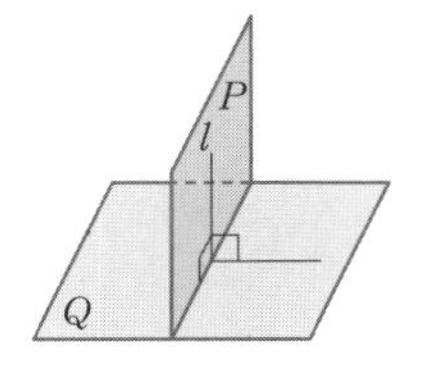

주제별 실력다지기

1 한 평면 위에 있는 두 직선의 위치 관계

01 다음 중 오른쪽 그림에 대한 설명으로 옳지 <u>않은</u> 것을 모두 고르면? (정답 2개)

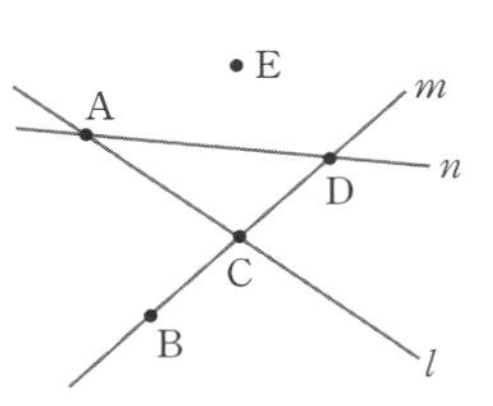

① 점 A는 직선 n 위에 있지 않다.
② 점 B와 점 D는 한 직선 위에 있다.
③ 점 D는 두 직선 m, n 위에 있다.
④ 두 직선 l, m의 교점과 두 직선 l, n의 교점은 같다.
⑤ 점 E는 세 직선 l, m, n 중 어느 직선 위에도 있지 않다.

02 다음 중 한 평면 위의 두 직선의 위치 관계가 될 수 <u>없는</u> 것은?

① 평행하다. ② 수직이다.
③ 일치한다. ④ 꼬인 위치에 있다.
⑤ 한 점에서 만난다.

03 한 평면 위에 있는 서로 다른 세 직선 l, m, n에 대한 설명 중 옳지 <u>않은</u> 것은?

① $l \perp m$이고, $m /\!/ n$이면 $l \perp n$이다.
② $l /\!/ m$이고, $m \perp n$이면 $l \perp n$이다.
③ $l \perp m$이고, $m \perp n$이면 $l /\!/ n$이다.
④ $l \perp m$이고, $l \perp n$이면 $m \perp n$이다.
⑤ $l /\!/ m$이고, $m /\!/ n$이면 $l /\!/ n$이다.

04 오른쪽 그림과 같은 정육각형 ABCDEF에 대하여 다음 중 위치 관계가 <u>다른</u> 하나는?

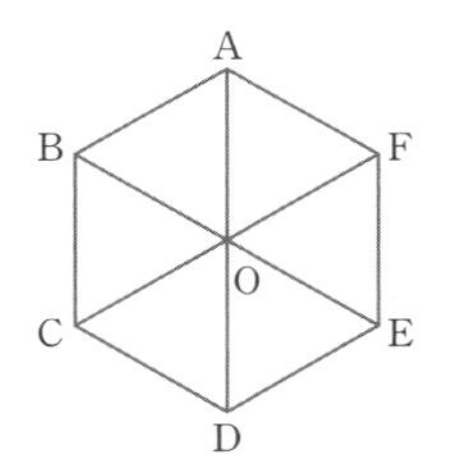

① $\overleftrightarrow{BE}$와 $\overleftrightarrow{CF}$ ② $\overleftrightarrow{BC}$와 $\overleftrightarrow{AF}$
③ $\overleftrightarrow{AF}$와 $\overleftrightarrow{CD}$ ④ $\overleftrightarrow{CO}$와 $\overleftrightarrow{AF}$
⑤ $\overleftrightarrow{AB}$와 $\overleftrightarrow{CD}$

05 오른쪽 그림과 같은 사다리꼴 ABCD에 대하여 다음 설명 중 옳지 <u>않은</u> 것을 모두 고르면? (정답 2개)

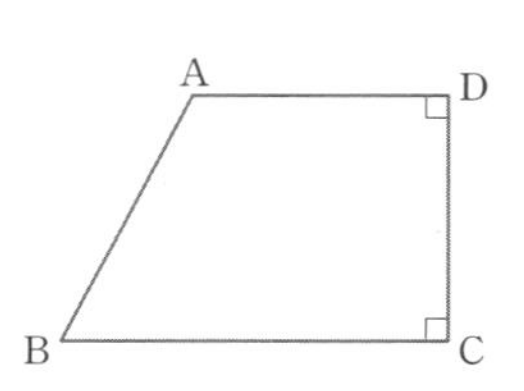

① $\overleftrightarrow{AB}$와 $\overleftrightarrow{BC}$는 한 점에서 만난다.
② $\overleftrightarrow{BC}$와 $\overleftrightarrow{CD}$는 수직이다.
③ $\overleftrightarrow{AB}$와 $\overleftrightarrow{CD}$는 일치한다.
④ $\overleftrightarrow{AD}$와 $\overleftrightarrow{BC}$는 만나지 않는다.
⑤ $\overleftrightarrow{CD}$와 만나는 직선은 2개이다.

06 오른쪽 그림과 같은 평행사변형 ABCD에 대하여 다음 **보기**의 설명 중 옳은 것은 모두 몇 개인가?

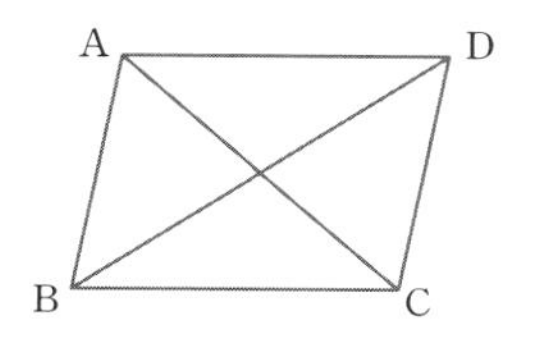

보기

ㄱ. $\overline{AB}$와 $\overline{CD}$는 평행하다.
ㄴ. $\overline{AC}$와 $\overline{BD}$는 수직이다.
ㄷ. $\overline{AD}$와 $\overline{CD}$의 교점은 점 D이다.
ㄹ. $\overline{AD}$와 $\overline{BC}$는 만나지 않는다.
ㅁ. $\overline{AC}$와 만나는 선분은 4개이다.

① 1개　② 2개　③ 3개
④ 4개　⑤ 5개

2 공간에서 두 직선의 위치 관계

07 다음 중 공간에서 직선에 대한 설명으로 옳은 것은?

① 서로 만나지 않는 두 직선은 항상 평행하다.
② 꼬인 위치에 있는 두 직선은 한 평면 위에 있다.
③ 서로 다른 세 직선 중 두 직선은 반드시 평행하다.
④ 서로 평행한 두 직선은 한 평면 위에 있다.
⑤ 한 평면 위에서 서로 만나지 않는 두 직선은 꼬인 위치에 있다.

[08~09] 오른쪽 그림과 같은 직육면체에 대하여 물음에 답하시오.

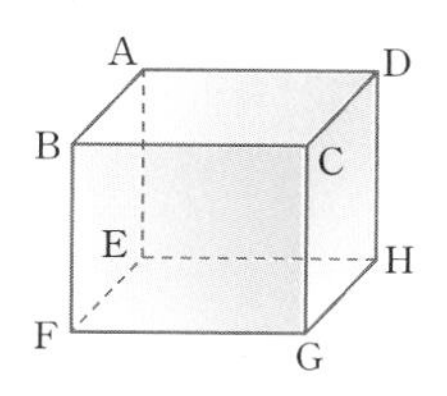

08 다음 설명 중 옳은 것은?

① $\overline{AB}$와 $\overline{BC}$는 평행하다.
② $\overline{EF}$와 $\overline{CD}$는 수직이다.
③ $\overline{BF}$와 $\overline{DH}$는 평행하다.
④ $\overline{AD}$와 $\overline{BC}$는 꼬인 위치에 있다.
⑤ $\overline{AE}$와 $\overline{BC}$는 수직이다.

09 $\overline{CG}$와 평행한 모서리의 개수를 a, 한 점에서 만나는 모서리의 개수를 b, 꼬인 위치에 있는 모서리의 개수를 c라 할 때, $a+b-c$의 값을 구하시오.

10 오른쪽 그림과 같은 삼각뿔에서 서로 꼬인 위치에 있는 모서리로 짝지어지지 않은 것을 모두 고르면? (정답 2개)

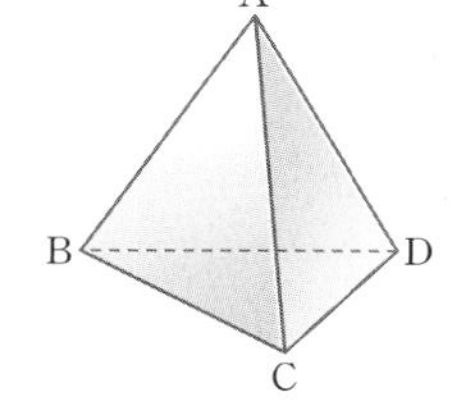

① $\overline{AB}$와 $\overline{CD}$　② $\overline{AC}$와 $\overline{BD}$
③ $\overline{AD}$와 $\overline{BC}$　④ $\overline{AD}$와 $\overline{BD}$
⑤ $\overline{BC}$와 $\overline{CD}$

11 오른쪽 그림은 정사각형과 정삼각형 모양의 면으로만 이루어진 입체도형이다. 두 모서리 CD, DH와 동시에 꼬인 위치에 있는 모서리는 모두 몇 개인가?

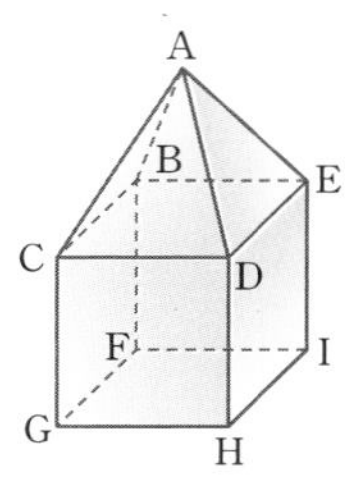

① 1개 ② 2개 ③ 3개
④ 4개 ⑤ 5개

12 오른쪽 그림과 같이 정삼각형 8개로 이루어져 있는 정팔면체에서 모서리 BC와 만나는 모서리의 개수를 a, 모서리 AB와 꼬인 위치에 있는 모서리의 개수를 b라 할 때, $a+b$의 값을 구하시오.

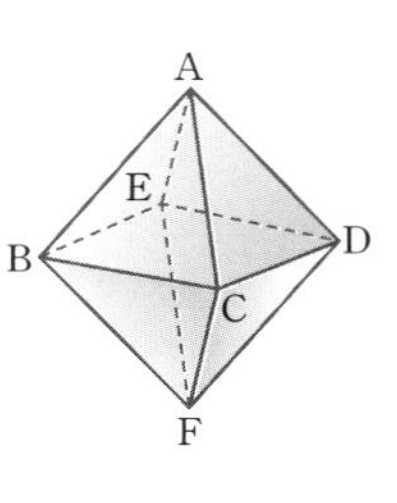

13 오른쪽 그림과 같은 전개도로 만들어지는 정육면체에 대하여 다음 중 모서리 AN과 꼬인 위치에 있는 모서리가 아닌 것은?

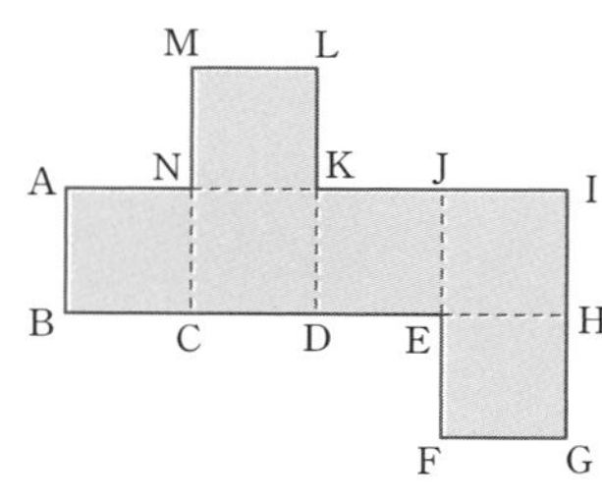

① $\overline{CD}$ ② $\overline{DK}$ ③ $\overline{EH}$
④ $\overline{EJ}$ ⑤ $\overline{IJ}$

14 오른쪽 그림과 같은 전개도로 만들어지는 삼각기둥에 대하여 다음 중 모서리 IJ와 꼬인 위치에 있는 모서리가 아닌 것을 모두 고르면? (정답 2개)

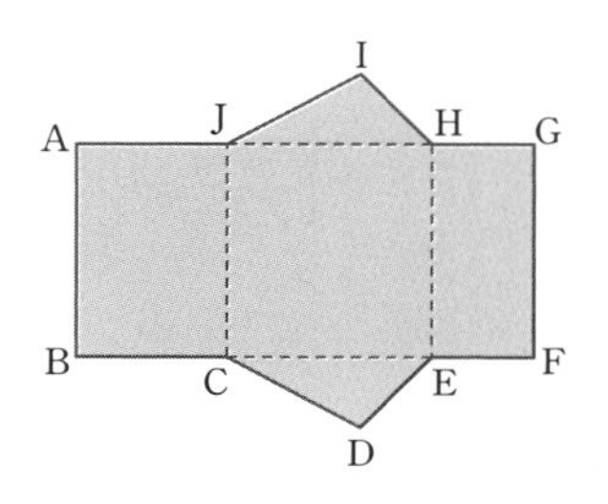

① $\overline{CD}$ ② $\overline{CE}$ ③ $\overline{DE}$
④ $\overline{EH}$ ⑤ $\overline{FG}$

15 오른쪽 그림의 전개도로 만든 정육면체에서 $\overline{CK}$와 $\overline{JH}$의 위치 관계를 말하시오.

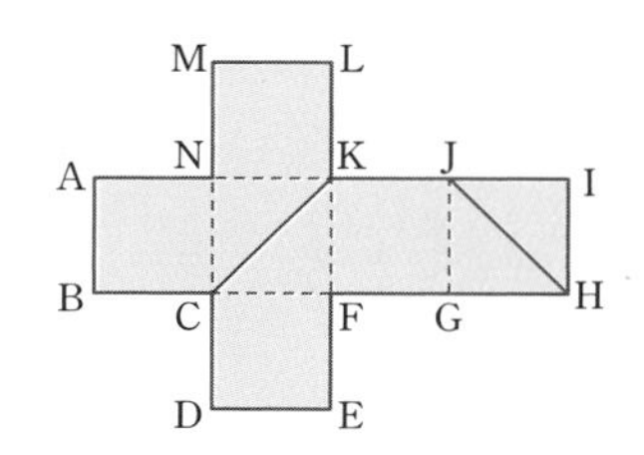

16 오른쪽 그림과 같은 전개도로 만들어지는 입체도형에 대하여 다음 중 모서리 CD와 꼬인 위치에 있는 모서리가 아닌 것은? (단, 이 입체도형의 옆면은 모두 직사각형이다.)

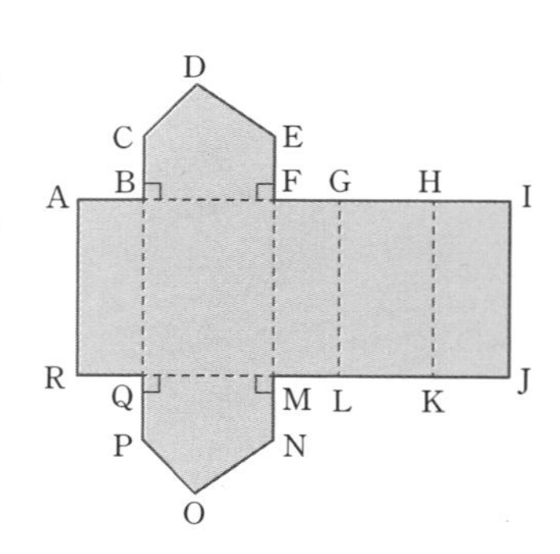

① $\overline{BQ}$ ② $\overline{GL}$ ③ $\overline{HK}$
④ $\overline{MQ}$ ⑤ $\overline{NO}$

3 평면이 하나로 정해지기 위한 조건

17 다음 중 평면이 하나로 정해지는 조건이 아닌 것은?

① 평행한 두 직선
② 한 점에서 만나는 두 직선
③ 꼬인 위치에 있는 두 직선
④ 한 직선과 그 직선 위에 있지 않은 한 점
⑤ 한 직선 위에 있지 않은 서로 다른 세 점

18 오른쪽 그림과 같이 네 점 A, B, C, D가 한 평면 위에 있고, 평면 밖에 한 점 P가 있다. 이때 세 점을 연결하여 만들 수 있는 서로 다른 평면의 개수는? (단, 어느 세 점도 한 직선 위에 있지 않다.)

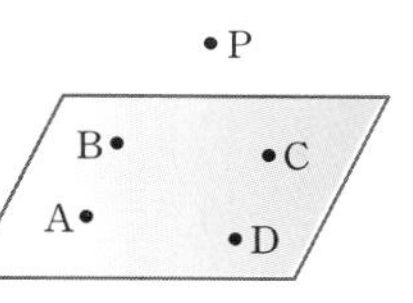

① 5 ② 6 ③ 7
④ 8 ⑤ 9

4 공간에서 직선과 평면의 위치 관계

19 오른쪽 그림과 같은 직육면체에 대하여 다음 중 옳지 않은 것은?

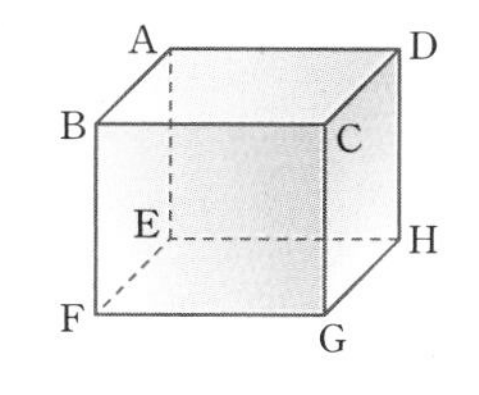

① 면 ABCD와 모서리 EH는 평행하다.
② 모서리 AE는 면 AEHD에 포함된다.
③ 면 BFGC와 수직인 모서리는 4개이다.
④ 면 EFGH와 평행한 모서리는 2개이다.
⑤ 모서리 BC와 면 CGHD는 한 점에서 만난다.

20 오른쪽 그림과 같은 전개도로 만들어지는 삼각기둥에 대한 설명으로 옳은 것을 모두 고르면? (정답 2개)

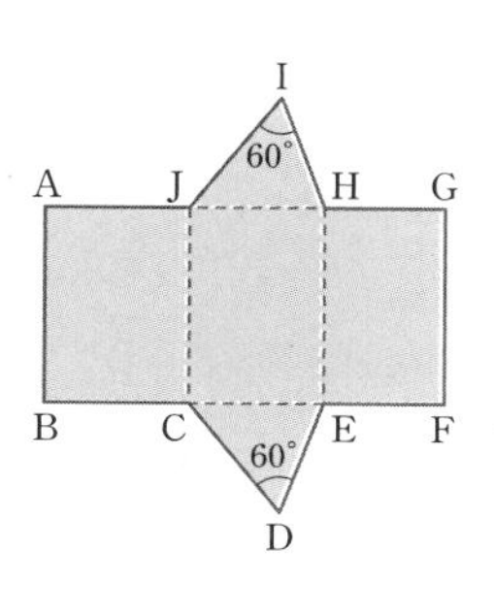

① 모서리 AB와 모서리 GF는 평행하다.
② 모서리 JC와 모서리 IH는 꼬인 위치에 있다.
③ 모서리 HE와 꼬인 위치에 있는 모서리는 2개이다.
④ 모서리 AB와 면 HEFG는 평행하다.
⑤ 모서리 CD와 면 JCEH는 수직이다.

21 오른쪽 그림과 같은 삼각기둥에 대하여 다음을 모두 구하시오.

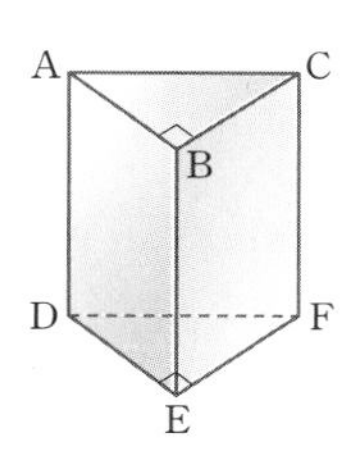

(1) 모서리 AB를 포함하는 면
(2) 모서리 BE와 평행한 면
(3) 모서리 AD와 수직인 면
(4) 면 BEFC와 수직인 모서리

22 오른쪽 그림은 밑면이 사다리꼴이고 옆면이 직사각형인 입체도형이다. 모서리 CG와 꼬인 위치에 있는 모서리의 개수를 a, 모서리 FG와 평행한 면의 개수를 b라 할 때, $a-b$의 값을 구하시오.

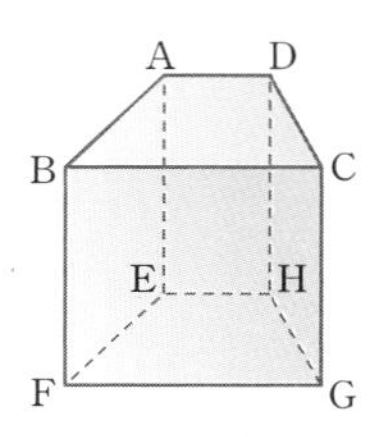

23 오른쪽 그림과 같이 밑면은 사다리꼴이고 옆면은 직사각형인 사각기둥에 대하여 다음 설명 중 옳은 것은?

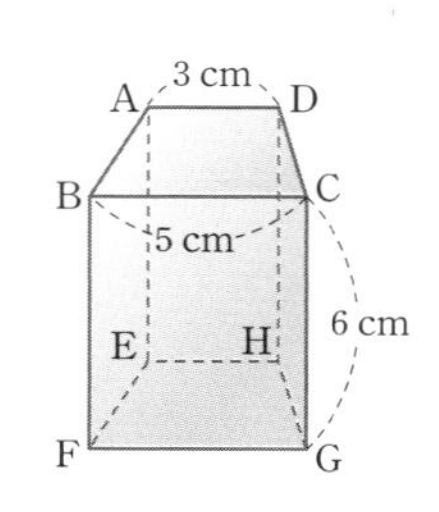

① 점 A와 면 DHGC 사이의 거리는 3 cm이다.
② 점 C와 면 ABFE 사이의 거리는 5 cm이다.
③ 점 D와 면 EFGH 사이의 거리는 6 cm이다.
④ 점 E와 면 ABCD 사이의 거리는 5 cm이다.
⑤ 점 H와 면 ABFE 사이의 거리는 3 cm이다.

24 오른쪽 그림과 같은 정오각기둥에서 면 ABCDE와 수직이면서 면 BGHC와 평행한 모서리는 모두 몇 개인지 구하시오.

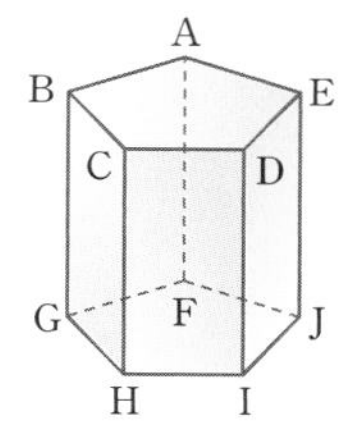

5 두 평면의 위치 관계

25 오른쪽 그림과 같은 직육면체에 대하여 다음을 모두 구하시오.

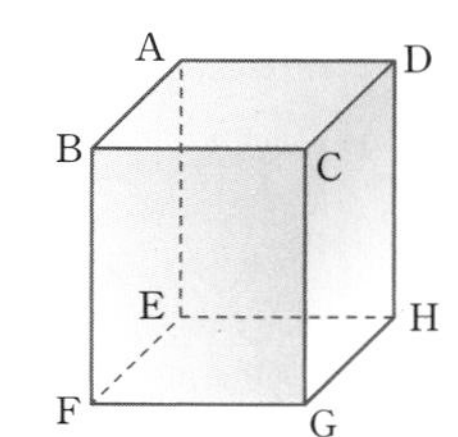

(1) 면 ABFE와 수직인 면
(2) 면 BFGC와 평행한 면
(3) 면 AEHD와 면 EFGH의 교선

26 오른쪽 그림과 같은 정육면체에서 다음 중 면 AEGC와 수직인 면이 아닌 것을 모두 고르면? (정답 2개)

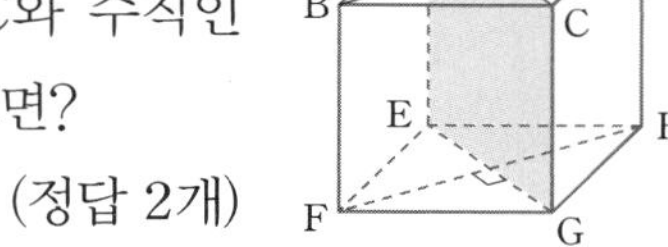

① 면 ABCD
② 면 BFHD
③ 면 BFGC
④ 면 CGHD
⑤ 면 EFGH

27 오른쪽 그림과 같은 직육면체에 대하여 다음 설명 중 옳지 않은 것을 모두 고르면? (정답 2개)

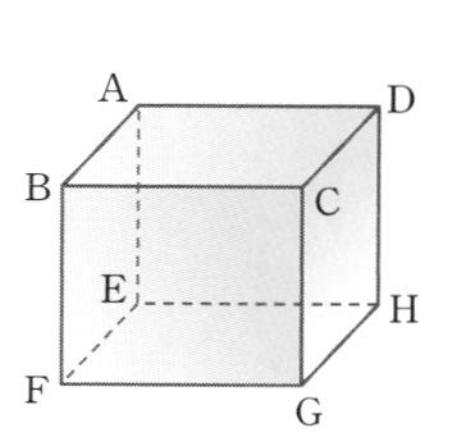

① $\overline{EH}$와 $\overline{DH}$는 수직이다.
② $\overline{AE}$와 꼬인 위치에 있는 모서리는 3개이다.
③ $\overline{BC}$와 수직인 면은 2개이다.
④ $\overline{BF}$는 면 ABCD와 면 BFGC의 교선이다.
⑤ 평행한 면은 모두 3쌍이다.

28 오른쪽 그림은 평면 P 위에 밑면이 직각삼각형인 삼각기둥을 올려 놓은 것이다. 다음 설명 중 옳지 않은 것은?

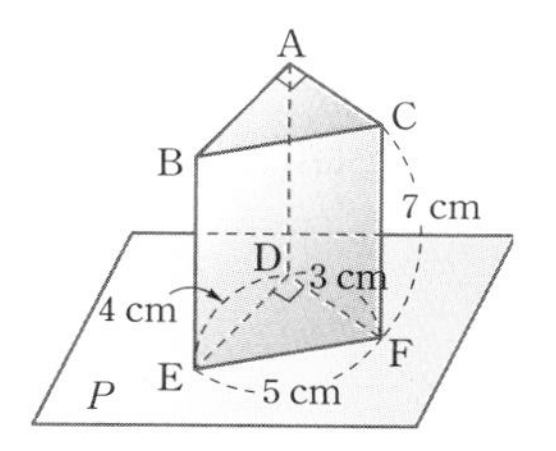

① 면 ABC와 평면 P 사이의 거리는 7 cm이다.
② 면 ABC와 면 DEF는 평행하다.
③ 면 ABED와 수직인 면은 2개이다.
④ 평면 P와 면 BEFC의 교선은 $\overline{EF}$이다.
⑤ 점 B와 면 ADFC 사이의 거리는 4 cm이다.

29 오른쪽 그림과 같은 전개도로 만들어지는 정육면체에 대하여 면 MDGJ와 평행한 면은?

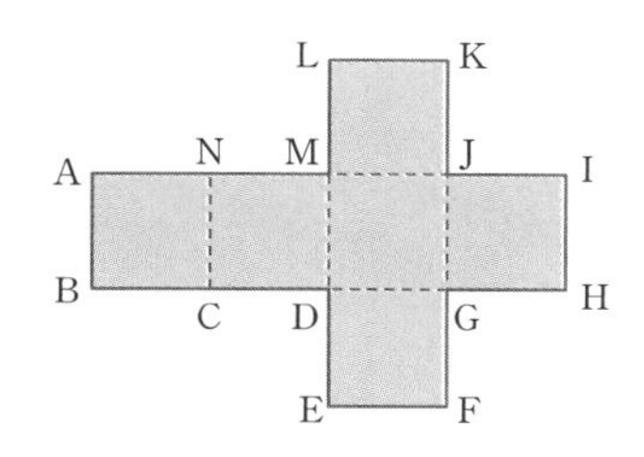

① 면 ABCN ② 면 NCDM ③ 면 DEFG
④ 면 JGHI ⑤ 면 LMJK

30 오른쪽 그림과 같은 직육면체에 대하여 다음 중 옳지 않은 것을 모두 고르면? (정답 2개)

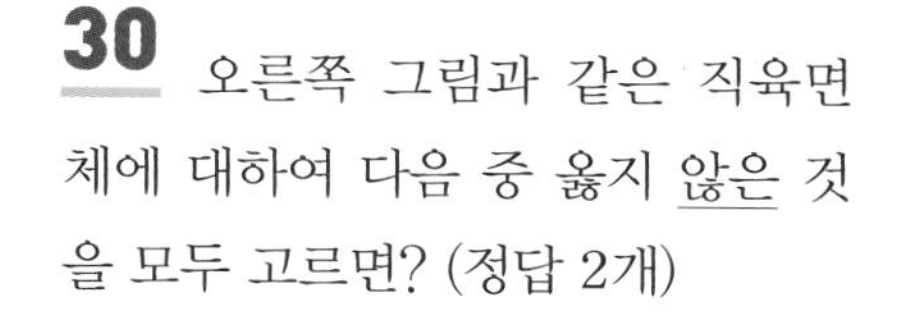

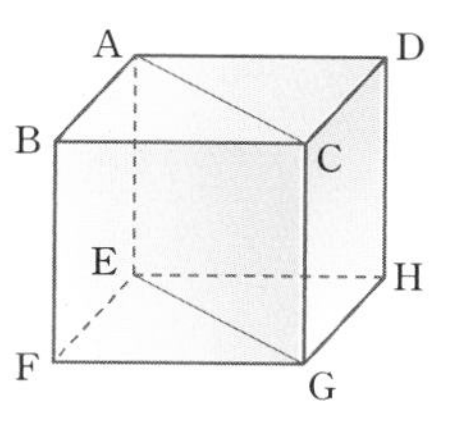

① $\overline{AC}$와 평행한 면은 면 EFGH이다.
② 면 AEGC와 평행한 모서리는 $\overline{BF}$, $\overline{GH}$이다.
③ $\overline{BF}$와 평행한 모서리는 3개이다.
④ $\overline{EG}$와 꼬인 위치에 있는 모서리는 4개이다.
⑤ 면 BFGC와 수직인 면은 4개이다.

6 일부가 잘린 입체도형에서의 위치 관계

31 오른쪽 그림은 네 개의 정삼각형으로 이루어진 정사면체를 밑면과 평행하게 잘라내고 남은 입체도형이다. 다음 설명 중 옳지 않은 것은?

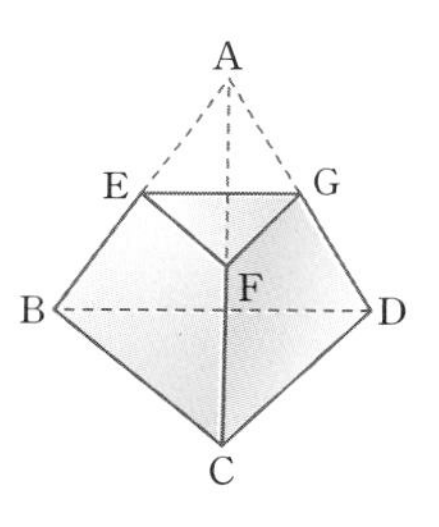

① 모서리 BC와 모서리 EF는 평행하다.
② 면 BCD와 면 EFG는 평행하다.
③ 모서리 FG와 모서리 DG는 수직이다.
④ 모서리 BD와 모서리 FG는 꼬인 위치에 있다.
⑤ 모서리 CD는 면 FCDG에 포함된다.

32 오른쪽 그림은 정육면체를 네 꼭짓점 A, B, G, H를 지나는 평면으로 잘라내고 남은 입체도형이다. 다음 설명 중 옳지 않은 것은?

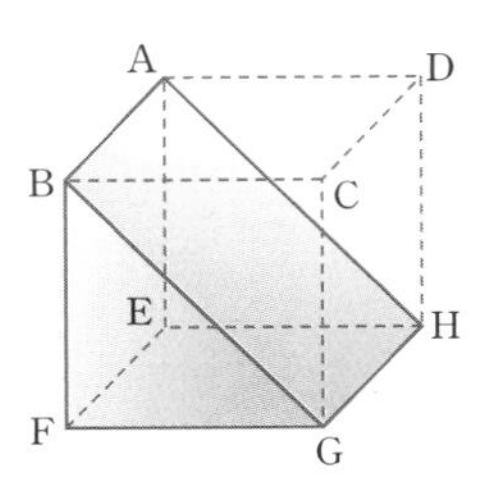

① 면 BFG와 면 AEH는 평행하다.
② 면 ABGH와 모서리 EF는 평행하다.
③ 모서리 EF와 수직인 면은 2개이다.
④ 모서리 AH와 꼬인 위치에 있는 모서리는 3개이다.
⑤ 모서리 AE와 평행한 모서리는 3개이다.

33 오른쪽 그림은 직육면체의 일부를 잘라내고 남은 입체도형이다. 다음 **보기** 중 옳은 것을 모두 고르시오.

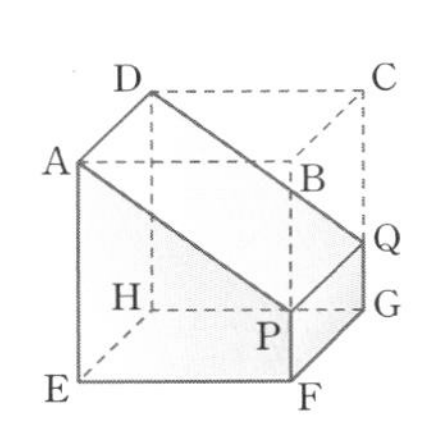

보기

ㄱ. 모서리 EH와 평행한 면은 2개이다.
ㄴ. 면 AEFP와 수직인 모서리는 4개이다.
ㄷ. 모서리 DH와 꼬인 위치에 있는 모서리는 5개이다.
ㄹ. 모서리 AP와 평행한 모서리는 2개이다.

34 오른쪽 그림은 직육면체의 일부를 잘라내고 남은 입체도형이다. 다음 설명 중 옳지 않은 것은?

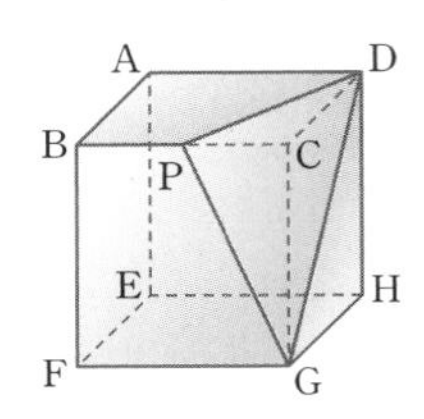

① 면 DPG와 평행한 모서리는 없다.
② 모서리 DG와 꼬인 위치에 있는 모서리는 6개이다.
③ 모서리 EH와 수직인 모서리는 4개이다.
④ 면 ABPD와 평행한 면은 1개이다.
⑤ 모서리 AD와 면 DPG는 수직이다.

35 오른쪽 그림은 정육면체를 세 모서리 BC, CD, CG의 각 중점 P, Q, R를 지나는 평면으로 잘라내고 남은 입체도형이다. 모서리 BP와 평행한 면의 개수를 a, 모서리 QR와 꼬인 위치에 있는 모서리의 개수를 b, 면 PQR와 수직인 면의 개수를 c라 할 때, $3a+2b+3c$의 값을 구하시오.

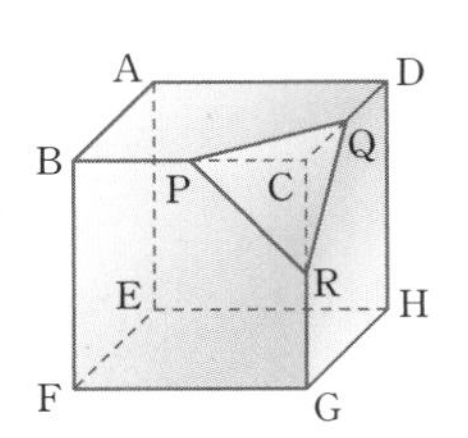

36 오른쪽 그림은 밑면이 직각삼각형인 삼각기둥을 꼭짓점 B를 지나면서 모서리 AC에 평행한 평면으로 잘라내고 남은 입체도형이다. 모서리 AC와 평행한 평면의 개수를 a, 모서리 GH와 평행한 평면의 개수를 b, 모서리 HB와 꼬인 위치에 있는 모서리의 개수를 c라 할 때, $a+b-c$의 값을 구하시오.

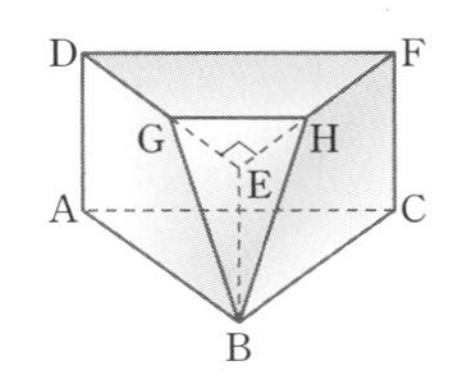

7 여러 가지 위치 관계 (복합 문제)

37 공간에서 직선의 위치 관계에 대한 다음 설명 중 옳은 것은?

① 서로 만나지 않는 두 직선은 평행하다.
② 서로 평행한 두 직선은 한 평면 위에 있다.
③ 꼬인 위치에 있는 두 직선은 한 평면 위에 있다.
④ 한 평면 위에 있고 서로 만나지 않는 두 직선은 꼬인 위치에 있다.
⑤ 서로 다른 세 직선이 있으면 그 중에서 두 직선은 반드시 꼬인 위치에 있다.

38 공간에서 서로 다른 세 직선 l, m, n과 평면 P에 대하여 다음 중 옳은 것은?

① $l /\!/ m$, $m /\!/ n$이면 $l \perp n$이다.
② $l /\!/ m$, $l \perp n$이면 $m /\!/ n$이다.
③ $l \perp P$, $l /\!/ m$이면 $m \perp P$이다.
④ $l \perp P$, $m /\!/ P$이면 $l \perp m$이다.
⑤ $l /\!/ P$, $m /\!/ P$이면 $l /\!/ m$이다.

39 공간에서 서로 다른 세 직선 l, m, n과 서로 다른 세 평면 P, Q, R에 대하여 다음 **보기** 중 옳지 않은 것을 고르시오.

보기

ㄱ. $l \perp P$, $m \perp P$이면 $l /\!/ m$이다.
ㄴ. $P /\!/ Q$, $Q /\!/ R$이면 $P /\!/ R$이다.
ㄷ. $l /\!/ m$, $m /\!/ n$이면 $l /\!/ n$이다.
ㄹ. $P /\!/ Q$, $Q \perp R$이면 $P \perp R$이다.
ㅁ. $l /\!/ m$, $l \perp n$이면 $m \perp n$이다.

40 위치 관계가 다음과 같을 때, 다음 중 서로 평행한 관계인 것은?

① 평면 P와 평행한 서로 다른 두 직선 l과 m에서 두 직선 l과 m
② 직선 l과 수직인 평면 P와 직선 l과 평행한 직선 m에서 평면 P와 직선 m
③ 직선 l과 수직인 평면 P와 직선 l과 평행한 평면 Q에서 두 평면 P와 Q
④ 직선 l과 수직인 평면 P와 직선 l과 수직인 평면 Q에서 두 평면 P와 Q
⑤ 평면 P와 평행한 직선 l과 평면 P와 수직인 직선 m에서 두 직선 l과 m

눈금 없는 자와
컴퍼스로 그리는 도형!

작도와 합동

눈금 없는 자와 컴퍼스만으로 도형 그리기

작도

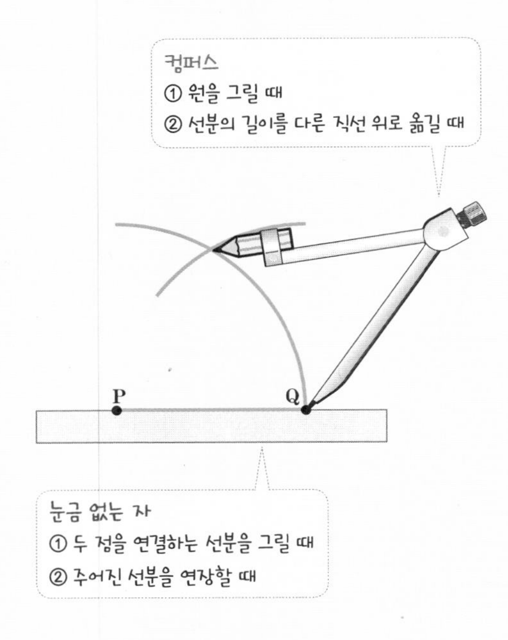

1 간단한 도형의 작도

1) 작도 : 눈금 없는 자와 컴퍼스만을 사용하여 도형을 그리는 것

① 눈금 없는 자 : 두 점을 연결하는 선분을 그리거나 주어진 선분을 연장하는 데 사용

② 컴퍼스 : 원을 그리거나 주어진 선분의 길이를 재어 길이가 같은 선분을 옮기는데 사용

2) 길이가 같은 선분의 작도

❶ 자로 직선을 그리고, 이 직선 위에 점 P를 잡는다.

❷ 컴퍼스를 사용하여 $\overline{AB}$의 길이를 잰다.

❸ 점 P를 중심으로 하고 반지름의 길이가 $\overline{AB}$인 원을 그려 직선과 만나는 점을 Q라 하면 $\overline{AB}$와 길이가 같은 $\overline{PQ}$가 작도된다.

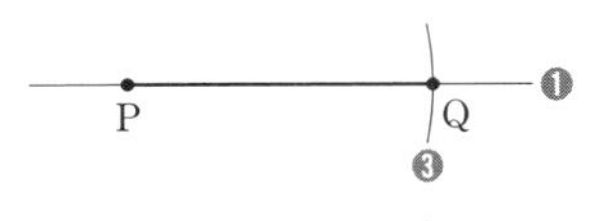

3) 크기가 같은 각의 작도

❶ 점 O를 중심으로 하는 적당한 크기의 원을 그려 $\overrightarrow{OX}$, $\overrightarrow{OY}$와 만나는 점을 각각 A, B라 한다.

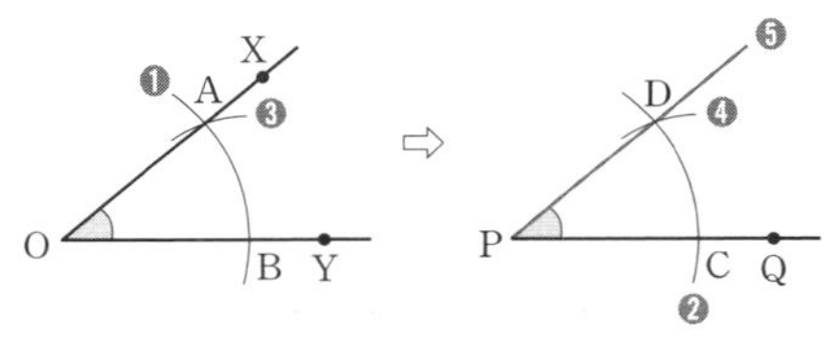

❷ 점 P를 중심으로 하고 반지름의 길이가 $\overline{OA}$인 원을 그려 $\overrightarrow{PQ}$와 만나는 점을 C라 한다.

❸, ❹ 점 C를 중심으로 하고 반지름의 길이가 $\overline{AB}$인 원을 그려 ❷에서 그린 원과 만나는 점을 D라 한다.

❺ 두 점 P, D를 잇는 반직선 PD를 그으면 $\angle AOB$와 크기가 같은 $\angle DPC$가 작도된다.

주의 • 눈금 없는 자로는 길이를 잴 수 없으므로 길이가 같은 선분을 작도할 때에는 컴퍼스를 사용하여 선분의 길이를 재어서 옮겨야 한다.

동위각과 엇각의 성질 이용

평행선의 작도

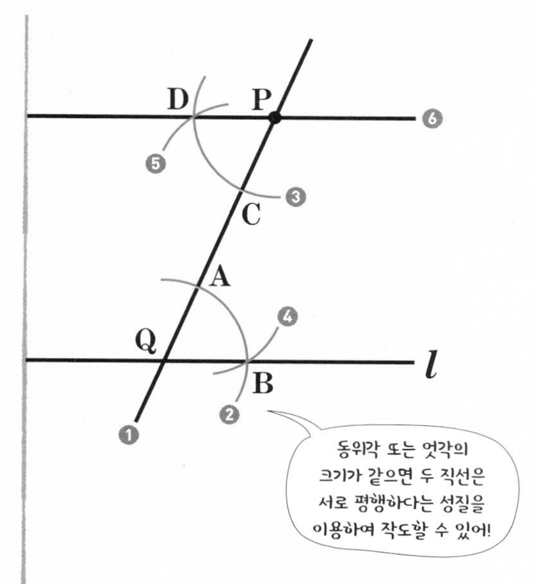

2 평행선의 작도

❶ 점 P를 지나는 직선을 그어 직선 l과 만나는 점을 A라 한다.

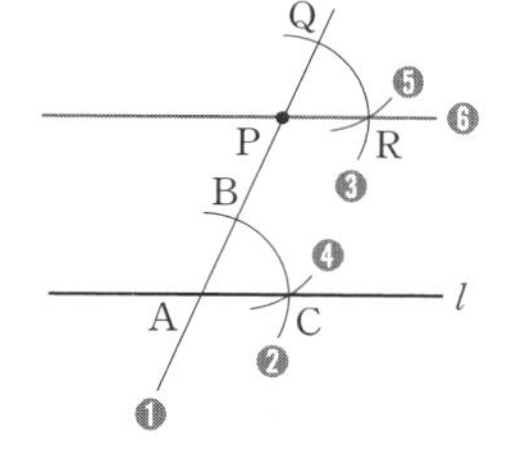

❷ 점 A를 중심으로 하는 적당한 크기의 원을 그려 이 원이 $\overleftrightarrow{AP}$, 직선 l과 만나는 점을 각각 B, C라 한다.

❸ 점 P를 중심으로 하고 반지름의 길이가 $\overline{AB}$인 원을 그려 $\overleftrightarrow{AP}$와 만나는 점을 Q라 한다.

❹, ❺ 점 Q를 중심으로 하고 반지름의 길이가 $\overline{BC}$인 원을 그려 ❸에서 그린 원과 만나는 점을 R라 한다.

❻ 두 점 P, R를 잇는 직선을 그으면 직선 l과 평행한 $\overleftrightarrow{PR}$가 작도된다.

+ 평행선의 작도는 크기가 같은 각의 작도를 이용한다. 이때 그 원리는 다음과 같다.
  ① 동위각의 크기가 같으면 두 직선은 서로 평행하다.
  ② 엇각의 크기가 같으면 두 직선은 서로 평행하다.

△ABC

삼각형 ABC

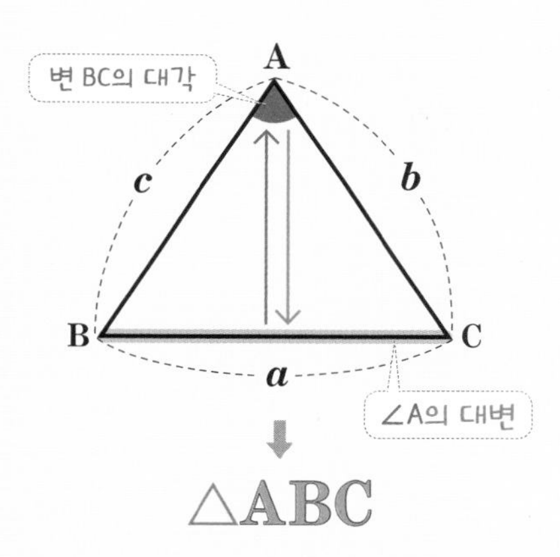

△ABC에서 세 변의 길이 사이의 관계

$a+b>c$
$b+c>a$
$c+a>b$

3 삼각형

1) 삼각형 ABC : 세 점 A, B, C가 한 직선 위에 있지 않을 때, 세 선분 AB, BC, CA로 이루어진 도형을 삼각형 ABC라 하고, 기호로 △ABC와 같이 나타낸다.

2) 대변과 대각 : 삼각형에서 한 각과 마주 보는 변을 대변, 한 변과 마주 보는 각을 대각이라 한다.

3) 삼각형의 세 변의 길이 사이의 관계 : 삼각형의 두 변의 길이의 합은 나머지 한 변의 길이보다 크다.
즉, (두 변의 길이의 합) > (나머지 한 변의 길이)

+ • △ABC에서 ∠A, ∠B, ∠C의 대변의 길이는 각각 소문자 a, b, c로 나타내기도 한다.
  • 사각형 ABCD는 기호로 □ABCD와 같이 나타낸다.

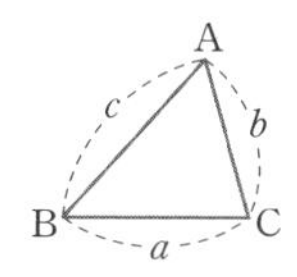

모양과 크기가 하나로 작도되는 삼각형

삼각형의 작도

❶ **세 변의 길이가 주어질 때**

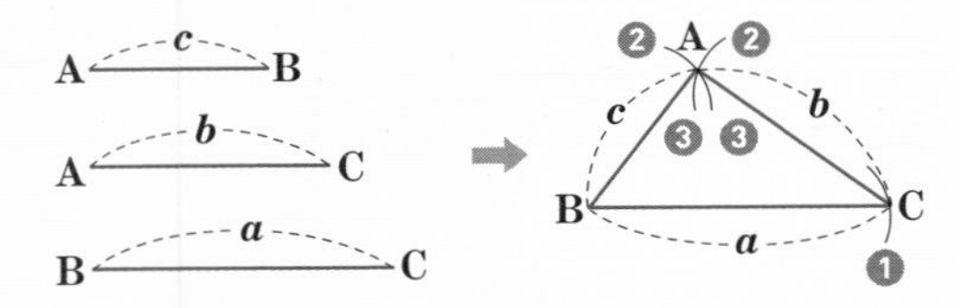

❷ **두 변의 길이와 그 끼인각의 크기가 주어질 때**

➡ 단, 주어진 두 변의 끼인각이 주어져야 한다.

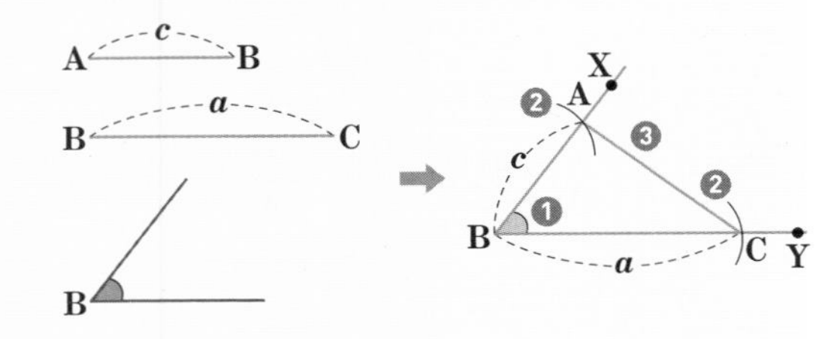

❸ **한 변의 길이와 그 양 끝각의 크기가 주어질 때**

➡ 단, 주어진 양 끝각의 합이 180° 미만이어야 한다.

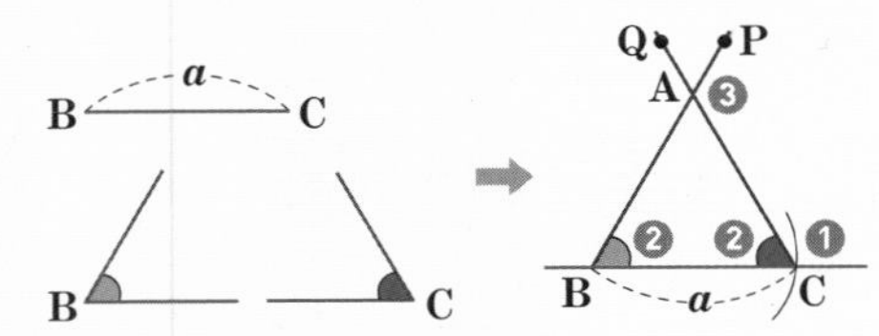

4 삼각형의 작도와 삼각형의 결정조건

1) 삼각형의 작도 : 다음과 같은 조건이 주어지면 삼각형을 하나로 작도할 수 있다.

① 세 변의 길이가 주어질 때

❶ 선분 a와 길이가 같은 선분 BC를 잡는다.

❷ 두 점 B, C를 중심으로 하고 반지름의 길이가 각각 c, b인 두 원을 그려 이 두 원이 만나는 점을 A라 한다.

❸ 점 A와 점 B, 점 A와 점 C를 각각 이으면 △ABC가 작도된다.

② 두 변의 길이와 그 끼인각의 크기가 주어질 때

❶ ∠B와 크기가 같은 각을 작도한다.

❷ 점 B를 중심으로 하고 선분 c, a의 길이를 각각 반지름으로 하는 원을 그려 $\overrightarrow{BX}$, $\overrightarrow{BY}$와 만나는 점을 각각 A, C라 한다.

❸ 점 A와 점 C를 이으면 △ABC가 작도된다.

③ 한 변의 길이와 그 양 끝각의 크기가 주어질 때

❶ 선분 a와 길이가 같은 선분 BC를 잡는다.

❷ $\overrightarrow{BC}$, $\overrightarrow{CB}$를 각각 한 변으로 하는 ∠B, ∠C를 작도하고 그 각을 각각 ∠CBP, ∠BCQ라 한다.

❸ $\overrightarrow{BP}$, $\overrightarrow{CQ}$가 만나는 점을 A라 하면 △ABC가 작도된다.

2) 삼각형의 결정조건

다음의 각 경우에 삼각형의 모양과 크기는 단 하나로 결정된다.

① 세 변의 길이가 주어질 때

② 두 변의 길이와 그 끼인각의 크기가 주어질 때

③ 한 변의 길이와 그 양 끝각의 크기가 주어질 때

+ 삼각형의 결정조건과 합동 조건은 그 내용이 비슷하다.

모양과 크기가 똑같은 삼각형

삼각형의 합동

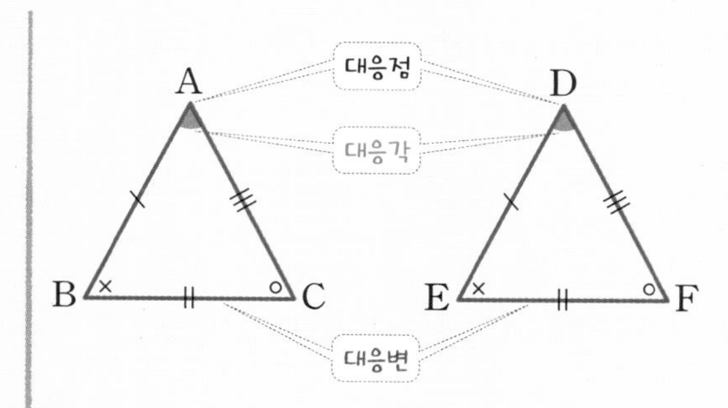

△ABC ≡ △DEF

반드시 대응하는 꼭짓점의 순서로 써야해!

❶ SSS 합동

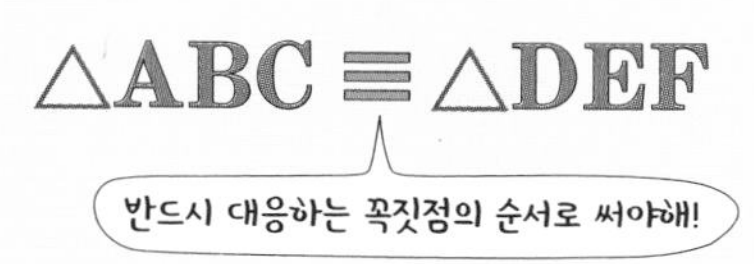

❷ SAS 합동

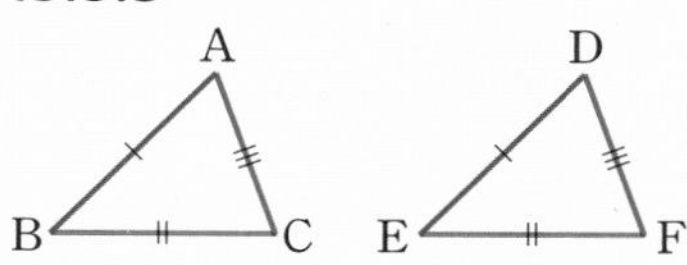

❸ ASA 합동

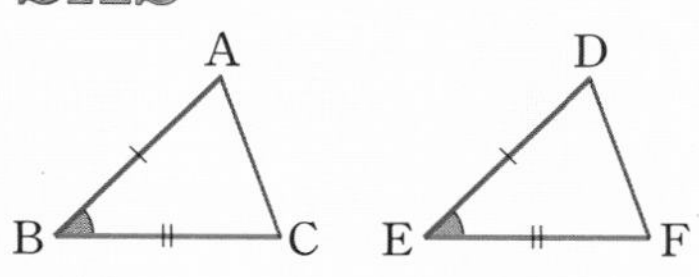

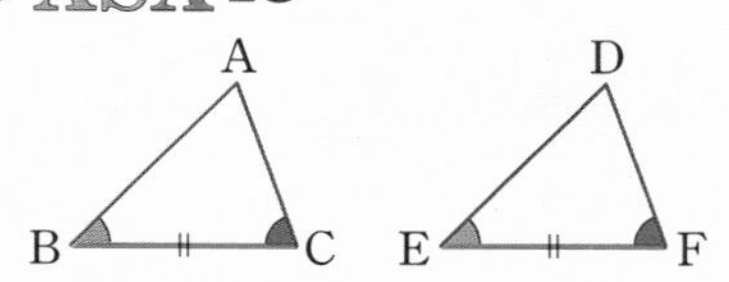

5 도형의 합동과 삼각형의 합동 조건

1) 합동 : 모양과 크기가 똑같아서 완전히 포갤 수 있는 두 도형을 합동이라 한다. 두 도형 P, Q가 서로 합동일 때, 기호로 P≡Q와 같이 나타낸다.

+ '='와 '≡'의 차이점은 다음과 같다.
  ① △ABC=△DEF ⇨ △ABC와 △DEF의 넓이가 같다.
  ② △ABC≡△DEF ⇨ △ABC와 △DEF는 합동이다.

2) 대응점, 대응변, 대응각 : 합동인 두 도형에서 서로 포개어지는 꼭짓점, 변, 각을 각각 대응점, 대응변, 대응각이라 한다.

3) 합동인 도형의 성질

두 도형이 서로 합동이면

① 대응하는 변의 길이는 서로 같다.

② 대응하는 각의 크기는 서로 같다.

4) 삼각형의 합동 조건 : 두 삼각형은 다음의 각 경우에 서로 합동이다.

① 대응하는 세 변의 길이가 각각 같을 때 (SSS 합동)

② 대응하는 두 변의 길이가 각각 같고, 그 끼인각의 크기가 같을 때 (SAS 합동)

③ 대응하는 한 변의 길이가 같고, 그 양 끝 각의 크기가 각각 같을 때 (ASA 합동)

주의 • ① 합동인 두 도형을 기호로 나타낼 때에는 두 도형의 꼭짓점을 대응하는 순서대로 쓴다.
② 합동인 두 도형의 넓이는 항상 같지만 두 도형의 넓이가 같다고 항상 합동인 것은 아니다.

+ 삼각형의 합동 조건에서 S는 Side(변), A는 Angle(각)의 첫 글자를 딴 것이다.

작도의 성질 이용

여러 가지 작도

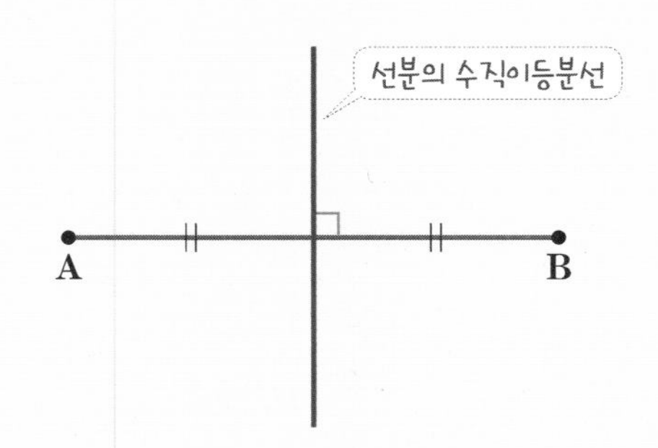

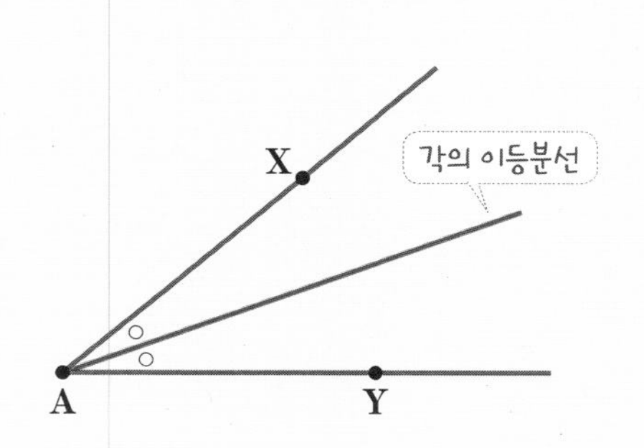

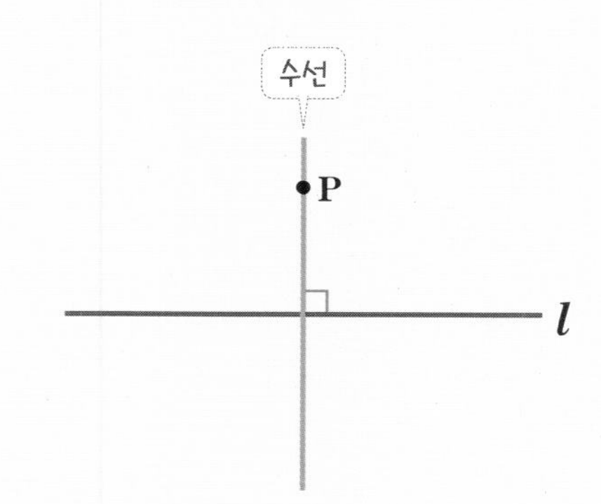

6 작도의 성질 이용 – 교과서 밖의 내용

1) 선분의 수직이등분선의 작도

❶ 두 점 A, B를 각각 중심으로 하고 반지름의 길이가 같은 두 원을 그려 이 두 원이 만나는 점을 P, Q라 한다.

❷ 두 점 P, Q를 잇는 직선을 그으면 $\overline{AB}$의 수직이등분선 $\overleftrightarrow{PQ}$가 작도된다.

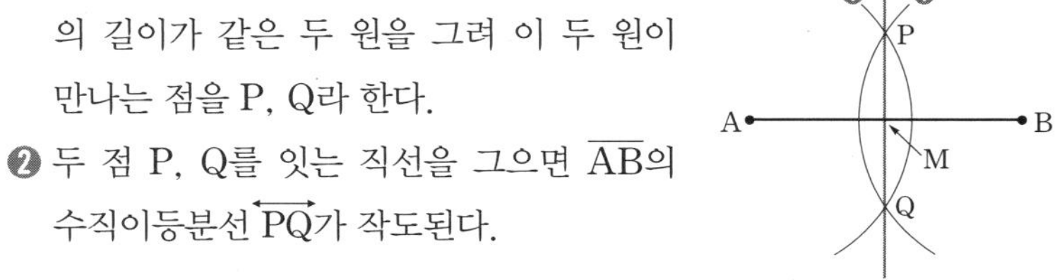

+ 선분의 수직이등분선 위의 한 점에서 선분의 양 끝점에 이르는 거리는 같다. 즉, $\overline{AB}\perp\overleftrightarrow{PQ}$, $\overline{AM}=\overline{BM}$이면
⇨ $\overline{PA}=\overline{PB}$, $\overline{QA}=\overline{QB}$

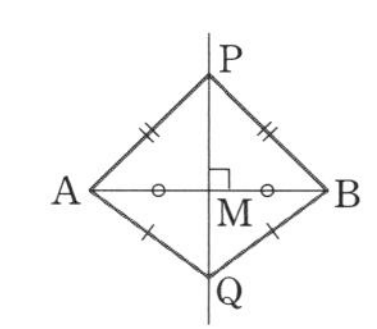

2) 각의 이등분선의 작도

❶ 점 O를 중심으로 하는 적당한 크기의 원을 그려 $\overrightarrow{OX}$, $\overrightarrow{OY}$와 만나는 점을 각각 A, B라 한다.

❷ 두 점 A, B를 각각 중심으로 하고 반지름의 길이가 같은 두 원을 그려 이 두 원이 만나는 점을 P라 한다.

❸ 두 점 O, P를 잇는 반직선을 그으면 ∠XOY의 이등분선 $\overrightarrow{OP}$가 작도된다.

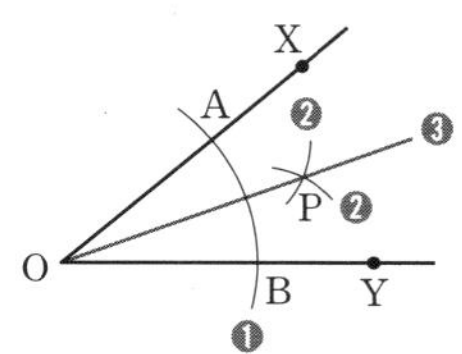

+ $\overrightarrow{OP}$가 ∠XOY의 이등분선일 때,
∠XOP=∠YOP, $\overline{PA}=\overline{PB}$

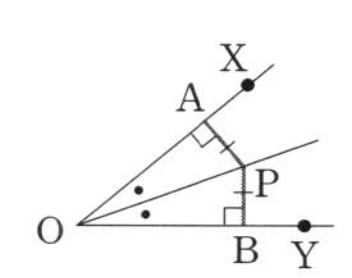

3) 수선의 작도

❶ 점 P를 중심으로 하는 적당한 크기의 원을 그려 직선 l과 만나는 두 점을 A, B라 한다.

❷ 두 점 A, B를 각각 중심으로 하고 반지름의 길이가 같은 두 원을 그려 이 두 원이 만나는 점을 Q라 한다.

❸ 두 점 P, Q를 잇는 직선을 그으면 직선 l의 수선 $\overleftrightarrow{PQ}$가 작도된다.

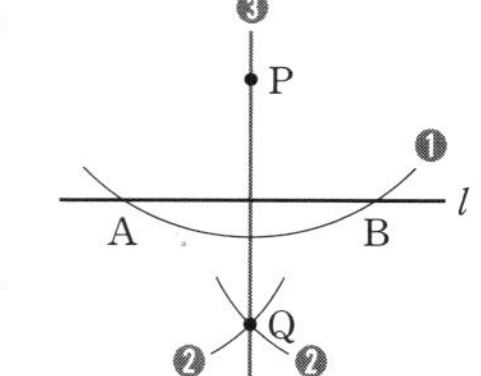

주제별 실력다지기

1 기본 작도

01 작도할 때의 눈금 없는 자와 컴퍼스의 사용 용도를 다음 **보기**에서 각각 구하시오.

보기

ㄱ. 두 점을 잇는 선분을 그린다.
ㄴ. 선분의 길이를 비교한다.
ㄷ. 각의 크기를 잰다.
ㄹ. 주어진 선분을 연장한다.
ㅁ. 선분의 길이를 재어 다른 직선 위로 옮긴다.

02 다음 그림과 같이 $3\overline{AB}=\overline{CD}$인 점 D를 작도할 때 사용되는 도구를 모두 고르면? (정답 2개)

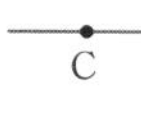

① 눈금 있는 자　　② 눈금 없는 자
③ 컴퍼스　　④ 각도기
⑤ 삼각자

[03~04] 아래 그림은 ∠XOY와 크기가 같은 각을 작도하는 과정을 나타낸 것이다. 다음 물음에 답하시오.

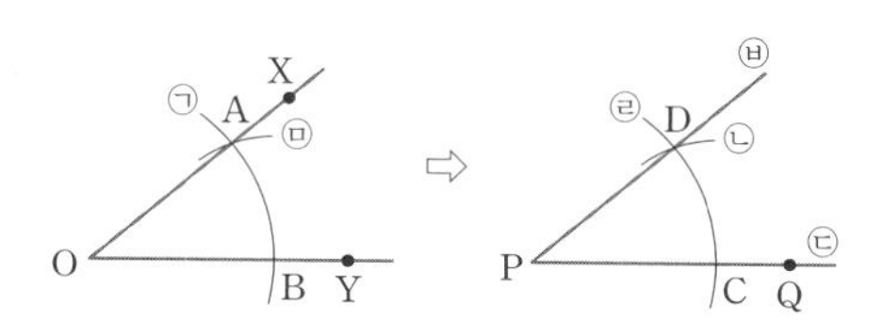

03 다음 □ 안에 알맞은 작도 순서를 써넣으시오.

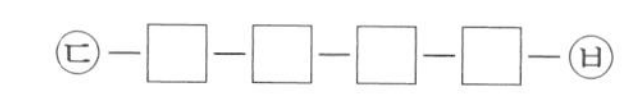
㉢-□-□-□-□-㉥

04 다음 중 옳지 않은 것은?

① $\overline{OA}=\overline{OB}$　　② $\overline{PC}=\overline{PD}$
③ $\overline{OB}=\overline{CD}$　　④ $\overline{AB}=\overline{CD}$
⑤ $\angle AOB=\angle DPC$

05 아래 그림과 같이 $\overline{AB}$를 점 B의 방향으로 연장하여 그 길이가 $\overline{AB}$의 2배가 되는 $\overline{AC}$를 작도할 때, 다음 설명 중 옳은 것은?

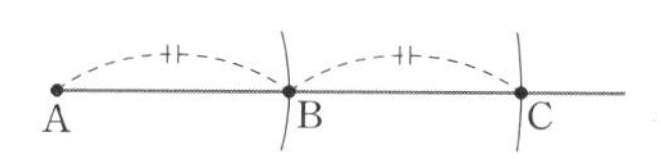

① $\overline{AC}$는 눈금 없는 자만으로도 작도가 가능하다.
② 주어진 $\overline{AB}$의 길이를 자로 정확히 재어 2배로 연장하여 그린다.
③ 컴퍼스로 점 A를 중심으로 하고, 반지름의 길이가 $\overline{AB}$인 원을 그려 점 C를 찾는다.
④ 컴퍼스로 점 B를 중심으로 하고, 반지름의 길이가 $\overline{AB}$인 원을 그려 점 C를 찾는다.
⑤ $\overline{AB}$의 길이는 $\overline{BC}$의 길이의 2배이다.

[06~07] 오른쪽 그림은 직선 l 밖의 한 점 P를 지나고 l에 평행한 직선을 작도한 것이다. 다음 물음에 답하시오.

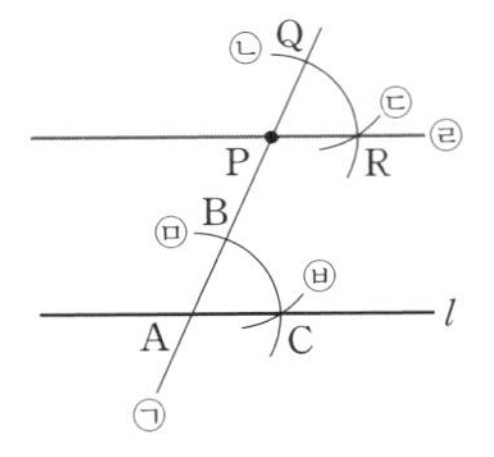

06 다음 □ 안에 알맞은 작도 순서를 써넣으시오.

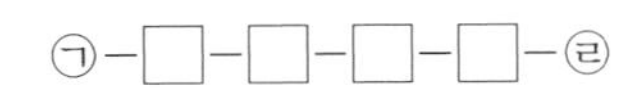

07 다음 중 위의 작도 과정에서 이용된 성질은?

① 두 직선이 서로 평행하면 동위각의 크기는 같다.
② 두 직선이 서로 평행하면 엇각의 크기는 같다.
③ 맞꼭지각의 크기가 같으면 두 직선은 서로 평행하다.
④ 동위각의 크기가 같으면 두 직선은 서로 평행하다.
⑤ 엇각의 크기가 같으면 두 직선은 서로 평행하다.

08 오른쪽 그림은 직선 l 위에 있지 않은 한 점 P를 지나고 직선 l에 평행한 직선을 작도한 것이다. 다음 중 옳지 않은 것은?

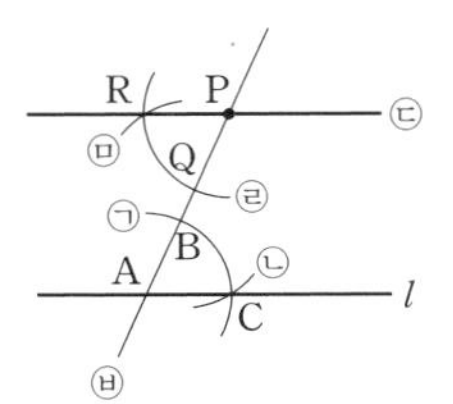

① $\overline{AC}=\overline{PR}$
② $\overline{QR}=\overline{AB}$
③ $\angle BAC=\angle QPR$
④ 작도 순서는 ㉥-㉠-㉣-㉡-㉤-㉢이다.
⑤ 엇각의 크기가 같으면 두 직선은 서로 평행하다는 성질을 이용한 것이다.

2 삼각형의 세 변의 길이 사이의 관계

09 다음 중 삼각형의 세 변의 길이가 될 수 있는 것을 모두 고르면? (정답 2개)

① 2 cm, 7 cm, 8 cm　② 3 cm, 5 cm, 8 cm
③ 4 cm, 6 cm, 11 cm　④ 4 cm, 8 cm, 10 cm
⑤ 5 cm, 9 cm, 14 cm

10 길이가 각각 5, 7, 7, 11, 14인 5개의 선분 중에서 3개를 골라 삼각형을 만들 때, 만들 수 있는 서로 다른 삼각형은 모두 몇 개인가?

① 5개　② 6개　③ 7개
④ 8개　⑤ 9개

11 삼각형의 세 변의 길이가 x, 2, 3일 때, 다음 중 자연수 x의 값은 몇 개인가?

① 3개　② 4개　③ 5개
④ 6개　⑤ 7개

12 삼각형의 세 변의 길이가 a, 4, 10일 때, 다음 중 a의 값이 될 수 있는 자연수는 몇 개인가?

① 6개 ② 7개 ③ 8개
④ 9개 ⑤ 10개

13 두 변의 길이가 각각 6, 11인 삼각형이 있다. 다음 중 나머지 한 변의 길이로 적당하지 않은 자연수를 모두 고르면? (정답 2개)

① 5 ② 8 ③ 11
④ 14 ⑤ 18

3 삼각형이 하나로 정해지기 위한 조건

14 $\angle A$의 크기와 다음 조건이 주어질 때, 다음 중 $\triangle ABC$가 하나로 정해지는 것을 모두 고르면?

(정답 2개)

① $\overline{AB}$, $\overline{BC}$ ② $\overline{AC}$, $\overline{BC}$ ③ $\overline{AB}$, $\overline{AC}$
④ $\overline{AB}$, $\angle B$ ⑤ $\angle B$, $\angle C$

15 $\overline{AB}$, $\overline{BC}$의 길이가 주어졌을 때, 한 가지 조건이 더 주어지면 $\triangle ABC$를 하나로 작도할 수 있다. 이때 더 필요한 조건을 모두 구하시오.

16 다음 중 $\triangle ABC$가 하나로 정해지는 것을 모두 고르면? (정답 2개)

① $\overline{AB}=12$ cm, $\overline{BC}=6$ cm, $\overline{CA}=6$ cm
② $\overline{AB}=5$ cm, $\overline{BC}=7$ cm, $\angle B=30°$
③ $\angle A=90°$, $\angle B=20°$, $\angle C=70°$
④ $\overline{AC}=5$ cm, $\angle A=70°$, $\angle B=80°$
⑤ $\overline{AB}=5$ cm, $\overline{BC}=8$ cm, $\angle C=56°$

17 다음 중 △ABC가 하나로 정해지지 않는 것은?

① $\overline{AB}=5$ cm, $\overline{BC}=7$ cm, $\overline{CA}=9$ cm
② $\overline{AB}=6$ cm, $\angle A=60°$, $\angle B=45°$
③ $\overline{BC}=5$ cm, $\angle A=45°$, $\angle C=50°$
④ $\overline{BC}=6$ cm, $\overline{CA}=7$ cm, $\angle C=80°$
⑤ $\overline{AB}=4$ cm, $\overline{BC}=5$ cm, $\angle C=80°$

18 한 변의 길이가 6 cm이고, 두 각의 크기가 각각 45°, 55°인 삼각형은 몇 가지로 작도할 수 있는가?

① 1가지 ② 2가지 ③ 3가지
④ 4가지 ⑤ 5가지

4 도형의 합동

19 다음 설명 중 옳지 않은 것은?

① 합동인 두 도형의 대응하는 각의 크기는 각각 같다.
② 합동인 두 도형의 대응하는 변의 길이는 각각 같다.
③ 합동인 두 직사각형의 넓이는 같다.
④ 합동인 두 원의 둘레의 길이는 같다.
⑤ 세 각의 크기가 같은 두 삼각형은 합동이다.

20 다음 그림에서 △ABC≡△DEF일 때, $x+y$의 값을 구하시오.

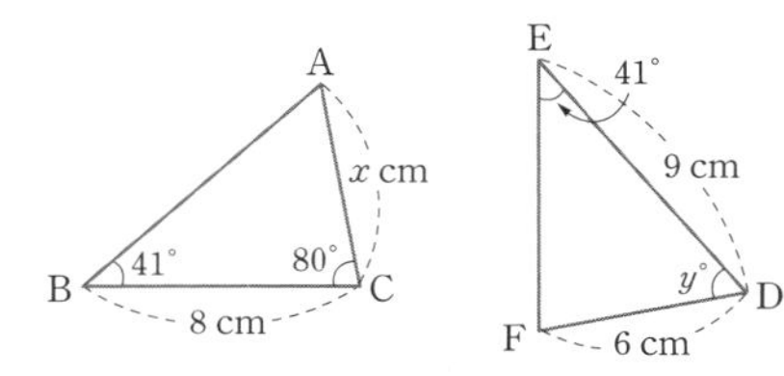

21 아래 그림에서 사각형 ABCD와 사각형 EFGH가 합동일 때, 다음 중 옳지 않은 것은?

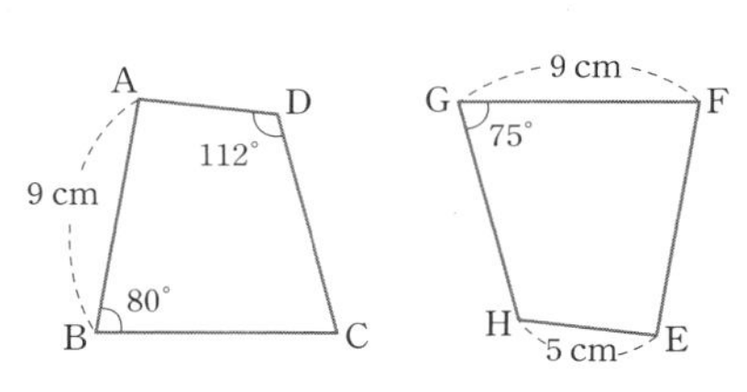

① $\overline{EF}=9$ cm ② $\overline{AD}=5$ cm
③ $\overline{CD}=9$ cm ④ $\angle C=75°$
⑤ $\angle E=93°$

22 다음 중 $\triangle ABC$와 $\triangle DEF$가 합동이 될 수 <u>없는</u> 것은?

① $\overline{AB}=\overline{DE}$, $\overline{AC}=\overline{DF}$, $\overline{BC}=\overline{EF}$
② $\overline{AC}=\overline{DF}$, $\angle A=\angle D$, $\angle C=\angle F$
③ $\overline{BC}=\overline{EF}$, $\angle A=\angle D$, $\angle B=\angle E$
④ $\overline{AB}=\overline{DE}$, $\overline{BC}=\overline{EF}$, $\angle B=\angle E$
⑤ $\overline{AC}=\overline{DF}$, $\overline{BC}=\overline{EF}$, $\angle B=\angle E$

23 오른쪽 그림의 $\triangle ABC$와 $\triangle DEF$에서 $\overline{AB}=\overline{DE}$일 때, 다음 중 $\triangle ABC\equiv\triangle DEF$이기 위해 필요한 조건끼리 짝지은 것을 모두 고르면? (정답 2개)

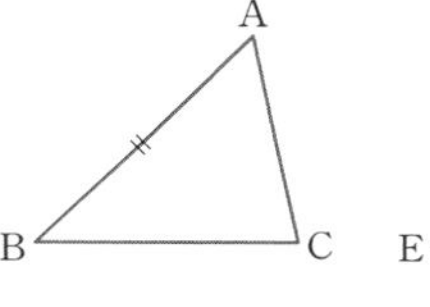

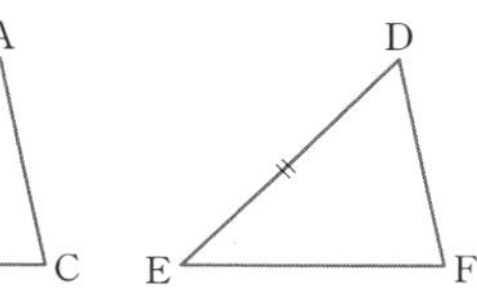

① $\overline{BC}=\overline{EF}$, $\angle A=\angle D$
② $\overline{BC}=\overline{EF}$, $\angle C=\angle F$
③ $\overline{AC}=\overline{DF}$, $\angle B=\angle E$
④ $\angle A=\angle D$, $\angle B=\angle E$
⑤ $\overline{AC}=\overline{DF}$, $\angle A=\angle D$

24 $\triangle ABC$와 $\triangle DFE$에서 $\angle B=\angle F$, $\angle C=\angle E$일 때, 두 삼각형이 ASA 합동이기 위해 필요한 나머지 한 조건인 것을 모두 고르면? (정답 3개)

① $\overline{AB}=\overline{DF}$　② $\angle C=\angle F$　③ $\angle A=\angle D$
④ $\overline{AC}=\overline{DE}$　⑤ $\overline{BC}=\overline{FE}$

5 삼각형의 합동 – 붙어있는 두 도형을 이용

25 다음 중 서로 합동인 삼각형과 합동 조건을 나타낸 것으로 옳지 <u>않은</u> 것은?

①
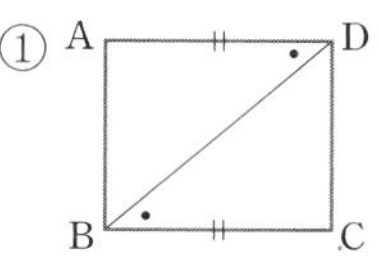

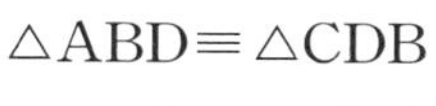
$\triangle ABD\equiv\triangle CDB$
(SAS 합동)

②
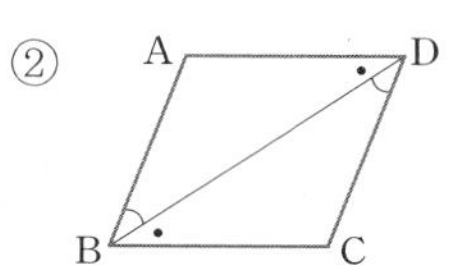

$\triangle ABD\equiv\triangle CDB$
(ASA 합동)

③
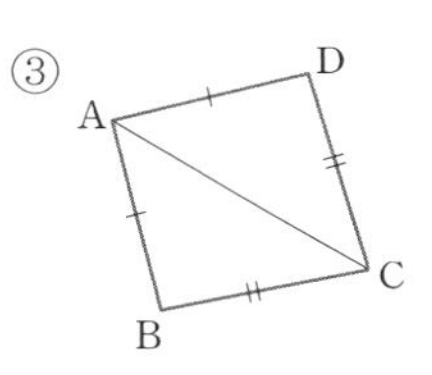

$\triangle ABC\equiv\triangle ADC$
(SSS 합동)

④
$\triangle AEC\equiv\triangle BED$
(SAS 합동)

⑤
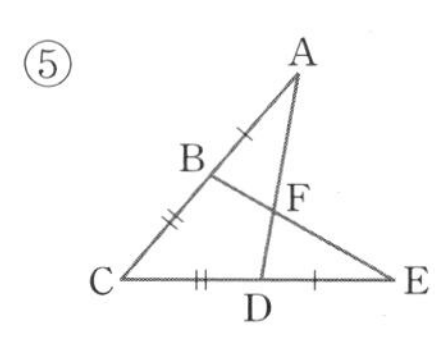

$\triangle ACD\equiv\triangle ECB$
(SAS 합동)

26 오른쪽 그림에서 $\overline{BC} /\!/ \overline{ED}$, $\overline{AB}=\overline{AD}$일 때, (가), (나), (다)에 알맞은 것을 구하시오.

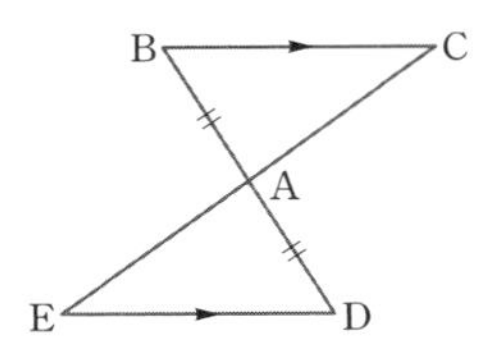

> △ABC와 △ADE에서
> $\overline{AB}=\overline{AD}$, ∠BAC= (가)
> $\overline{BC} /\!/ \overline{ED}$이므로 ∠ABC= (나)
> ∴ △ABC≡△ADE ((다) 합동)

27 오른쪽 그림에서 ∠A=∠D, $\overline{AB}=\overline{DB}$일 때, (가), (나), (다)에 알맞은 것을 구하시오.

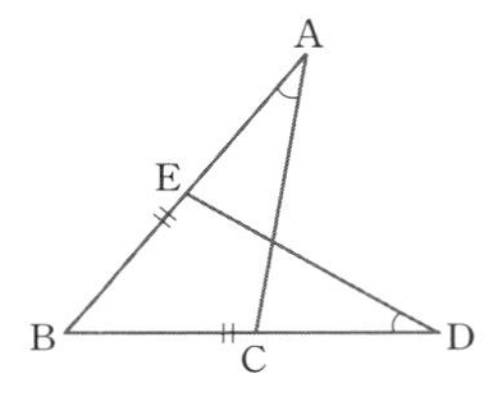

> △ABC와 △DBE에서
> ∠A=∠D, $\overline{AB}=\overline{DB}$이고
> ∠ABC= (가)
> ∴ △ABC≡ (나) ((다) 합동)

28 오른쪽 그림에서 점 P가 선분 AB의 수직이등분선 l 위의 점일 때, 다음 중 옳지 <u>않은</u> 것은?

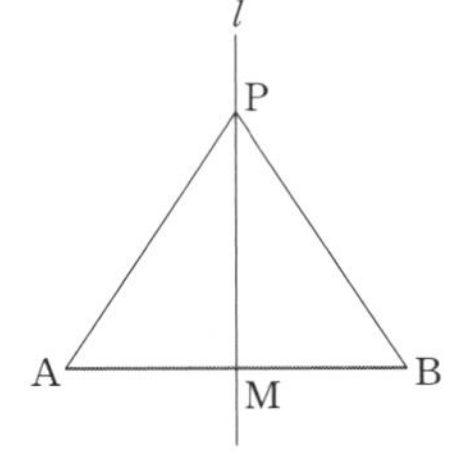

① $\overline{AM}=\overline{BM}$
② ∠AMP=∠BMP
③ $\overline{PA}=\overline{PB}$
④ △PAM≡△PBM (SSS 합동)
⑤ ∠PAM=∠PBM

29 오른쪽 그림에서 반직선 OP는 ∠XOY의 이등분선이다. 점 P에서 $\overrightarrow{OX}$, $\overrightarrow{OY}$에 내린 수선의 발을 각각 A, B라 할 때, △AOP≡△BOP임을 보이는 데 필요한 조건은?

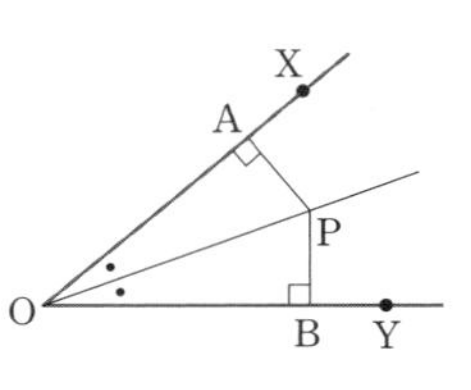

① $\overline{AP}=\overline{BP}$, $\overline{OA}=\overline{OB}$, ∠OAP=∠OBP
② $\overline{OA}=\overline{OB}$, ∠AOP=∠BOP, ∠OAP=∠OBP
③ $\overline{OA}=\overline{OB}$, $\overline{OP}$는 공통, ∠AOP=∠BOP
④ $\overline{AP}=\overline{BP}$, $\overline{OP}$는 공통, ∠OPA=∠OPB
⑤ $\overline{OP}$는 공통, ∠AOP=∠BOP, ∠APO=∠BPO

6 삼각형의 합동 – 정삼각형, 정사각형의 성질을 이용

30 오른쪽 그림에서 △ABC와 △ECD는 한 변의 길이가 각각 5 cm, 7 cm인 정삼각형이다. $\overline{AD}$=10 cm일 때, 다음 물음에 답하시오.

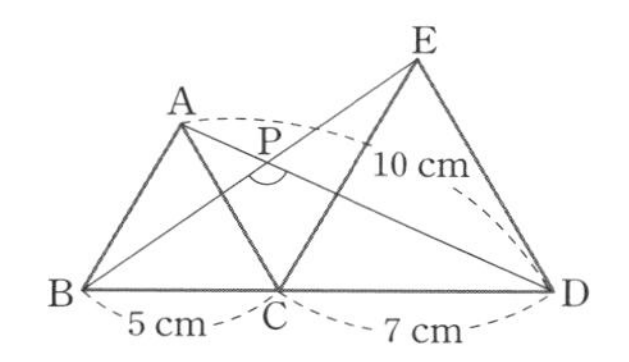

(1) △ACD와 합동인 삼각형을 찾아 기호로 나타내고 합동 조건을 말하시오.

(2) $\overline{BE}$의 길이와 ∠BPD의 크기를 각각 구하시오.

31 오른쪽 그림에서 △ABC는 $\overline{AB}=\overline{AC}$인 이등변삼각형이고 △ADB, △ACE는 정삼각형이다. $\overline{AB}$=10 cm, $\overline{CD}$=15 cm일 때, 다음 물음에 답하시오.

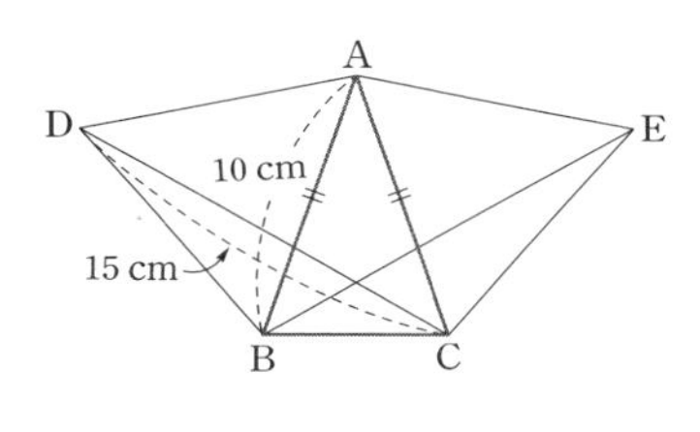

(1) △ABE와 합동인 삼각형을 찾고, 합동 조건을 말하시오.

(2) △ABE의 둘레의 길이를 구하시오.

32 오른쪽 그림에서 △ABC와 △BED는 정삼각형이고, $\overline{AB}=a$, $\overline{BD}=b$일 때, △DEC의 둘레의 길이를 a, b를 사용하여 나타내시오.

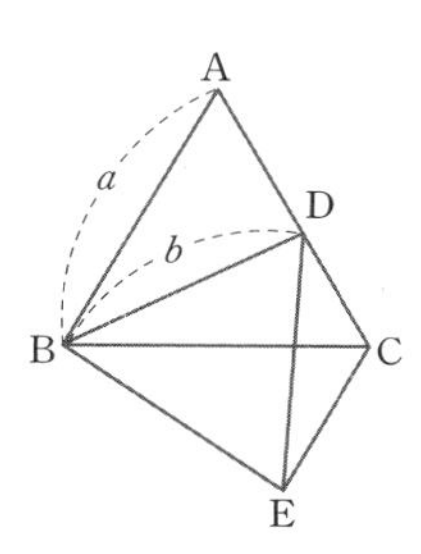

33 오른쪽 그림에서 △ABC는 정삼각형이고, $\overline{AD}=\overline{BE}=\overline{CF}$이다. $\overline{DE}$=4 cm, ∠ADF=82°일 때, ∠DEF의 크기를 구하시오.

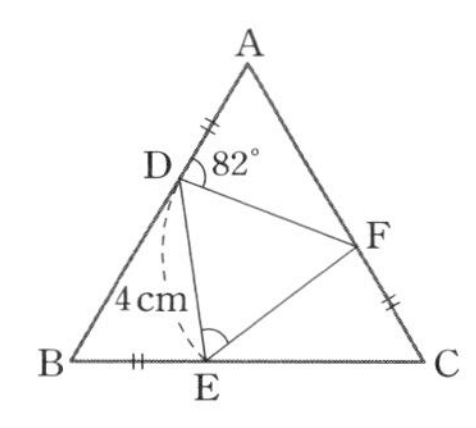

34 오른쪽 그림의 정삼각형 ABC에서 $\overline{AD}=\overline{BE}=\overline{CF}$이고 $\triangle ABC$와 $\triangle DEF$의 넓이가 각각 100 cm^2, 28 cm^2일 때, $\triangle ADF$의 넓이는?

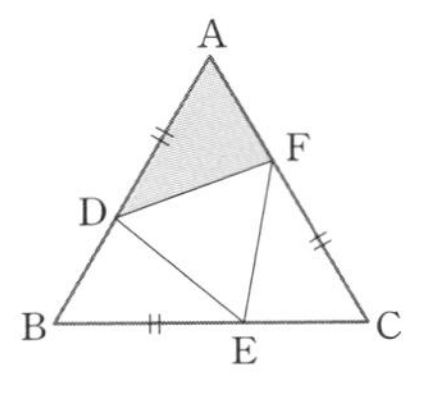

① 20 cm^2 ② 22 cm^2 ③ 24 cm^2
④ 26 cm^2 ⑤ 28 cm^2

35 오른쪽 그림에서 $\triangle ABC$는 정삼각형이고 $\overline{BD}=\overline{CE}$, $\angle CAE=23°$일 때, $\angle AFD$의 크기를 구하시오.

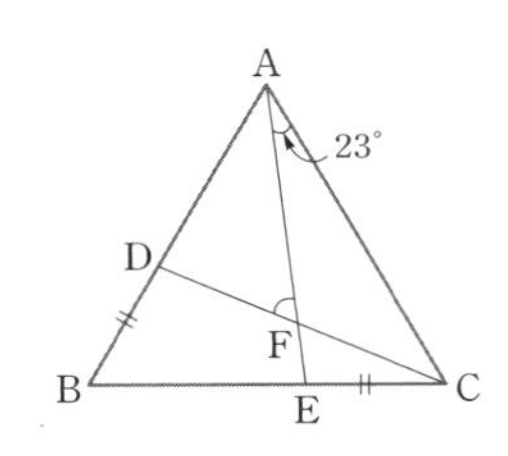

36 오른쪽 그림의 정사각형 ABCD에서 $\overline{BE}=\overline{CF}$일 때, 다음 중 옳지 않은 것은?

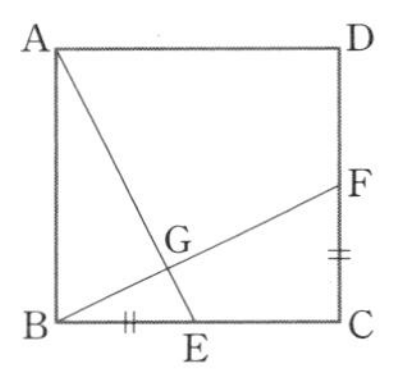

① $\overline{AE}=\overline{BF}$
② $\angle BAE=\angle CBF$
③ $\angle AEC=\angle AGF$
④ $\angle AEB=\angle BFC$
⑤ $\overline{AB}=\overline{BC}$

37 오른쪽 그림에서 두 사각형 ABCG, FCDE가 정사각형일 때, $\overline{DG}$의 길이는?

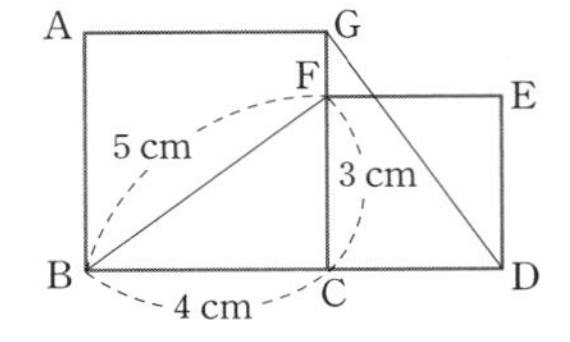

① 3 cm ② 4 cm
③ 5 cm ④ 6 cm
⑤ 7 cm

38 오른쪽 그림과 같이 한 변의 길이가 4 cm인 정사각형 ABCD의 두 대각선의 교점을 O라 할 때, O를 한 꼭짓점으로 하고 한 변의 길이가 4 cm인 정사각형 OEFG와 정사각형 ABCD가 겹쳐진 부분의 넓이를 구하시오.

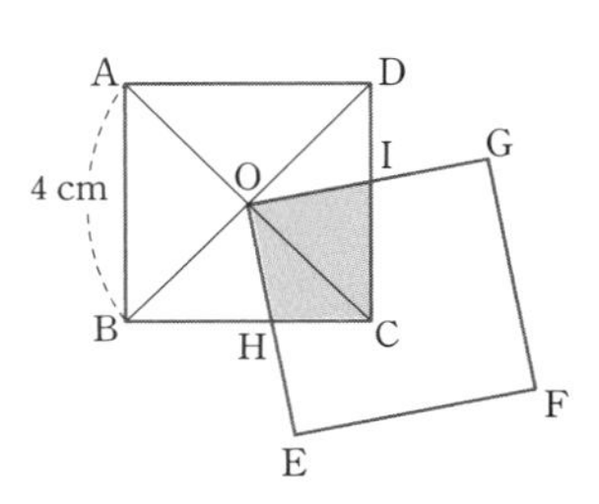

7 선분의 수직이등분선, 각의 이등분선, 수선의 작도

39 오른쪽 그림은 선분 AB의 수직이등분선을 작도한 것이다. 다음 중 옳지 않은 것은?

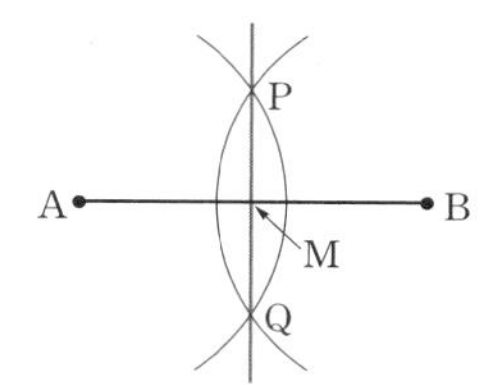

① $\overline{AB}=2\overline{AM}$
② $\overline{AP}=\overline{AQ}$
③ $\overline{AB}=\overline{PQ}$
④ $\overline{AQ}=\overline{BQ}$
⑤ $\overline{AB}\perp\overleftrightarrow{PQ}$

40 오른쪽 그림에서 두 점 Q, R는 각각 점 P를 두 반직선 OA, OB에 대하여 대칭시켜서 얻은 점이다. 사각형 OQPR의 넓이가 90 cm^2일 때, 사각형 OEPF의 넓이를 구하시오. (단, $\angle AOB<90°$)

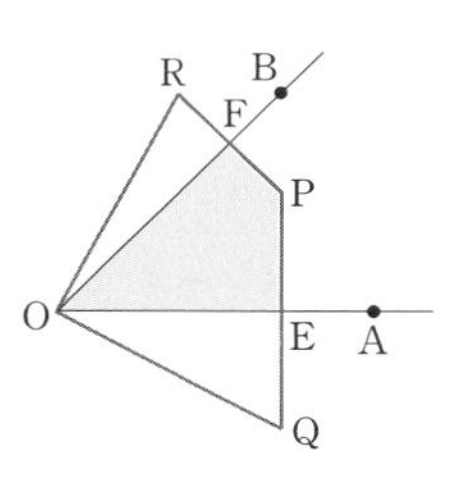

[41~42] 오른쪽 그림은 $\angle XOY$의 이등분선을 작도한 것이다. 다음 물음에 답하시오.

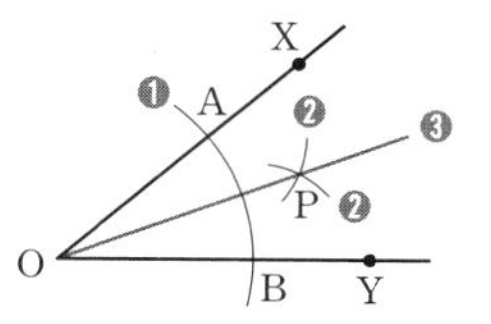

41 다음 □ 안에 알맞은 것을 써넣으시오.

> ❶ 점 O를 중심으로 하는 원을 그려 $\overrightarrow{OX}$, $\overrightarrow{OY}$와 만나는 점을 각각 □, □라 한다.
> ❷ 두 점 □와 □를 각각 중심으로 하고 반지름의 길이가 같은 두 원을 그려 이 두 원이 만나는 점을 □라 한다.
> ❸ 두 점 O와 P를 이으면 $\overrightarrow{OP}$가 $\angle XOY$의 □이다.

42 다음 중 옳지 않은 것은?

① $\overline{OA}=\overline{OB}$
② $\overline{XA}=\overline{YB}$
③ $\overline{AP}=\overline{BP}$
④ $\angle AOB=2\angle XOP$
⑤ $\angle XOP=\angle YOP$

43 오른쪽 그림에서 $\overline{AC}$ 위의 점에서 $\overline{AB}$와 $\overline{BC}$에 이르는 거리가 같도록 점을 찾으려고 할 때 이용되는 작도 방법은?

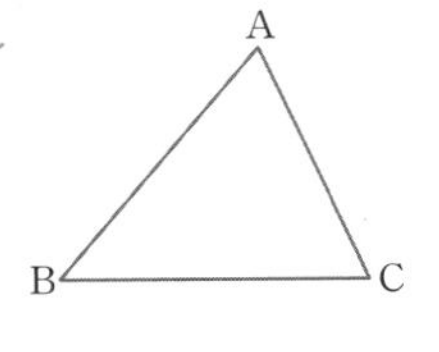

① $\overline{AC}$의 수직이등분선의 작도
② 점 B를 지나는 $\overline{AC}$의 수선의 작도
③ $\angle ABC$의 이등분선의 작도
④ $\angle ABC$의 삼등분선의 작도
⑤ 점 B를 지나는 $\overline{AC}$의 평행선의 작도

44 오른쪽 그림은 직선 l 위의 한 점 P를 지나고 직선 l에 수직인 직선을 작도한 것이다. 다음 중 옳지 않은 것은?

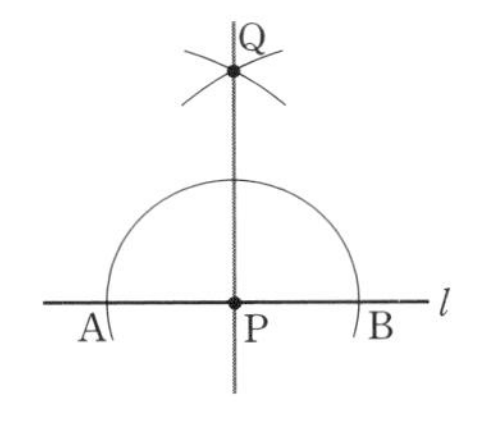

① $\overline{PA}=\overline{PB}$　② $\overline{AQ}=\overline{BQ}$
③ $\overline{AB}\perp\overline{PQ}$　④ $\overline{PQ}=\overline{AB}$
⑤ $\angle APQ=\angle BPQ$

45 오른쪽 그림은 직선 XY 밖의 한 점 P를 지나고 직선 XY에 수직인 직선 PQ를 작도한 것이다. 다음 물음에 답하시오.

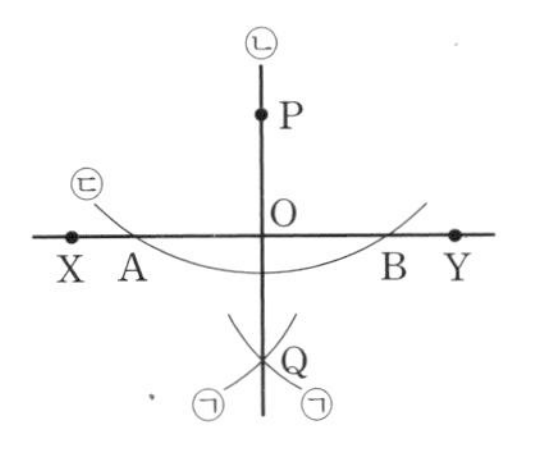

(1) 작도 순서를 쓰시오.
(2) □ 안에 알맞은 것을 써넣으시오.

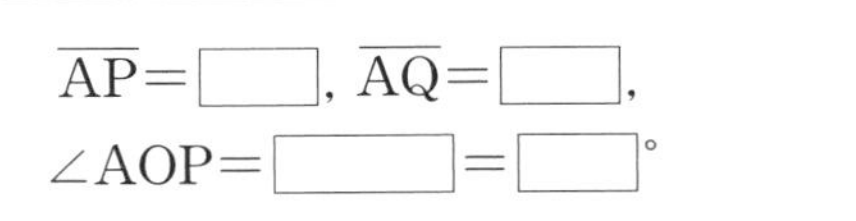
$\overline{AP}=$□, $\overline{AQ}=$□,
$\angle AOP=$□$=$□°

46 오른쪽 그림은 직선 l 밖의 한 점 P를 지나고, 직선 l에 수직인 직선을 작도하는 과정을 나타낸 것이다. 다음 중 옳은 것을 모두 고르면? (정답 2개)

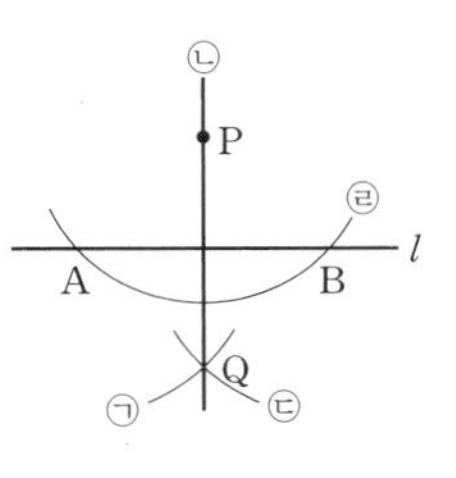

① $\overline{PA}=\overline{QA}$
② $\overline{QA}=\overline{QB}$
③ $\triangle ABP$는 이등변삼각형이다.
④ 작도 순서는 ㉠－㉢－㉣－㉡이다.
⑤ ㉢의 원과 ㉣의 원은 반지름의 길이가 같다.

I 도형의 기초

단원 종합 문제

01 다음 중 옳지 않은 것은?

① 입체도형은 점, 선, 면으로 이루어져 있다.
② 삼각기둥에서 교선의 개수는 모서리의 개수와 같다.
③ 선과 면이 만나는 경우에만 교점이 생긴다.
④ 면과 면이 만나서 생기는 교선은 곡선도 있다.
⑤ 정육면체의 꼭짓점이 되려면 한 점에 모이는 면의 개수가 3개 이상이어야 한다.

02 오른쪽 그림에 대한 설명 중 옳지 않은 것을 모두 고르면? (정답 2개)

A B C D

① $\overrightarrow{AB}$와 $\overrightarrow{BC}$의 공통 부분은 $\overline{AB}$이다.
② $\overline{AB}$와 $\overline{BC}$의 공통 부분은 점 B이다.
③ $\overrightarrow{AD}$와 $\overrightarrow{DA}$를 합한 부분은 $\overleftrightarrow{AB}$이다.
④ $\overline{AC}$와 $\overline{BA}$를 합한 부분은 $\overline{AC}$이다.
⑤ $\overrightarrow{AC}$와 $\overrightarrow{CD}$의 공통 부분은 $\overrightarrow{AD}$이다.

03 오른쪽 그림에서 두 점 M, N은 각각 $\overline{AB}$와 $\overline{BC}$의 중점이다. $\overline{MN}=18$ cm일 때, $\overline{AC}$의 길이는?

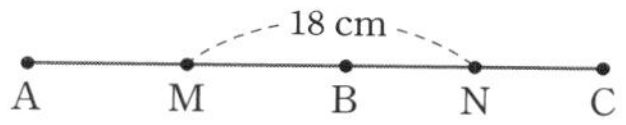

18 cm
A M B N C

① 24 cm ② 28 cm ③ 32 cm
④ 36 cm ⑤ 40 cm

04 다음 그림에서 $\overline{AM}=\frac{1}{5}\overline{AB}$이고, $\overline{AB}=120$ cm이다. $\overline{MB}=(2x+6)$ cm일 때, x의 값은?

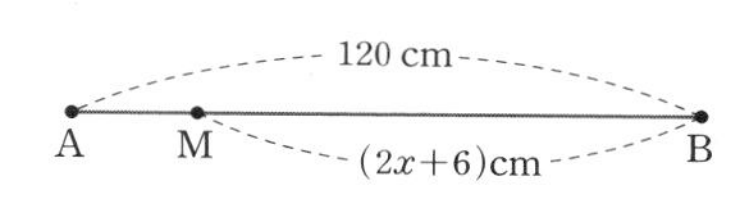

① 30 ② 35 ③ 40
④ 45 ⑤ 50

05 오른쪽 그림에서 $\angle y-\angle x$의 크기는?

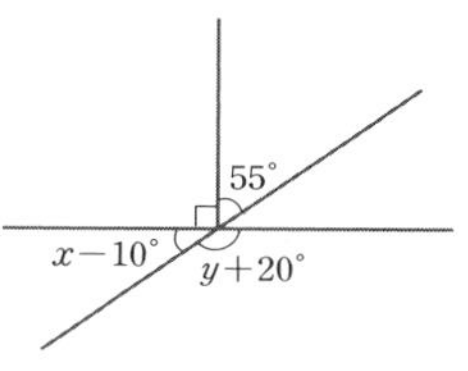

① 70° ② 75°
③ 80° ④ 85°
⑤ 90°

06 오른쪽 그림에서

$\angle AOB : \angle BOC : \angle COD = 3 : 1 : 2$

일 때, $\angle BOC$의 크기는?

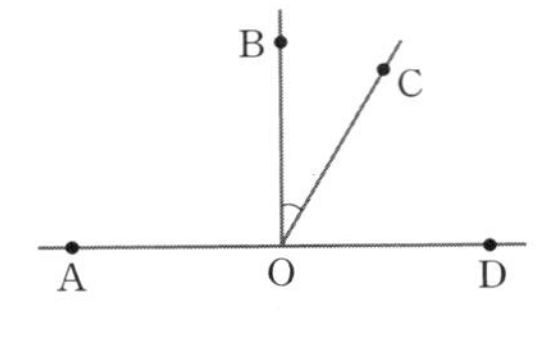

① 20°　　② 25°　　③ 30°
④ 35°　　⑤ 40°

07 오른쪽 그림에서 다음을 구하시오.

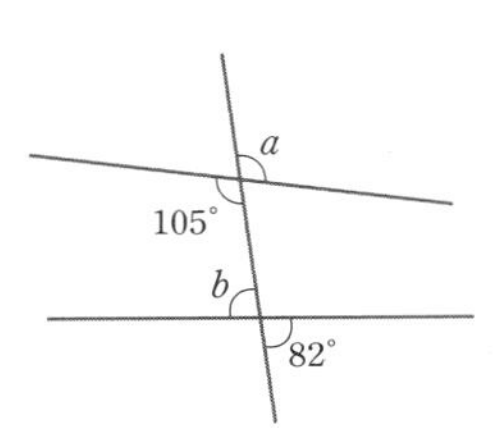

(1) $\angle a$의 동위각의 크기
(2) $\angle b$의 엇각의 크기

08 오른쪽 그림에서 $l \,/\!/\, m$일 때, 다음 중 옳지 않은 것을 모두 고르면? (정답 2개)

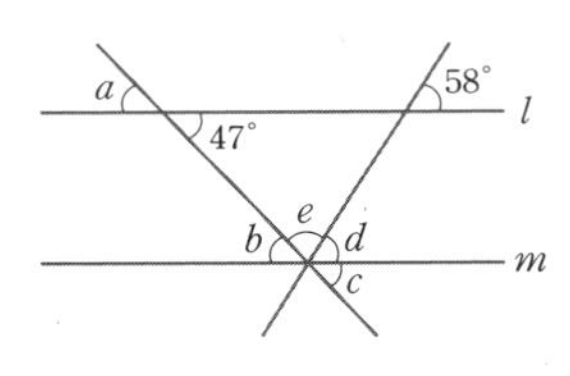

① $\angle a = 47°$　　② $\angle b = 58°$
③ $\angle c = 47°$　　④ $\angle d = 58°$
⑤ $\angle e = 74°$

09 다음 중 두 직선 l, m이 평행하지 않은 것은?

①

②
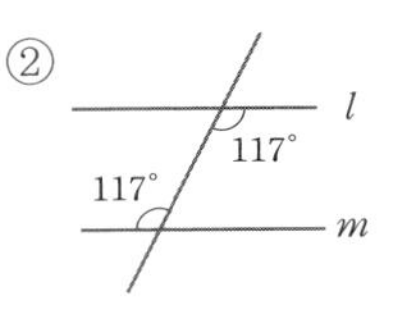

③

④
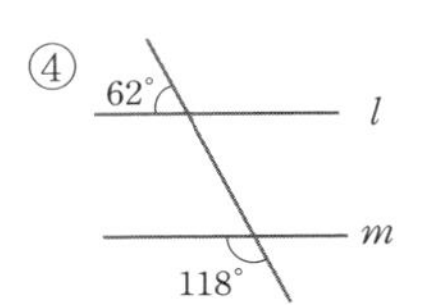

⑤

10 오른쪽 그림에서 $l \,/\!/\, m$일 때, $\angle x$의 크기는?

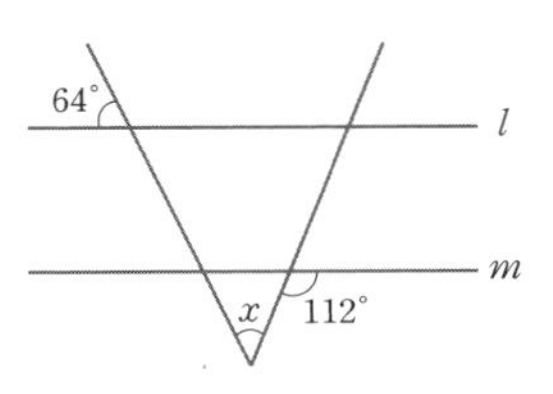

① 42°　　② 44°
③ 46°　　④ 48°
⑤ 50°

11 오른쪽 그림에서 $l \,/\!/\, m$일 때, $\angle x$의 크기를 구하시오.

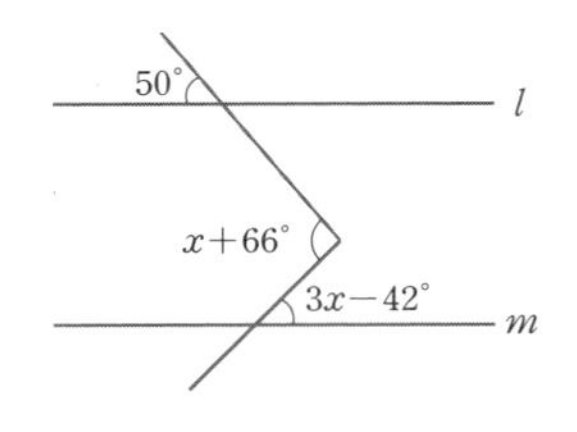

12 오른쪽 그림에서 $l \,/\!/\, m$일 때, $\angle x$의 크기는?

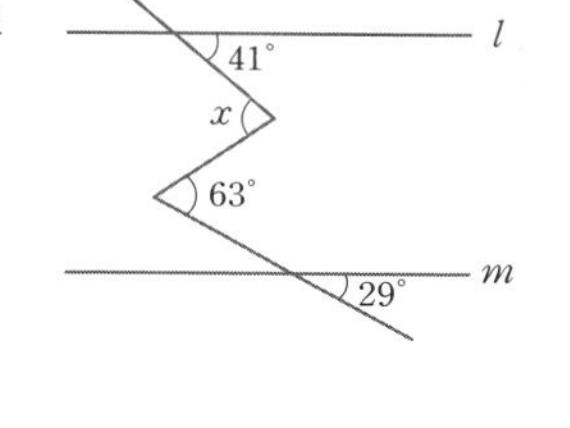

① 75° ② 76°
③ 77° ④ 78°
⑤ 79°

13 다음 중 오른쪽 그림에 대한 설명으로 옳지 않은 것을 모두 고르면? (정답 2개)

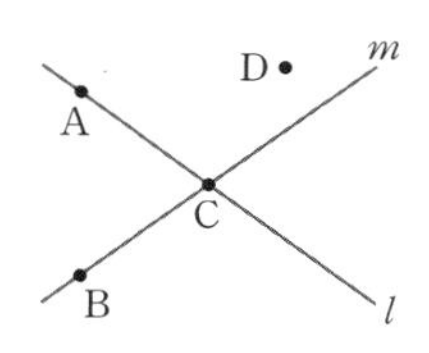

① 점 A는 직선 l 위에 있다.
② 점 D는 직선 m 위에 있다.
③ 직선 l과 직선 m의 교점은 점 C이다.
④ 직선 l은 점 C를 지나지 않는다.
⑤ 직선 m은 점 B를 지난다.

14 다음 설명 중 옳지 않은 것은?

① 공간에서 두 직선이 만나지도 않고 평행하지도 않는 경우가 있다.
② 평면에서 만나지 않는 두 직선은 평행하다.
③ 평면에서 서로 다른 두 점을 지나는 직선은 오직 하나뿐이다.
④ 공간에서 직선과 평면이 만나지 않으면 평행하다.
⑤ 평면에서 한 점을 지나는 직선은 2개이다.

15 오른쪽 그림은 직육면체를 선분 PQ를 지나는 평면으로 비스듬하게 잘라내고 남은 입체도형이다. 다음 물음에 답하시오.

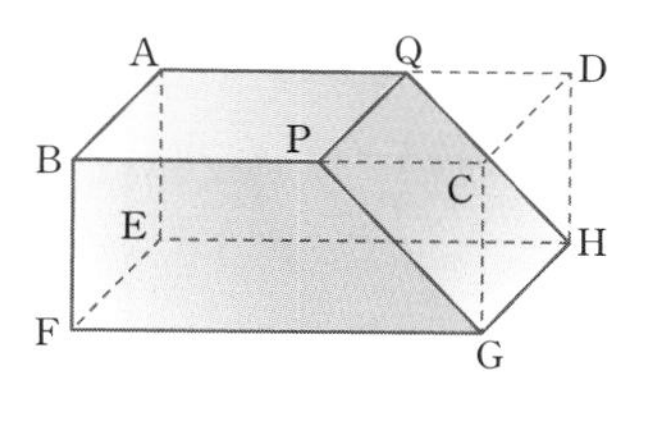

(1) 면 ABPQ와 수직인 면을 모두 구하시오.
(2) 공간에서 꼬인 위치의 뜻을 말하고, 모서리 PG와 꼬인 위치에 있는 모서리를 모두 구하시오.

16 오른쪽 그림과 같은 삼각기둥에서 점 C를 지나는 모서리의 개수를 a, 점 F를 포함하지 않는 면의 개수를 b, $\overline{AB}$와 꼬인 위치에 있는 모서리의 개수를 C라고 할 때, $a+b+c$의 값을 구하시오.

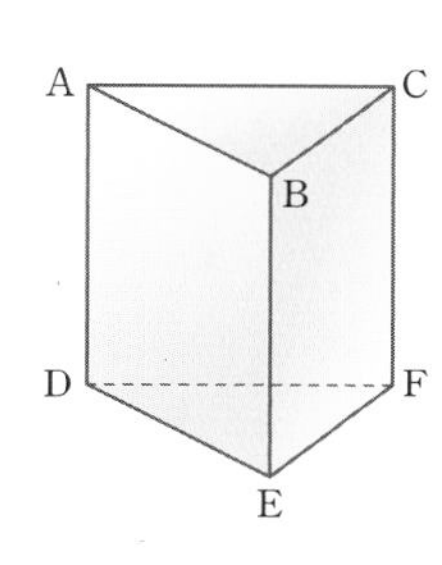

17 오른쪽 그림은 직육면체를 네 꼭짓점 A, B, G, H를 지나는 평면으로 잘라내고 남은 부분이다. 모서리 AH와 평행한 모서리의 개수를 a, 꼬인 위치에 있는 모서리의 개수를 b라 할 때, $a+b$의 값을 구하시오.

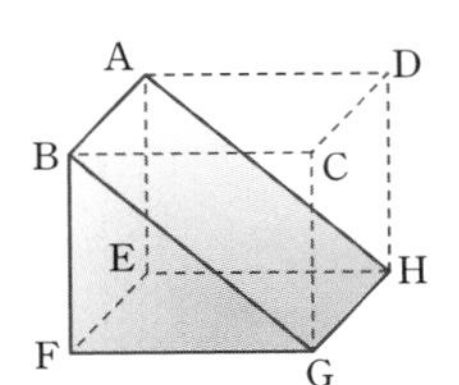

18 오른쪽 그림은 직육면체를 평면 APGQ로 잘라내고 남은 입체도형이다. 다음 설명 중 옳지 <u>않은</u> 것은?

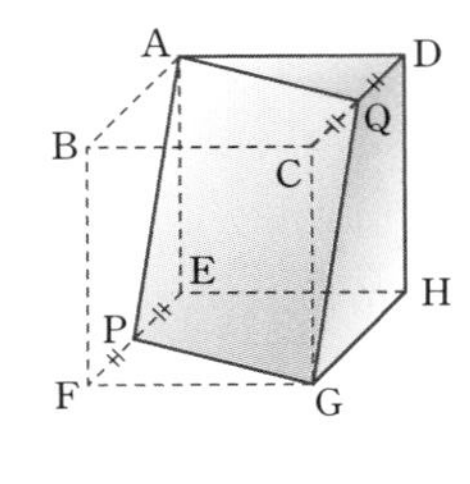

① 모서리 AQ와 모서리 GP는 평행하다.

② 모서리 AE와 모서리 GQ는 꼬인 위치에 있다.

③ 면 AQD와 면 DQGH는 수직이다.

④ 면 APGQ는 면 AEHD와 평행하다.

⑤ 모서리 AE는 면 EPGH와 수직이다.

19 다음 중 작도에 대한 설명으로 옳지 <u>않은</u> 것은?

① 두 점을 이을 때 눈금 없는 자를 사용한다.

② 선분의 길이를 잴 때 컴퍼스를 사용한다.

③ 선분을 연장할 때 눈금 없는 자를 사용한다.

④ 원을 그릴 때 컴퍼스를 사용한다.

⑤ 두 선분의 길이를 비교할 때 눈금 없는 자를 사용한다.

20 오른쪽 그림은 직선 l 밖의 한 점 P를 지나고 직선 l에 평행한 직선을 작도하는 과정을 나타낸 것이다. 다음을 구하시오.

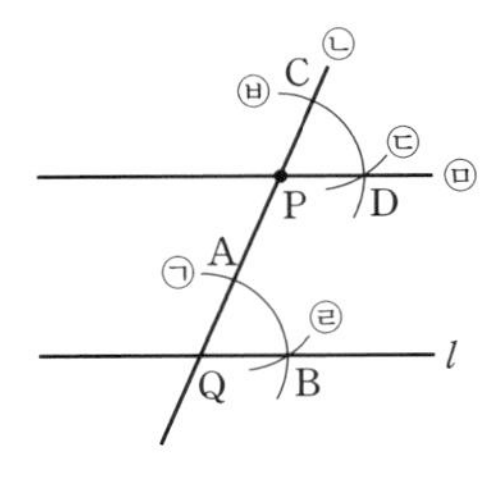

(1) 작도 순서

(2) ∠AQB와 크기가 같은 각

(3) $\overline{AQ}$와 길이가 같은 선분 (정답 3개)

21 다음 중 △ABC가 하나로 정해지는 것을 모두 고르면? (정답 2개)

① $\overline{AB}=9$ cm, $\overline{BC}=6$ cm, $\overline{CA}=3$ cm

② $\overline{AC}=7$ cm, $\overline{BC}=5$ cm, $\angle C=63°$

③ $\overline{AB}=10$ cm, $\overline{BC}=8$ cm, $\angle A=38°$

④ $\overline{BC}=5$ cm, $\angle B=67°$, $\angle C=113°$

⑤ $\overline{AB}=9$ cm, $\angle A=45°$, $\angle C=60°$

22 삼각형의 세 변의 길이가 7, 13, a일 때, a의 값이 될 수 있는 자연수의 개수는?

① 12 ② 13 ③ 14
④ 15 ⑤ 16

23 삼각형의 세 변의 길이가 $2x$, $3x+2$, $4x+7$일 때, 다음 중 x의 값이 될 수 있는 것을 모두 고르면? (정답 2개)

① 3 ② 4 ③ 5
④ 6 ⑤ 7

24 다음 **보기** 중 두 도형이 합동인 것을 모두 고른 것은?

보기

ㄱ. 둘레의 길이가 같은 두 원
ㄴ. 한 변의 길이가 같은 두 마름모
ㄷ. 둘레의 길이가 같은 두 사각형
ㄹ. 넓이가 같은 두 정삼각형
ㅁ. 네 변의 길이가 각각 같은 두 사각형

① ㄱ, ㄴ ② ㄱ, ㄹ ③ ㄱ, ㄷ, ㅁ
④ ㄴ, ㄹ, ㅁ ⑤ ㄴ, ㄷ, ㄹ, ㅁ

25 $\triangle ABC$와 $\triangle DEF$에서 $\angle A=\angle D$, $\overline{AC}=\overline{DF}$일 때, $\triangle ABC \equiv \triangle DEF$가 되기 위해 필요한 나머지 한 조건을 다음 **보기**에서 모두 고른 것은?

보기

ㄱ. $\overline{AB}=\overline{DE}$ ㄴ. $\angle C=\angle F$ ㄷ. $\overline{BC}=\overline{EF}$

① ㄱ ② ㄴ ③ ㄷ
④ ㄱ, ㄴ ⑤ ㄴ, ㄷ

26 다음 그림과 같은 $\triangle ABC$와 $\triangle DFE$에서 $\angle B=\angle F$, $\angle C=\angle E$일 때, 두 삼각형이 ASA 합동이 되기 위해 필요한 나머지 한 조건을 모두 구하시오.

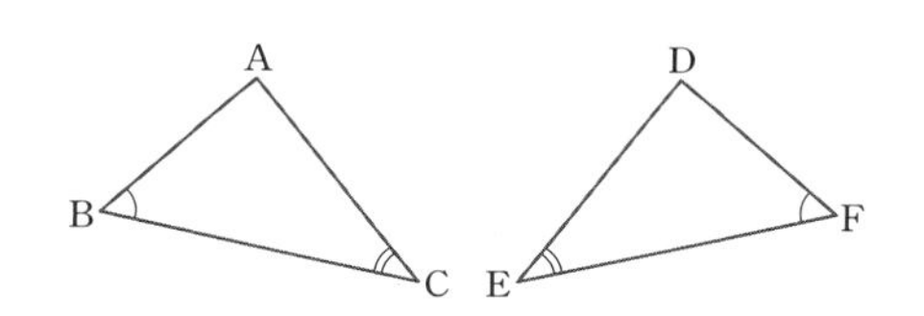

도전! 최상위

27 6와 7시 사이에 시계의 시침과 분침이 직각을 이루는 두 시각을 각각 구하시오.

28 다음 그림에서 $l /\!/ m$일 때, $\angle x+\angle y+\angle z$의 값을 구하면?

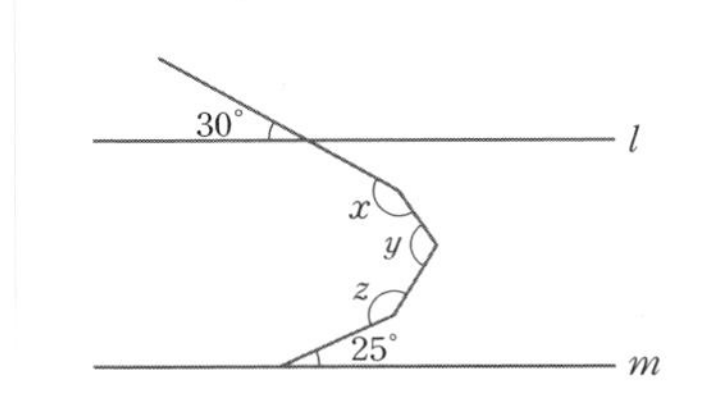

① 210° ② 275° ③ 310° ④ 355° ⑤ 415°

29 오른쪽 그림과 같이 직사각형 모양의 종이띠를 접었을 때, $\angle x$의 크기는?

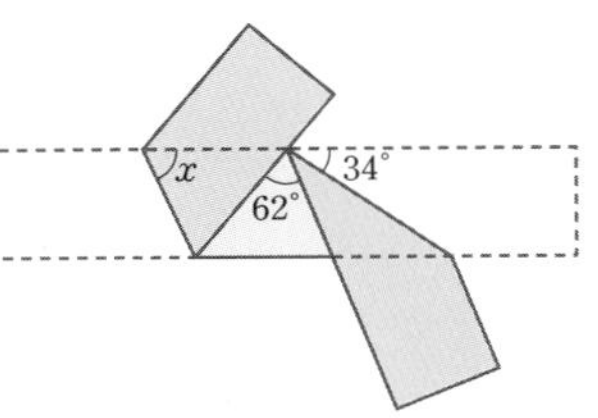

① 62° ② 63° ③ 64° ④ 65° ⑤ 66°

30 오른쪽 그림에서 △ABC와 △CDE는 정삼각형이다. ∠DBE=70°일 때, $\angle x$의 크기는?

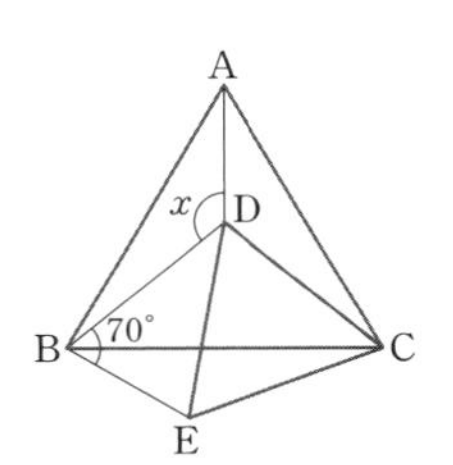

① 110° ② 115° ③ 120° ④ 125° ⑤ 130°

평면도형

1 다각형

2 원과 부채꼴

1

삼각형으로 쪼개지는!

다각형

선분으로 둘러싸인

다각형

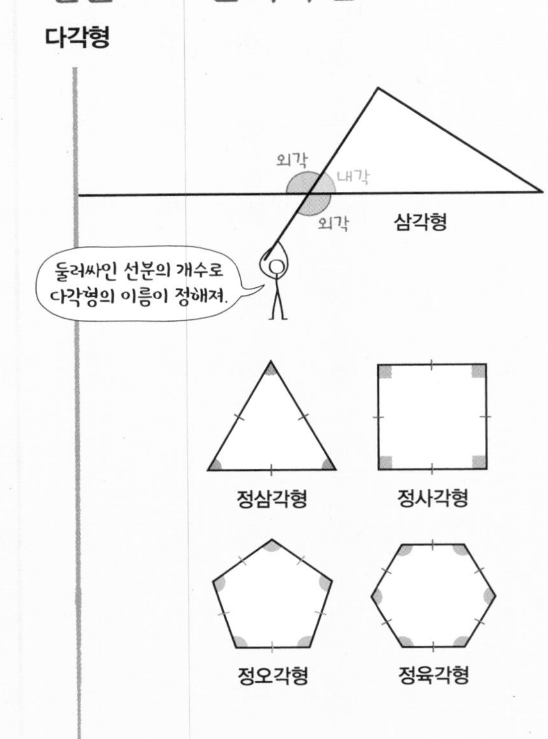

1 다각형

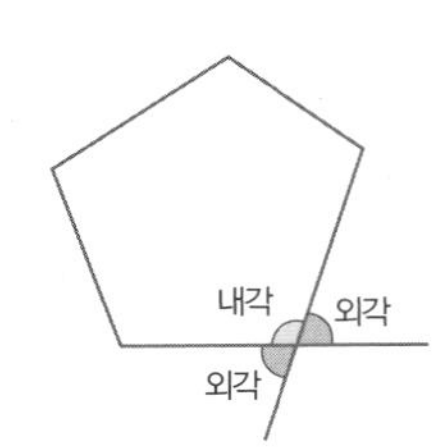

1) 다각형 : 여러 개 이상의 선분으로 둘러싸인 평면 도형

① 내각 : 다각형의 한 꼭짓점에서 이웃하는 두 변으로 이루어진 각

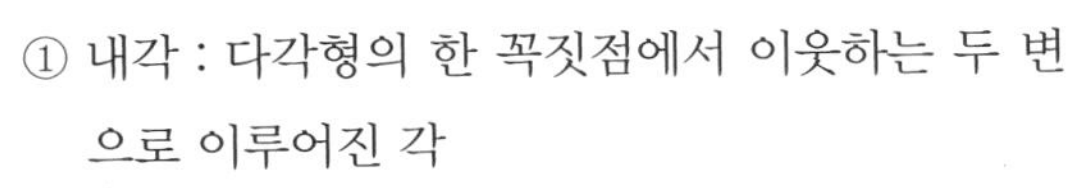

② 외각 : 다각형의 두 변에서 한 변과 다른 한 변의 연장선이 이루는 각

+ 다각형의 외각은 한 내각에 대하여 2개이지만 서로 맞꼭지각으로 그 크기가 같다. 따라서 외각은 2개 중에서 하나만 생각한다.

+ (한 내각의 크기)+(그와 이웃한 외각의 크기)$=180^\circ$

2) 정다각형 : 모든 변의 길이가 같고, 모든 내각의 크기가 같은 다각형

예 정삼각형, 정사각형, 정오각형, 정육각형, …

주의 • 변의 길이가 모두 같다고 정다각형인 것은 아니다. 예 마름모

• 내각의 크기가 모두 같다고 정다각형인 것은 아니다. 예 직사각형

삼각형을 만드는 선분

다각형의 대각선

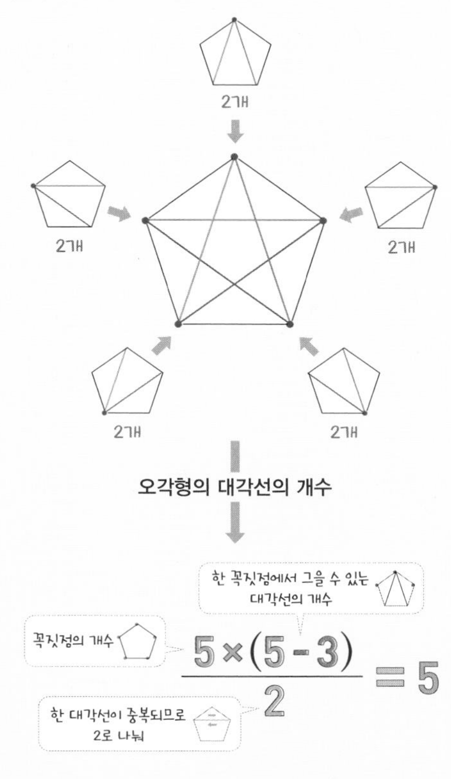

2 다각형의 대각선

1) 대각선 : 다각형에서 이웃하지 않는 두 꼭짓점을 이은 선분

대각선

2) n각형의 한 꼭짓점에서 대각선을 그었을 때 생기는 삼각형의 개수는 ➡ $(n-2)$

3) n각형의 한 꼭짓점에서 그을 수 있는 대각선의 개수는 ➡ $(n-3)$

4) n각형의 대각선의 개수는 ➡ $\dfrac{n(n-3)}{2}$

\+ n각형의 한 꼭짓점에서 그을 수 있는 대각선의 개수는 $n-3$이므로 n개의 꼭짓점에서 그을 수 있는 대각선의 개수는 $n(n-3)$이다. 그런데 같은 대각선을 2번씩 센 것이므로 2로 나누어야 한다.

예 오각형의

① 한 꼭짓점에서 대각선을 그었을 때 생기는 삼각형의 개수는 $5-2=3$

② 한 꼭짓점에서 그을 수 있는 대각선의 개수는 $5-3=2$

③ 대각선의 개수는 $\dfrac{5\times(5-3)}{2}=5$

삼각형의 내각은 180°

삼각형의 내각과 외각

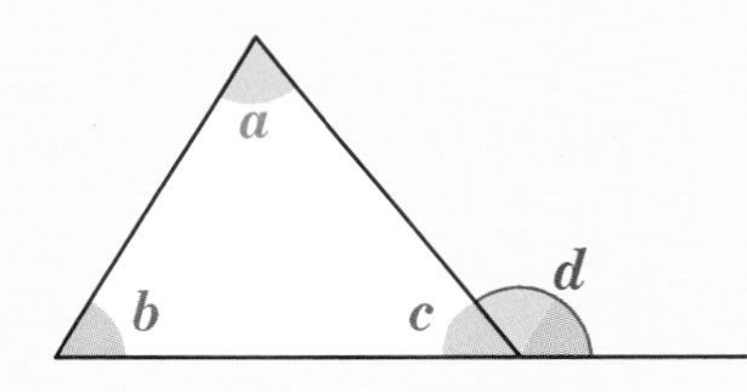

• 내각의 크기의 합

$\angle a+\angle b+\angle c=180^\circ$

• 내각과 외각의 관계

$\angle a+\angle b=\angle d$

3 삼각형의 내각과 외각

1) 삼각형의 세 내각의 크기의 합은 180°이다.

➡ △ABC에서 $\angle A+\angle B+\angle C=180^\circ$

A B C 내각 외각

\+ △ABC에서

$\angle A:\angle B:\angle C=x:y:z$이면

$\angle A=180^\circ\times\dfrac{x}{x+y+z}$, $\angle B=180^\circ\times\dfrac{y}{x+y+z}$, $\angle C=180^\circ\times\dfrac{z}{x+y+z}$

2) 삼각형의 한 외각의 크기는 그와 이웃하지 않는 두 내각의 크기의 합과 같다.

개념+ 오른쪽 그림과 같이 △ABC의 꼭짓점 C를 지나고, $\overline{AB}$에 평행한 반직선 CE를 그으면

$\angle A=\angle ACE$(엇각), $\angle B=\angle ECD$(동위각)이므로

(1) $\angle A+\angle B+\angle C=\angle ACE+\angle ECD+\angle C=180^\circ$

(2) $\angle ACD=\angle ACE+\angle ECD=\angle A+\angle B$

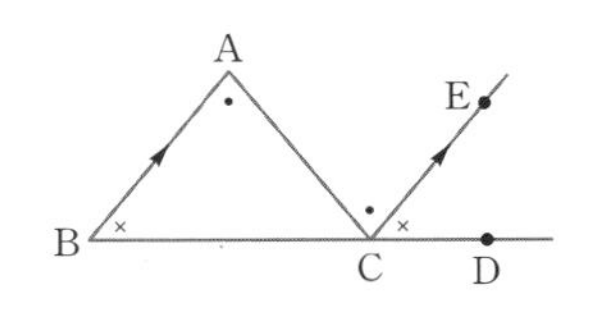

180°×(삼각형의 개수)

다각형의 내각과 외각의 크기의 합

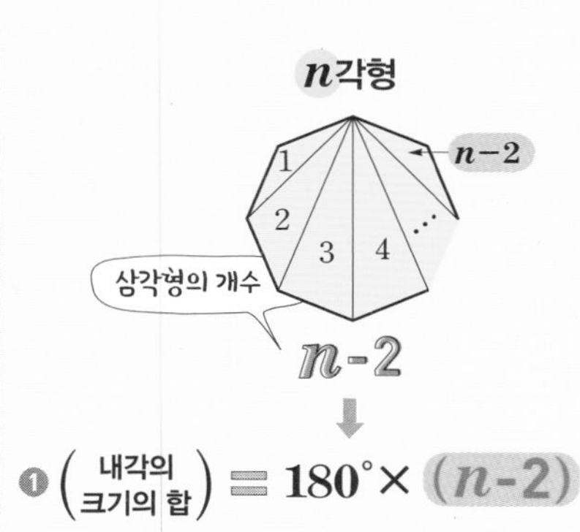

❶ (내각의 크기의 합) = $180° \times (n-2)$

❷ (내각의 크기의 합) + (외각의 크기의 합) = $180° \times n$

❸ (외각의 크기의 합) = $180° \times n -$ (내각의 크기의 합)

$= 180° \times n - 180° \times (n-2)$

$= 360°$

4 다각형의 내각과 외각의 크기의 합

1) n각형의 내각의 크기의 합 : n각형의 한 꼭짓점에서 대각선을 그으면 n각형은 $(n-2)$개의 삼각형으로 나누어지므로 n각형의 내각의 크기의 합은 다음과 같다.

도형	오각형	육각형	칠각형	n각형
나누어지는 삼각형의 개수	3	4	5	$(n-2)$
내각의 크기의 합	$180° \times 3$	$180° \times 4$	$180° \times 5$	$180° \times (n-2)$

2) 다각형의 외각의 크기의 합 : 다각형의 외각의 크기의 합은 항상 360°이다.

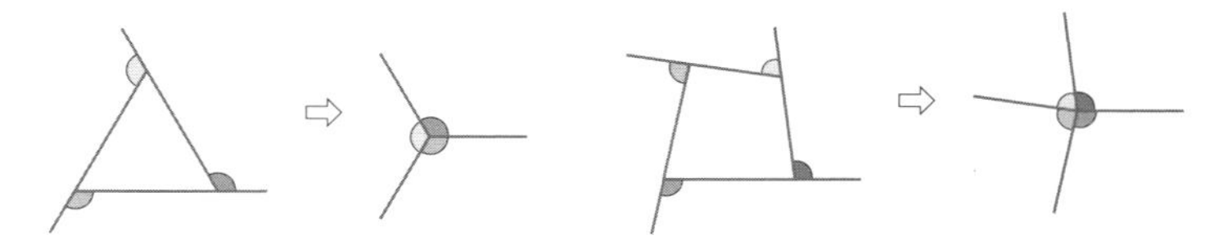

개념+ n각형의 외각의 개수는 n개이고, 각 꼭짓점에서의 내각과 외각의 크기의 합은 180°이므로

(n각형의 외각의 크기의 합)=(n개의 평각의 크기의 합)

−(n각형의 내각의 크기의 합)

$=180° \times n - 180° \times (n-2)$

$=180° \times n - 180° \times n + 360°$

$=360°$

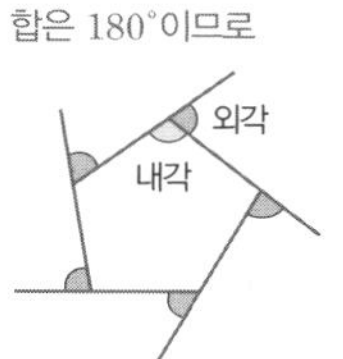

n개의 같은 각

정다각형의 한 내각과 한 외각의 크기

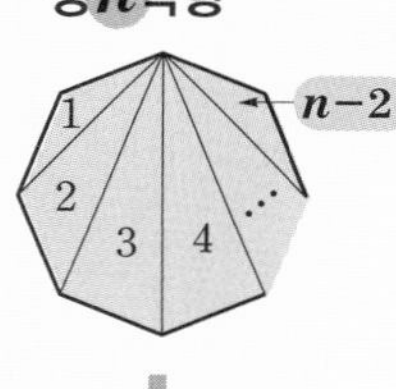

❶ (정n각형의 한 내각의 크기) = $\dfrac{(n\text{각형의 내각의 크기의 합})}{n}$

$= \dfrac{180° \times (n-2)}{n}$

❷ (정n각형의 한 외각의 크기) = $\dfrac{(n\text{각형의 외각의 크기의 합})}{n}$

$= \dfrac{360°}{n}$

5 정다각형의 한 내각과 외각의 크기

1) 정n각형의 한 내각의 크기는 ➡ $\dfrac{180° \times (n-2)}{n}$

2) 정n각형의 한 외각의 크기는 ➡ $\dfrac{360°}{n}$

예 정오각형에서

① 한 내각의 크기는 $\dfrac{180° \times (5-2)}{5} = 108°$

② 한 외각의 크기는 $\dfrac{360°}{5} = 72°$

개념+ 정n각형에서

(한 내각의 크기) : (한 외각의 크기)$= \dfrac{180° \times (n-2)}{n} : \dfrac{360°}{n} = (n-2) : 2$

가 성립한다.

예 ① 정사각형의 (한 내각의 크기) : (한 외각의 크기)$=(4-2) : 2 = 1 : 1$ ➡ $90° : 90°$

② 정오각형의 (한 내각의 크기) : (한 외각의 크기)$=(5-2) : 2 = 3 : 2$ ➡ $108° : 72°$

주제별 실력다지기

1 다각형과 정다각형

01 다음 중 다각형이 아닌 것을 모두 고르면? (정답 2개)

① 육각형 ② 원 ③ 마름모
④ 직사각형 ⑤ 정육면체

02 다음 중 다각형에 대한 설명으로 옳은 것을 모두 고르면? (정답 2개)

① 다각형은 한 평면 위에서 여러 개의 선분으로 둘러싸인 도형이다.
② 다각형을 이루는 각 선분을 대각선이라 한다.
③ 다각형은 변의 개수와 꼭짓점의 개수가 같다.
④ 외각은 다각형의 이웃하는 두 변으로 이루어진 각이다.
⑤ 모든 내각의 크기가 같은 다각형을 정다각형이라 한다.

03 다음 중 정다각형에 대한 설명으로 옳지 않은 것은?

① 모든 내각의 크기가 같다.
② 모든 변의 길이가 같다.
③ 모든 대각선의 길이가 같다.
④ 모든 외각의 크기가 같다.
⑤ 정다각형은 무수히 많다.

04 다음 **조건**을 모두 만족하는 다각형을 구하시오.

조건
(가) 5개의 선분으로 둘러싸여 있다.
(나) 모든 변의 길이가 같다.
(다) 모든 내각의 크기가 같다.

05 어떤 다각형의 한 내각의 크기가 $75°$일 때, 그에 대한 외각의 크기를 $\angle x$, 어떤 다각형의 한 외각의 크기가 $127°$일 때, 그에 대한 내각의 크기를 $\angle y$라 하자. 이때 $\angle x+\angle y$의 크기를 구하시오.

2 다각형의 대각선

06 팔각형에 대하여 다음을 구하시오.

(1) 한 꼭짓점에서 그을 수 있는 대각선의 개수

(2) 한 꼭짓점에서 대각선을 그었을 때 생기는 삼각형의 개수

(3) 대각선의 개수

07 이십각형의 한 꼭짓점에서 그을 수 있는 대각선의 개수를 x, 이때 생기는 삼각형의 개수를 y라 할 때, $x-y$의 값은?

① -2 ② -1 ③ 0
④ 1 ⑤ 2

08 십이각형의 한 꼭짓점에서 그을 수 있는 대각선의 개수를 a, 십이각형의 대각선의 개수를 b라 할 때, $a+b$의 값은?

① 60 ② 63 ③ 65
④ 68 ⑤ 70

09 어떤 다각형의 한 꼭짓점에서 대각선을 그었을 때 생기는 삼각형의 개수가 8이다. 이때 이 다각형의 대각선의 개수를 구하시오.

10 어떤 다각형의 내부의 한 점에서 각 꼭짓점에 선분을 그었을 때 생기는 삼각형의 개수가 9이다. 이 다각형의 한 꼭짓점에서 그을 수 있는 대각선의 개수는?

① 3 ② 5 ③ 6
④ 7 ⑤ 9

11 한 꼭짓점에서 그을 수 있는 대각선의 개수가 17인 다각형은 몇 각형인가?

① 팔각형 ② 구각형 ③ 십각형
④ 십이각형 ⑤ 이십각형

12 대각선의 개수가 65인 다각형은 몇 각형인가?

① 십각형 ② 십일각형 ③ 십이각형
④ 십삼각형 ⑤ 십사각형

13 어떤 다각형의 대각선의 개수가 27이다. 이 다각형의 한 꼭짓점에서 그을 수 있는 대각선의 개수를 구하시오.

14 어떤 다각형의 대각선의 개수가 104이다. 이 다각형의 한 꼭짓점에서 대각선을 그었을 때 생기는 삼각형의 개수는?

① 9 ② 11 ③ 12
④ 14 ⑤ 16

15 다음 **조건**을 모두 만족하는 다각형을 구하시오.

조건

(가) 대각선의 개수가 44이다.
(나) 모든 변의 길이가 같고, 모든 내각의 크기가 같다.

16 어떤 다각형의 한 꼭짓점에서 그을 수 있는 대각선의 개수가 12이다. 이 다각형의 대각선의 개수를 구하시오.

17 어떤 다각형의 한 꼭짓점에서 그을 수 있는 대각선의 개수가 4일 때, 이 다각형의 변의 개수와 대각선의 개수의 합은?

① 21 ② 22 ③ 23
④ 24 ⑤ 25

18 오른쪽 그림과 같이 원형 탁자에 6명의 각 나라 대표가 앉아 회담을 하려고 한다. 회담 전 양 옆의 사람을 제외한 모든 사람과 서로 악수를 한 번씩 할 때, 악수를 모두 몇 번 하게 되는가?

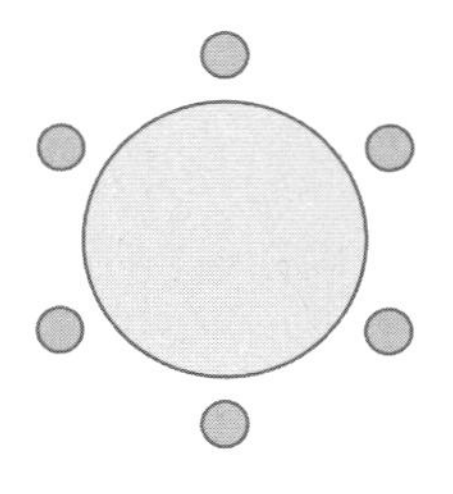

① 9번　② 14번　③ 18번
④ 20번　⑤ 27번

19 9개의 아마추어 야구팀이 야구 리그전에 참여했다. 9개 팀 모두가 단 한 번씩 다른 팀과 서로 경기를 하려면 경기는 총 몇 번 치러지는지 구하시오.

3 삼각형의 내각과 외각 (1) – 기본형

20 삼각형의 세 내각의 크기의 비가 2 : 1 : 3일 때, 가장 큰 내각의 크기는?

① 30°　② 60°　③ 90°
④ 120°　⑤ 150°

21 오른쪽 그림에서 $\angle x$의 크기는?

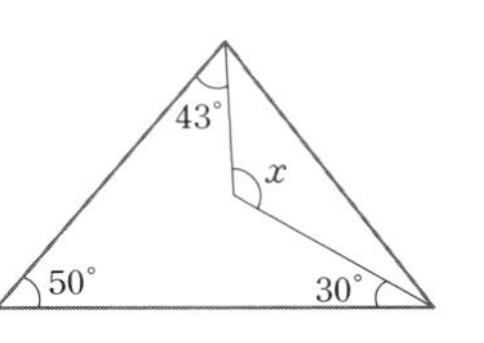

① 120°　② 121°
③ 122°　④ 123°
⑤ 124°

22 다음은 삼각형의 한 외각의 크기가 그와 이웃하지 않는 두 내각의 크기의 합과 같음을 보이는 과정이다. (가)~(라)에 알맞은 것을 구하시오.

> 오른쪽 그림에서 삼각형의 세 내각의 크기의 합은 [(가)]이므로
>
> $\angle A+\angle B+\angle C=$ [(가)] …… ㉠
>
> $\angle C$의 외각은 [(나)]이고
> 평각의 크기는 [(다)]이므로
> $\angle C+$ [(나)] $=$ [(다)] …… ㉡
> 따라서 ㉠, ㉡에서
> $\angle ACD=\angle A+$ [(라)]

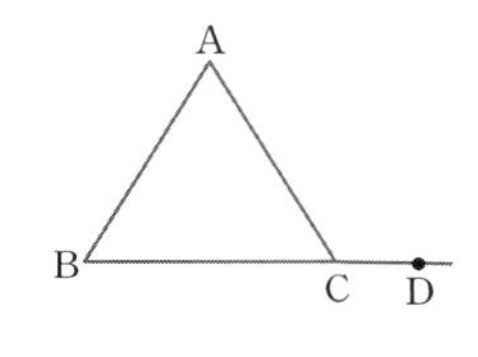

23 오른쪽 그림에서 $\angle x$의 크기는?

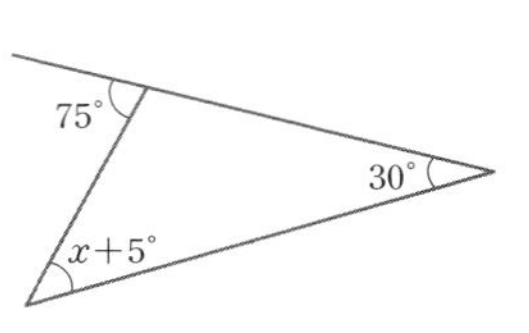

① 35°　② 40°
③ 45°　④ 50°
⑤ 55°

24 오른쪽 그림에서 $\angle x$의 크기는?

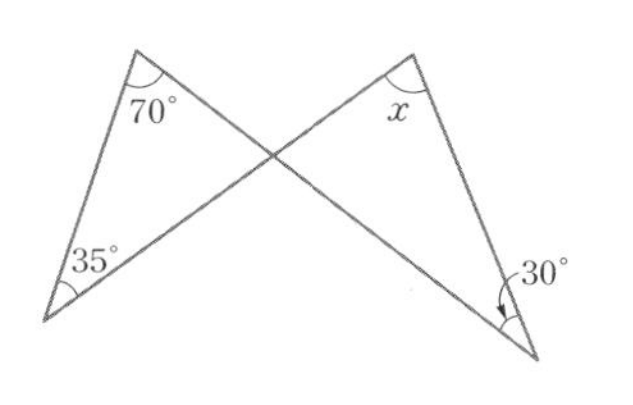

① 72°　　② 73°

③ 74°　　④ 75°
⑤ 76°

25 오른쪽 그림에서 $\angle x+\angle y$의 크기는?

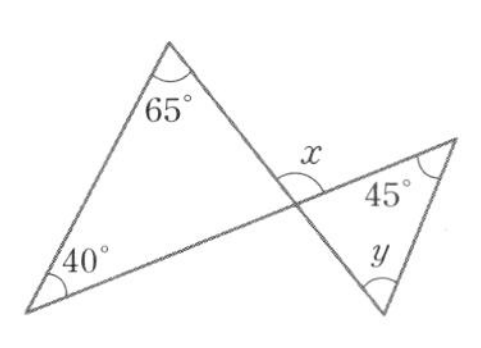

① 145°　　② 150°
③ 155°　　④ 160°
⑤ 165°

4 삼각형의 내각과 외각 (2) – 각의 이등분선 이용

26 오른쪽 그림에서 $\angle$B와 $\angle$C의 이등분선의 교점을 D라 할 때, $\angle x$의 크기는?

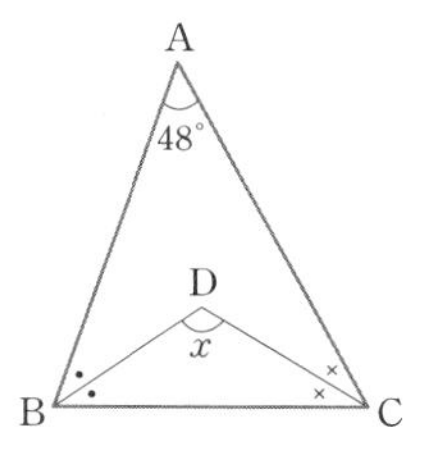

① 111°　　② 112°
③ 113°　　④ 114°
⑤ 115°

27 오른쪽 그림에서 $\overline{AD}$는 $\angle$A의 이등분선이고, $\angle B=40°$, $\angle ACE=120°$일 때, $\angle x$의 크기를 구하시오.

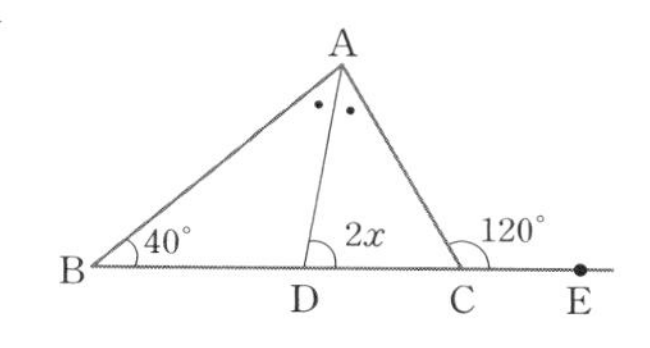

28 오른쪽 그림에서 $\overline{AE}$와 $\overline{BF}$는 각각 $\angle$A, $\angle$B의 이등분선일 때, $\angle$BDE의 크기는?

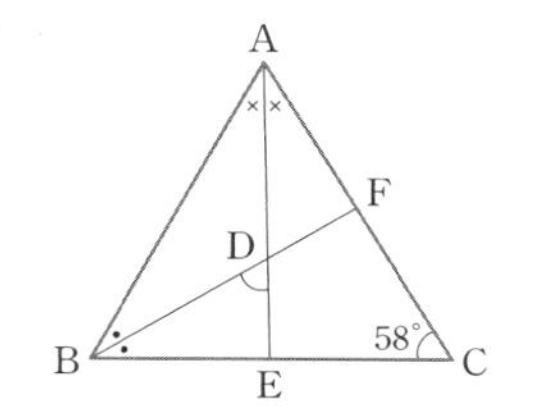

① 59°　　② 60°

③ 61°　　④ 62°
⑤ 63°

29 오른쪽 그림에서 $\overline{AE}$는 $\angle$A의 이등분선이고, $\overline{BF}$는 $\angle$B의 이등분선일 때, $\angle$ADB의 크기는?

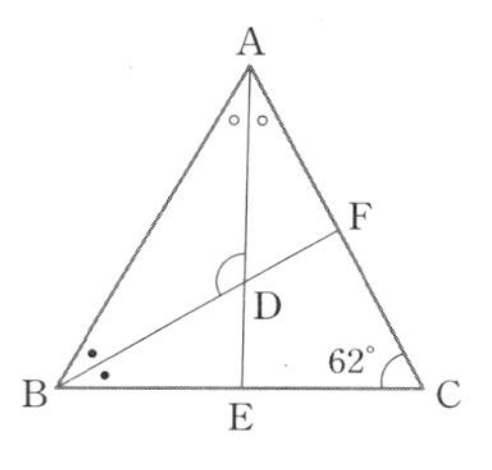

① 120°　　② 121°
③ 122°　　④ 123°
⑤ 124°

30 오른쪽 그림의 $\triangle ABC$에서 점 D는 $\angle B$와 $\angle C$의 외각의 이등분선의 교점일 때, $\angle x$의 크기는?

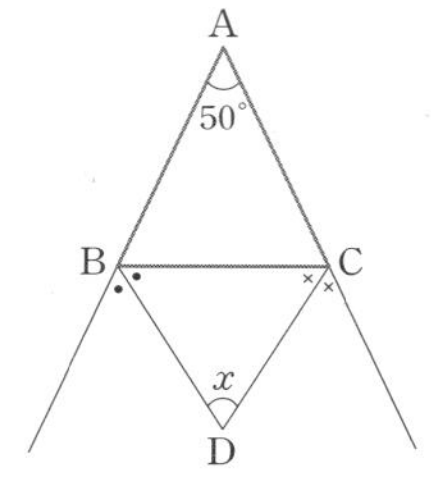

① 65° ② 66°
③ 67° ④ 68°
⑤ 69°

31 오른쪽 그림의 $\triangle ABC$에서 점 D는 $\angle B$의 이등분선과 $\angle C$의 외각의 이등분선의 교점일 때, $\angle x$의 크기는?

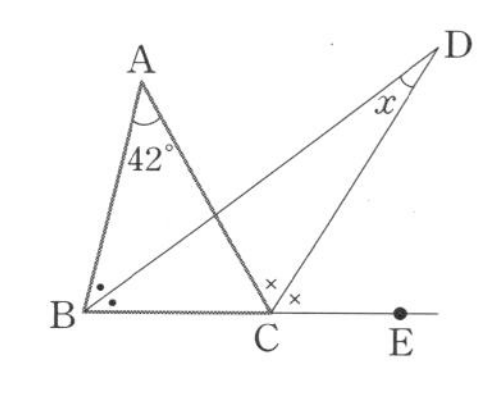

① 20° ② 21° ③ 22°
④ 23° ⑤ 24°

32 오른쪽 그림의 $\triangle ABC$에서 점 D는 $\angle B$의 이등분선과 $\angle C$의 외각의 이등분선의 교점일 때, $\angle x$의 크기는?

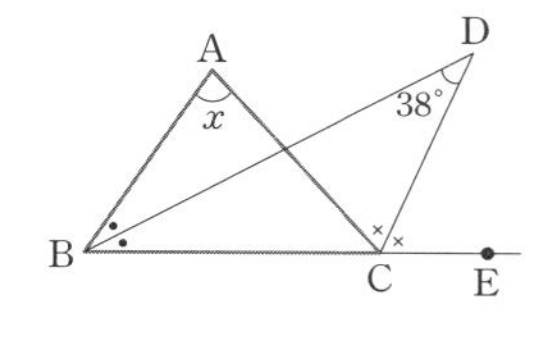

① 72° ② 74° ③ 76°
④ 78° ⑤ 80°

33 오른쪽 그림의 $\triangle ABC$에서 점 D는 $\angle C$의 이등분선과 $\angle B$의 외각의 이등분선의 교점일 때, $\angle x$의 크기는?

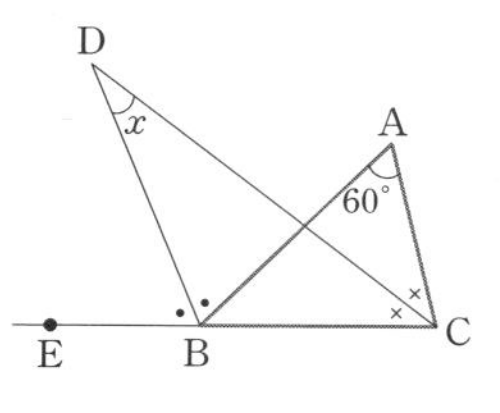

① 29° ② 30° ③ 31°
④ 32° ⑤ 33°

34 오른쪽 그림의 $\triangle ABC$에서 $\overline{AD}$는 $\angle A$의 이등분선이고, $\overline{CD}$는 $\angle C$의 외각의 이등분선이다. $\angle ADC=37°$일 때, $\angle x$의 크기는?

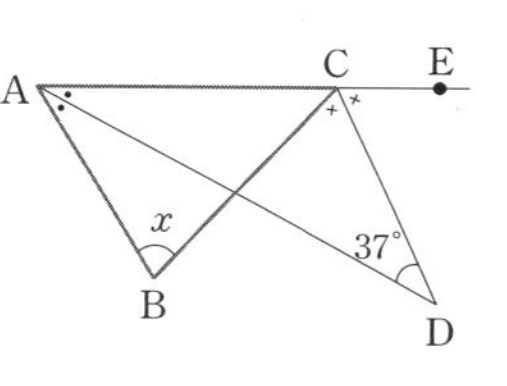

① 70° ② 72° ③ 74°
④ 78° ⑤ 80°

5 삼각형의 내각과 외각 (3) – 이등변삼각형의 성질 이용

35 오른쪽 그림에서 $\overline{AB}=\overline{BD}$일 때, $\angle x+\angle y$의 크기는?

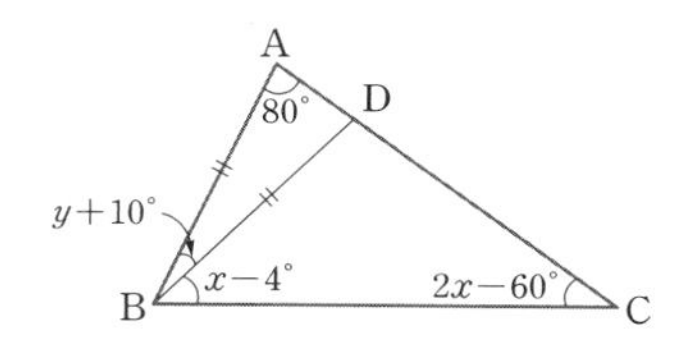

① 57° ② 58° ③ 59° ④ 60° ⑤ 61°

36 오른쪽 그림에서 $\overline{AB}=\overline{AC}$, $\overline{BC}=\overline{DC}$이고 $\angle A=50°$일 때, $\angle DCB$의 크기는?

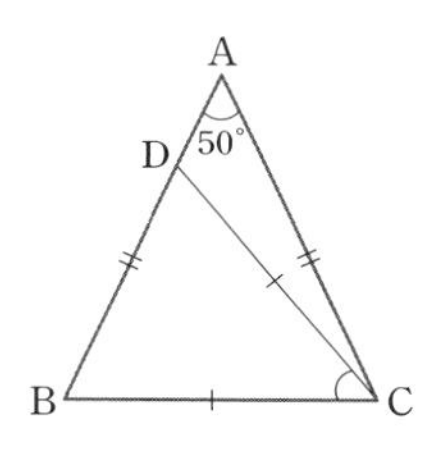

① 40° ② 45° ③ 50° ④ 55° ⑤ 60°

37 오른쪽 그림에서 $\overline{AB}=\overline{AC}$, $\overline{AD}=\overline{CD}$일 때, $\angle x$의 크기는?

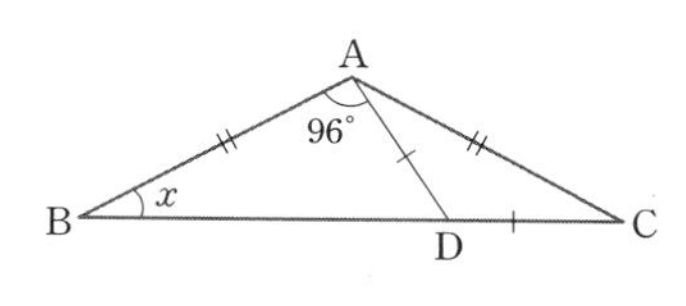

① 22° ② 24° ③ 26° ④ 28° ⑤ 30°

38 오른쪽 그림에서 $\overline{AC}=\overline{CD}=\overline{BD}$일 때, $\angle ACD$의 크기는?

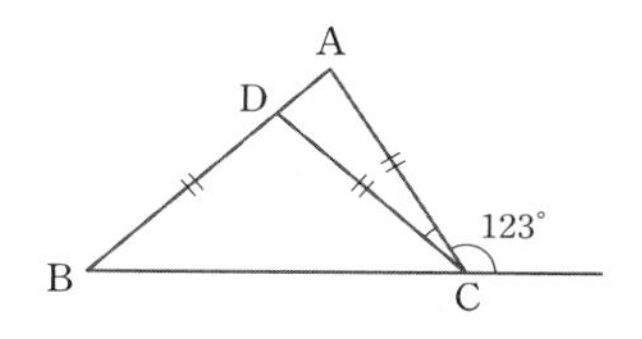

① 14° ② 15° ③ 16° ④ 17° ⑤ 18°

39 오른쪽 그림에서 $\overline{AB}=\overline{AC}=\overline{CD}$이고, $\angle ADE=150°$일 때, $\angle ABC$의 크기는?

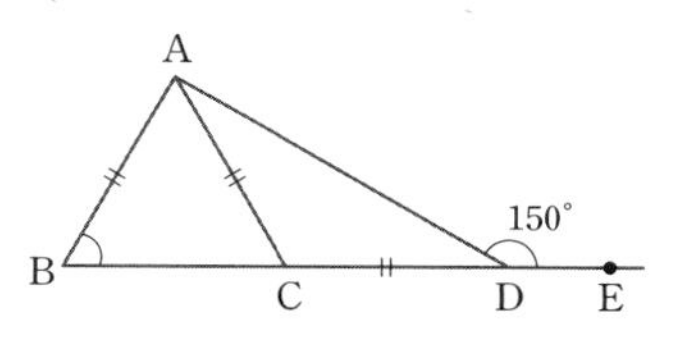

① 40° ② 45° ③ 50° ④ 55° ⑤ 60°

40 오른쪽 그림에서 $\overline{AB}=\overline{BD}=\overline{CD}$일 때, $\angle x$의 크기를 구하시오.

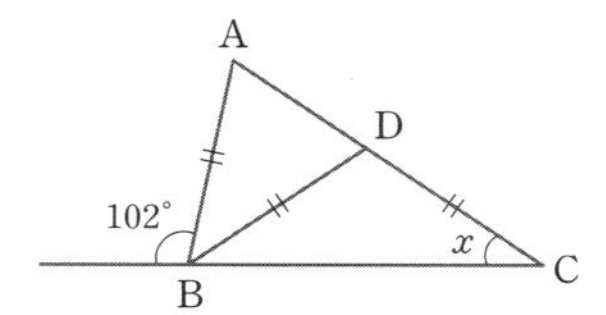

41 오른쪽 그림에서 $\overline{AB}=\overline{BC}=\overline{CD}=\overline{DE}=\overline{EF}$이고, $\angle GEF=105°$일 때, $\angle x$의 크기를 구하시오.

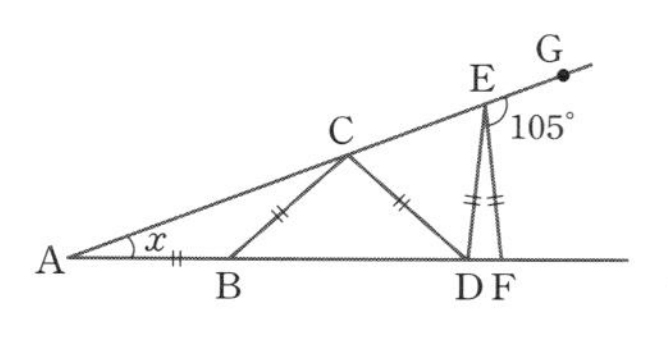

6 삼각형의 내각과 외각 (4) – 내각과 외각의 성질 이용

42 오른쪽 그림에서 $\angle a+\angle b+\angle c+\angle d+\angle e$의 크기를 구하시오.

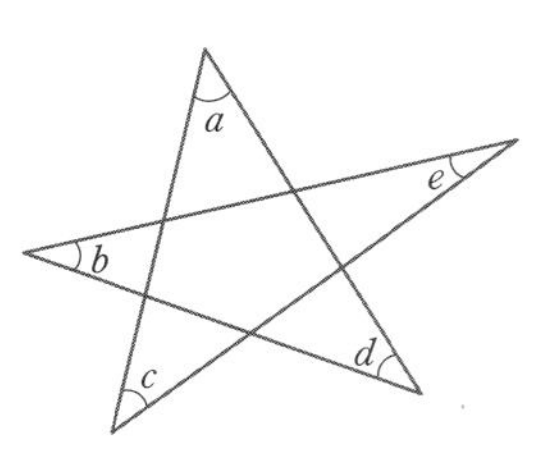

43 오른쪽 그림에서 $\angle x$의 크기는?

① 35° ② 37°
③ 39° ④ 42°
⑤ 45°

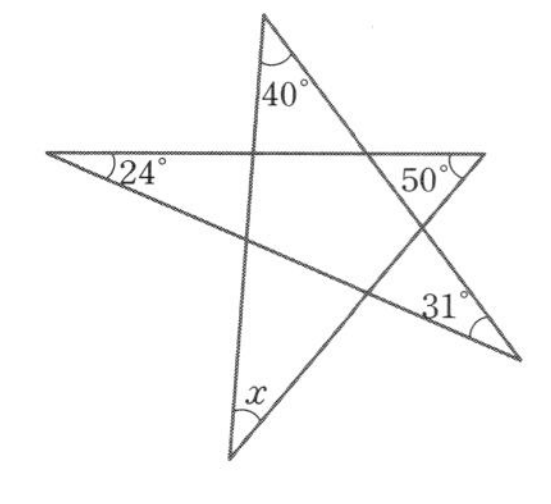

44 오른쪽 그림에서 $\angle a$, $\angle b$, $\angle c$의 크기를 각각 구하시오.

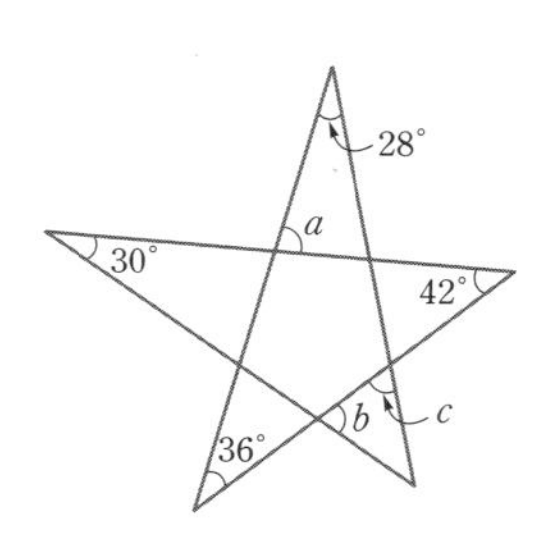

7 다각형의 내각과 외각

45 다음은 육각형의 내각의 크기의 합을 내부의 한 점을 이용하여 구하는 과정이다. (가), (나), (다)에 알맞은 것을 구하시오.

> 오른쪽 그림과 같이 육각형의 내부의 한 점과 각 꼭짓점을 연결하면 (가) 개의 삼각형이 만들어진다.
> 이 삼각형들의 내각의 크기의 합은
> $180^\circ \times$ (가) $=$ (나)
> 따라서 육각형의 내각의 크기의 합은
> (나) $-360^\circ=$ (다)

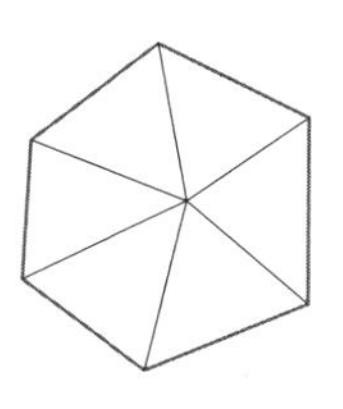

46 오른쪽 그림에서 $\angle x$의 크기는?

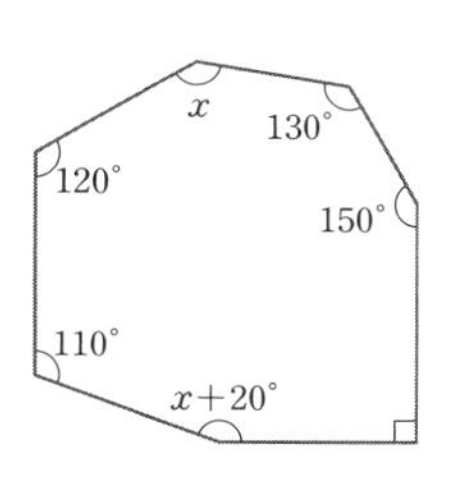

① 120° ② 125° ③ 130° ④ 135° ⑤ 140°

47 오른쪽 그림에서 $\angle x$의 크기를 구하시오.

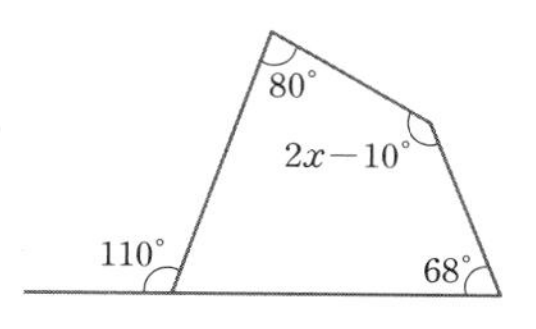

48 오른쪽 그림에서 점 G는 $\angle$A와 $\angle$F의 이등분선의 교점일 때, $\angle x$의 크기는?

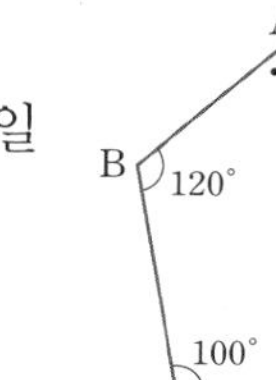

① 45° ② 50° ③ 55° ④ 60° ⑤ 65°

49 오른쪽 그림에서 $\angle x$의 크기는?

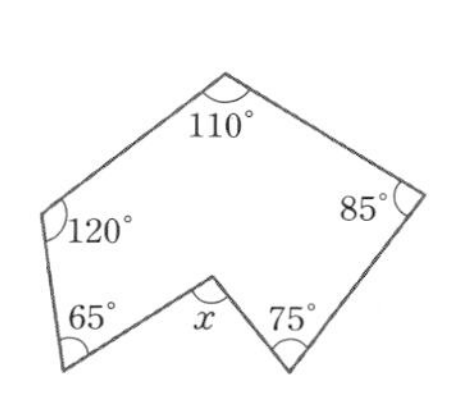

① 80° ② 85° ③ 90° ④ 95° ⑤ 100°

50 다음 중 내각의 크기의 합이 1260°인 다각형은?

① 육각형 ② 칠각형 ③ 팔각형
④ 구각형 ⑤ 십각형

51 내각의 크기와 외각의 크기의 총합이 2160°인 다각형은?

① 십각형 ② 십일각형 ③ 십이각형
④ 십삼각형 ⑤ 십사각형

52 내각의 크기의 합과 외각의 크기의 합의 차가 900°인 다각형의 한 꼭짓점에서 그은 대각선의 개수를 구하시오.

53 오른쪽 그림에서 $\angle x$의 크기를 구하시오.

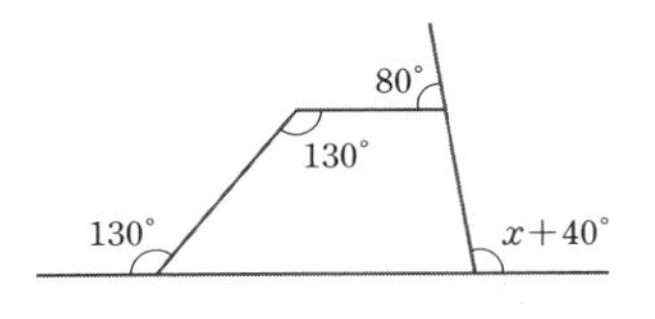

54 오른쪽 그림에서 $\angle x$의 크기는?

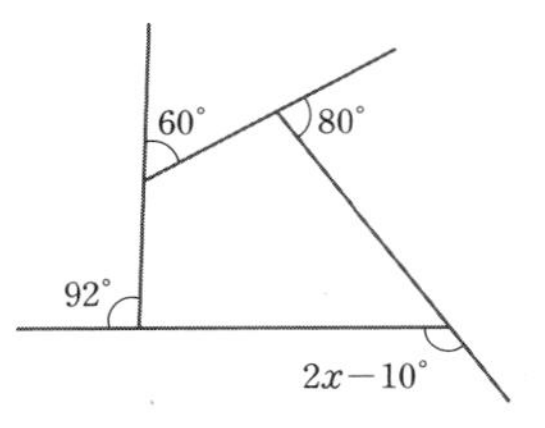

① 62° ② 65°
③ 69° ④ 72°
⑤ 76°

55 오른쪽 그림에서 $\angle x$의 크기는?

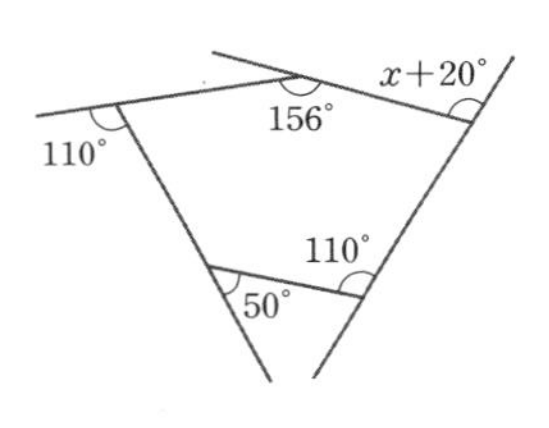

① 80° ② 82°
③ 84° ④ 86°
⑤ 88°

56 오른쪽 그림에서 $\angle x$의 크기는?

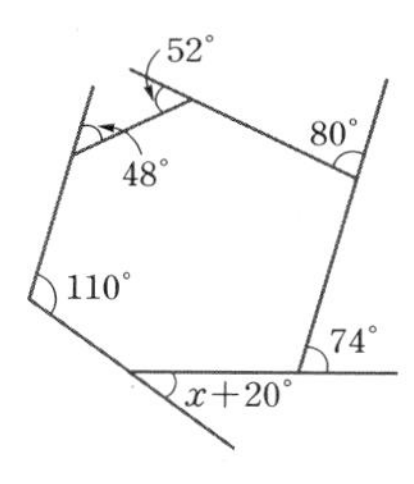

① 14° ② 15°
③ 16° ④ 17°
⑤ 18°

57 오른쪽 그림에서 $\angle x$의 크기는?

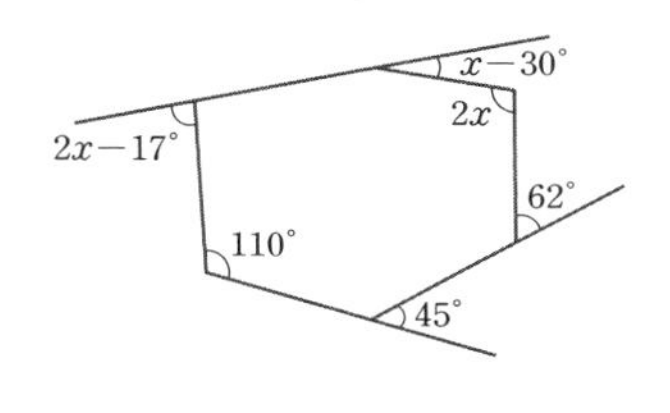

① 45° ② 50°
③ 55° ④ 60°
⑤ 65°

8 다각형의 내각과 외각의 성질 이용

58 오른쪽 그림에서 $\angle x+\angle y$의 크기는?

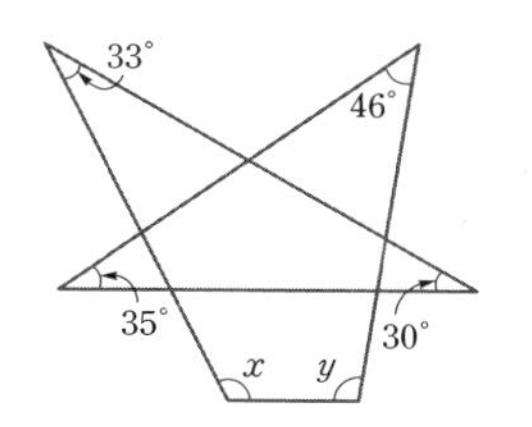

① 185° ② 200°
③ 216° ④ 243°
⑤ 261°

59 오른쪽 그림에서
$\angle a+\angle b+\angle c+\angle d$
$+\angle e+\angle f+\angle g+\angle h$
의 크기는?

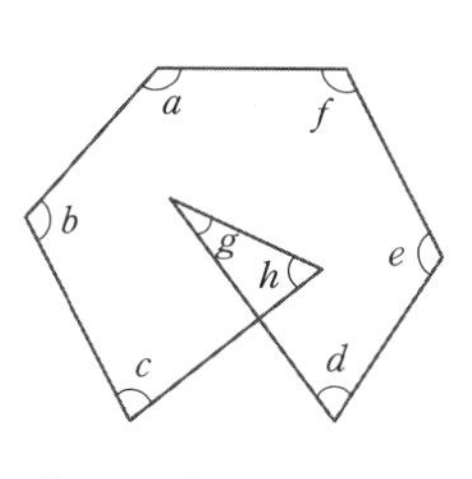

① 360° ② 540° ③ 720°
④ 800° ⑤ 960°

60 오른쪽 그림에서
$\angle a+\angle b+\angle c+\angle d+\angle e$의 크기는?

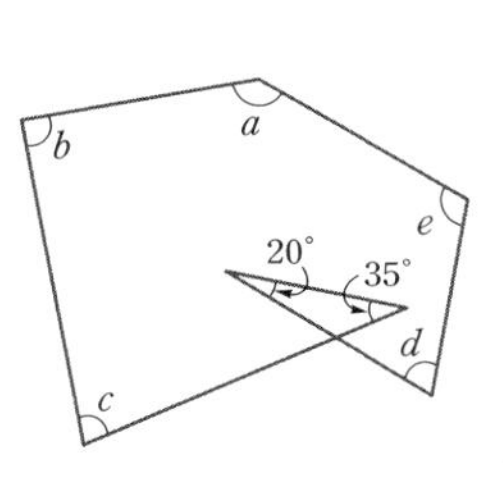

① 525° ② 485°
③ 460° ④ 415°
⑤ 385°

61 오른쪽 그림에서

$\angle a+\angle b+\angle c+\angle d+\angle e$

의 크기를 구하시오.

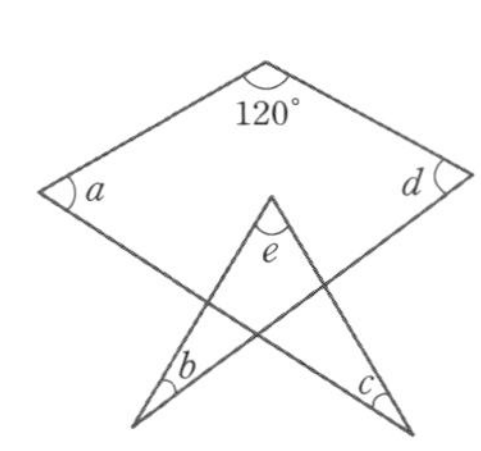

62 오른쪽 그림에서

$\angle a+\angle b+\angle c$

$+\angle d+\angle e+\angle f$

의 크기는?

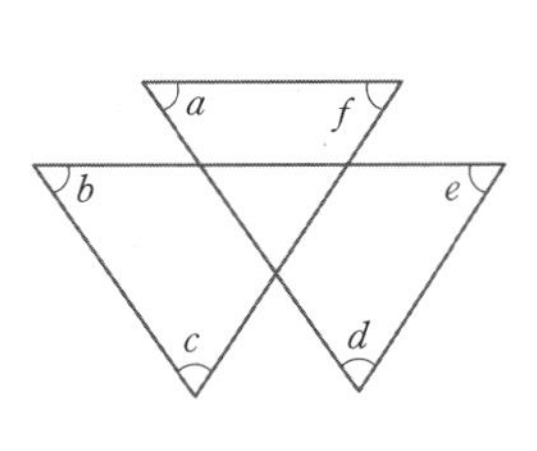

① 440° ② 420° ③ 400°

④ 380° ⑤ 360°

63 오른쪽 그림에서

$\angle a+\angle b+\angle c+\angle d$

$+\angle e+\angle f+\angle g+\angle h$

의 크기는?

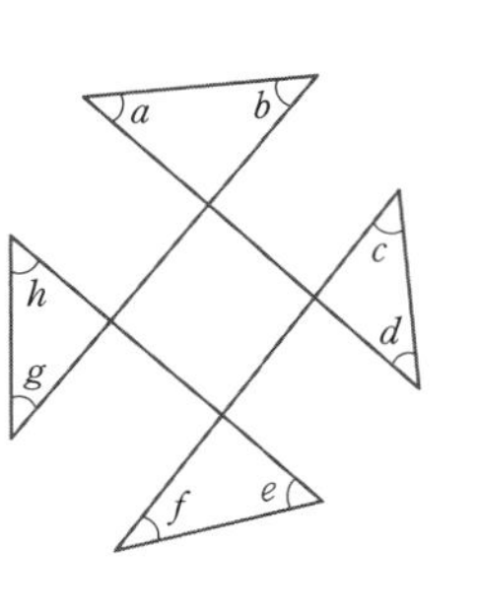

① 360° ② 540°

③ 720° ④ 800°

⑤ 960°

64 오른쪽 그림에서

$\angle a+\angle b-\angle c+\angle d$

$-\angle e-\angle f$

의 크기를 구하시오.

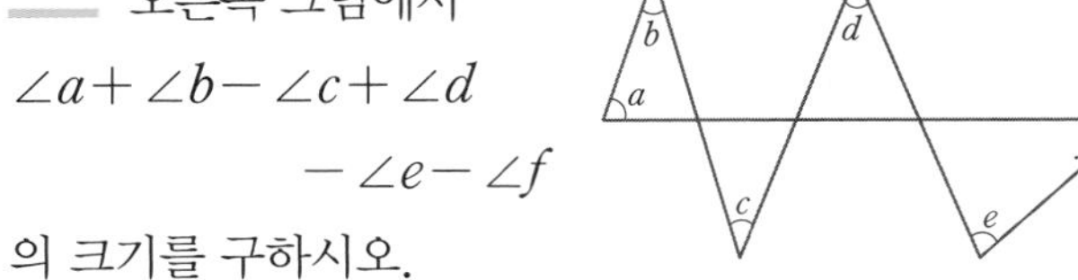

65 오른쪽 그림에서

$\angle a+\angle b+\angle c+\angle d$

$+\angle e+\angle f+\angle g$

의 크기를 구하시오.

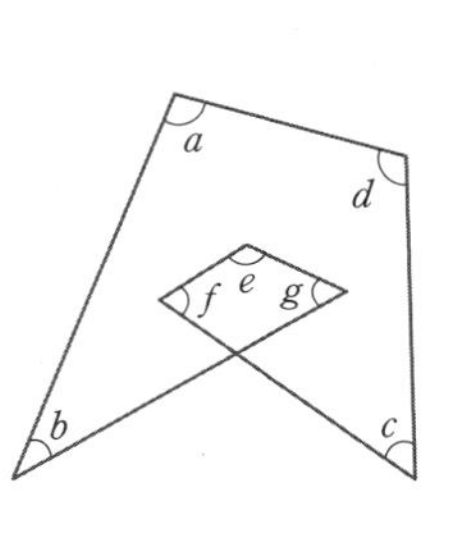

66 오른쪽 그림에서 $\angle a+\angle b+\angle c+\cdots+\angle h+\angle i$ 의 크기를 구하시오.

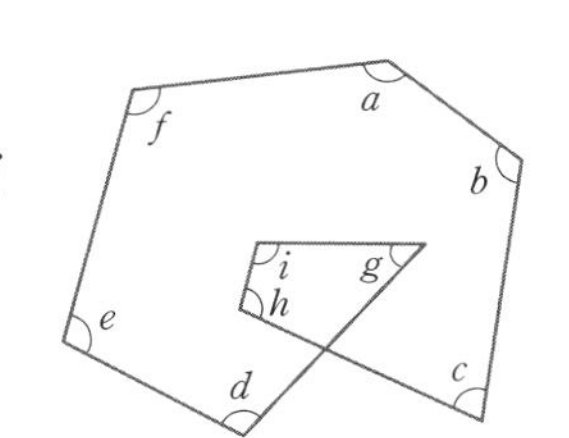

9 정다각형의 내각과 외각 (1) – 기본형

67 다음 중 정팔각형에 대한 설명으로 옳지 않은 것은?

① 내각의 크기의 합은 1080°이다.
② 한 내각의 크기는 135°이다.
③ 한 외각의 크기는 45°이다.
④ 한 꼭짓점에서 6개의 대각선을 그을 수 있다.
⑤ 대각선의 개수는 20이다.

68 한 변의 길이가 같은 정오각형과 정육각형이 오른쪽 그림과 같이 붙어 있을 때, $\angle x$의 크기는?

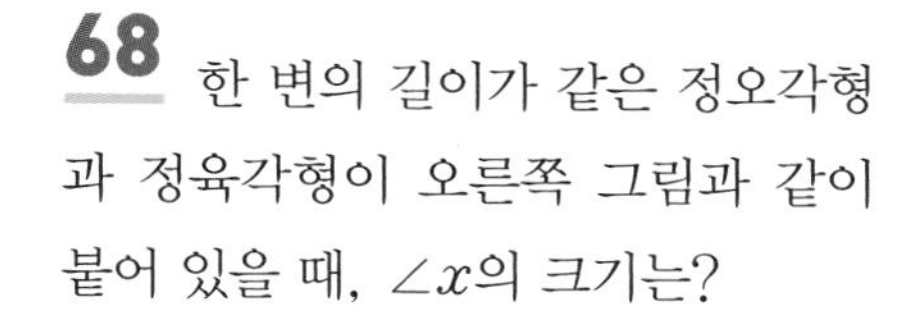

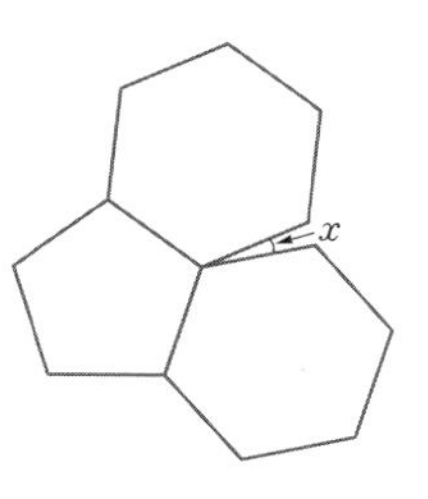

① 14°　② 12°　③ 10°　④ 8°　⑤ 6°

69 오른쪽 그림과 같이 정오각형의 두 변의 연장선이 만날 때, $\angle x$의 크기를 구하시오.

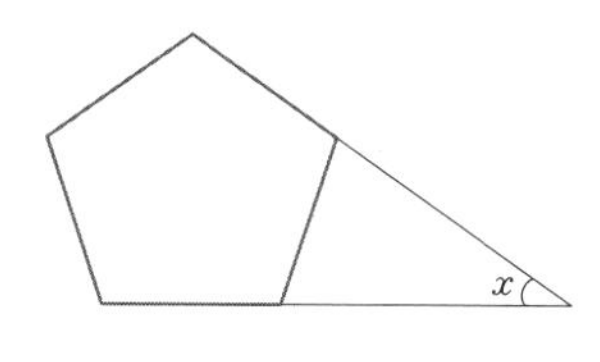

70 오른쪽 그림과 같은 정육각형 ABCDEF에서 $\angle x$의 크기는?

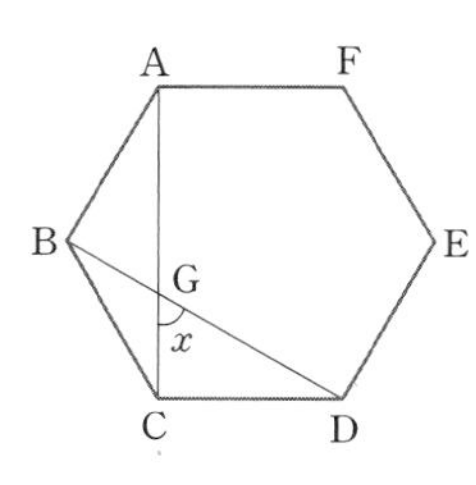

① 30°　② 45°　③ 60°　④ 75°　⑤ 90°

71 오른쪽 그림과 같이 원 위에 8개의 점이 같은 간격으로 놓여있다. 이때 $\angle x$의 크기를 구하시오.

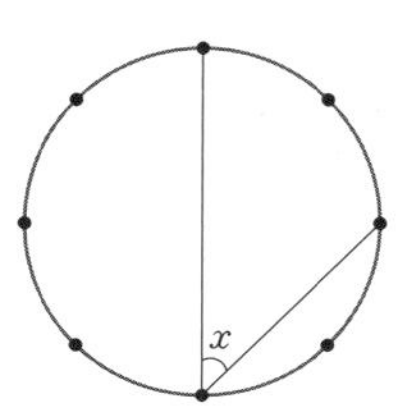

10 정다각형의 내각과 외각 (2) – 한 내각 또는 외각이 주어질 때

72 한 내각의 크기가 $140°$인 정다각형의 꼭짓점의 개수는?

① 7 ② 8 ③ 9
④ 10 ⑤ 11

73 한 내각의 크기가 $144°$인 정다각형의 대각선의 개수는?

① 20 ② 27 ③ 35
④ 44 ⑤ 54

74 한 외각의 크기가 $24°$인 정다각형의 한 꼭짓점에서 그을 수 있는 대각선의 개수는?

① 11 ② 12 ③ 13
④ 14 ⑤ 15

75 한 외각의 크기가 $22.5°$인 정다각형의 대각선의 개수는?

① 54 ② 77 ③ 90
④ 104 ⑤ 119

76 오른쪽 그림과 같이 서로 합동인 직각삼각형을 겹치지 않도록 일정한 간격으로 붙여나가면 삼각형 안쪽으로 정다각형이 만들어진다. 이때 이 정다각형의 내각의 크기의 합을 구하시오.

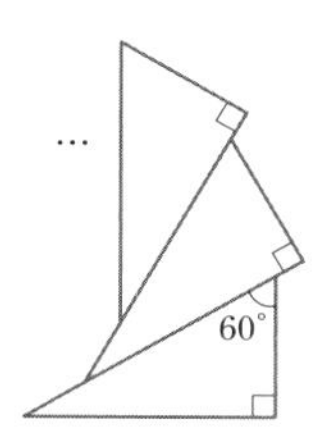

11 정다각형의 내각과 외각 (3) – 내각과 외각의 관계가 주어질 때

77 한 내각의 크기와 한 외각의 크기의 비가 7 : 1인 정다각형을 구하시오.

78 정다각형의 한 내각의 크기와 한 외각의 크기의 비가 2 : 1일 때, 이 정다각형의 대각선의 개수는?

① 5 ② 9 ③ 14
④ 20 ⑤ 27

79 한 내각의 크기와 한 외각의 크기의 비가 4 : 1인 정다각형의 내각의 총합과 외각의 총합을 합한 각의 크기를 구하시오.

80 다음 중 한 내각의 크기와 한 외각의 크기의 비가 3 : 2인 정다각형에 대한 설명으로 옳은 것을 모두 고르면? (정답 2개)

① 한 외각의 크기는 60°이다.
② 내각의 크기의 합은 900°이다.
③ 대각선의 개수는 27이다.
④ 한 꼭짓점에서 대각선을 그었을 때 만들어지는 삼각형은 3개이다.
⑤ 외각의 크기의 합은 360°이다.

삼각형의 내각과 외각의 성질 응용

삼각형의 내각과 외각의 성질

삼각형의 내각의 성질 → 삼각형의 세 내각의 합은 180°이다.

삼각형의 외각의 성질 → 삼각형의 한 외각의 크기는 그와 이웃하지 않는 두 내각의 크기의 합과 같다.

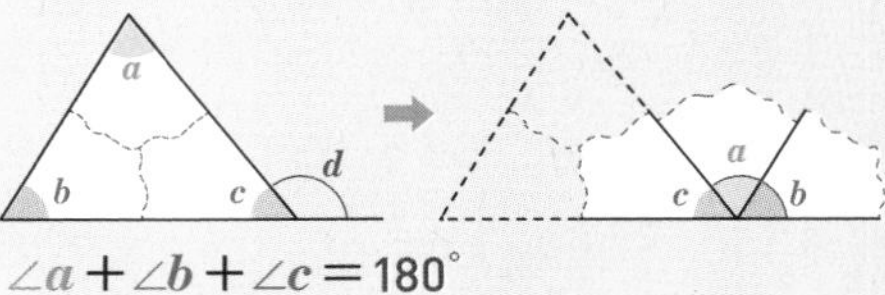

$\angle a+\angle b+\angle c=180°$

$\angle d=\angle a+\angle b$

1 두 내각의 이등분선이 이루는 각

내각의 성질 응용

다음 그림의 △ABC에서 ∠B와 ∠C의 이등분선의 교점을 I라 하면

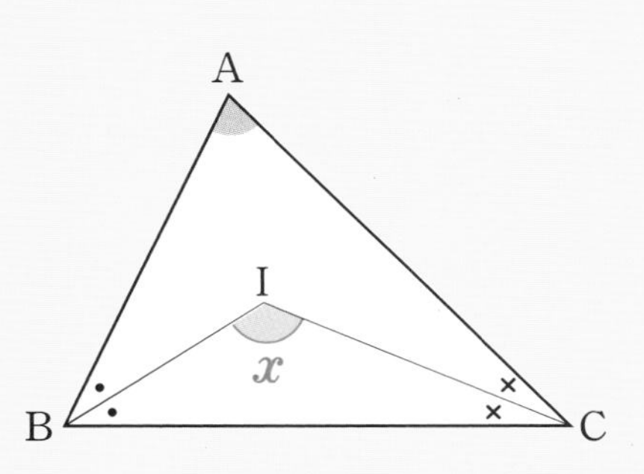

$\angle x=90°+\frac{1}{2}\angle A$

$\angle ABI=\angle IBC=\angle a$,

$\angle ACI=\angle ICB=\angle b$ 라 하면

△ABC에서

$\angle A+2\angle a+2\angle b=180°$

$2\angle a+2\angle b=180°-\angle A$

$\therefore\ \angle a+\angle b=$ ☐ $-\frac{1}{2}\angle A$ ⋯⋯ ㉠

△IBC에서

$\angle x+\angle a+\angle b=180°$

$\therefore\ \angle a+\angle b=$ ☐ $-\angle x$ ⋯⋯ ㉡

㉠, ㉡에서

☐ $-\frac{1}{2}\angle A=180°-\angle x$

$\therefore \angle x=$ ☐

답 90°, 180°, 90°, $90°+\frac{1}{2}\angle A$

2 △ 모양에서 각의 크기

내각의 성질 응용

다음 그림과 같은 도형에서

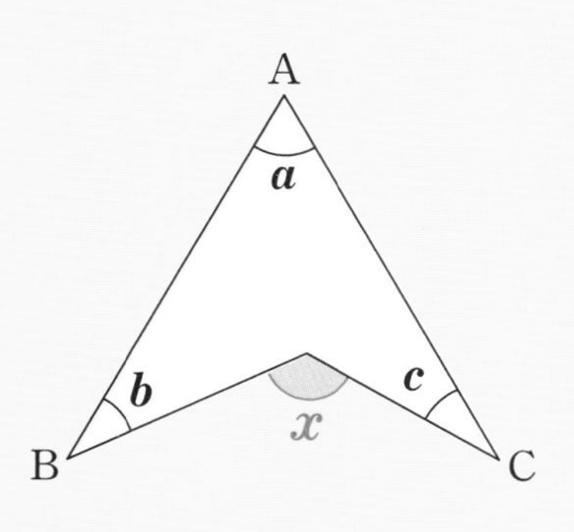

$\angle x=\angle a+\angle b+\angle c$

오른쪽 그림과 같이 $\overline{BC}$를 긋고,

$\angle DBC=\angle d$,

$\angle DCB=\angle e$ 라 하면

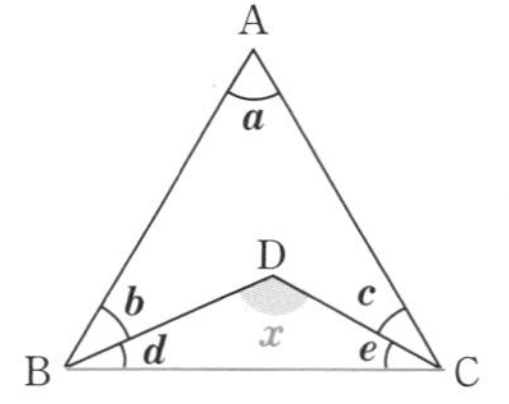

△ABC에서 $\angle a+\angle b+\angle c+\angle d+\angle e=$ ☐ ⋯⋯ ㉠

△DBC에서 $\angle x+\angle d+\angle e=$ ☐ ⋯⋯ ㉡

㉠, ㉡에서

$\angle a+\angle b+\angle c+\angle d+\angle e=\angle x+\angle d+\angle e$

$\therefore \angle x=$ ☐

답 180°, 180°, $\angle a+\angle b+\angle c$

3 외각의 성질 응용

한 내각의 이등분선과 한 외각의 이등분선이 이루는 각

다음 그림의 $\triangle$ABC에서 $\angle$B의 이등분선과 $\angle$C의 외각의 이등분선의 교점을 점 D라 하면

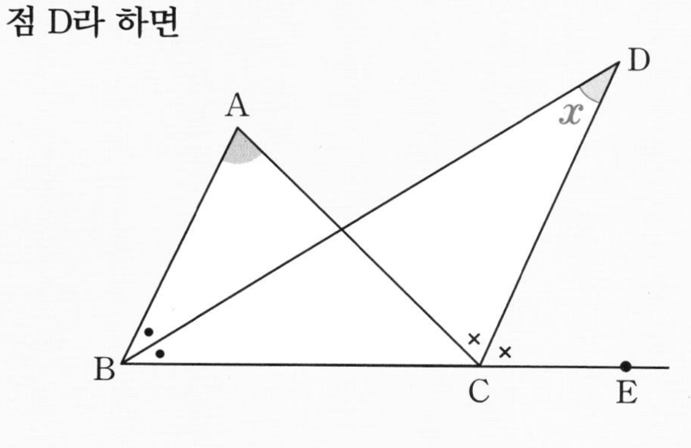

$$\angle x = \frac{1}{2}\angle A$$

$\angle ABD = \angle DBC = \angle a$,

$\angle ACD = \angle DCE = \angle b$라 하면

$\triangle$ABC에서

$2\angle b = \angle A + 2\angle a$

$\therefore \angle b = \square + \angle a$ ······ ㉠

$\triangle$DBC에서

$\angle b = \angle x + \angle a$ ······ ㉡

㉠, ㉡에서

$\square + \angle a = \angle x + \angle a$

$\therefore \angle x = \square$

답 $\frac{1}{2}\angle A$, $\frac{1}{2}\angle A$, $\frac{1}{2}\angle A$

4 내각과 외각의 성질 응용

삼각형의 두 외각의 이등분선이 이루는 각

다음 그림의 $\triangle$ABC에서 $\angle$A와 $\angle$C의 외각의 이등분선의 교점을 I라 하면

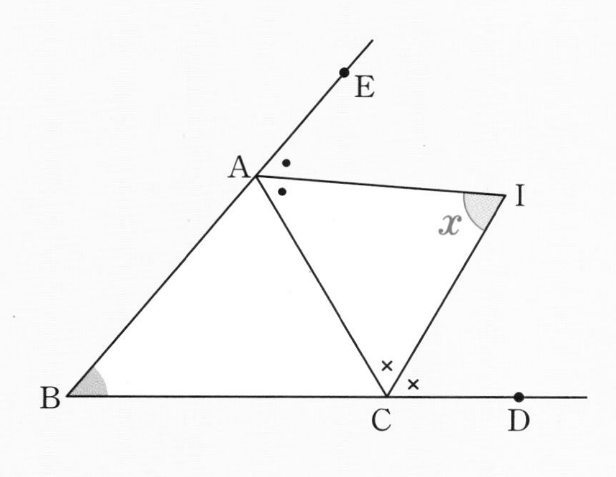

$$\angle x = 90° - \frac{1}{2}\angle B$$

$\angle EAI = \angle IAC = \angle a$,

$\angle ACI = \angle ICD = \angle b$라 하면

$\triangle$ABC에서

$2\angle a = \angle B + \angle C$,

$2\angle b = \square + \angle B$이므로

$2\angle a + 2\angle b = \angle A + \angle B + \angle C + \angle B$

$2\angle a + 2\angle b = \square + \angle B$

$\therefore \angle a + \angle b = \square + \frac{1}{2}\angle B$ ······ ㉠

$\triangle$ACI에서

$\angle x + \angle a + \angle b = 180°$

$\therefore \angle a + \angle b = 180° - \square$ ······ ㉡

㉠, ㉡에서

$\square + \frac{1}{2}\angle B = 180° - \angle x$

$\therefore \angle x = \square$

답 $\angle A$, $180°$, $90°$, $\angle x$, $90°$, $90° - \frac{1}{2}\angle B$

2

원 안에 π 있다!

원과 부채꼴

원과 선이 만드는 도형

원과 부채꼴

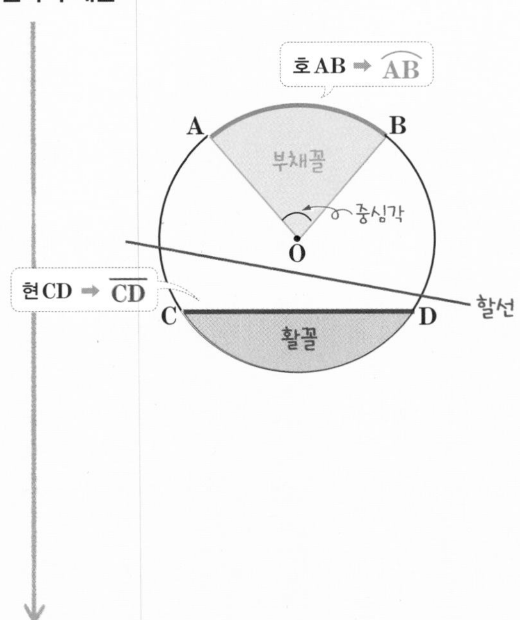

1 원과 부채꼴

1) 원 : 평면 위의 한 점 O로부터 일정한 거리에 있는 점들로 이루어진 도형

2) 호 AB($\overset{\frown}{AB}$) : 원 위의 두 점 A, B를 양 끝으로 하는 원의 일부분

+ 보통 $\overset{\frown}{AB}$는 길이가 짧은 쪽의 호를 나타낸다.

3) 현 AB($\overline{AB}$) : 원 위의 두 점 A, B를 잇는 선분

4) 부채꼴 : 호 AB와 두 반지름 OA, OB로 이루어진 도형

5) 활꼴 : 현 CD와 호 CD로 이루어진 도형

6) 중심각 ∠AOB : 호 AB에 대한 부채꼴의 중심각

개념+ 한 원에서 부채꼴과 활꼴이 서로 같아지는 경우는 반원일 때이다.
➡ 반원은 중심각의 크기가 180°인 부채꼴이면서 현이 지름인 활꼴이다.
➡ 길이가 가장 긴 현은 지름이다.

중심각에 정비례하는

호의 길이, 부채꼴의 넓이

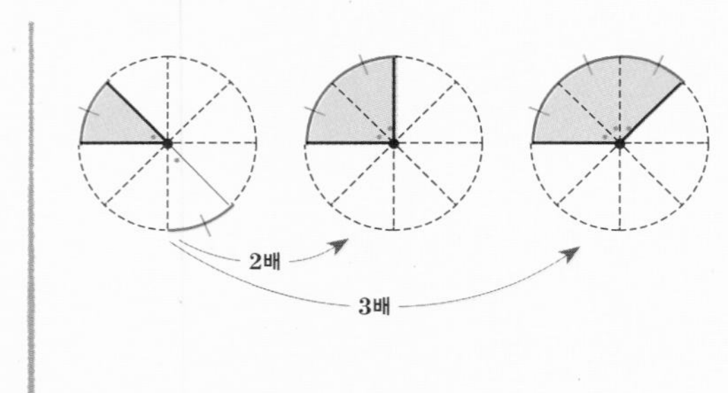

중심각에 정비례하지 않는

현의 길이

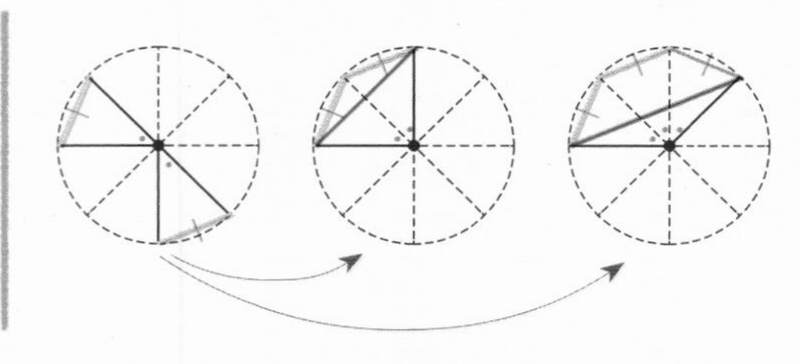

2 중심각과 호의 길이, 현의 길이, 부채꼴의 넓이 사이의 관계

1) 중심각과 호의 길이 사이의 관계

① 원에서 같은 크기의 중심각에 대한 호의 길이는 같다.

② 한 원에서 부채꼴의 호의 길이는 중심각의 크기에 정비례한다.

2) 중심각과 현의 길이 사이의 관계

① 한 원에서 같은 크기의 중심각에 대한 현의 길이는 같다.

② 한 원에서 현의 길이는 중심각의 크기에 정비례하지 않는다.

+ 오른쪽 그림에서 ∠AOB=∠BOC이므로 $\overline{AB}=\overline{BC}$이다.
이때 △ABC에서
$\overline{AC}<\overline{AB}+\overline{BC}=\overline{AB}+\overline{AB}=2\overline{AB}$
즉, 부채꼴의 중심각의 크기가 2배가 될 때, 그 중심각에 대한 현의 길이는 2배보다 짧으므로 현의 길이는 중심각의 크기에 정비례하지 않음을 알 수 있다.

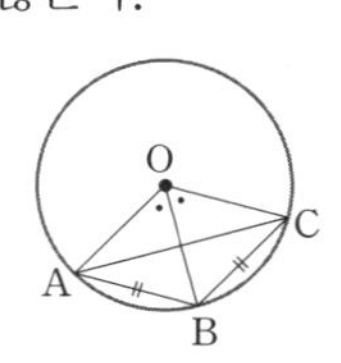

3) 중심각과 부채꼴의 넓이 사이의 관계

한 원에서 부채꼴의 넓이는 중심각의 크기에 정비례한다.

π로 해결하는

원의 둘레의 길이와 넓이

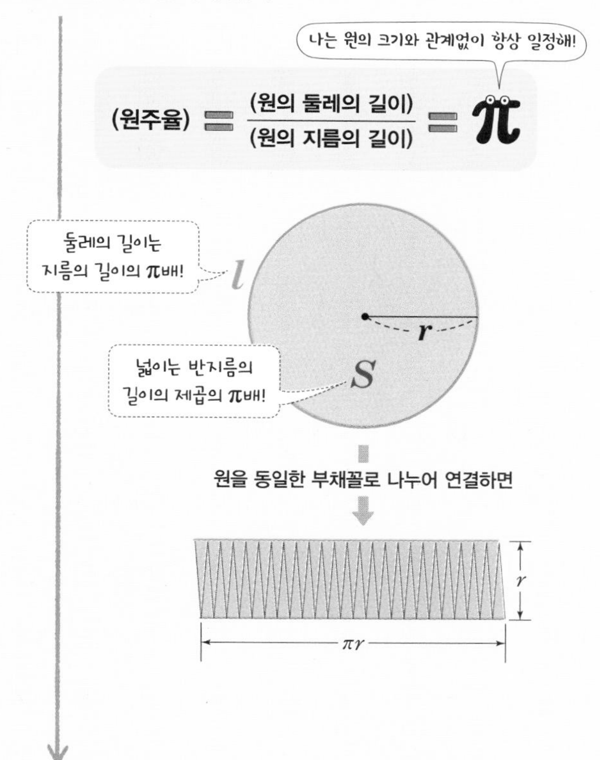

3 원의 둘레의 길이와 넓이

1) 원주율 : 원의 지름의 길이에 대한 원의 둘레의 길이의 비율

➡ $(\text{원주율})=\dfrac{(\text{원의 둘레의 길이})}{(\text{원의 지름의 길이})}=\pi\doteqdot 3.14$

+ π는 '파이'라 읽으며 3.1415926…과 같이 한없이 계속되는 수이다.

2) 원의 둘레의 길이와 넓이 : 반지름의 길이가 r인 원의

① $(\text{둘레의 길이})=2\pi r$

② $(\text{넓이})=\pi r^2$

예 반지름의 길이가 6 cm인 원의

① 둘레의 길이는 $2\pi\times 6=12\pi(\text{cm})$

② 넓이는 $\pi\times 6^2=36\pi(\text{cm}^2)$

중심각에 정비례하는

부채꼴의 호의 길이와 넓이

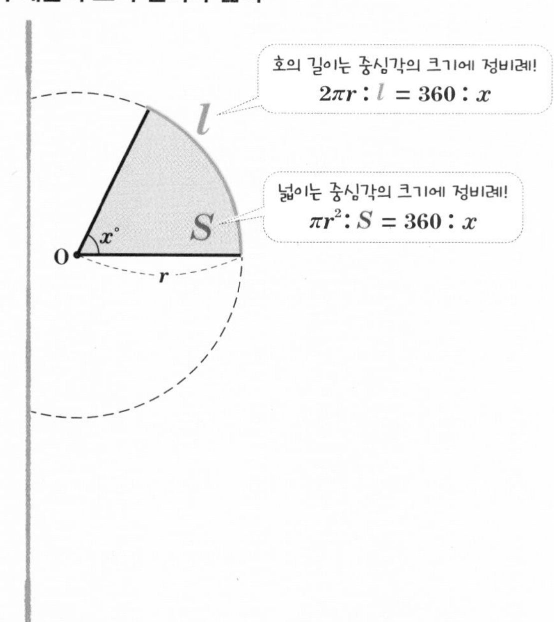

4 부채꼴의 호의 길이와 넓이

반지름의 길이가 r이고, 중심각의 크기가 $x°$인 부채꼴의 호의 길이를 l, 넓이를 S라 하면

1) $l=2\pi r\times\dfrac{x}{360}$

2) $S=\pi r^2\times\dfrac{x}{360}=\dfrac{1}{2}r\times\left(2\pi r\times\dfrac{x}{360}\right)=\dfrac{1}{2}rl$ (호의 길이 l)

➡ $S=\pi r^2\times\dfrac{x}{360}=\dfrac{1}{2}rl$

(중심각의 크기를 알 때 / 호의 길이를 알 때)

+ 부채꼴의 호의 길이는 중심각의 크기에 정비례하므로

$x : 360=l : 2\pi r$

$\therefore l=2\pi r\times\dfrac{x}{360}$

또, 부채꼴의 넓이도 중심각의 크기에 정비례하므로

$x : 360=S : \pi r^2$

$\therefore S=\pi r^2\times\dfrac{x}{360}$

예 ① 반지름의 길이가 8 cm이고, 중심각이 크기가 45°인 부채꼴의 호의 길이 l과 넓이 S는

$l=2\pi\times 8\times\dfrac{45}{360}=2\pi(\text{cm})$, $S=\pi\times 8^2\times\dfrac{45}{360}=8\pi(\text{cm}^2)$

② 반지름의 길이가 10 cm이고, 호의 길이가 4π cm인 부채꼴의 넓이 S는

$S=\dfrac{1}{2}\times 10\times 4\pi=20\pi(\text{cm}^2)$

주제별 실력다지기

1 원과 부채꼴

01 오른쪽 그림의 원 O에 대한 다음 설명 중 옳지 않은 것을 모두 고르면? (정답 2개)

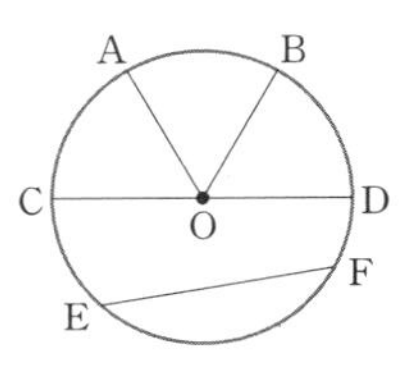

① $\overline{CD}$와 $\overline{EF}$는 호이다.

② $\overset{\frown}{EF}$와 $\overline{EF}$로 둘러싸인 도형은 활꼴이다.

③ $\overline{CD}$보다 길이가 긴 현이 있다.

④ $\overset{\frown}{AB}$에 대한 중심각은 $\angle AOB$이다.

⑤ 부채꼴과 활꼴의 모양이 같은 경우는 반원일 때이다.

02 다음 설명 중 옳지 않은 것은?

① 활꼴은 호와 현으로 이루어진 도형이다.

② 원의 중심을 지나는 현은 지름이다.

③ 중심각의 크기가 180°인 부채꼴은 반원이다.

④ 한 원에서 같은 호에 대한 부채꼴의 넓이는 활꼴의 넓이보다 항상 크다.

⑤ 현 중에서 가장 긴 것은 원의 지름이다.

03 원 O에서 부채꼴 AOB의 반지름의 길이와 현 AB의 길이가 같을 때, 부채꼴 AOB의 중심각의 크기를 구하시오.

2 부채꼴의 중심각의 크기와 호 또는 현의 관계

04 다음 설명 중 옳지 않은 것은?

① 한 원에서 같은 크기의 중심각에 대한 현의 길이는 같다.

② 한 원에서 같은 크기의 중심각에 대한 호의 길이는 같다.

③ 한 원에서 현의 길이는 그 현에 대한 중심각의 크기에 정비례한다.

④ 한 원에서 호의 길이는 그 호에 대한 중심각의 크기에 정비례한다.

⑤ 한 원에서 부채꼴의 넓이는 중심각의 크기에 정비례한다.

05 오른쪽 그림과 같은 원 O에서 x, y의 값을 각각 구하면?

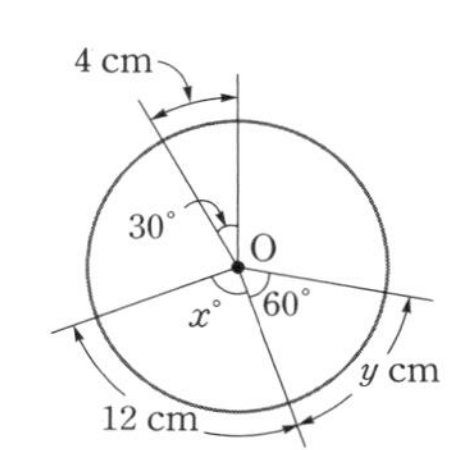

① $x=90$, $y=8$

② $x=95$, $y=8$

③ $x=100$, $y=8$

④ $x=90$, $y=9$

⑤ $x=95$, $y=9$

06 오른쪽 그림에서 $\angle AOB=30°$, $\angle BOC=120°$이고, 부채꼴 OCD의 넓이가 $76\pi\ cm^2$일 때, 부채꼴 OAB의 넓이를 구하시오.

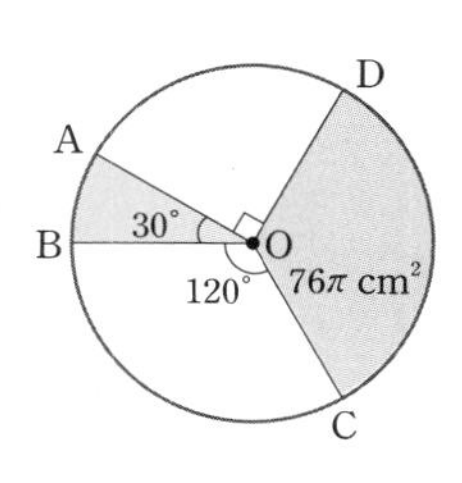

07 오른쪽 그림의 원 O에서 $\angle ABO=30°$, $\overset{\frown}{CD}=6\pi$ cm일 때, $\overset{\frown}{AC}$의 길이는?

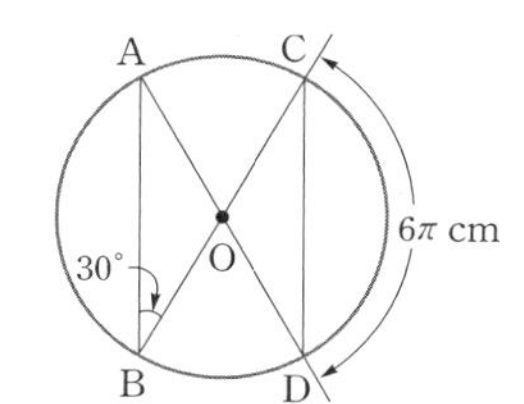

① 2π cm ② 3π cm
③ 4π cm ④ 5π cm
⑤ 6π cm

08 오른쪽 그림의 반원 O에서 $\overline{AC}=\overline{OC}$이고, $\angle BOD=70°$, $\overset{\frown}{AC}=12$ cm일 때, $\overset{\frown}{CD}$의 길이는?

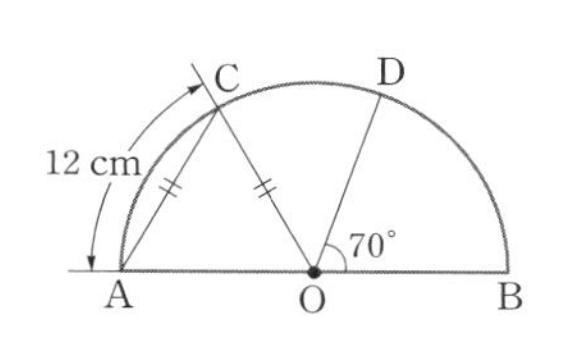

① 7 cm ② 8 cm ③ 9 cm
④ 10 cm ⑤ 11 cm

09 오른쪽 그림의 원 O에서 $\overline{AC}=\overline{OC}$이고, $\angle BOC=30°$, $\overset{\frown}{CD}=8\pi$ cm일 때, $\overset{\frown}{BC}$와 $\overset{\frown}{DE}$의 길이를 각각 구하시오.

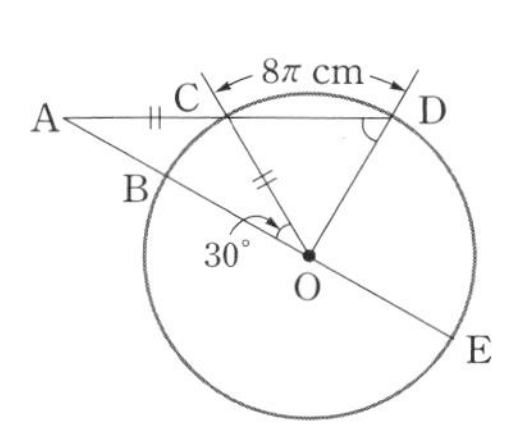

10 오른쪽 그림의 원 O에서 다음 중 옳지 않은 것은?

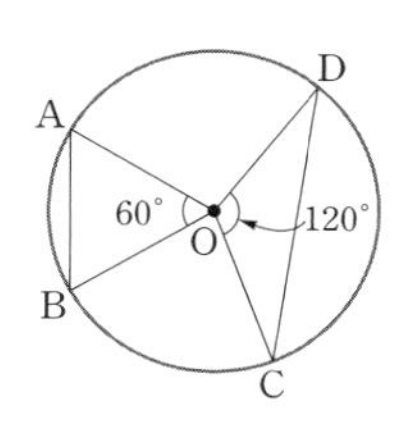

① (부채꼴 OCD의 넓이) $=2\times$(부채꼴 AOB의 넓이)
② $\angle OAB=\angle OBA$
③ $\overset{\frown}{AB}=\frac{1}{2}\overset{\frown}{CD}$
④ $2\overline{AB}=\overline{CD}$
⑤ $\triangle OCD<2\triangle OAB$

11 오른쪽 그림의 원 O에서 $\angle AOF$가 5등분되도록 네 점 B, C, D, E를 잡을 때, 다음 중 옳지 않은 것을 모두 고르면? (정답 2개)

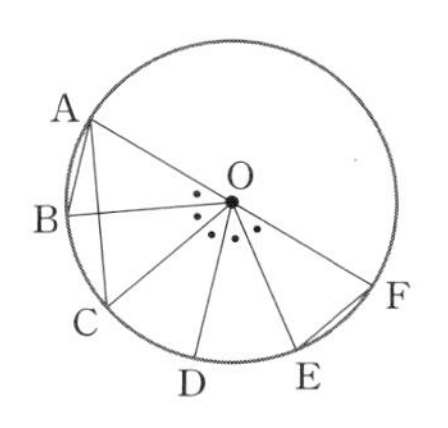

① $2\overset{\frown}{AB}=\overset{\frown}{CE}$ ② $\overline{AB}=\overline{EF}$
③ $\overset{\frown}{AB}=\frac{1}{2}\overset{\frown}{CF}$ ④ $\angle AOD=3\angle COD$
⑤ $\triangle OAC=2\triangle OEF$

12 오른쪽 그림의 원 O에서 $\angle AOB=\angle COD=\angle DOE$일 때, 다음 중 옳지 않은 것을 모두 고르면? (정답 2개)

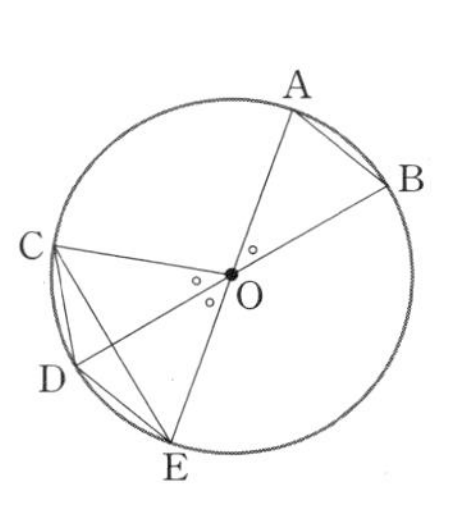

① $\overset{\frown}{CD}=\overset{\frown}{AB}$
② $\overset{\frown}{CE}<2\overset{\frown}{AB}$
③ $\overline{CD}=\overline{AB}$
④ $\overline{CE}=2\overline{AB}$
⑤ (부채꼴 OCE의 넓이)$=2\times$(부채꼴 OAB의 넓이)

3 부채꼴의 중심각의 크기와 호 또는 현의 관계 – 평행선이 있는 경우

13 오른쪽 그림의 원 O에서 $\overline{AB} /\!/ \overline{CD}$이고, $\angle AOC=40°$, $\widehat{BD}=10$ cm일 때, $\widehat{AB}$의 길이는?

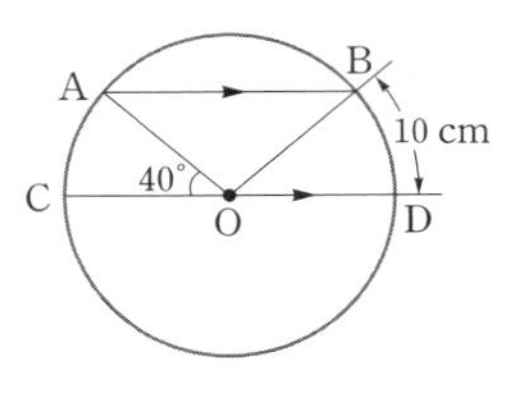

① 23 cm ② 25 cm ③ 27 cm
④ 30 cm ⑤ 32 cm

14 오른쪽 그림의 원 O에서 $\overline{AB} /\!/ \overline{CD}$이고, $\angle BOD=30°$일 때, 원 O의 둘레의 길이는 $\widehat{AB}$의 길이의 몇 배인가?

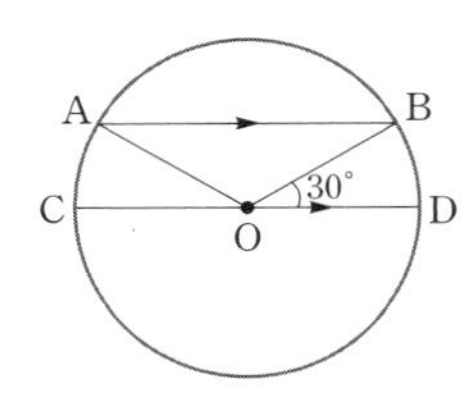

① $\frac{3}{2}$배 ② 2배 ③ $\frac{5}{2}$배
④ 3배 ⑤ $\frac{7}{2}$배

15 오른쪽 그림의 반원 O에서 $\overline{BD} /\!/ \overline{OC}$이고, $\angle AOC=20°$, $\widehat{BD}=14\pi$ cm일 때, $\widehat{CD}$의 길이는?

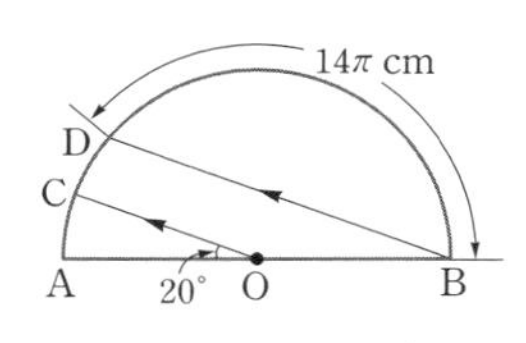

① π cm ② 2π cm ③ 3π cm
④ 4π cm ⑤ 5π cm

16 오른쪽 그림의 반원 O에서 $\overline{AD} /\!/ \overline{OC}$이고, $\widehat{AD}:\widehat{BC}=4:1$일 때, $\angle BOC$의 크기는?

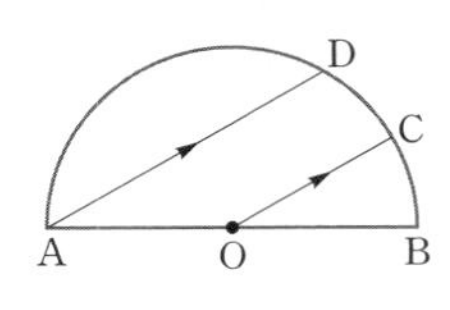

① 20° ② 30° ③ 40°
④ 45° ⑤ 50°

17 오른쪽 그림의 반원 O에서 $\overline{BC} /\!/ \overline{OD}$이고, $\overline{CD}=10$ cm일 때, $\overline{AD}$의 길이를 구하시오.

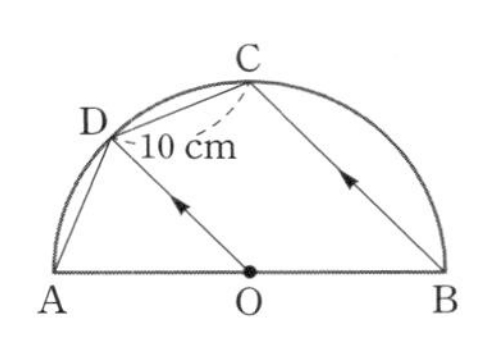

18 오른쪽 그림의 원 O에서 $\overline{AB} /\!/ \overline{OC}$이고, $\widehat{BC}=12\pi$ cm일 때, $\widehat{AD}$의 길이를 구하시오.

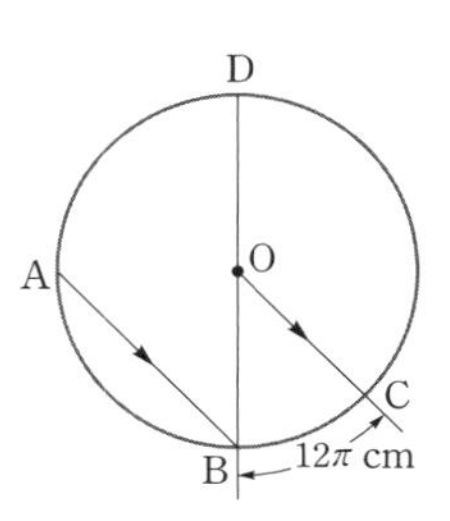

4 원의 둘레의 길이와 넓이

19 오른쪽 그림에서 색칠한 부분의 둘레의 길이와 넓이를 차례로 구하시오.

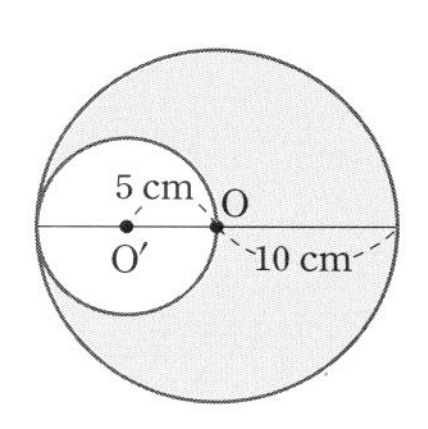

20 둘레의 길이가 10π cm인 원의 넓이는?

① $5\pi\ \text{cm}^2$ ② $10\pi\ \text{cm}^2$ ③ $15\pi\ \text{cm}^2$
④ $20\pi\ \text{cm}^2$ ⑤ $25\pi\ \text{cm}^2$

21 반지름의 길이가 2 cm인 원을 오른쪽 그림과 같은 정사각형의 변을 따라 한 바퀴 굴렸을 때, 원이 지나간 자리의 넓이는?

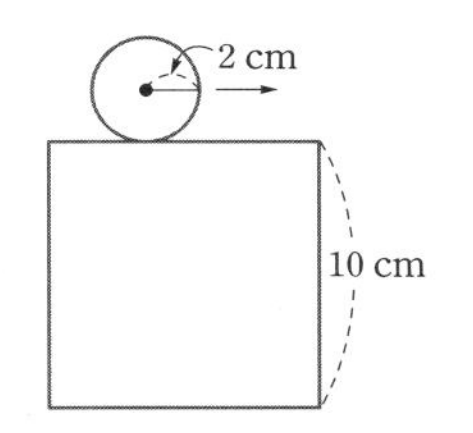

① $(150+16\pi)\ \text{cm}^2$
② $(160+4\pi)\ \text{cm}^2$
③ $(160+16\pi)\ \text{cm}^2$
④ $(170+4\pi)\ \text{cm}^2$
⑤ $(170+16\pi)\ \text{cm}^2$

22 다음 그림과 같이 직선 구간은 100 m이고 곡선 구간은 안쪽 라인부터 각각 반지름의 길이가 31 m, 32 m, 33 m인 반원 모양의 육상경기장 트랙이 있다. A, B, C 세 선수가 트랙의 라인 위를 따라 한 바퀴씩 돌 때, 세 선수가 같은 거리를 뛰기 위해서 B, C 선수는 A 선수보다 각각 몇 m 더 앞에서 출발해야 하는지 구하시오.

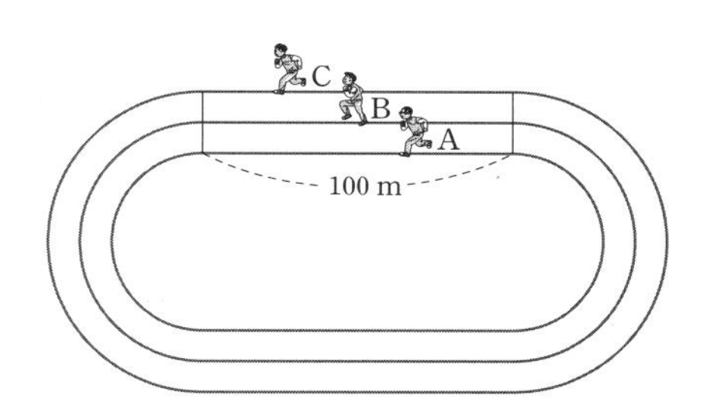

5 부채꼴의 호의 길이와 넓이 (1) – 기본

23 오른쪽 그림에서 색칠한 부분의 둘레의 길이는?

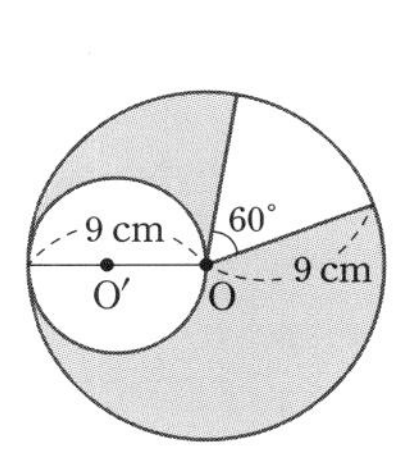

① 36π cm

② 30π cm

③ 24π cm
④ $(30\pi+18)$ cm
⑤ $(24\pi+18)$ cm

24 오른쪽 그림과 같이 한 변의 길이가 9 cm인 정육각형에서 색칠한 부분인 부채꼴의 호의 길이와 넓이를 차례로 구하시오.

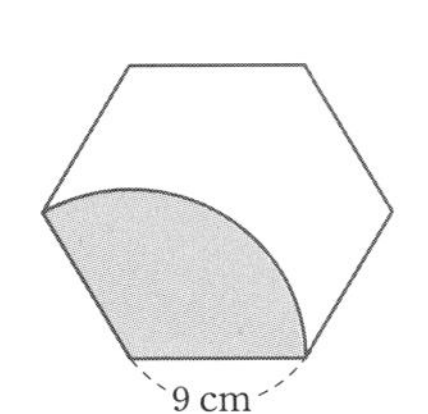

25 반지름의 길이가 10 cm인 원 O와 정오각형이 오른쪽 그림과 같이 만날 때, 색칠한 부분의 넓이를 구하시오.

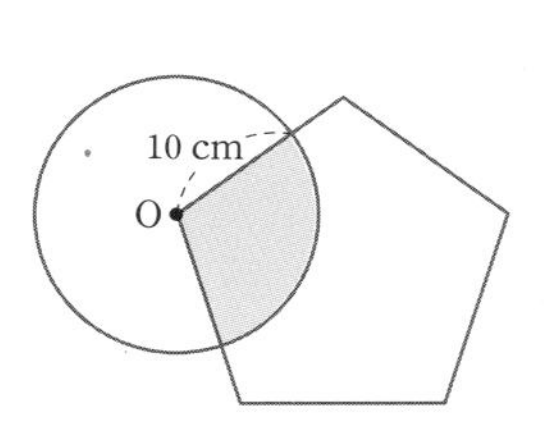

26 오른쪽 그림에서 색칠한 두 부분의 넓이가 같을 때, x의 값을 구하시오.

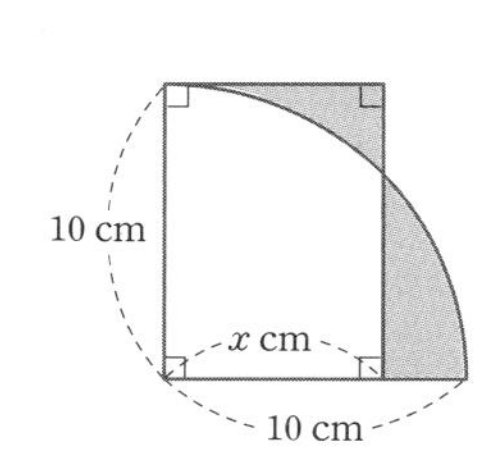

27 오른쪽 그림과 같은 부채꼴의 넓이를 구하시오.

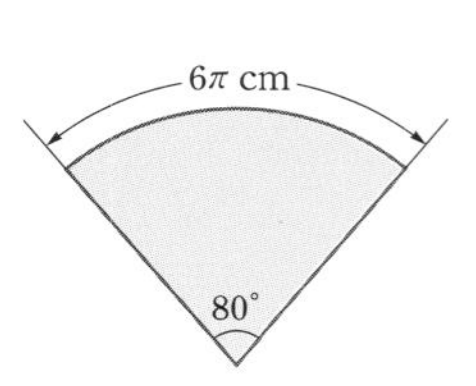

28 오른쪽 그림과 같이 반지름의 길이가 6 cm이고, 호의 길이가 4π cm인 부채꼴의 중심각의 크기와 넓이를 차례로 구하시오.

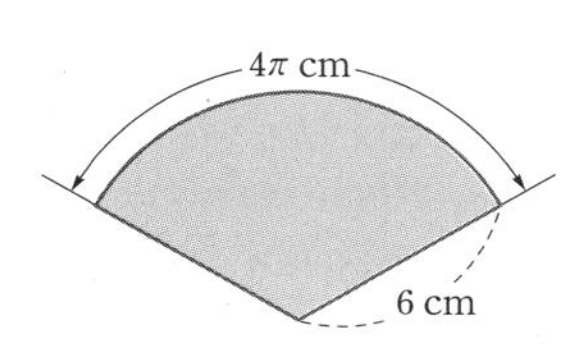

29 반지름의 길이가 5 cm이고, 넓이가 15π cm^2인 부채꼴의 중심각의 크기를 구하시오.

30 호의 길이가 2π cm이고, 넓이가 8π cm^{2}인 부채꼴의 중심각의 크기를 구하시오.

31 호의 길이가 각각 3π, 4π인 두 부채꼴 A, B의 넓이의 비가 $4:5$일 때, 두 부채꼴 A, B의 반지름의 길이의 비를 가장 간단한 자연수의 비로 나타내시오.

32 오른쪽 그림과 같이 한 변의 길이가 3 m인 정사각형 모양의 창고의 바깥쪽 한 모퉁이에 5 m 길이의 끈으로 강아지를 묶어 놓았다. 이 강아지가 창고 옆에서 최대로 움직일 수 있는 땅의 넓이를 구하시오.

(단, 끈의 매듭의 길이는 생각하지 않는다.)

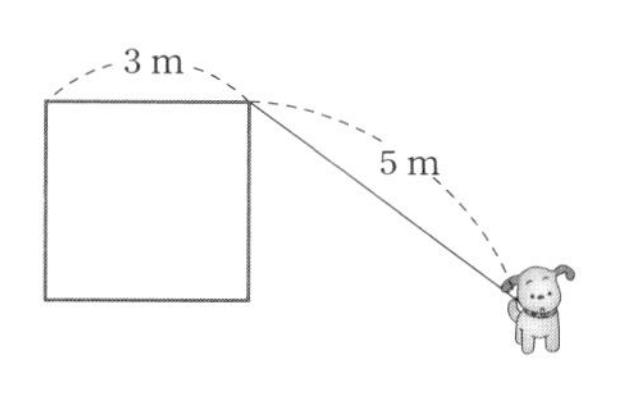

33 한 변의 길이가 6 cm인 정삼각형 ABC를 다음 그림과 같이 직선 l 위에서 굴렸을 때, 꼭짓점 A가 움직인 거리를 구하시오.

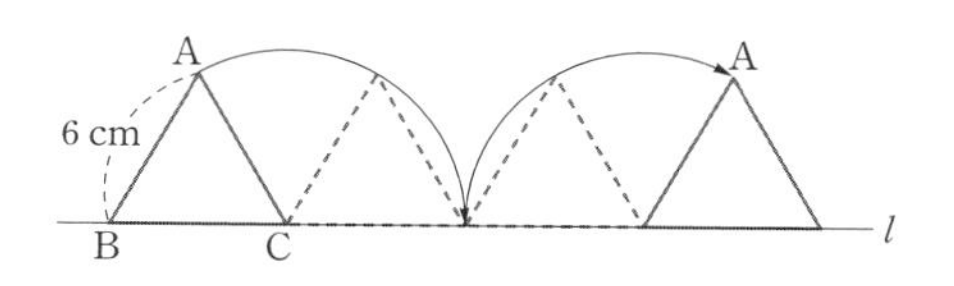

34 다음 그림과 같이 가로, 세로의 길이가 각각 12 cm, 5 cm이고, 대각선 AC의 길이가 13 cm인 직사각형을 직선 l 위에서 한 바퀴 굴렸을 때, 꼭짓점 A가 움직인 거리는?

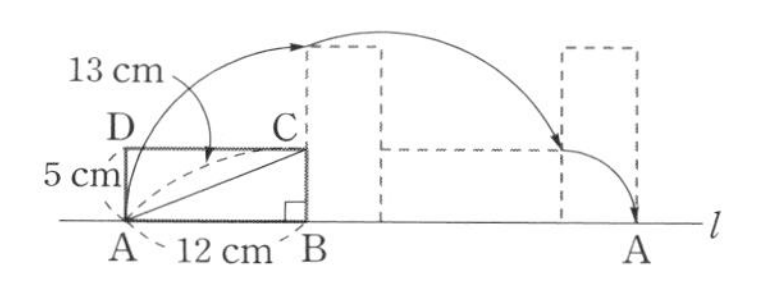

① 13π cm ② 14π cm ③ 15π cm
④ 16π cm ⑤ 17π cm

6 부채꼴의 호의 길이와 넓이 (2) – 넓이의 합, 차 이용

35 오른쪽 그림의 부채꼴에서 색칠한 부분의 둘레의 길이를 구하시오.

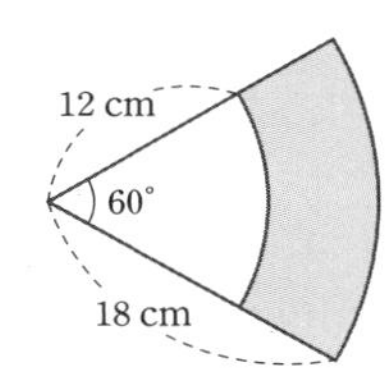

36 오른쪽 그림에서 색칠한 부분의 둘레의 길이와 넓이를 차례로 구하시오.

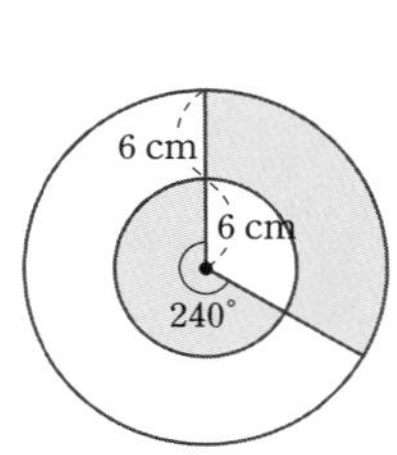

37 오른쪽 그림과 같이 한 변의 길이가 12 cm인 정사각형에서 색칠한 부분의 넓이를 구하시오.

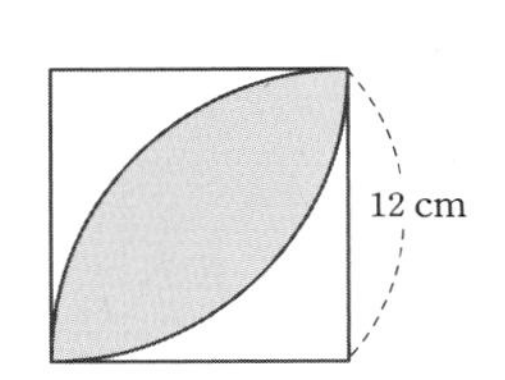

38 오른쪽 그림과 같이 한 변의 길이가 12 cm인 정사각형에서 색칠한 부분의 넓이는?

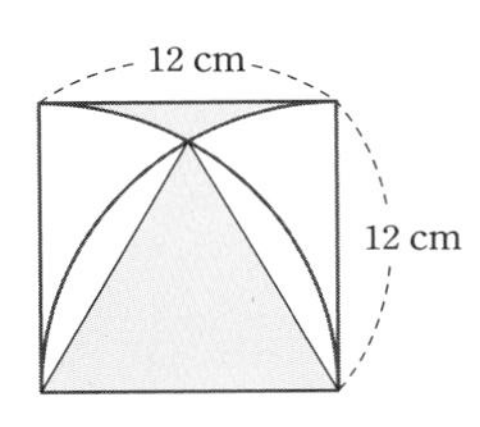

① $(144-24\pi)\ \text{cm}^2$
② $(144-12\pi)\ \text{cm}^2$
③ $(72-12\pi)\ \text{cm}^2$
④ $(72-6\pi)\ \text{cm}^2$
⑤ $(36-6\pi)\ \text{cm}^2$

39 오른쪽 그림과 같이 한 변의 길이가 10 cm인 정사각형에서 색칠한 부분의 넓이를 구하시오.

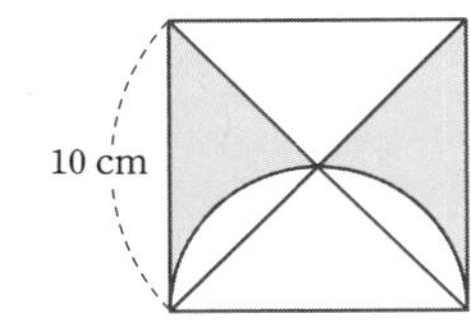

40 오른쪽 그림과 같이 한 변의 길이가 20 cm인 정사각형에서 색칠한 부분의 넓이를 구하시오.

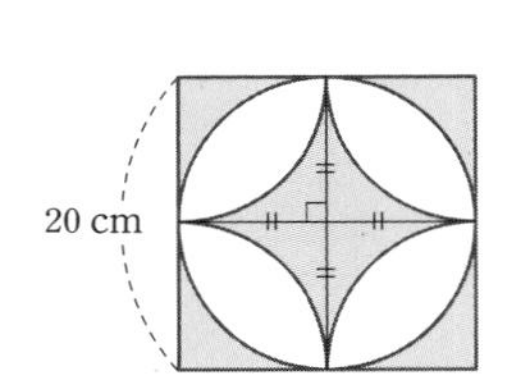

7 부채꼴의 호의 길이와 넓이 (3) – 일부 도형을 이동하는 경우

41 오른쪽 그림과 같이 한 변의 길이가 9 cm인 정사각형에서 색칠한 부분의 넓이를 구하시오.

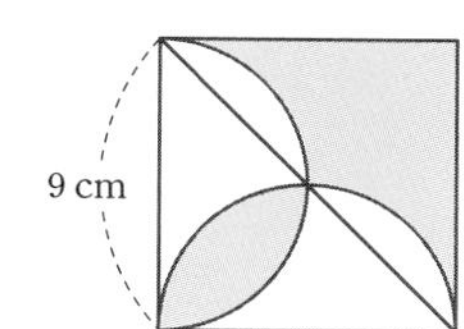

42 오른쪽 그림과 같이 한 변의 길이가 12 cm인 정사각형에서 색칠한 부분의 넓이를 구하시오.

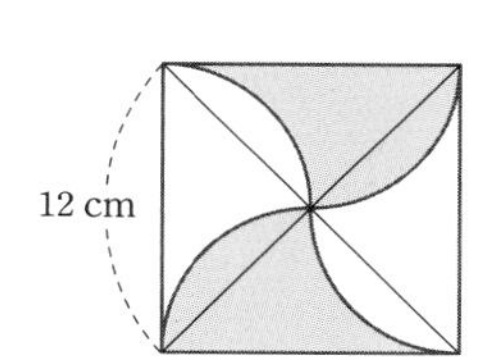

43 오른쪽 그림에서 색칠한 부분의 둘레의 길이와 넓이를 차례로 구하시오.

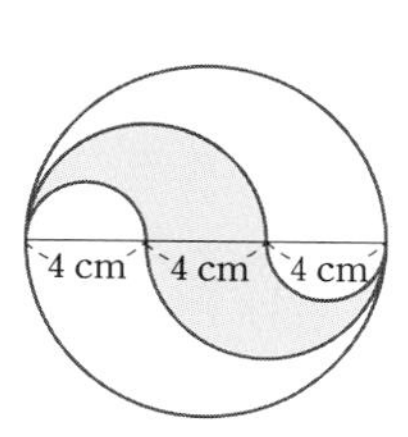

44 오른쪽 그림은 반지름의 길이가 8 cm인 반원을 점 A를 중심으로 45°만큼 회전시킨 것일 때, 색칠한 부분의 넓이를 구하시오.

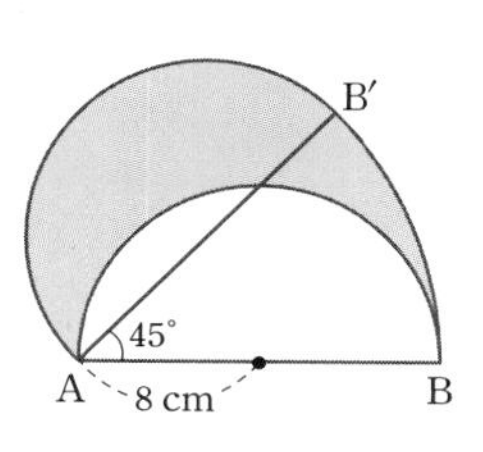

45 오른쪽 그림에서 색칠한 부분의 넓이를 구하시오.

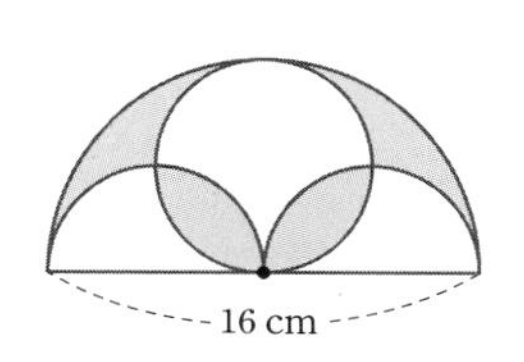

원주율과 원의 넓이

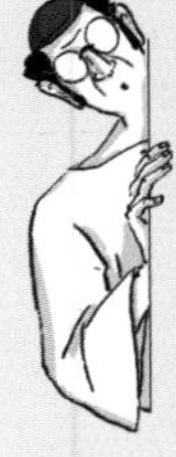

원주율 π!

원주율은 원의 지름의 길이에 대한 원의 둘레의 길이의 비율로 원의 크기에 관계없이 모든 원의 원주율은 같다. 측정에 의한 방법이 아닌 수학적 계산을 통하여 처음으로 원주율을 계산한 사람은 고대 그리스 수학자인 아르키메데스로 원의 안과 밖으로 접하는 정다각형의 둘레의 길이를 이용했다.

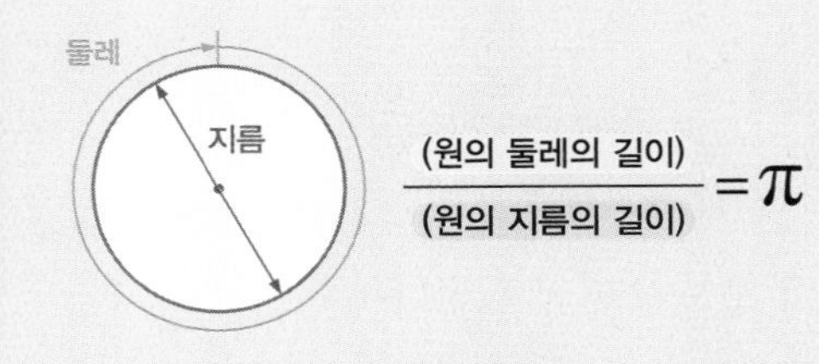

$$\frac{(\text{원의 둘레의 길이})}{(\text{원의 지름의 길이})} = \pi$$

1 원주율

그림과 같이 원의 안으로 접하는 정육각형과 원의 밖으로 접하는 정육각형으로 시작하여 정12각형, 정24사각형, …으로 변의 개수를 늘려가다 보면 정다각형은 점점 더 원에 가까워진다.

(원 안으로 접하는 정다각형의 둘레의 길이)  원의 둘레의 길이  (원 밖으로 접하는 정다각형의 둘레의 길이)

이러한 논리에 따라 아르키메데스는 정다각형 변의 개수를 늘려가며 정96각형을 작도하여 원주율의 값을 구했다.

아르키메데스

$$\frac{(\text{내접하는 정96각형의 둘레의 길이})}{(\text{원의 지름의 길이})} < \pi < \frac{(\text{외접하는 정96각형의 둘레의 길이})}{(\text{원의 지름의 길이})}$$

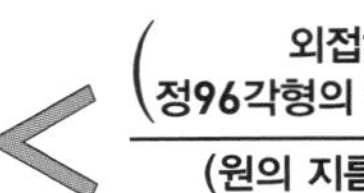

나는 원의 크기와 관계없이 항상 일정해!

$$3.140845 < \pi < 3.142857$$

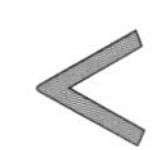

π의 값을 알았으니 원의 지름만 알면 원의 둘레의 길이나 넓이를 구할 수 있어!

2 원의 넓이

방법 ① 그림과 같이 반지름의 길이가 r인 원을 크기가 같은 여러 개의 부채꼴로 등분하여 엇갈리게 붙여 보면 등분하는 개수가 많아질수록 직사각형에 가까운 모양이 됨을 알 수 있다.

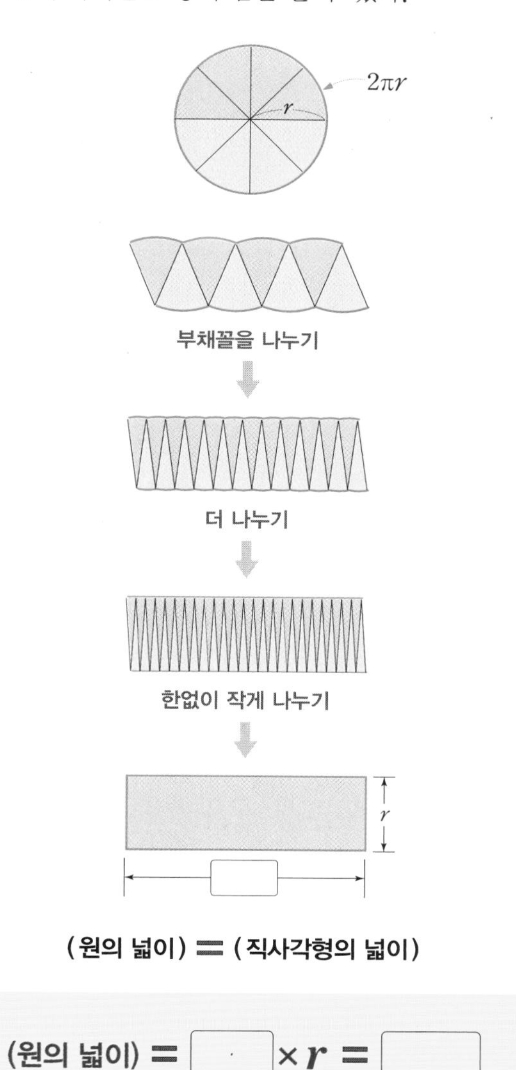

(원의 넓이) $= \square \times r = \square$

방법 ② 그림과 같이 반지름의 길이가 r인 원을 중심이 같은 여러 개의 원으로 나눈 후, 원 모양의 띠를 똑바로 펴서 길이순으로 배열하면 계단 모양의 도형이 된다. 띠의 폭이 가늘어질수록 직각삼각형에 가까운 모양이 됨을 알 수 있다.

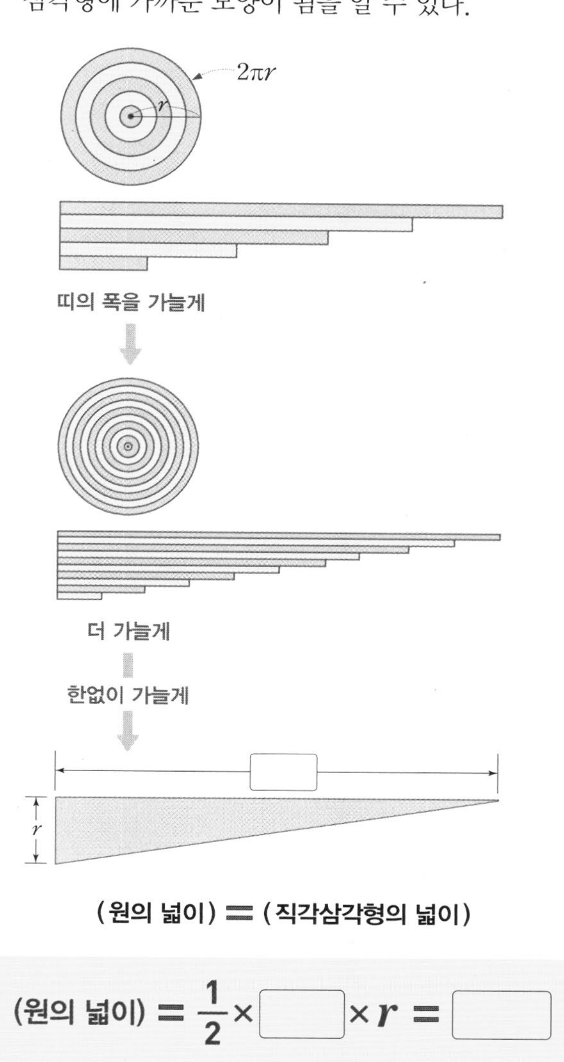

(원의 넓이) $= \frac{1}{2} \times \square \times r = \square$

답 πr, πr, πr^2 | $2\pi r$, $2\pi r$, πr^2

3 부채꼴의 넓이

그림과 같이 반지름의 길이가 r, 호의 길이가 l인 부채꼴을 크기가 같은 여러 개의 부채꼴로 등분하여 엇갈리게 붙여 보면 등분하는 개수가 많아질수록 직사각형에 가까운 모양이 됨을 알 수 있다.

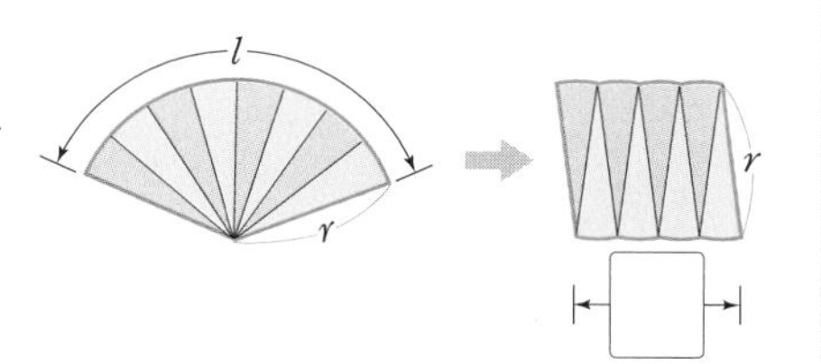

(부채꼴의 넓이) $= \square \times r = \square$

답 $\frac{1}{2}l$, $\frac{1}{2}l$, $\frac{1}{2}rl$

II 평면도형

단원 종합 문제

01 다음 중 다각형에 대한 설명으로 옳지 않은 것은?

① 모든 다각형은 외각의 크기의 합이 360°이다.
② 모든 다각형은 변의 개수와 꼭짓점의 개수가 같다.
③ n각형의 대각선의 개수는 $n(n-3)$이다.
④ 정다각형은 모든 외각의 크기가 같다.
⑤ 정다각형은 모든 내각의 크기가 같다.

02 어떤 다각형의 한 꼭짓점에서 그은 대각선에 의해 9개의 삼각형이 생길 때, 이 다각형의 대각선의 개수를 구하시오.

03 어떤 다각형의 대각선의 개수가 14일 때, 이 다각형의 한 꼭짓점에서 그을 수 있는 대각선의 개수를 구하시오.

04 오른쪽 그림에서 $\angle x$의 크기는?

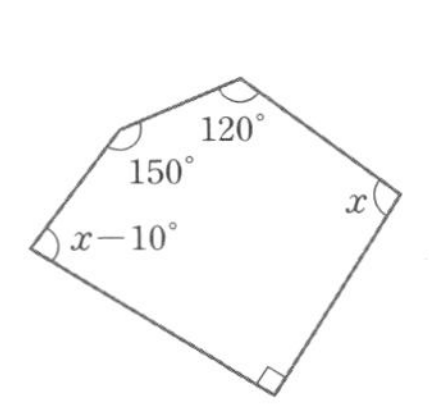

① 80° ② 85°
③ 90° ④ 95°
⑤ 100°

05 오른쪽 그림에서 $\overline{AD}=\overline{DC}$, $\overline{AD}/\!/\overline{BC}$일 때, $\angle BAC$의 크기는?

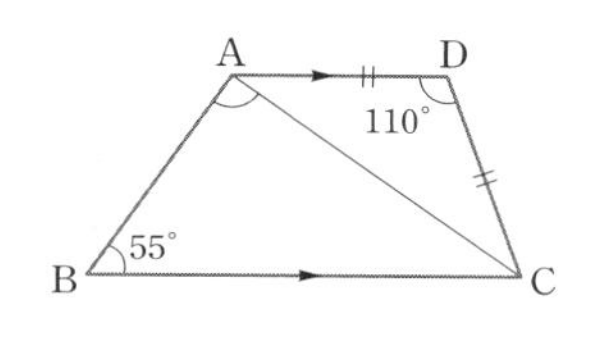

① 80°　② 85°　③ 90°　④ 95°　⑤ 100°

06 오른쪽 그림에서 $\angle x$의 크기는?

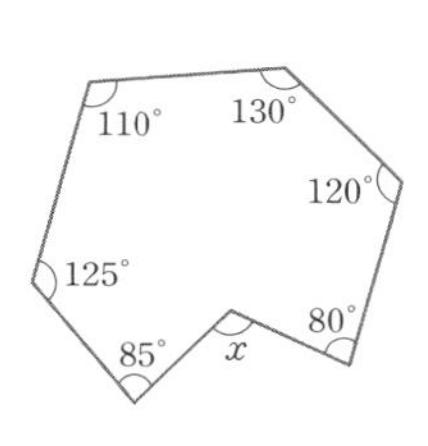

① 120°　② 115°　③ 110°　④ 105°　⑤ 100°

07 오른쪽 그림과 같은 정삼각형 ABC에서 두 점 D, E는 각각 $\overline{AB}$, $\overline{BC}$ 위에 있고 $\overline{BD}=\overline{CE}$이다. $\overline{AE}$와 $\overline{CD}$의 교점을 F라 할 때, $\angle CFE$의 크기를 구하시오.

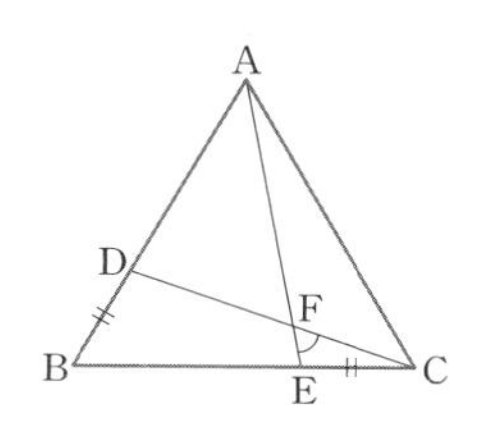

08 오른쪽 그림에서 $\overline{AC}=\overline{CD}=\overline{BD}$일 때, $\angle x$의 크기는?

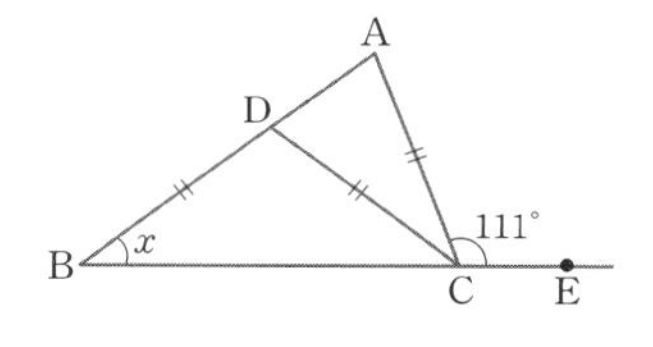

① 34°　② 35°　③ 36°　④ 37°　⑤ 38°

09 오른쪽 그림의 △ABC에서 점 D는 ∠B의 이등분선과 ∠C의 외각의 이등분선의 교점이다. ∠A=50°일 때, ∠x의 크기를 구하시오.

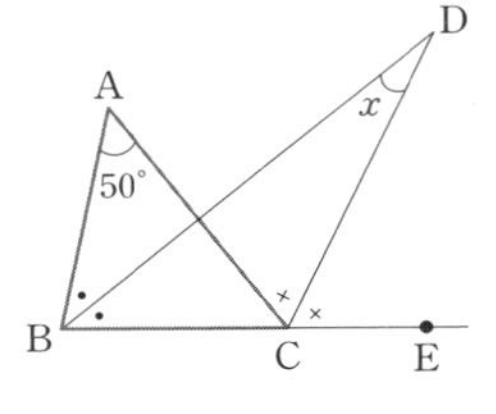

10 오른쪽 그림에서 ∠x의 크기는?

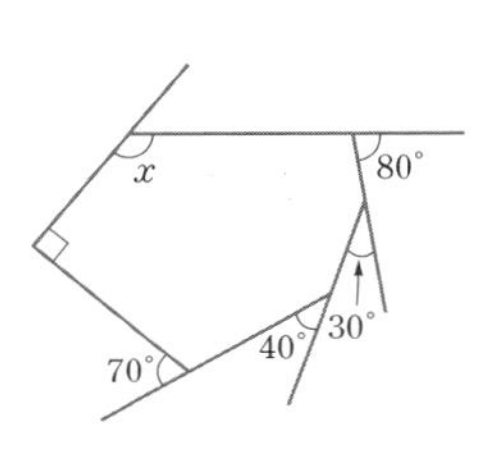

① 134° ② 132°
③ 130° ④ 128°
⑤ 126°

11 내각의 크기의 합이 1800°인 정다각형의 한 외각의 크기는?

① 24° ② 30° ③ 36°
④ 40° ⑤ 45°

12 한 내각의 크기와 한 외각의 크기의 비가 7 : 2인 정다각형은?

① 정육각형 ② 정칠각형 ③ 정팔각형
④ 정구각형 ⑤ 정십각형

13 다음 설명 중 옳지 않은 것은?

① 원의 현 중에서 가장 긴 것은 지름이다.
② 한 원에서 같은 크기의 중심각에 대한 현의 길이는 같다.
③ 한 원에서 중심각의 크기가 같은 부채꼴의 호의 길이는 같다.
④ 한 원에서 부채꼴의 호의 길이는 중심각의 크기에 정비례한다.
⑤ 한 원에서 중심각의 크기가 2배가 되면 현의 길이도 2배가 된다.

14 오른쪽 그림의 원 O에서 $4\angle AOB=\angle COD$일 때, 다음 **보기** 중 옳은 것을 모두 고르시오.

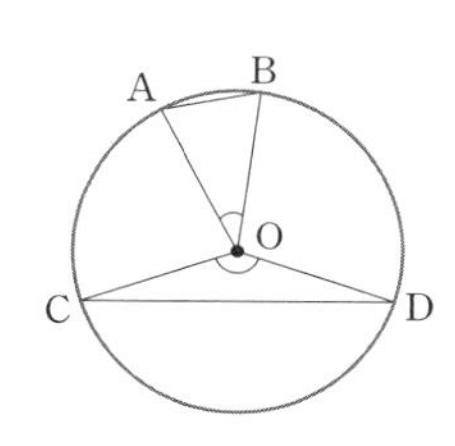

보기

ㄱ. $\widehat{CD}=4\widehat{AB}$
ㄴ. $\overline{CD}<4\overline{AB}$
ㄷ. $\triangle OCD=4\triangle OAB$
ㄹ. (부채꼴 COD의 넓이)$=4\times$(부채꼴 AOB의 넓이)

15 오른쪽 그림과 같은 부채꼴의 중심각의 크기는?

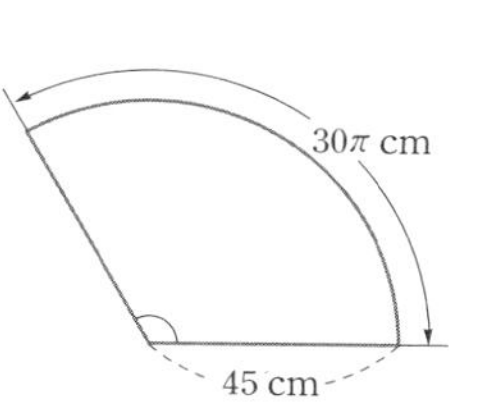

① 110° ② 120°
③ 130° ④ 140°
⑤ 150°

16 다음 그림에서 색칠한 부분의 넓이를 구하시오.

(1)

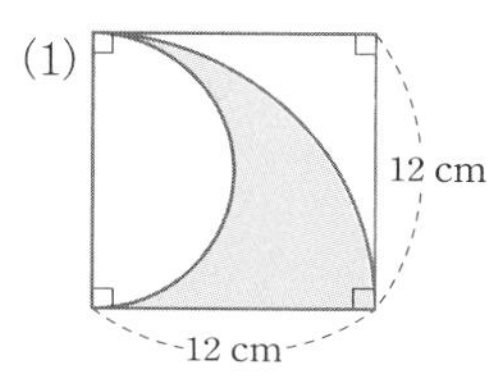

(2)

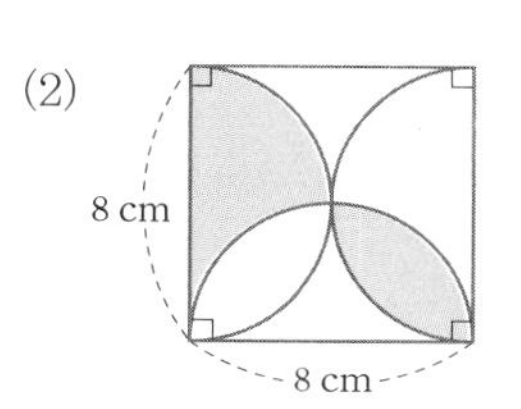

도전! 최상위

17 오른쪽 그림과 같은 정오각형에서 $\angle x$의 크기는?

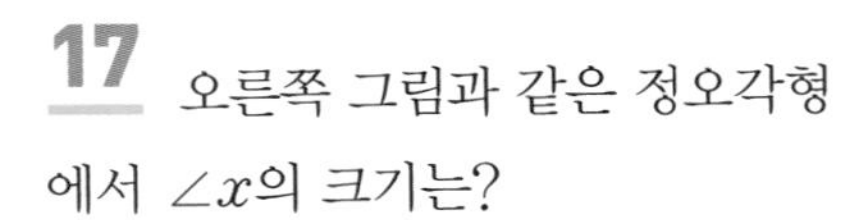

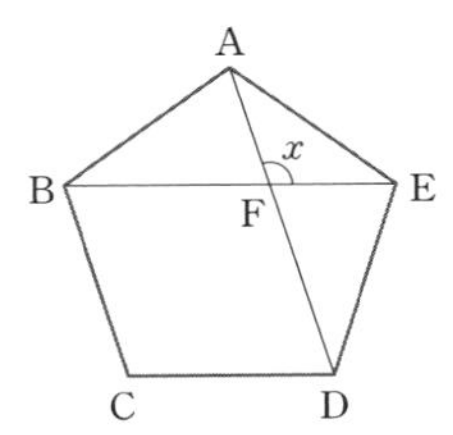

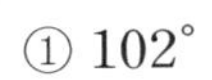

① 102°　② 104°　③ 106°　④ 108°　⑤ 110°

18 오른쪽 그림의 원 O에서 $\overline{AD} /\!/ \overline{OC}$이고, $\angle BOC = 36^\circ$, $\overset{\frown}{BC} = 2\pi$ cm일 때, $\overset{\frown}{AD}$의 길이는?

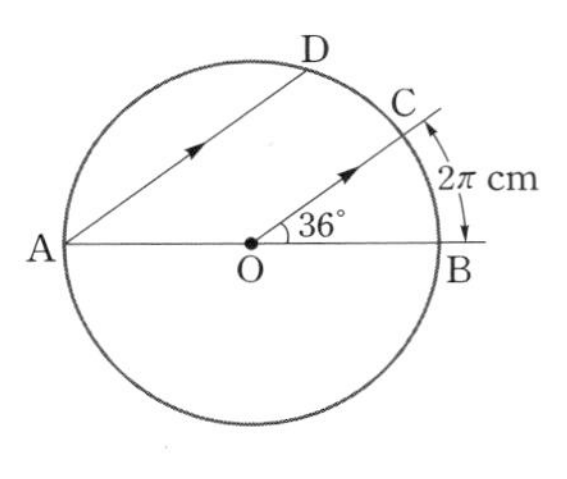

① 5π cm　② 6π cm　③ 7π cm　④ 8π cm　⑤ 9π cm

19 오른쪽 그림에서 색칠한 부분의 둘레의 길이는?

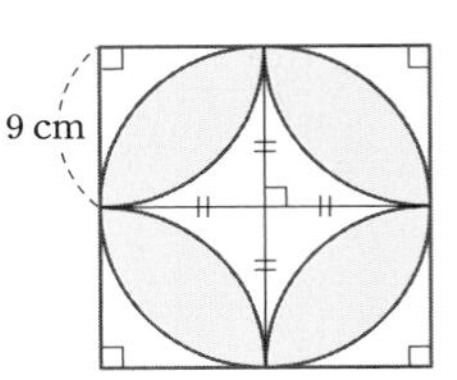

① 36π cm　② 38π cm　③ 40π cm　④ 42π cm　⑤ 44π cm

20 오른쪽 그림과 같은 $\triangle ABC$에서 $\angle A = 40^\circ$이고, $\angle B$와 $\angle C$의 이등분선의 교점을 I라 할 때, $\angle DIE$의 크기를 구하시오.

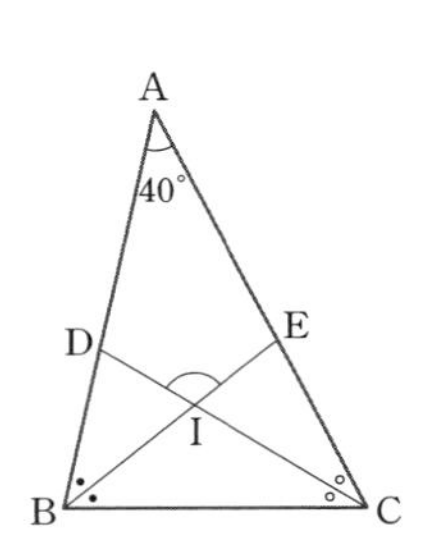

입체도형

1

면으로 둘러싸인!

다면체와 회전체

다각형으로 둘러싸인

다면체

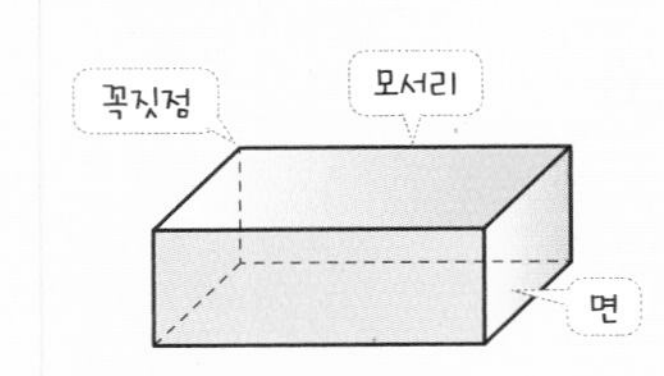

❶ 각기둥

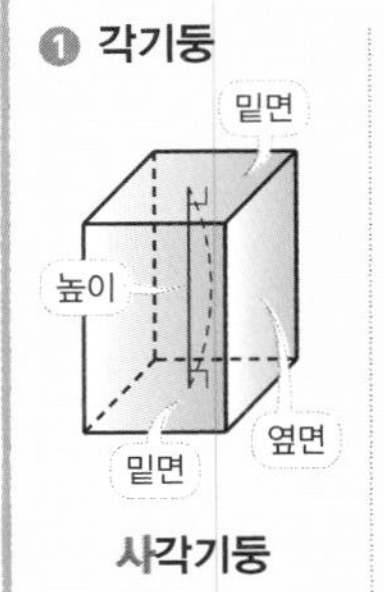

사각기둥

❷ 각뿔

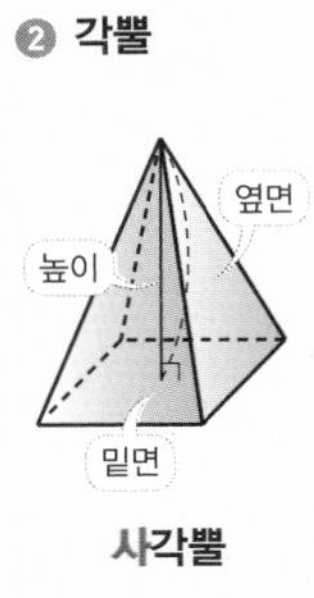

사각뿔

❸ 각뿔대

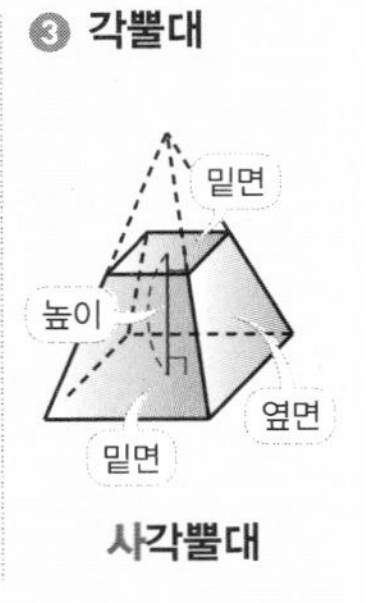

사각뿔대

1 다면체

1) 다면체 : 다각형인 면으로만 둘러싸인 입체도형

① 면 : 다면체를 둘러싸고 있는 다각형

② 모서리 : 다각형의 변

③ 꼭짓점 : 다각형의 꼭짓점

주의 • 원기둥, 원뿔, 구 등과 같이 곡면이 있는 입체도형은 다면체가 아니다.

2) 다면체의 종류

① 각기둥 : 두 밑면이 서로 평행하면서 합동인 다각형이고 옆면이 모두 직사각형인 다면체

② 각뿔 : 밑면이 다각형이고 옆면이 모두 삼각형인 다면체

③ 각뿔대 : 각뿔을 밑면에 평행한 평면으로 자를 때 생기는 두 다면체 중에서 각뿔이 아닌 쪽의 다면체

+ 다면체는 둘러싸인 면의 개수에 따라 사면체, 오면체, 육면체, … 라고 한다.
+ 각기둥, 각뿔, 각뿔대는 밑면인 다각형의 모양에 따라 사각기둥, 사각뿔, 사각뿔대, … 라고 한다.
+ 각뿔대의 두 밑면은 평행하지만 크기가 다른 다각형이고, 옆면은 모두 사다리꼴이다.

5가지뿐인

정다면체

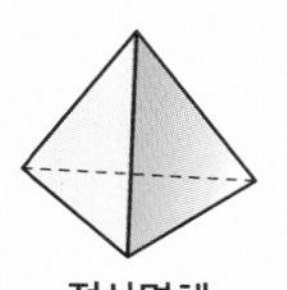

정사면체

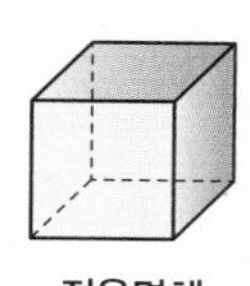

정육면체

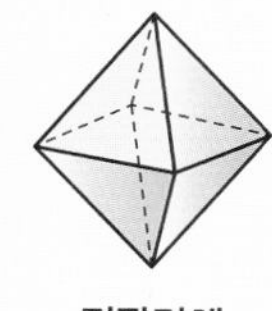

정팔면체

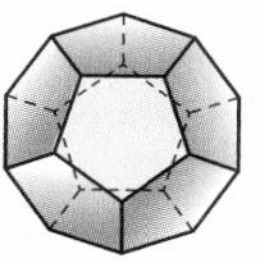

정십이면체

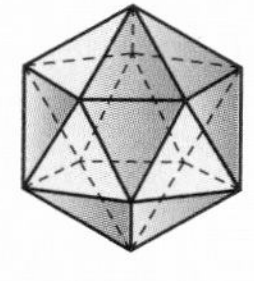

정이십면체

2 정다면체

1) 정다면체 : 모든 면이 서로 합동인 정다각형이고, 각 꼭짓점에 모이는 면의 개수가 같은 다면체

2) 정다면체의 종류 : 정다면체는 다음의 5가지뿐이다.

	정사면체	정육면체	정팔면체	정십이면체	정이십면체
겨냥도	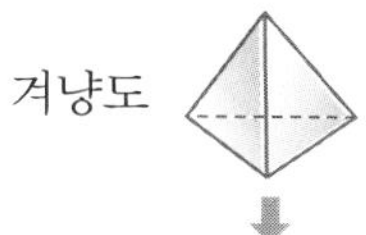	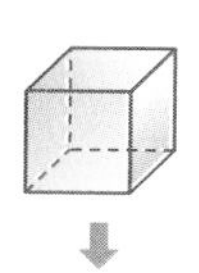	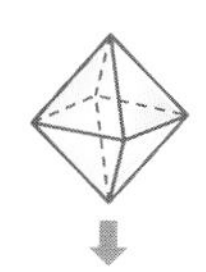	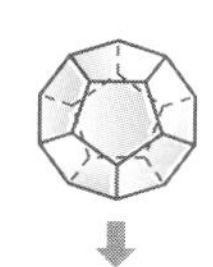	
전개도	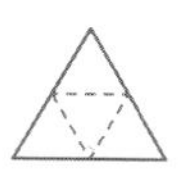	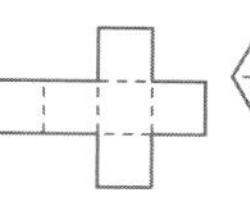	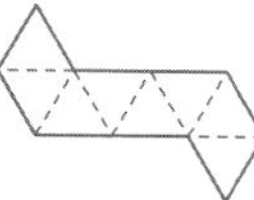	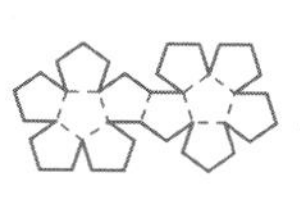	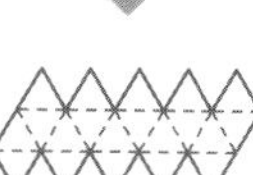

정다면체	정사면체	정육면체	정팔면체	정십이면체	정이십면체
면의 모양	정삼각형	정사각형	정삼각형	정오각형	정삼각형
면의 개수	4	6	8	12	20
한 꼭짓점에 모이는 면의 개수	3	3	4	3	5
꼭짓점의 개수	4	8	6	20	12
모서리의 개수	6	12	12	30	30

개념+ 정다면체는 한 꼭짓점에서 3개 이상의 면이 만나야 하고, 모이는 다각형의 내각의 크기의 합이 360°보다 작아야 하므로 5가지뿐이다.

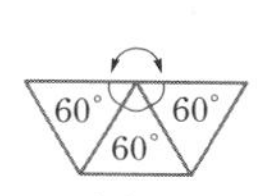

정사면체

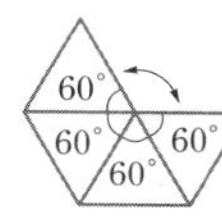

정팔면체

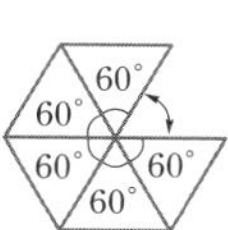

정이십면체

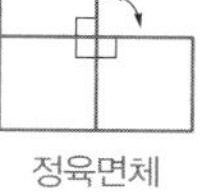

정육면체

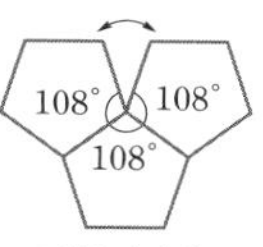

정십이면체

평면도형의 회전

회전체

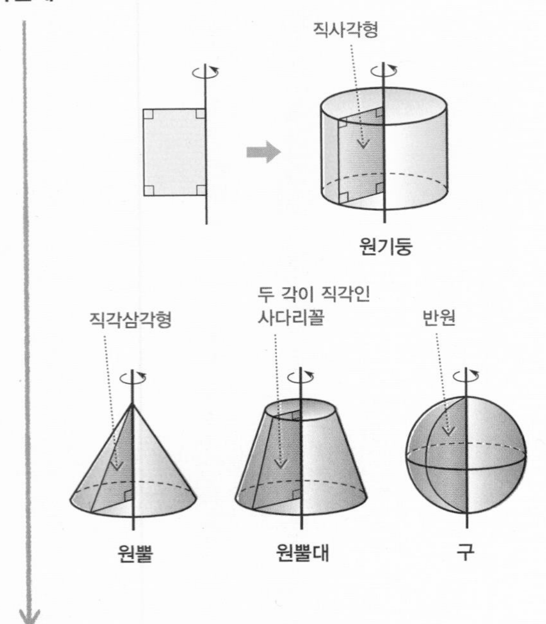

회전체와 그 단면

회전체의 성질

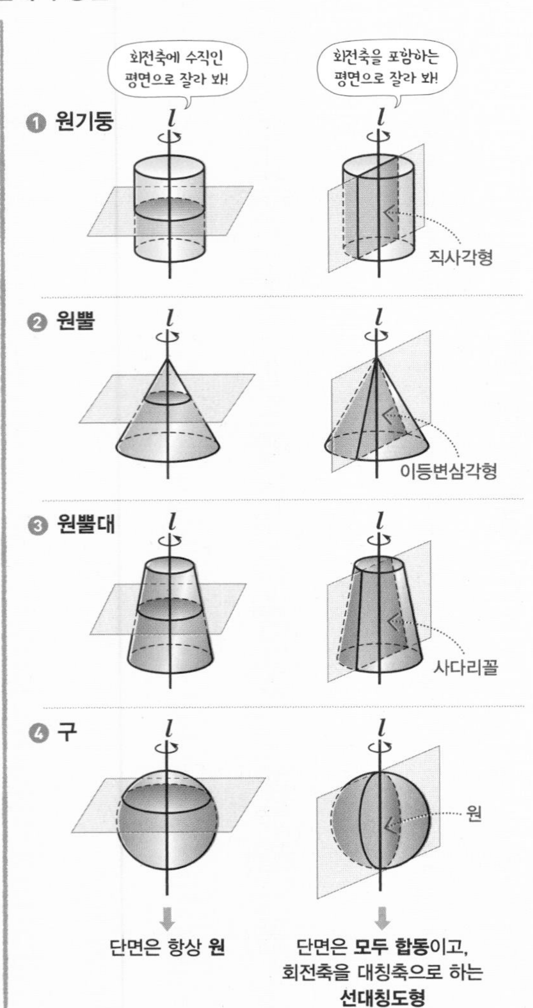

3 회전체

1) 회전체 : 평면도형을 한 직선을 축으로 하여 1회전 시킬 때 생기는 입체도형

① 회전축 : 회전 시킬 때 축이 되는 직선

② 모선 : 회전체에서 회전하여 옆면을 이루는 선분

2) 회전체의 종류

① 원기둥 : 직사각형의 한 변을 축으로 하여 1회전 시킬 때 생기는 입체도형

② 원뿔 : 직각삼각형의 직각을 낀 변을 축으로 하여 1회전 시킬 때 생기는 입체도형

③ 원뿔대 : 원뿔을 밑면에 평행한 평면으로 잘라서 생기는 두 입체도형 중에서 원뿔이 아닌 쪽의 입체도형

+ 원뿔대는 두 각이 직각인 사다리꼴의 직각을 낀 변을 축으로 하여 1회전 시킨 도형으로 원뿔대의 높이는 두 밑면에 수직인 선분의 길이이다.

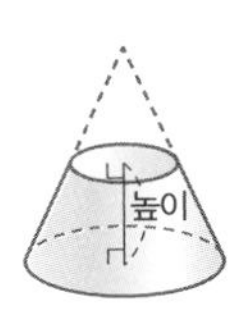

④ 구 : 반원의 지름을 축으로 하여 1회전 시킬 때 생기는 입체도형

개념+ 원기둥, 원뿔, 원뿔대의 전개도는 다음과 같다.

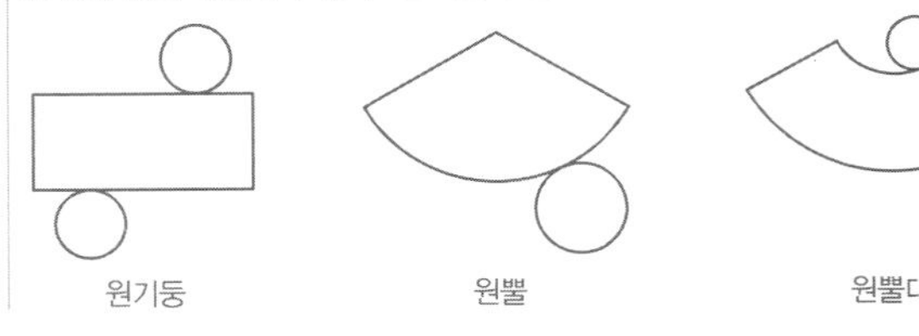

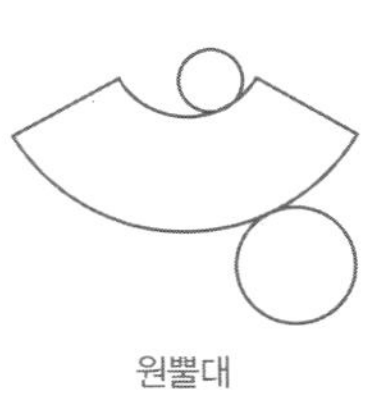

4 회전체의 성질

1) 회전체를 회전축에 수직인 평면으로 자르면 그 단면은 항상 원이다.

2) 회전체를 회전축을 포함하는 평면으로 자르면 그 단면은 모두 합동이고, 회전축에 대하여 선대칭도형이다.

+ 어떤 직선을 접는 선으로 하여 접었을 때 완전히 겹쳐지는 도형을 선대칭도형이라 하고, 이때 그 직선을 대칭축이라 한다.

주의 • 구는 회전축이 무수히 많고 회전축에 수직인 평면으로 자른 단면과 회전축을 포함하는 평면으로 자른 단면의 모양이 모두 원으로 같다.

주제별 실력다지기

1 다면체

01 다음 중 다면체에 대한 설명으로 옳지 않은 것을 모두 고르면? (정답 2개)

① 각뿔의 옆면은 삼각형이다.
② 각뿔대에서 평행한 면은 없다.
③ 각기둥의 두 밑면은 합동이다.
④ n각기둥과 n각뿔대의 면의 개수는 같다.
⑤ n각뿔대의 모서리의 개수는 n각뿔의 모서리의 개수보다 항상 적다.

02 다음 중 다면체에 대한 설명으로 옳지 않은 것은?

① 다각형인 면으로만 둘러싸인 입체도형을 다면체라고 한다.
② 사각뿔대의 옆면의 모양은 사다리꼴이다.
③ 사각기둥은 육면체이다.
④ 각뿔을 그 밑면에 평행한 평면으로 잘라서 생기는 두 다면체 중에서 각뿔이 아닌 다면체를 각뿔대라고 한다.
⑤ 삼각기둥과 오각뿔은 육면체이다.

03 다음 다면체 중에서 팔면체인 것을 모두 고르면? (정답 2개)

① 사각기둥 ② 오각뿔대 ③ 육각뿔
④ 육각뿔대 ⑤ 칠각뿔

04 다음 중 입체도형과 그 도형의 옆면의 모양을 짝지은 것으로 옳지 않은 것은?

① 오각뿔 – 삼각형 ② 칠각기둥 – 직사각형
③ 사각뿔대 – 사다리꼴 ④ 삼각뿔 – 삼각형
⑤ 사각기둥 – 정사각형

05 다음 중 각뿔대에 대한 설명으로 옳지 않은 것은?

① 한 꼭짓점에 모이는 면의 개수는 항상 3이다.
② 밑면이 n각형이면 면의 개수는 $n+2$이다.
③ 각뿔대를 밑면에 평행한 평면으로 자르면 항상 각뿔대가 생긴다.
④ n각뿔대의 꼭짓점의 개수는 $n+1$이다.
⑤ 각뿔대의 옆면은 모두 사다리꼴이다.

06 팔각뿔대의 면의 개수를 x, 모서리의 개수를 y, 꼭짓점의 개수를 z라 할 때, $x+y+z$의 값을 구하시오.

07 다음 중 십각뿔대에 대한 설명으로 옳지 않은 것은?

① 옆면은 모두 사다리꼴이다.
② 십각기둥과 모서리의 개수, 면의 개수가 각각 같다.
③ 두 밑면은 합동이다.
④ 두 밑면에 수직인 선분의 길이가 높이이다.
⑤ 꼭짓점의 개수는 20이다.

08 다음 중 다면체와 그 꼭짓점의 개수를 짝지은 것으로 옳지 않은 것은?

① 오각기둥 — 10 ② 육각뿔대 — 12
③ 육각뿔 — 12 ④ 칠각기둥 — 14
⑤ 팔각뿔대 — 16

09 밑면의 대각선의 개수가 9인 각뿔대는 몇 면체인가?

① 십면체 ② 구면체 ③ 팔면체
④ 칠면체 ⑤ 육면체

10 옆면이 모두 삼각형이고, 십면체인 입체도형의 이름을 말하고, 이 입체도형의 꼭짓점의 개수와 모서리의 개수를 차례로 구하시오.

11 다음 **조건**을 모두 만족하는 입체도형의 이름을 말하시오.

> **조건**
> (가) 두 밑면이 평행하고 합동이다.
> (나) 꼭짓점의 개수가 16이다.

12 다음 **조건**을 모두 만족하는 입체도형의 모서리의 개수를 x, 면의 개수를 y라 할 때, $x-y$의 값을 구하시오.

> **조건**
> (가) 두 밑면은 평행하고, 옆면은 모두 사다리꼴이다.
> (나) 꼭짓점의 개수가 12이다.

13 다음 입체도형 중에서 모서리의 개수가 가장 많은 것은?

① 삼각뿔대 ② 사각기둥 ③ 칠각뿔
④ 정사각뿔 ⑤ 오각뿔대

14 오른쪽 그림과 같은 축구공은 12개의 정오각형과 20개의 정육각형으로 이루어진 32면체로 만들 수 있다. 이 다면체의 모서리의 개수는?

① 80 ② 90 ③ 100
④ 110 ⑤ 120

15 모서리의 개수가 14인 각뿔의 면의 개수를 x, 꼭짓점의 개수를 y라 할 때, $x+y$의 값은?

① 14 ② 15 ③ 16
④ 17 ⑤ 18

2 정다면체의 성질

16 정다면체에 대한 다음 설명 중 옳은 것은?

① 정다면체는 6가지뿐이다.
② 정사면체의 꼭짓점의 개수는 6이다.
③ 정이십면체의 모서리의 개수는 40이다.
④ 정팔면체는 한 꼭짓점에 모이는 면의 개수가 4이다.
⑤ 각 면의 모양이 정삼각형인 정다면체는 정사면체뿐이다.

17 정다면체에 대한 다음 설명 중 옳지 않은 것은?

① 정사면체는 각 꼭짓점 사이의 거리가 모두 같다.
② 정육면체와 정팔면체의 모서리의 개수는 각각 12이다.
③ 각 면이 정육각형인 정다면체도 있다.
④ 정십이면체의 면의 개수와 정이십면체의 꼭짓점의 개수는 같다.
⑤ 한 꼭짓점에 6개의 면이 모이는 정다면체는 없다.

18 다음은 정다면체가 왜 다섯 가지밖에 없는지 설명하는 글이다. ①~⑤에 들어갈 것으로 옳지 않은 것은?

> 정다면체는 그 특성상 다음 2가지의 조건을 동시에 충족해야 한다.
> 첫째, 한 꼭짓점에서 최소 [①]개 이상의 정다각형이 맞닿아야 한다.([②]개 이하의 면으로는 입체를 만들 수 없다.)
> 둘째, 한 꼭짓점에 모이는 정다각형의 내각의 크기의 합이 [③]보다 작아야 한다. 즉, 정육각형의 경우 한 내각의 크기가 [④]이므로 한 꼭짓점에 정육각형이 3개만 모여도 [③]가 된다. 따라서 정육각형으로 만들 수 있는 정다면체는 존재하지 않는다.
> [⑤] 이후의 정다각형도 같은 이유로 정다면체를 만들 수 없다.

① 2　② 2　③ $360°$
④ $120°$　⑤ 정칠각형

19 정십이면체에 대한 다음 설명 중 옳지 않은 것은?

① 꼭짓점의 개수는 20이다.
② 한 꼭짓점에 3개의 면이 모인다.
③ 모서리의 개수는 30이다.
④ 각 면을 이루는 정다각형은 모두 합동이다.
⑤ 각 면을 이루는 정다각형의 한 내각의 크기는 $72°$이다.

20 다음 **보기** 중 한 꼭짓점에 모인 면의 개수가 3인 정다면체를 모두 고른 것은?

보기

ㄱ. 정사면체　　ㄴ. 정육면체　　ㄷ. 정팔면체
ㄹ. 정십이면체　ㅁ. 정이십면체

① ㄱ, ㄴ, ㄷ　② ㄱ, ㄴ, ㄹ　③ ㄱ, ㄷ, ㅁ
④ ㄴ, ㄹ, ㅁ　⑤ ㄷ, ㄹ, ㅁ

21 다음 중 오른쪽 그림과 같은 정팔면체의 각 면의 중심을 연결하여 만든 정다면체에 대한 설명으로 옳지 않은 것을 모두 고르면? (정답 2개)

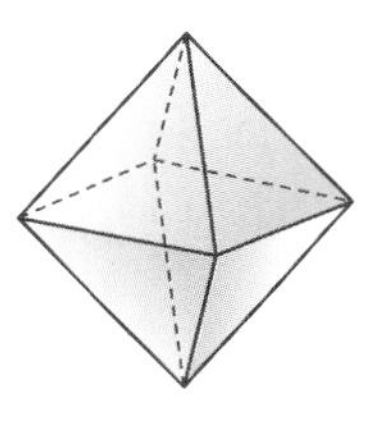

① 각 면의 모양은 정삼각형이다.
② 모서리의 개수는 12이다.
③ 꼭짓점의 개수는 8이다.
④ 면의 개수는 8이다.
⑤ 한 꼭짓점에 모이는 면의 개수는 3이다.

22 다음 **조건**을 모두 만족하는 다면체는?

조건

(가) 꼭짓점의 개수는 20이다.
(나) 모든 면이 합동인 정오각형이다.
(다) 한 꼭짓점에 모이는 면의 개수는 3이다.

① 정사면체　② 정육면체　③ 정팔면체
④ 정십이면체　⑤ 정이십면체

23 다음 **조건**을 모두 만족하는 입체도형의 이름을 말하시오.

조건

(가) 모든 면이 합동인 정삼각형이다.
(나) 한 꼭짓점에 모이는 면의 개수는 5이다.

3 정다면체의 단면

24 오른쪽 그림과 같은 정육면체를 세 꼭짓점 B, D, G를 지나는 평면으로 자를 때 생기는 △BDG에서 ∠BDG의 크기는?

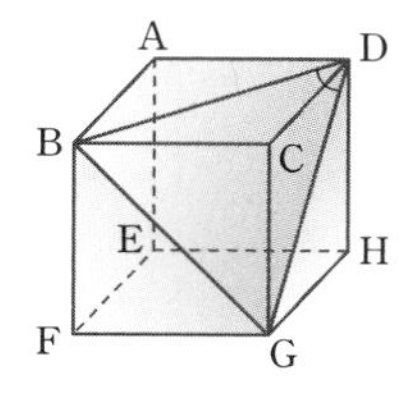

① 30°　② 45°　③ 60°
④ 75°　⑤ 90°

25 오른쪽 그림과 같은 정육면체를 네 꼭짓점 A, D, F, G를 지나는 평면으로 자를 때 생기는 단면의 모양으로 가장 알맞은 것은?

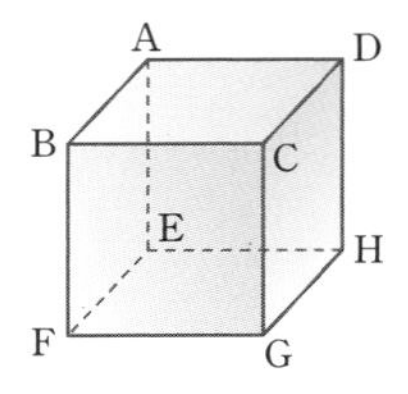

① 사각형 ② 직사각형
③ 정사각형 ④ 평행사변형
⑤ 사다리꼴

26 오른쪽 그림과 같은 정육면체를 모서리 AB, AD 위의 점 I, J와 꼭짓점 G를 지나는 평면으로 자를 때 생기는 단면의 모양은?

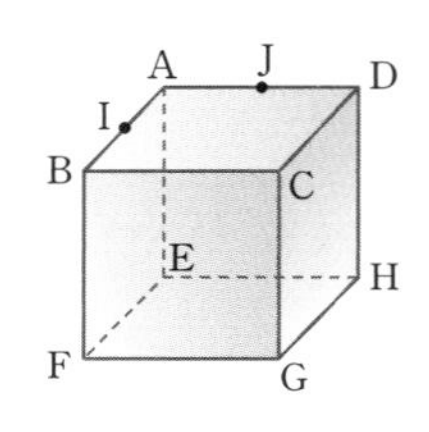

① 이등변삼각형 ② 정삼각형
③ 직사각형 ④ 오각형
⑤ 육각형

27 오른쪽 그림과 같은 정육면체에서 점 I는 모서리 AD의 중점이다. 세 점 B, I, H를 지나는 평면으로 정육면체를 자를 때 생기는 단면의 모양으로 가장 알맞은 것은?

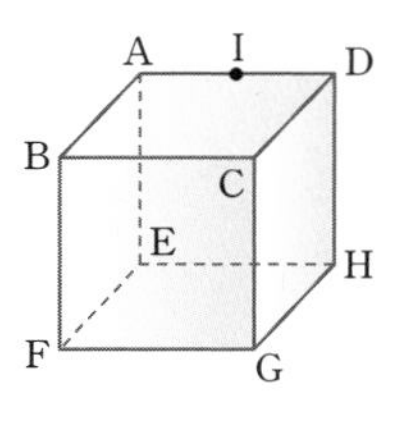

① 사각형 ② 직사각형 ③ 정사각형
④ 마름모 ⑤ 평행사변형

28 오른쪽 그림과 같은 정사면체에서 점 M은 모서리 BC의 중점일 때, △AMD의 모양으로 가장 알맞은 것은?

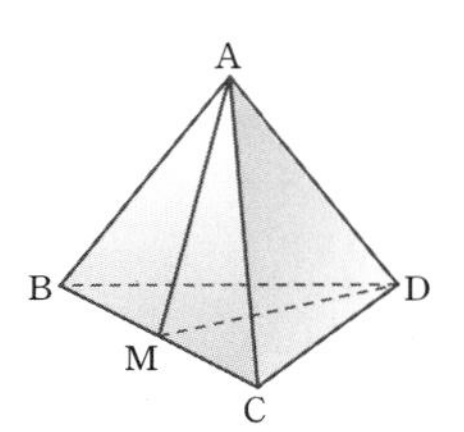

① 삼각형 ② 정삼각형
③ 이등변삼각형 ④ 직각삼각형
⑤ 한 내각의 크기가 90°보다 큰 삼각형

29 오른쪽 그림과 같은 정사면체의 세 모서리 AD, AC, BC의 중점을 각각 M, N, L이라 하자. 이 정사면체를 세 점 M, N, L을 지나는 평면으로 자를 때 생기는 단면의 모양은?

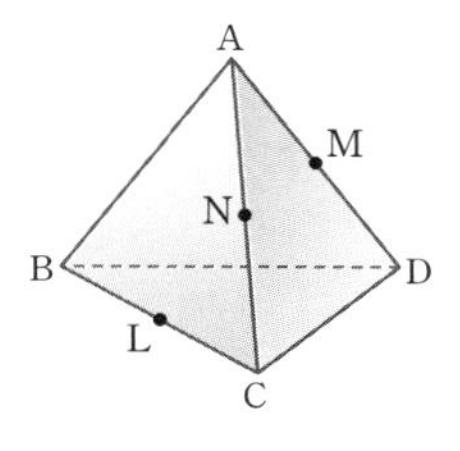

① 이등변삼각형 ② 정삼각형 ③ 사다리꼴
④ 직사각형 ⑤ 정사각형

4 정다면체의 전개도

30 오른쪽 그림과 같은 전개도로 정다면체를 만들 때, 다음 중 모서리 AF와 꼬인 위치에 있는 모서리는?

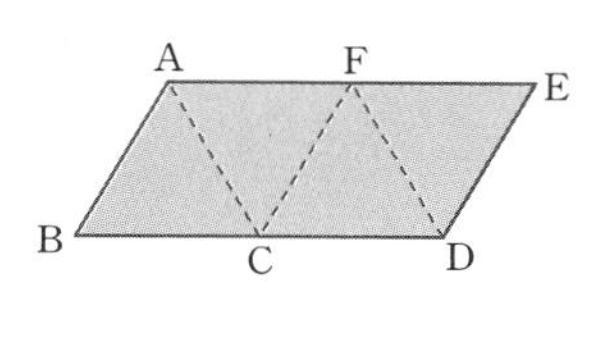

① $\overline{AB}$ ② $\overline{BC}$ ③ $\overline{AC}$
④ $\overline{DE}$ ⑤ $\overline{CF}$

31 오른쪽 그림과 같은 전개도로 정다면체를 만들었을 때, 다음 중 서로 겹치는 꼭짓점끼리 짝지은 것 중 옳지 않은 것은?

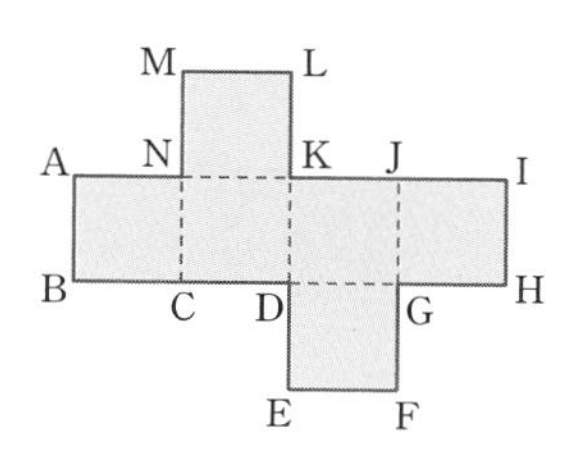

① 꼭짓점 A와 꼭짓점 I
② 꼭짓점 J와 꼭짓점 L
③ 꼭짓점 C와 꼭짓점 E
④ 꼭짓점 F와 꼭짓점 H
⑤ 꼭짓점 B와 꼭짓점 D

32 오른쪽 그림은 정육면체 모양의 주사위의 전개도이다. 마주 보는 두 면에 있는 눈의 수의 합이 7이 되도록 (가)~(다)에 알맞은 주사위의 눈의 수를 순서대로 말한 것은?

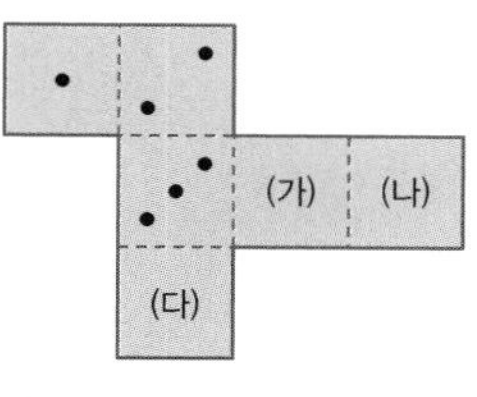

① 4, 5, 6 ② 4, 6, 5 ③ 5, 4, 6
④ 5, 6, 4 ⑤ 6, 4, 5

33 오른쪽 그림과 같은 전개도로 정다면체를 만들었을 때, 다음을 구하시오.

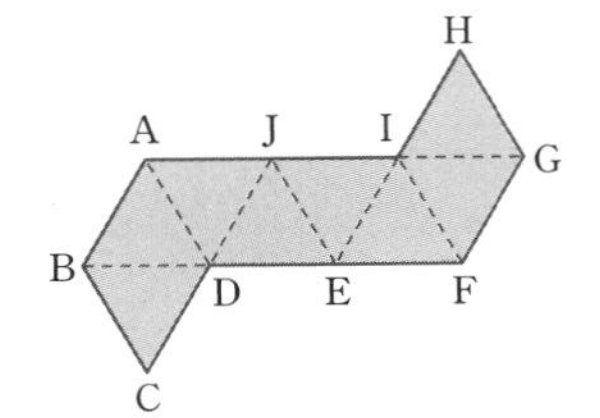

(1) 꼭짓점 B와 겹치는 꼭짓점

(2) 모서리 AB와 겹치는 모서리

34 다음 그림과 같은 전개도로 만들 수 있는 정다면체에 대하여 다음 물음에 답하시오.

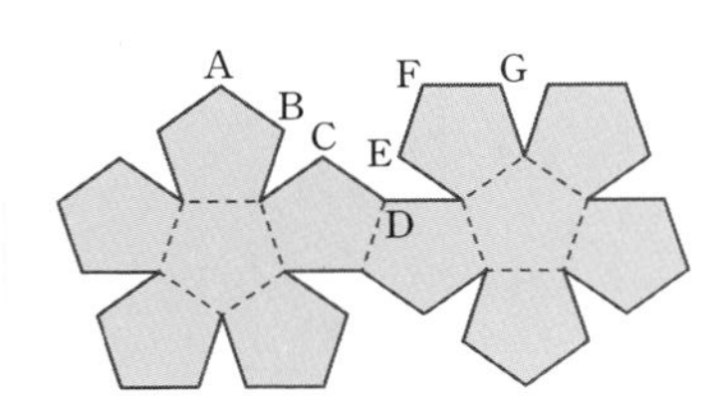

(1) 정다면체의 이름을 말하고, 꼭짓점과 모서리의 개수를 각각 구하시오.

(2) 꼭짓점 B와 만나는 꼭짓점을 모두 말하시오.

5 회전체의 성질

35 다음 **보기** 중 회전체인 것을 모두 고르시오.

보기

구　사각뿔대　원뿔대　오각기둥
정십이면체　원뿔　원기둥　육각뿔

36 다음 **보기** 중 회전체에 대한 설명으로 옳은 것을 모두 고른 것은?

보기

ㄱ. 회전체는 구, 원기둥, 원뿔, 원뿔대뿐이다.
ㄴ. 구를 평면으로 자른 단면은 항상 원이다.
ㄷ. 원뿔을 평면으로 자른 단면 중 사각형 모양이 있다.
ㄹ. 회전체를 회전축을 포함하는 평면으로 자른 단면은 회전축에 대하여 선대칭도형이다.
ㅁ. 회전체를 회전축에 수직인 평면으로 자른 단면은 모두 합동인 원이다.

① ㄱ, ㄴ　② ㄴ, ㄹ　③ ㄴ, ㅁ
④ ㄷ, ㄹ　⑤ ㄱ, ㄹ, ㅁ

37 오른쪽 그림과 같은 평면도형을 직선 l을 회전축으로 하여 1회전 시킬 때 생기는 회전체의 전개도에서 옆면의 모양은?

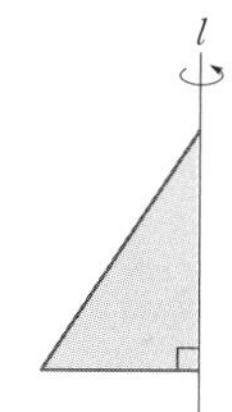

① 직각삼각형　　② 이등변삼각형
③ 부채꼴　　④ 직사각형
⑤ 사다리꼴

38 다음 중 오른쪽 그림과 같은 사다리꼴을 직선 l을 회전축으로 하여 1회전 시킬 때 생기는 회전체의 전개도로 옳은 것은?

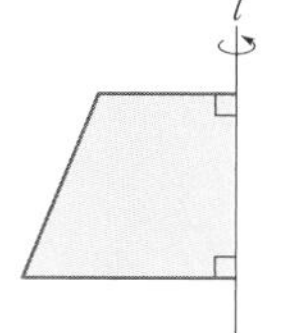

①
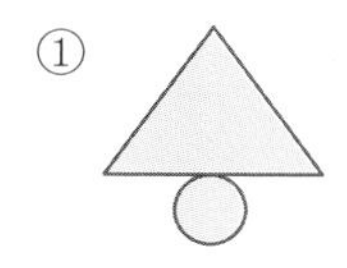

②
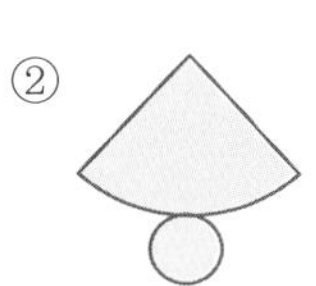

③
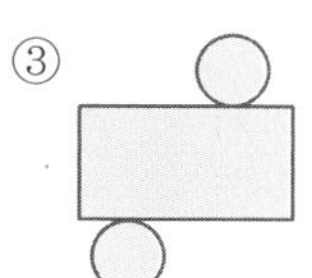

④
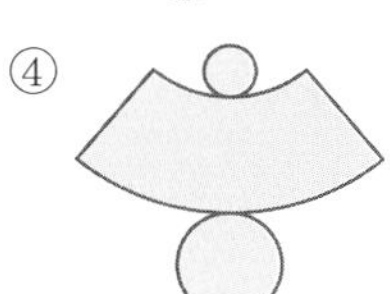

⑤
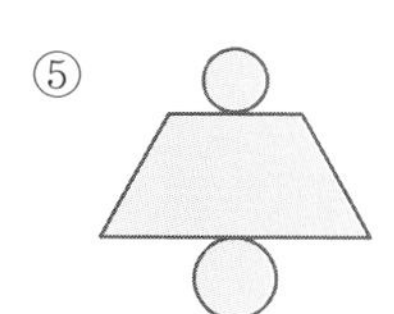

39 다음 중 오른쪽 그림과 같은 전개도로 만들어지는 회전체에 대한 설명으로 옳지 않은 것은?

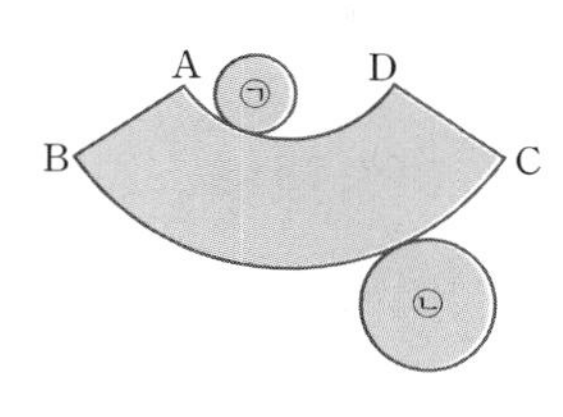

① 이 회전체는 원뿔대이다.
② 회전체의 두 면 ㉠, ㉡은 평행하다.
③ 밑면 ㉠의 둘레의 길이와 $\overset{\frown}{\mathrm{AD}}$의 길이는 같다.
④ $\overline{\mathrm{CD}}$는 이 회전체의 높이이다.
⑤ 이 회전체를 회전축을 포함하는 평면으로 잘랐을 때 생기는 단면의 모양은 등변사다리꼴이다.

40 다음 중 오른쪽 그림과 같은 평면도형을 직선 l을 회전축으로 하여 1회전 시킬 때 생기는 회전체는?

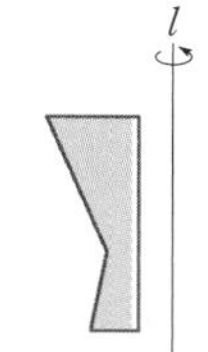

①
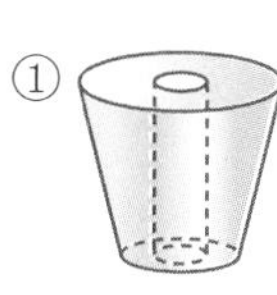

②

③
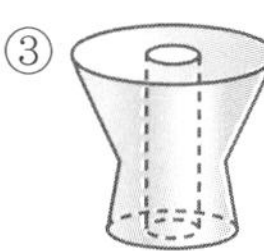

④
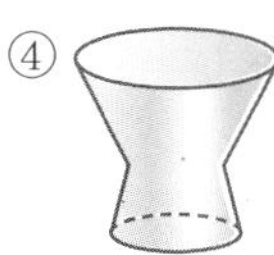

⑤
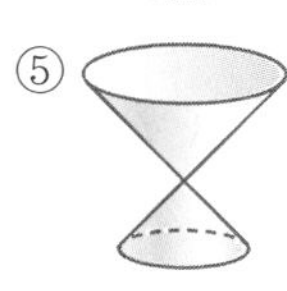

41 다음 중 직선 l을 회전축으로 하여 1회전 시킬 때 오른쪽 그림과 같은 회전체가 되는 것은?

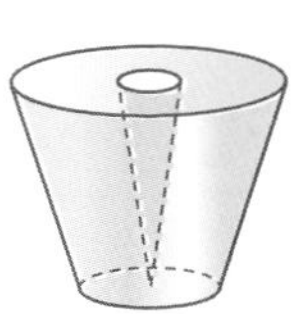

① 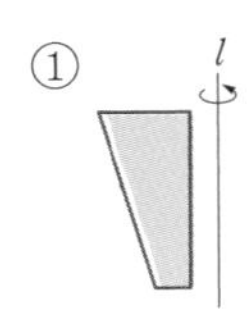
② 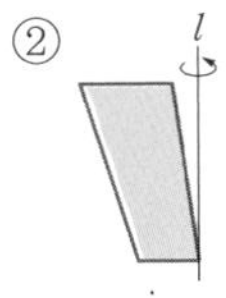
③ 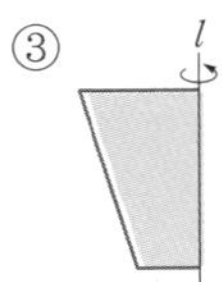
④ 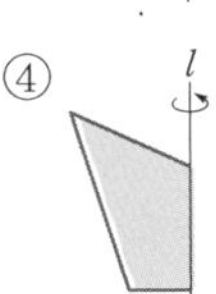
⑤ 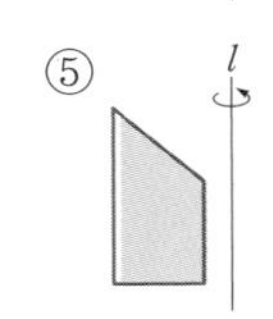

42 다음 중 직선 l을 회전축으로 하여 1회전 시킬 때 오른쪽 그림과 같은 회전체가 되는 것은?

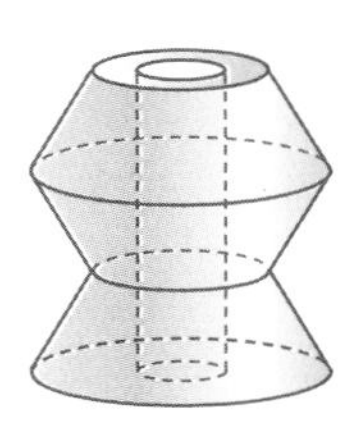

① 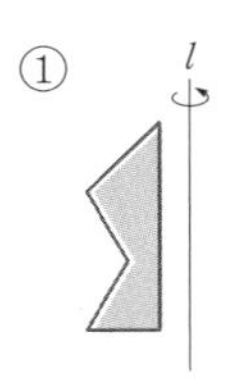
② 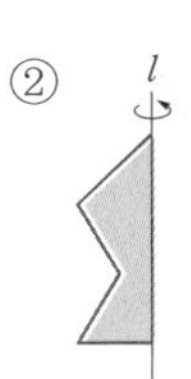
③ 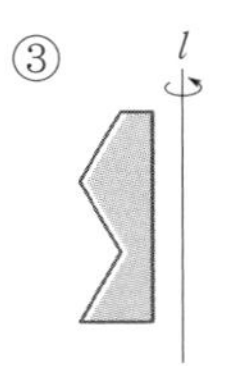
④ 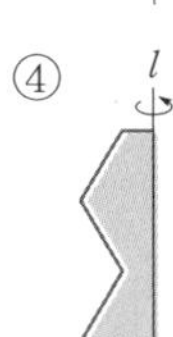
⑤ 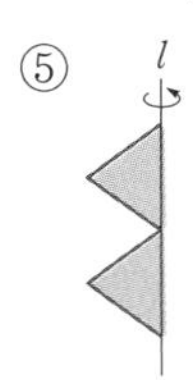

6 회전체의 단면의 모양

43 다음 중 회전체에 대한 설명으로 옳지 않은 것을 모두 고르면? (정답 2개)

① 원뿔대를 회전축을 포함하는 평면으로 자른 단면은 원이다.
② 원뿔을 회전축을 포함하는 평면으로 자른 단면은 정삼각형이다.
③ 구는 어떤 평면으로 잘라도 그 단면이 항상 원이다.
④ 회전체를 회전축을 포함하는 평면으로 자른 모든 단면은 항상 합동이다.
⑤ 회전체를 회전축에 수직인 평면으로 자른 단면은 항상 원이다.

44 다음 입체도형을 평면으로 잘랐을 때 생기는 단면의 모양이 다각형이 될 수 없는 것은?

① 원뿔　② 원기둥　③ 삼각뿔대
④ 원뿔대　⑤ 구

45 다음 중 회전체와 그 회전체를 회전축을 포함하는 평면으로 자른 단면의 모양을 짝지은 것으로 옳지 않은 것을 모두 고르면? (정답 2개)

① 원기둥 — 직사각형 ② 구 — 원
③ 원뿔 — 직각삼각형 ④ 반구 — 사분원
⑤ 원뿔대 — 등변사다리꼴

46 회전체를 회전축을 포함하는 평면으로 자를 때, 다음 중 그 단면이 될 수 없는 것은?

① 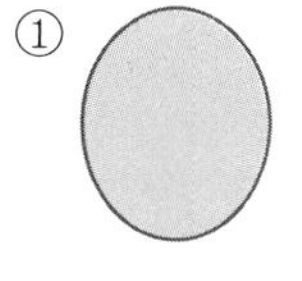 ② 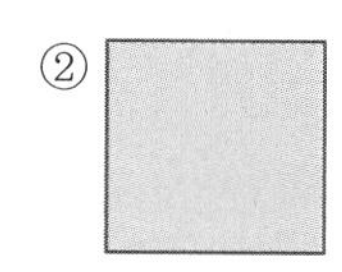 ③ 
④ 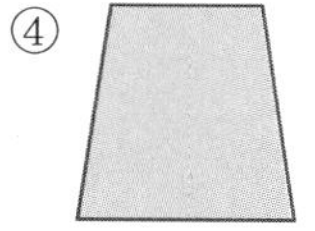 ⑤ 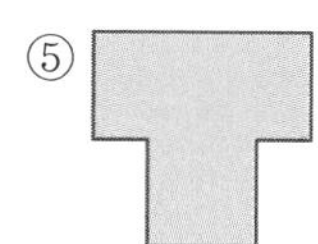

47 다음 중 원뿔을 평면으로 잘랐을 때 생기는 단면의 모양이 아닌 것은?

① 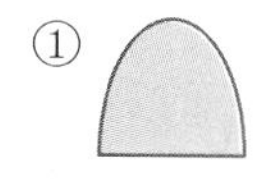 ② 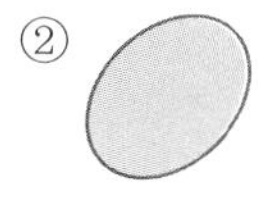 ③ 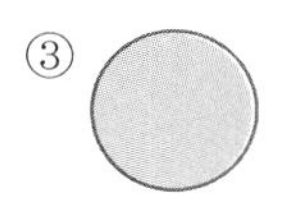
④ 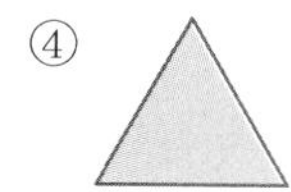 ⑤ 

48 다음 중 오른쪽 그림과 같은 전개도로 만들어지는 회전체에 대한 설명으로 옳은 것은?

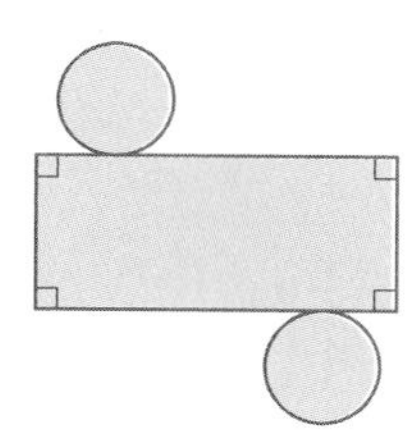

① 두 밑면은 모양이 같고 크기는 서로 다르다.
② 어떤 평면으로 잘라도 자른 단면은 항상 원이다.
③ 회전축을 포함하는 평면으로 자른 단면은 직사각형이다.
④ 회전축에 수직인 평면으로 자른 단면은 등변사다리꼴이다.
⑤ 회전체의 이름은 원뿔이다.

49 오른쪽 그림과 같은 사다리꼴을 직선 l을 회전축으로 하여 1회전 시킬 때 생기는 회전체를 회전축에 수직인 평면으로 자른 단면의 모양을 그리시오.

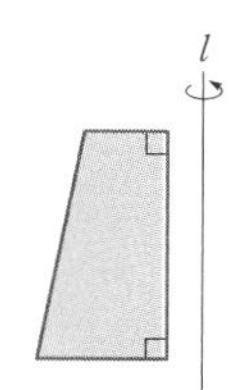

7 회전체의 단면의 넓이

50 오른쪽 그림과 같은 평면도형을 직선 l을 회전축으로 하여 1회전 시킬 때 생기는 회전체에 대하여 다음 물음에 답하시오.

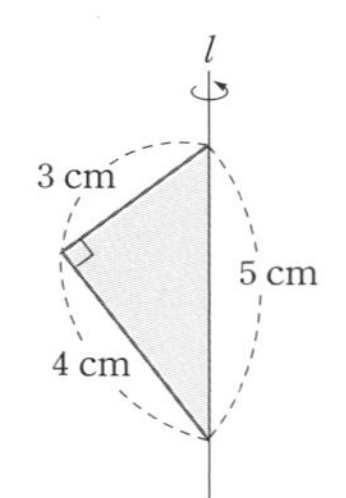

(1) 회전체의 겨냥도를 그리시오.

(2) 회전체를 회전축을 포함하는 평면으로 자를 때 생기는 단면의 넓이를 구하시오.

(3) 회전체를 회전축에 수직인 평면으로 자를 때 생기는 단면 중 넓이가 가장 큰 경우의 넓이를 구하시오.

51 오른쪽 그림과 같은 사다리꼴을 직선 l을 회전축으로 하여 1회전 시킬 때 생기는 회전체에 대하여 회전축을 포함하는 평면으로 자른 단면의 넓이는?

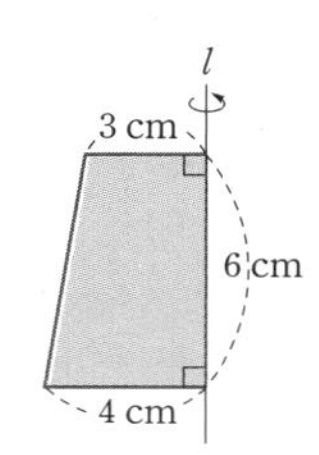

① 42 cm^2 ② 43 cm^2 ③ 44 cm^2
④ 45 cm^2 ⑤ 46 cm^2

52 오른쪽 그림과 같은 평면도형을 직선 l을 회전축으로 하여 1회전 시킬 때 생기는 회전체를 회전축에 수직인 평면으로 자른 단면 중 넓이가 가장 큰 경우와 가장 작은 경우의 넓이를 차례로 구하시오.

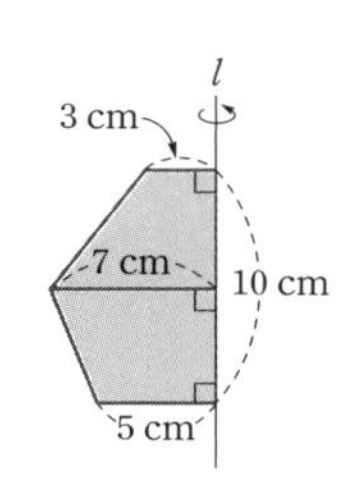

53 오른쪽 그림과 같은 평면도형을 직선 l을 회전축으로 하여 1회전 시킬 때 생기는 회전체의 전개도를 그리고, 옆면의 둘레의 길이를 구하시오.

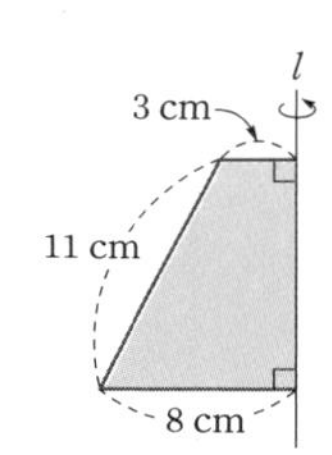

5개뿐인 정다면체

정다면체란?

각 면이 모두 합동인 ☐이고,
각 꼭짓점에 모인 ☐의 개수가 모두 같은 다면체이다.

정다면체를 만들 수 있는 경우

① 각 면이 정삼각형일 때

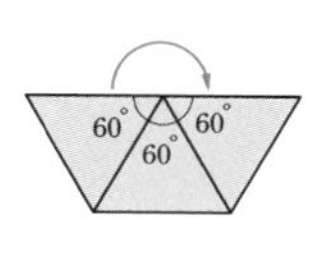

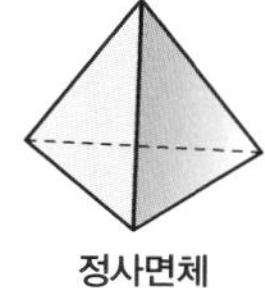

정사면체

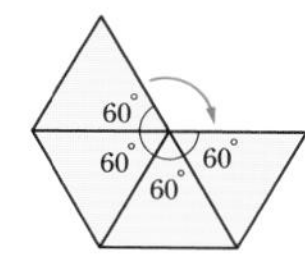

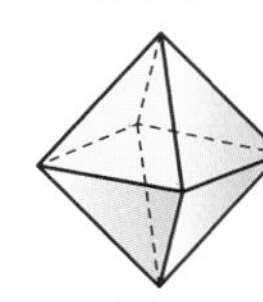

정팔면체

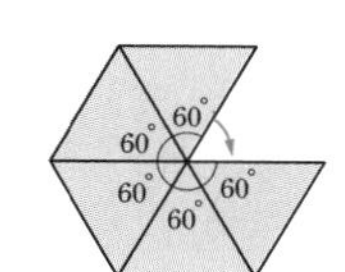

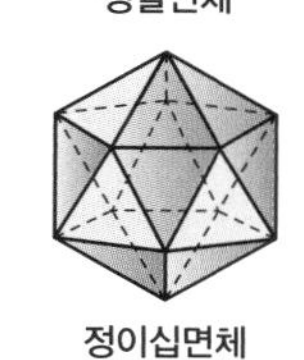

정이십면체

한 꼭짓점에 모인 면이 3개, 4개, 5개이면 한 꼭짓점에 모인 각의 크기의 합은 각각 180°, ☐, 300°가 되므로 입체도형을 만들 수 있다. 그러나 한 꼭짓점에 모인 면이 ☐개 이상이면 한 꼭짓점에 모인 각의 크기의 합이 360°이상이 되어 입체도형을 만들 수 없다.

② 각 면이 정사각형일 때

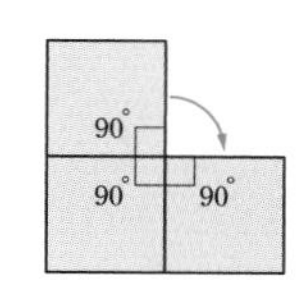

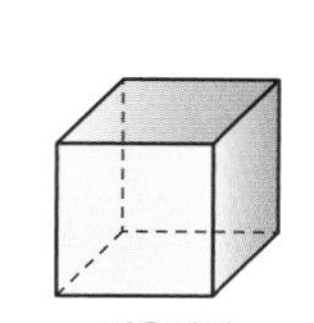

정육면체

한 꼭짓점에 모인 면이 3개이면 한 꼭짓점에 모인 각의 크기의 합은 ☐가 되므로 입체도형을 만들 수 있다. 그러나 한 꼭짓점에 모인 면이 ☐개 이상이면 한 꼭짓점에 모인 각의 크기의 합이 360° 이상이 되어 입체도형을 만들 수 없다.

③ 각 면이 정오각형일 때

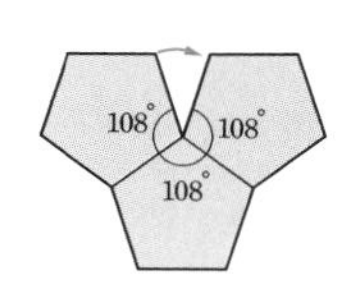

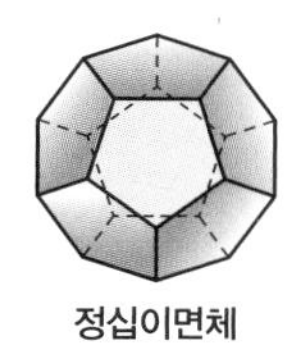

정십이면체

한 꼭짓점에 모인 면이 3개이면 한 꼭짓점에 모인 각의 크기의 합은 ☐가 되므로 입체도형을 만들 수 있다. 그러나 한 꼭짓점에 모인 면이 ☐개 이상이면 한 꼭짓점에 모인 각의 크기의 합이 360° 이상이 되어 입체도형을 만들 수 없다.

답 정다각형, 면 | 240°, 6, 270°, 4, 324°, 4

Q 정다면체를 이루는 면의 모양이 정육각형, 정칠각형, … 인 경우는 왜 없을까?

한 꼭짓점에 3개 이상의 정육각형, 정칠각형, …을 모아 놓으면 한 꼭짓점에 모인 각의 크기의 합이 ☐ 이상이 되어 입체도형을 만들 수 없다.

답 360°

면의 크기와
공간의 크기!

2 입체도형의 겉넓이와 부피

기둥의 면의 크기

기둥의 겉넓이

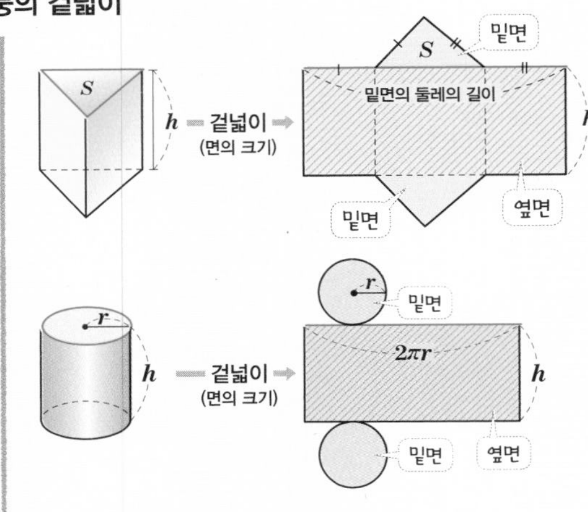

1 기둥의 겉넓이

1) 각기둥의 겉넓이

(각기둥의 겉넓이)=(밑넓이)×2+(옆넓이)

주의 • 각기둥의 위에 있는 면과 아래에 있는 면을 모두 밑면이라 한다.

2) 원기둥의 겉넓이 : 밑면의 반지름의 길이가 r, 높이가 h인 원기둥의 겉넓이를 S라 하면

S=(밑넓이)×2+(옆넓이)

$=\pi r^2\times 2+2\pi r\times h$

$=2\pi r^2+2\pi rh$

+ 기둥의 전개도에서 옆면은 항상 직사각형이고, 이 직사각형에서 (가로의 길이)=(밑면의 둘레의 길이), (세로의 길이)=(기둥의 높이)

기둥의 공간의 크기

기둥의 부피

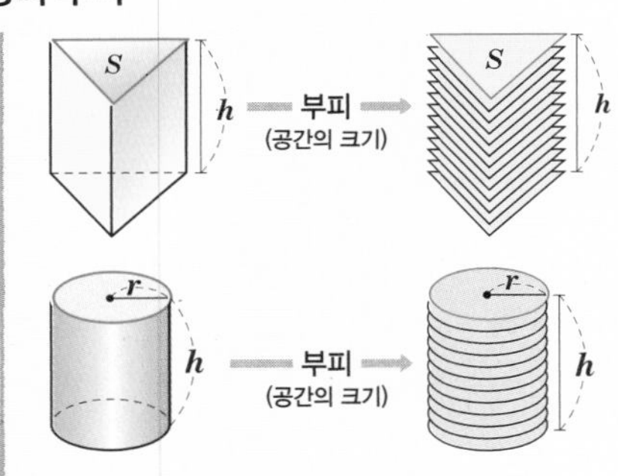

2 기둥의 부피

1) 각기둥의 부피 : 밑넓이가 S, 높이가 h인 각기둥의 부피를 V라 하면

(부피)=(밑넓이)×(높이) ➡ $V=Sh$

2) 원기둥의 부피 : 밑면의 반지름의 길이가 r, 높이가 h인 원기둥의 부피를 V라 하면

(부피)=(밑넓이)×(높이) ➡ $V=\pi r^2\times h=\pi r^2 h$

뿔의 면의 크기

뿔의 겉넓이

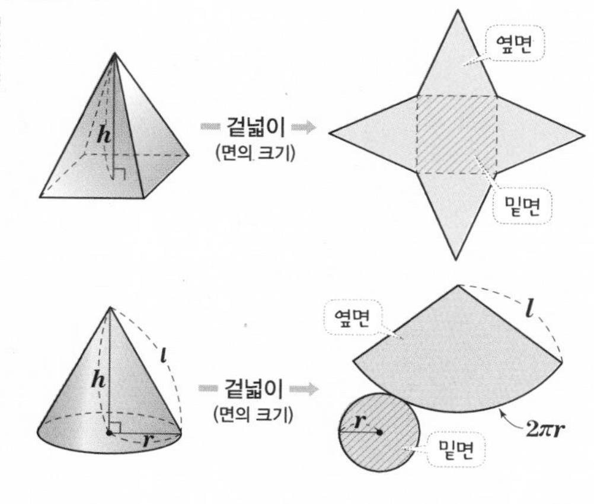

3 뿔의 겉넓이

1) 각뿔의 겉넓이

(각뿔의 겉넓이)=(밑넓이)+(옆넓이)

2) 원뿔의 겉넓이 : 밑면의 반지름의 길이가 r, 모선의 길이가 l인 원뿔의 겉넓이를 S라 하면

$S=$(밑넓이)+(옆넓이)

$=\pi r^2+\frac{1}{2}\times l\times 2\pi r$

$=\pi r^2+\pi rl$

+ 원뿔의 전개도에서 옆면의 전개도는 부채꼴이고, 부채꼴의 반지름의 길이는 원뿔의 모선의 길이, 호의 길이는 밑면인 원의 둘레의 길이와 같다.

+ (원뿔대의 옆넓이)

=(큰 원뿔의 옆넓이)−(작은 원뿔의 옆넓이)

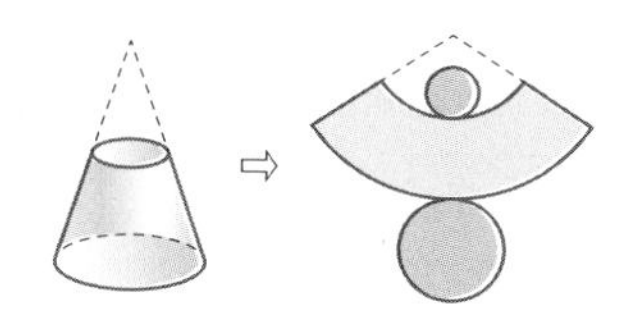

뿔의 공간의 크기

뿔의 부피

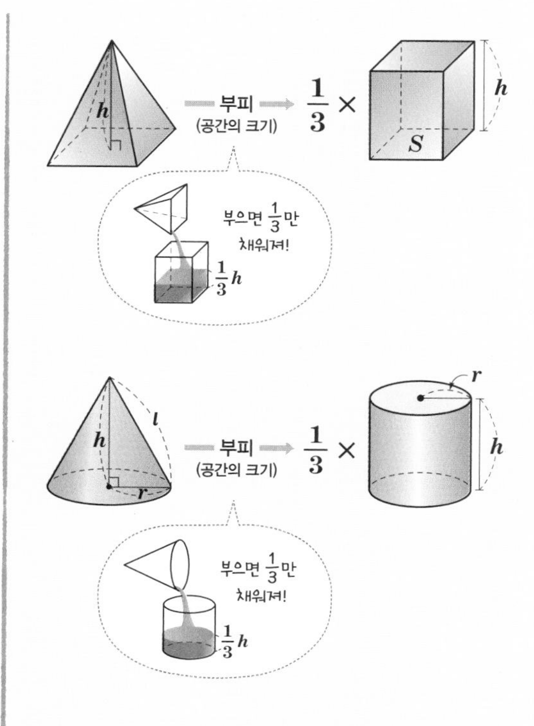

4 뿔의 부피

1) 각뿔의 부피 : 밑넓이가 S, 높이가 h인 각뿔의 부피를 V라 하면

(각뿔의 부피)$=\frac{1}{3}\times$(각기둥의 부피) ➡ $V=\frac{1}{3}Sh$

2) 원뿔의 부피 : 밑면의 반지름의 길이가 r, 높이가 h인 원뿔의 부피를 V라 하면

(원뿔의 부피)$=\frac{1}{3}\times$(원기둥의 부피) ➡ $V=\frac{1}{3}\pi r^2h$

+ (뿔대의 부피)=(큰 뿔의 부피)−(작은 뿔의 부피)

개념+ 밑면이 합동이고 높이가 같은 각기둥과 각뿔, 원기둥과 원뿔 모양의 그릇에서 각뿔과 원뿔 모양의 그릇에 물을 가득 채워 각각 각기둥과 원기둥 모양의 그릇에 부으면 물이 기둥의 높이의 $\frac{1}{3}$만큼 채워진다. 즉, 각뿔과 원뿔의 부피는 밑면과 높이가 각각 같은 각기둥과 원기둥의 부피의 $\frac{1}{3}$임을 알 수 있다.

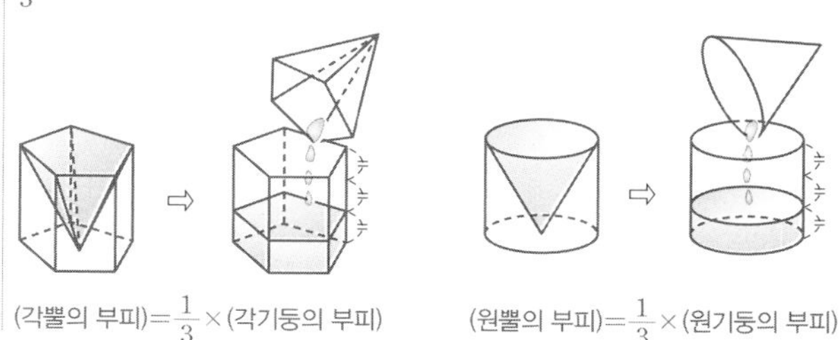

(각뿔의 부피)$=\frac{1}{3}\times$(각기둥의 부피)　　(원뿔의 부피)$=\frac{1}{3}\times$(원기둥의 부피)

구의 면의 크기와 공간의 크기

구의 겉넓이와 부피

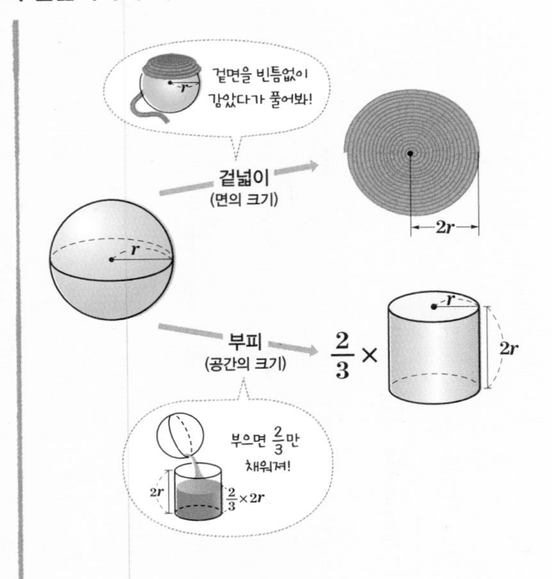

5 구의 겉넓이와 부피

1) 구의 겉넓이 : 반지름의 길이가 r인 구의 겉넓이를 S라 하면

(구의 겉넓이)=(반지름의 길이가 $2r$인 원의 넓이)

➡ $S=\pi\times(2r)^2=4\pi r^2$

주의 • 구는 전개도를 그릴 수 없으므로 구의 겉넓이를 구하는 공식은 반드시 기억해 두도록 한다.

개념+ 반지름의 길이가 r인 구의 겉면을 가는 끈으로 감고, 이 끈을 다시 풀러서 평면 위에 원을 만들면 반지름의 길이가 $2r$인 원이 된다. 즉, 반지름의 길이가 r인 구의 겉넓이는 반지름의 길이가 $2r$인 원의 넓이와 같음을 알 수 있다.

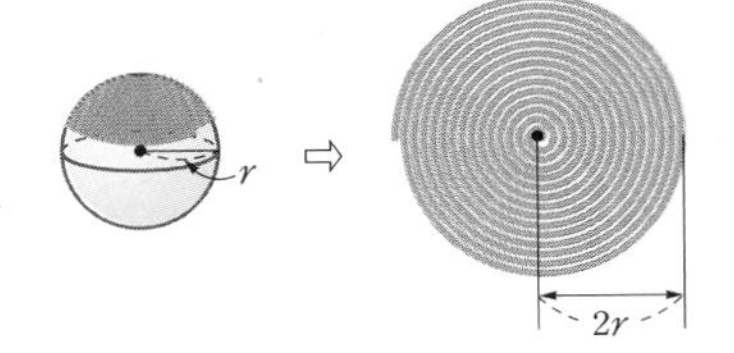

2) 구의 부피 : 반지름의 길이가 r인 구의 부피를 V라 하면

(구의 부피)$=\frac{2}{3}\times$(반지름의 길이가 r, 높이가 $2r$인 원기둥의 부피)

➡ $V=\frac{4}{3}\pi r^3$

+ 반지름의 길이가 r인 구의 부피는 반지름의 길이가 r, 높이가 $2r$인 원기둥의 부피의 $\frac{2}{3}$이므로 구의 부피를 V라 하면 $V=\frac{2}{3}\times(\pi r^2\times 2r)=\frac{4}{3}\pi r^3$이다.

개념+ 밑면의 지름의 길이와 높이가 각각 $2r$인 원기둥 모양의 그릇에 물을 가득 채우고, 그 속에 반지름의 길이가 r인 구를 넣었다 빼면 그릇에 남아 있는 물의 높이는 원기둥의 높이의 $\frac{1}{3}$이다. 즉, 넘친 물의 양은 원기둥의 부피의 $\frac{2}{3}$이고, 이것이 구의 부피이므로 반지름의 길이가 r인 구의 부피는 밑면의 반지름의 길이가 r, 높이가 $2r$인 원기둥의 부피의 $\frac{2}{3}$임을 알 수 있다.

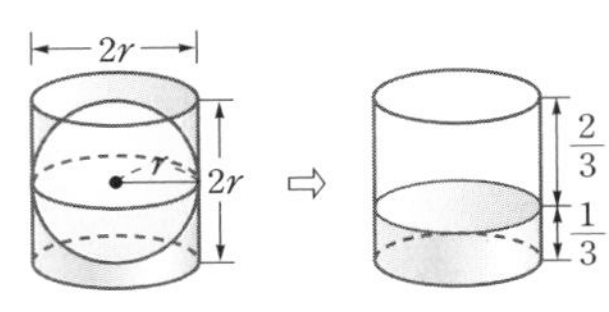

주제별 실력다지기

1 각기둥의 겉넓이와 부피

01 오른쪽 그림과 같은 사각기둥의 겉넓이는?

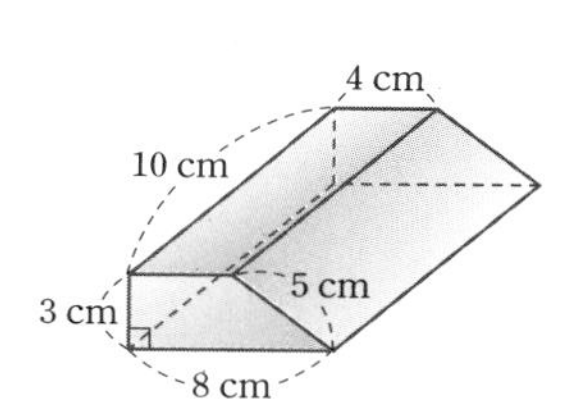

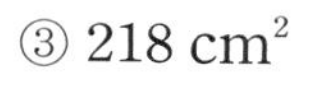

① 172 cm² ② 196 cm² ③ 218 cm² ④ 236 cm² ⑤ 272 cm²

02 오른쪽 그림은 한 변의 길이가 2 cm인 정육면체 3개를 겹쳐서 만든 입체도형이다. 이 입체도형의 겉넓이는?

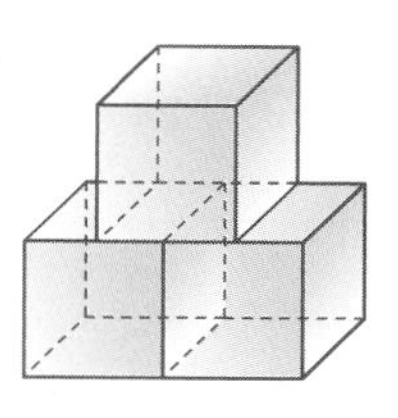

① 56 cm² ② 60 cm² ③ 64 cm² ④ 68 cm² ⑤ 72 cm²

03 오른쪽 그림과 같은 각기둥의 겉넓이는?

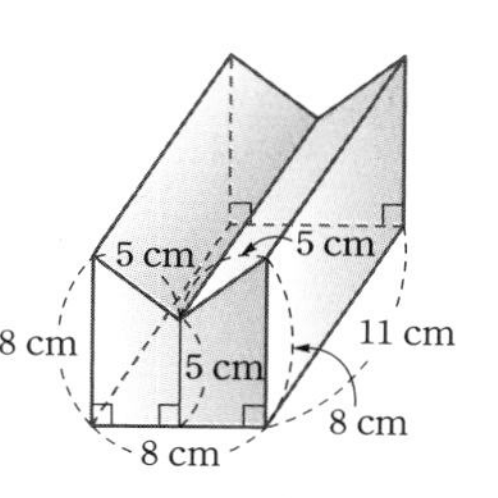

① 374 cm² ② 400 cm² ③ 404 cm² ④ 478 cm² ⑤ 582 cm²

04 오른쪽 그림과 같은 오각기둥의 겉넓이와 부피를 차례로 구하시오.

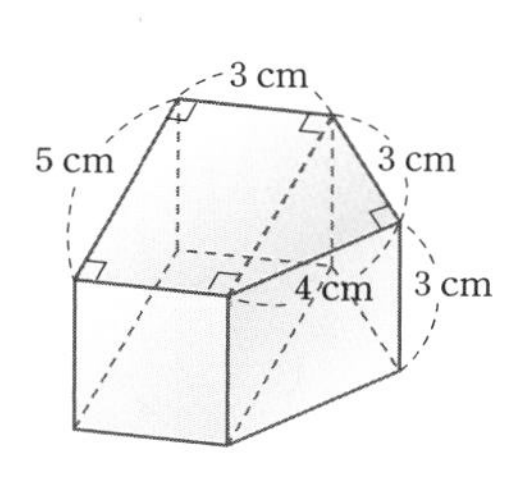

05 오른쪽 그림과 같은 오각기둥의 옆넓이가 168 cm²일 때, 이 오각기둥의 부피를 구하시오.

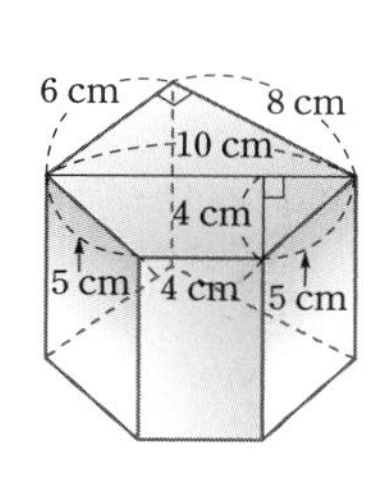

06 오른쪽 그림과 같은 사각형을 밑면으로 하는 사각기둥의 부피가 308 cm^3일 때, 이 사각기둥의 높이는?

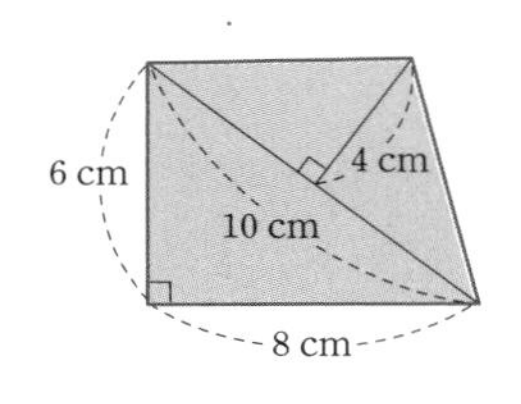

① 3 cm ② 4 cm ③ 5 cm
④ 6 cm ⑤ 7 cm

07 오른쪽 그림과 같은 전개도로 만들어지는 입체도형의 겉넓이를 구하시오.

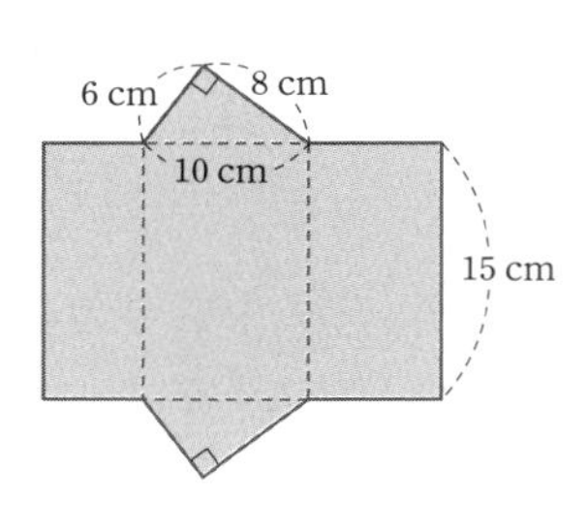

08 다음 그림은 $\overline{AB}=16$ cm, $\overline{AD}=13$ cm, $\overline{EF}=6$ cm인 삼각기둥의 전개도이다. 색칠한 부분의 넓이가 132 cm^2일 때, 이 삼각기둥의 부피는?

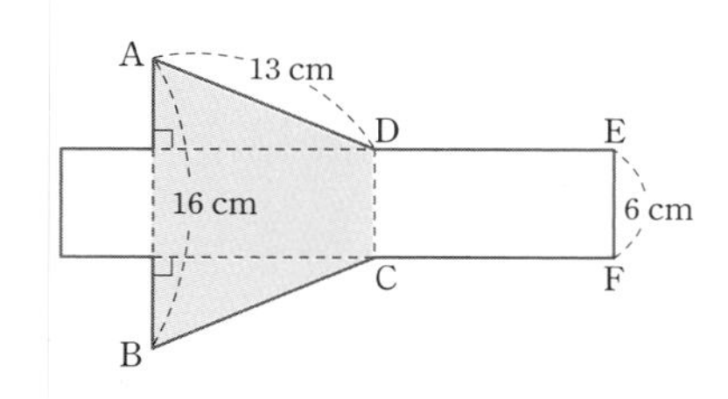

① 60 cm^3 ② 80 cm^3 ③ 100 cm^3
④ 180 cm^3 ⑤ 240 cm^3

2 원기둥의 겉넓이와 부피

09 오른쪽 그림과 같은 입체도형의 겉넓이와 부피를 차례로 구하시오.

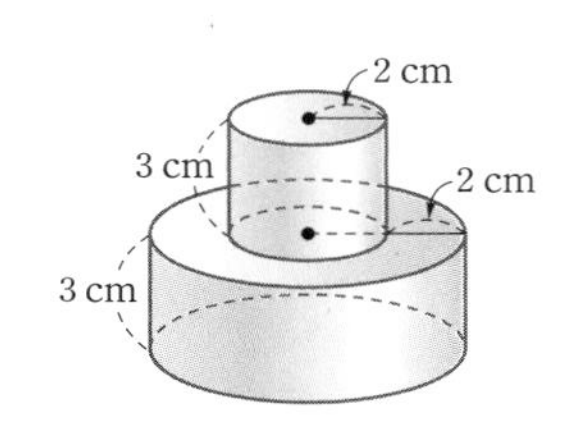

10 밑면인 원의 지름의 길이가 10 cm이고, 부피가 200π cm^3인 원기둥의 겉넓이는?

① 120π cm^2 ② 125π cm^2 ③ 130π cm^2
④ 135π cm^2 ⑤ 140π cm^2

11 겉넓이가 168π cm^2인 원기둥의 밑면의 반지름의 길이가 6 cm일 때, 이 원기둥의 부피를 구하시오.

12 오른쪽 그림과 같이 밑면이 부채꼴인 기둥의 겉넓이는?

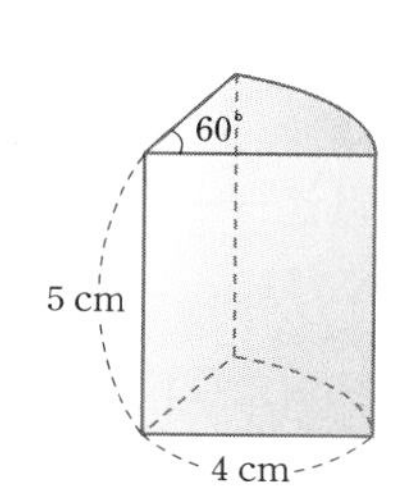

① $(12\pi+40)\ \text{cm}^2$
② $(20\pi+40)\ \text{cm}^2$
③ $(32\pi+40)\ \text{cm}^2$
④ $(12\pi+60)\ \text{cm}^2$
⑤ $(20\pi+60)\ \text{cm}^2$

13 오른쪽 그림과 같이 원기둥의 일부분을 잘라낸 입체도형의 겉넓이와 부피를 차례로 구하시오.

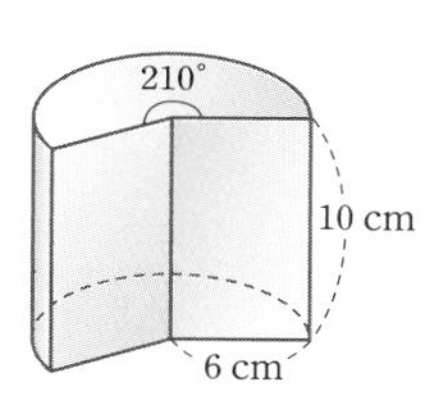

14 오른쪽 그림과 같은 입체도형의 부피가 $48\pi\ \text{cm}^3$일 때, 밑면인 부채꼴의 중심각의 크기는?

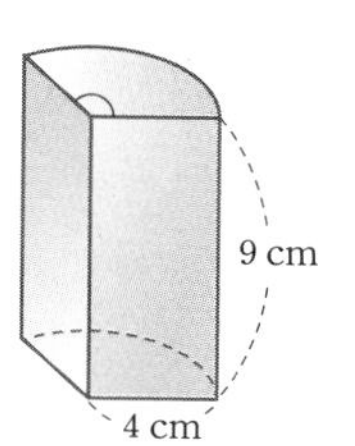

① $110°$ ② $115°$ ③ $120°$
④ $125°$ ⑤ $130°$

3 구멍이 뚫린 입체도형의 겉넓이와 부피

15 오른쪽 그림의 입체도형은 정육면체 안에 사각기둥 모양의 구멍을 뚫은 것이다. 이 입체도형의 겉넓이는?

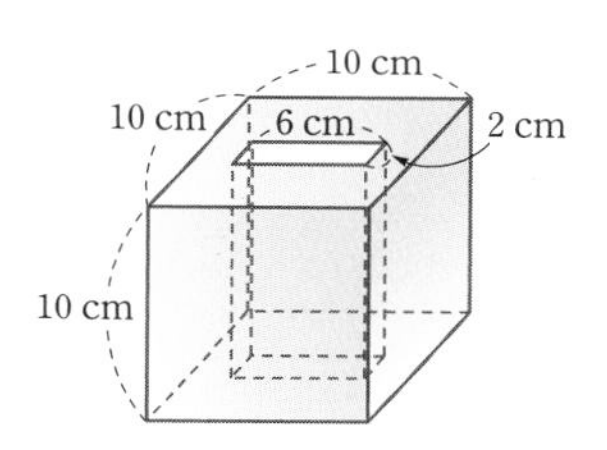

① $724\ \text{cm}^2$ ② $728\ \text{cm}^2$
③ $732\ \text{cm}^2$ ④ $736\ \text{cm}^2$
⑤ $740\ \text{cm}^2$

16 오른쪽 그림과 같이 원기둥 모양으로 속이 뚫려 있는 사각기둥의 부피를 구하시오.

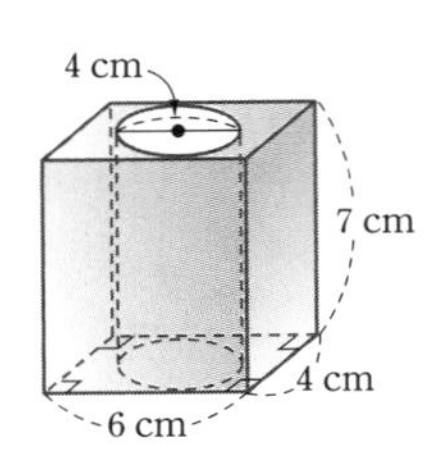

17 오른쪽 그림과 같이 직육면체에서 밑면이 반원인 기둥 모양의 홈을 파낸 입체도형의 부피를 구하시오.

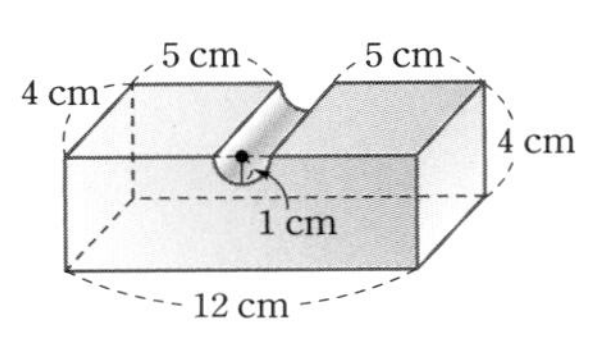

18 오른쪽 그림의 입체도형은 밑면이 사다리꼴인 각기둥 안에 원기둥 모양의 구멍을 뚫은 것이다. 이 입체도형의 부피를 구하시오.

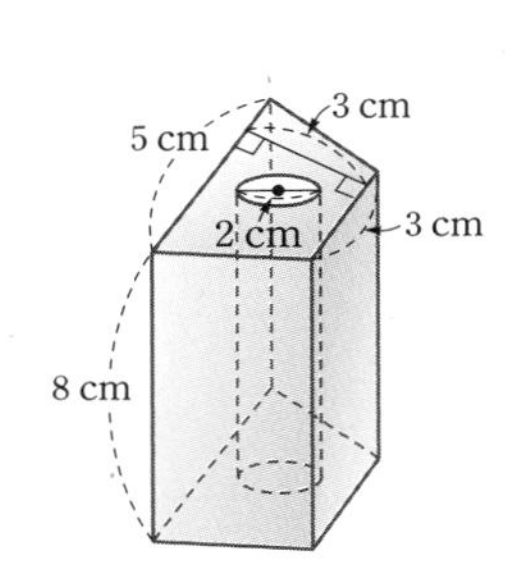

19 오른쪽 그림의 입체도형은 원기둥 안에 원기둥 모양의 구멍을 뚫은 것이다. 이 입체도형의 겉넓이와 부피를 차례로 구하시오.

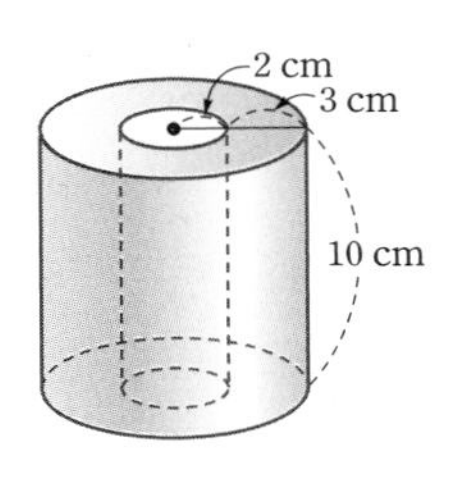

20 오른쪽 그림의 입체도형은 밑면의 반지름의 길이가 6 cm이고, 높이가 12 cm인 원기둥 안을 한 모서리의 길이가 6 cm인 정육면체 모양으로 판 것이다. 이 입체도형의 부피는?

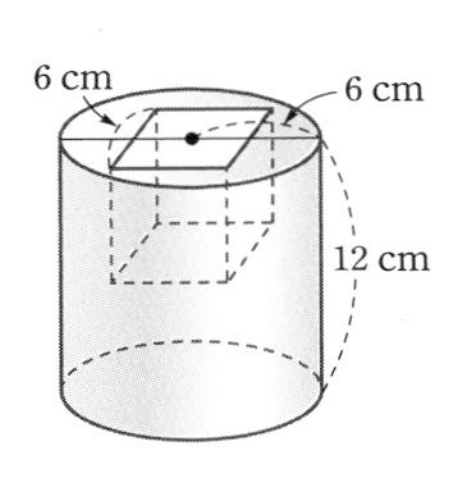

① $(432\pi-127)\ \text{cm}^3$ ② $(432\pi-180)\ \text{cm}^3$
③ $(432\pi-216)\ \text{cm}^3$ ④ $(396\pi-180)\ \text{cm}^3$
⑤ $(396\pi-216)\ \text{cm}^3$

21 오른쪽 그림의 입체도형은 밑면의 반지름의 길이가 5 cm이고, 높이가 12 cm인 원기둥 안에 삼각기둥 모양의 구멍을 뚫은 것이다. 이 입체도형의 겉넓이와 부피를 차례로 구하시오.

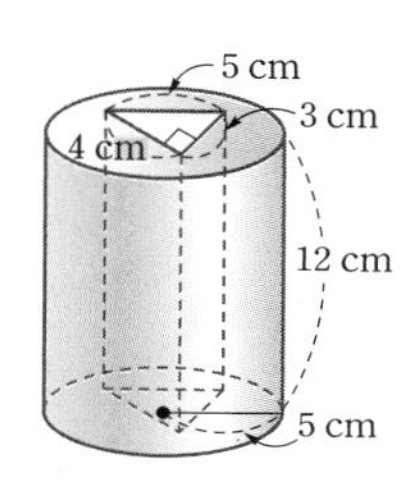

4 각뿔의 겉넓이와 부피

22 오른쪽 그림과 같이 정사각뿔과 직육면체가 붙어 있는 입체도형의 겉넓이는?

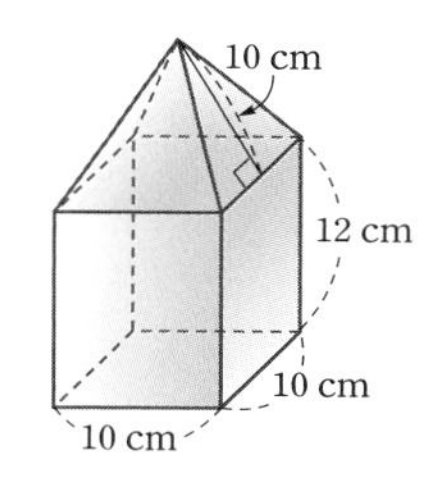

① 680 cm² ② 780 cm²
③ 880 cm² ④ 980 cm²
⑤ 1080 cm²

23 다음 그림과 같은 정사각뿔 모양의 그릇에 물을 가득 부어 직육면체 모양의 그릇에 물을 채우려고 한다. 직육면체 모양의 그릇에 물을 가득 채우려면 정사각뿔 모양의 그릇으로 물을 몇 번 부어야 하는지 구하시오.

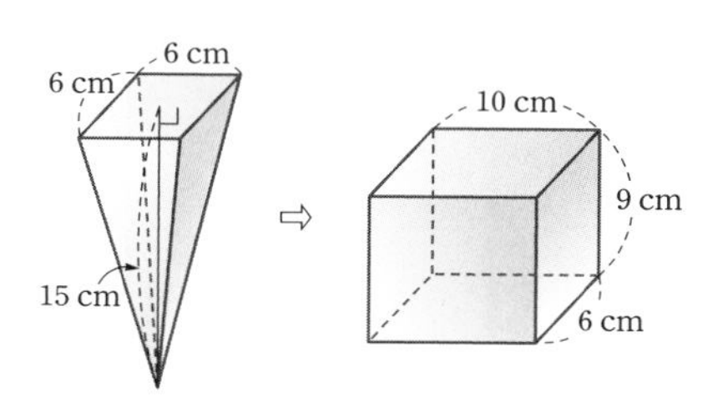

24 오른쪽 그림과 같이 한 모서리의 길이가 6 cm인 정육면체의 각 면의 대각선의 교점을 이어 정팔면체를 만들었다. 이 정팔면체의 부피를 구하시오.

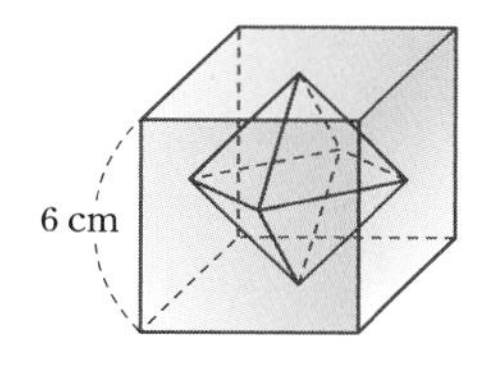

25 오른쪽 그림의 입체도형은 밑면이 한 변의 길이가 12 cm인 정사각형이고 높이가 8 cm인 정사각뿔을 밑면에 평행한 평면으로 자른 사각뿔대이다. 이 사각뿔대의 부피가 336 cm^3일 때, x의 값을 구하시오.

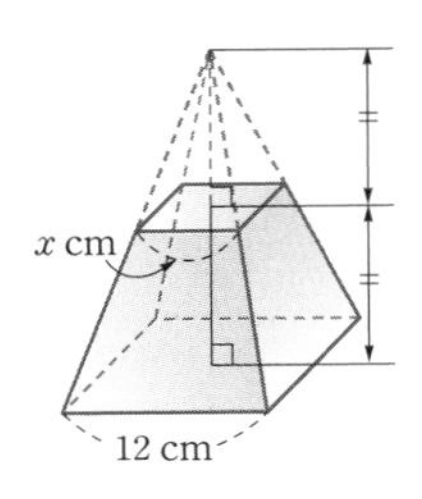

26 오른쪽 그림은 밑면이 정사각형이고, 부피가 93 cm^3인 사각뿔대이다. 이 사각뿔대의 높이는?

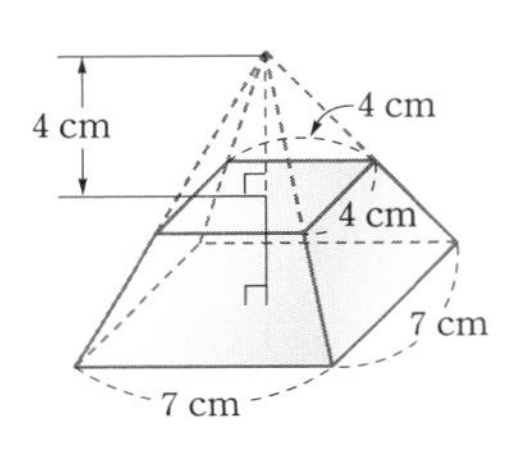

① 2 cm ② 2.5 cm ③ 3 cm ④ 3.5 cm ⑤ 4 cm

5 직육면체에서 잘라낸 각뿔의 부피

27 오른쪽 그림과 같은 직육면체를 세 꼭짓점 B, D, G를 지나는 평면으로 자를 때 생기는 삼각뿔 C−BDG의 부피는?

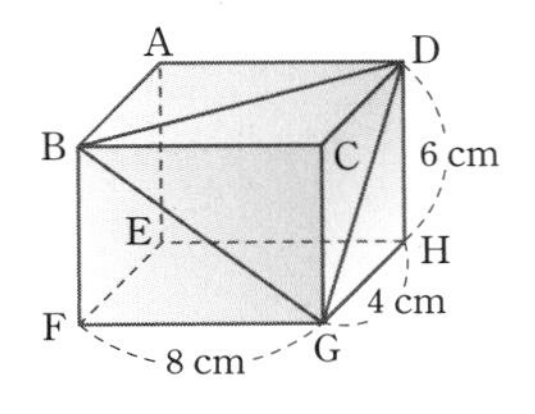

① 32 cm^3 ② 36 cm^3 ③ 39 cm^3 ④ 42 cm^3 ⑤ 45 cm^3

28 오른쪽 그림과 같은 직육면체를 세 꼭짓점 B, G, D를 지나는 평면으로 잘랐다. 이때 생기는 2개의 다면체 중 큰 도형의 부피는 작은 도형의 부피의 몇 배인가?

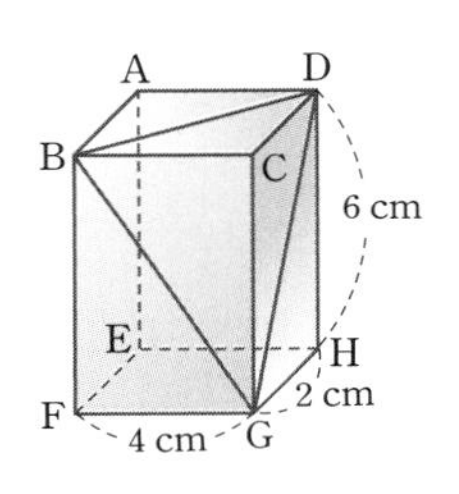

① 4배 ② 5배 ③ 6배 ④ 7배 ⑤ 8배

29 오른쪽 그림과 같이 한 모서리의 길이가 6 cm인 정육면체를 두 꼭짓점 B, G와 $\overline{CD}$의 중점 M을 지나는 평면으로 자를 때, 삼각뿔 C−BGM과 나머지 부분의 부피의 비는?

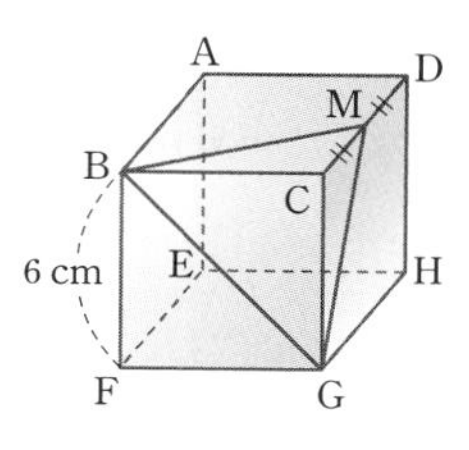

① 1 : 5 ② 1 : 6 ③ 1 : 8
④ 1 : 11 ⑤ 2 : 15

30 오른쪽 그림은 직육면체의 일부분을 잘라서 만든 입체도형이다. 이 입체도형의 부피는?

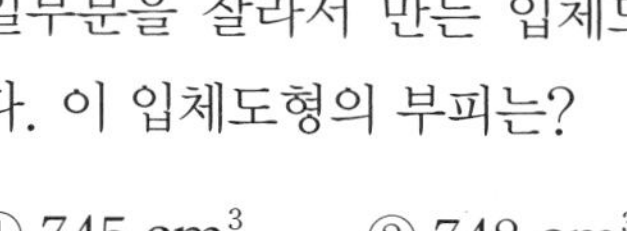

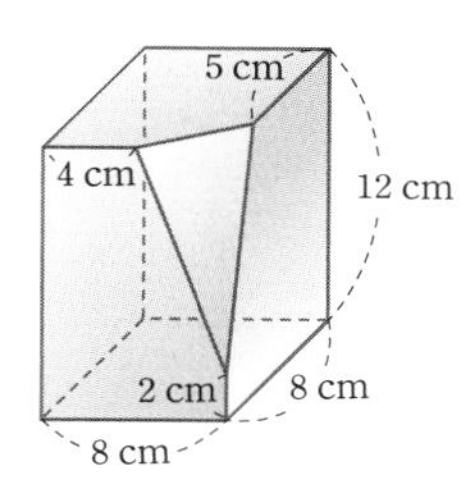

① 745 cm^3 ② 748 cm^3
③ 751 cm^3 ④ 754 cm^3
⑤ 757 cm^3

31 오른쪽 그림과 같이 밑면이 직각삼각형인 삼각기둥을 두 꼭짓점 D, F와 $\overline{BE}$ 위의 점 G를 지나는 평면으로 잘라서 생기는 두 입체도형의 부피의 비가 7 : 1일 때, $\overline{BG}$의 길이를 구하시오.

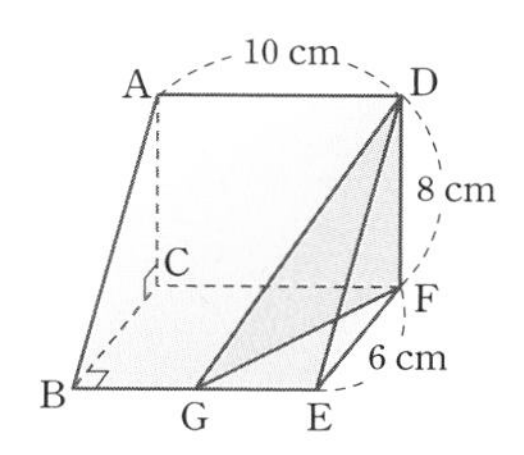

32 직육면체 모양의 그릇에 물을 가득 채운 다음 오른쪽 그림과 같이 기울였을 때, 버려진 물의 양은?

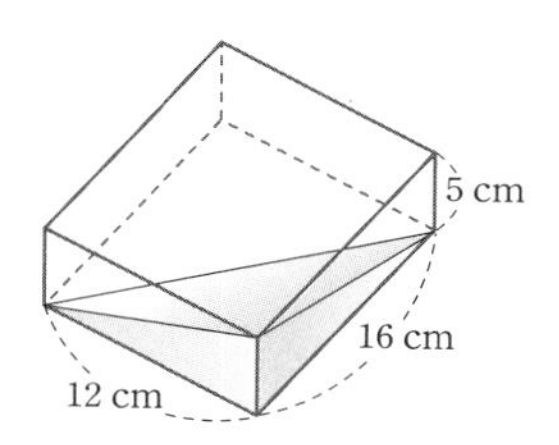

① 640 cm^3 ② 680 cm^3
③ 720 cm^3 ④ 760 cm^3
⑤ 800 cm^3

33 직육면체 모양의 두 그릇 A, B가 있다. A 그릇에 담긴 물을 B 그릇에 옮겨 담았더니 다음 그림과 같을 때, x의 값은?

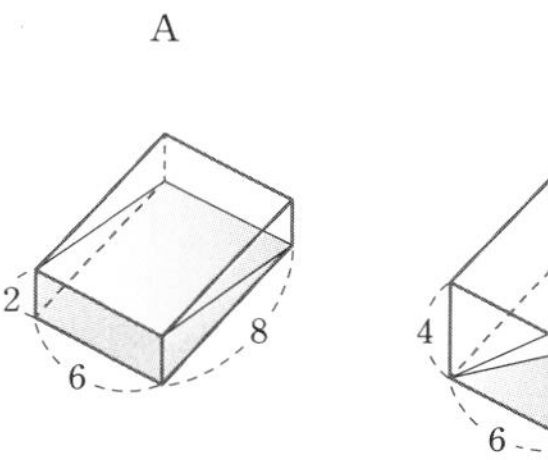

① 12 ② 12.5 ③ 13
④ 13.5 ⑤ 14

6 원뿔의 겉넓이와 부피

34 오른쪽 그림과 같이 밑면의 반지름의 길이가 3 cm인 원뿔의 부피가 30π cm^3일 때, h의 값은?

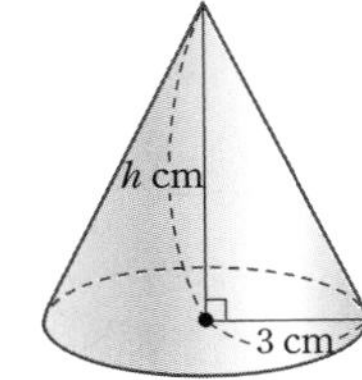

① 10 ② 11 ③ 12
④ 13 ⑤ 14

35 오른쪽 그림과 같이 모선의 길이가 밑면의 반지름의 길이 r의 2배인 원뿔의 겉넓이가 12π일 때, r의 값은?

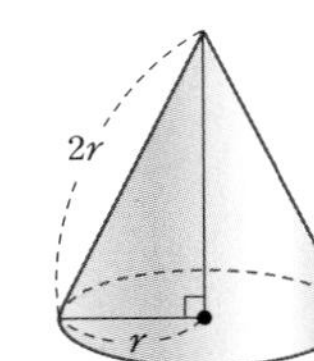

① 1 ② 2 ③ 3
④ 4 ⑤ 5

36 오른쪽 그림은 원뿔의 전개도이다. 이 전개도로 만들어지는 원뿔의 겉넓이는?

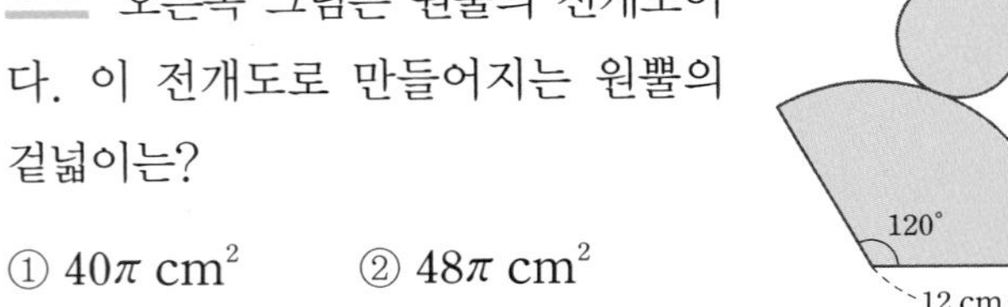

① 40π cm^2 ② 48π cm^2
③ 56π cm^2 ④ 64π cm^2
⑤ 72π cm^2

37 오른쪽 그림은 높이가 8 cm인 원뿔의 전개도이다. 다음 중 옳은 것은?

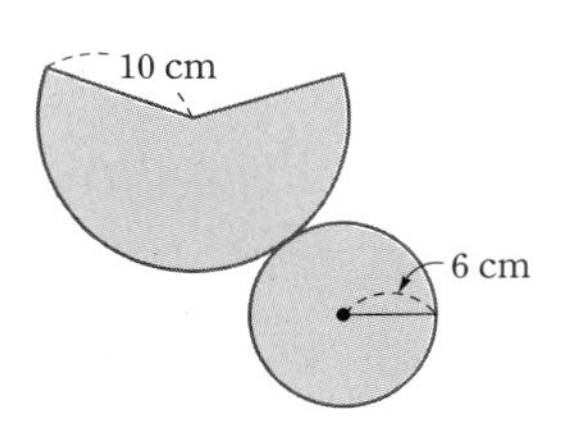

① 모선의 길이 : 8 cm
② 부채꼴의 호의 길이 : 20π cm
③ 옆넓이 : 120π cm^2
④ 부채꼴의 중심각의 크기 : 216°
⑤ 입체도형의 부피 : 288π cm^3

38 오른쪽 그림과 같이 두 원뿔을 붙여서 만든 입체도형의 겉넓이는?

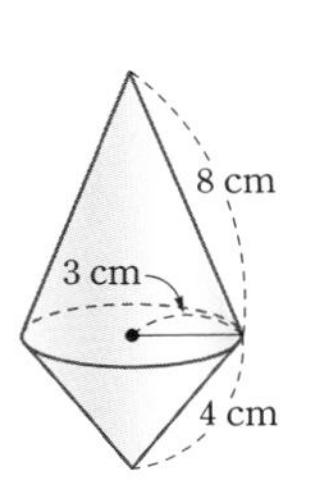

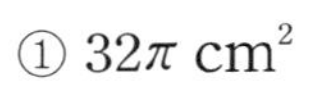

① 32π cm^2 ② 36π cm^2
③ 40π cm^2 ④ 44π cm^2
⑤ 48π cm^2

39 오른쪽 그림은 밑면의 반지름의 길이가 6 cm, 높이가 8 cm, 모선의 길이가 10 cm인 원뿔을 반으로 자른 입체도형이다. 이 입체도형의 겉넓이를 구하시오.

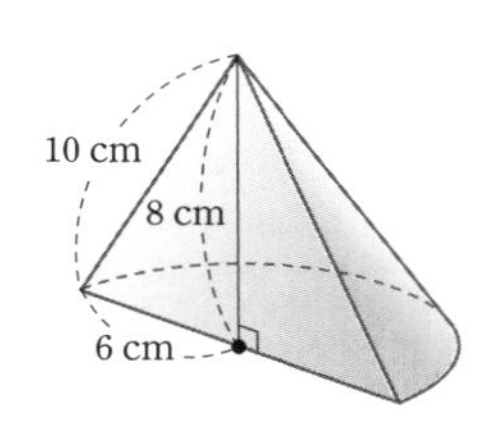

40 오른쪽 그림과 같은 원뿔 모양의 통에 1분에 $4\pi\ cm^3$의 속력으로 물을 부을 때, 통에 물을 가득 채우는 데 몇 분이 걸리는지 구하시오.

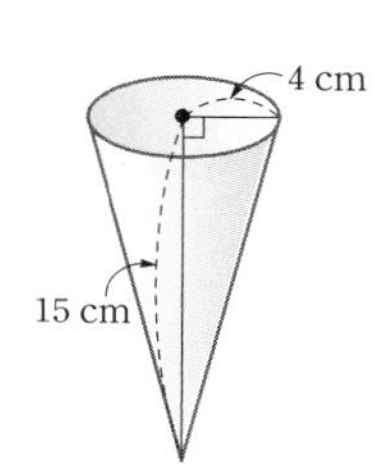

41 오른쪽 그림과 같이 밑면의 반지름의 길이가 12 cm인 원뿔을 꼭짓점 O를 중심으로 굴렸더니 $\frac{4}{3}$ 바퀴 회전하고 처음 위치로 돌아왔다. 이 원뿔의 겉넓이는?

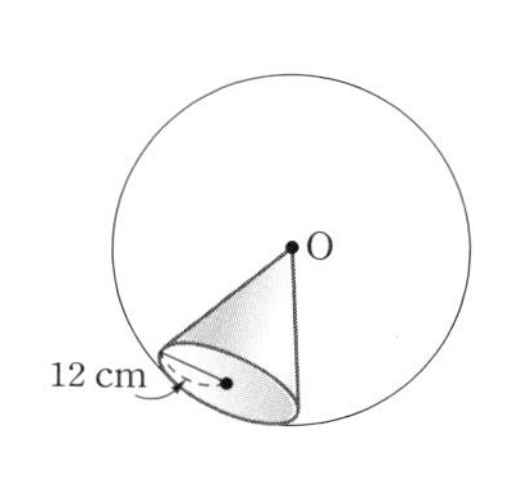

① $240\pi\ cm^2$ ② $320\pi\ cm^2$ ③ $336\pi\ cm^2$
④ $356\pi\ cm^2$ ⑤ $364\pi\ cm^2$

42 오른쪽 그림과 같이 원뿔을 밑면에 평행하게 잘라서 원뿔 A와 원뿔대 B를 만들었다. 다음을 구하시오.
(단, 부피의 비는 가장 간단한 자연수의 비로 나타내시오.)

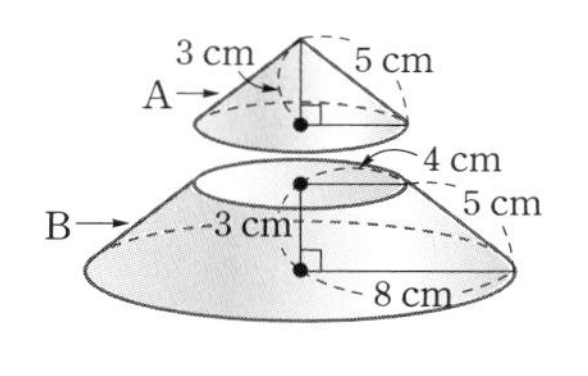

(1) 원뿔대 B의 겉넓이
(2) 원뿔 A와 원뿔대 B의 부피의 비

43 오른쪽 그림은 원뿔대의 전개도이다. 이 전개도로 만들어지는 원뿔대의 겉넓이를 구하시오.

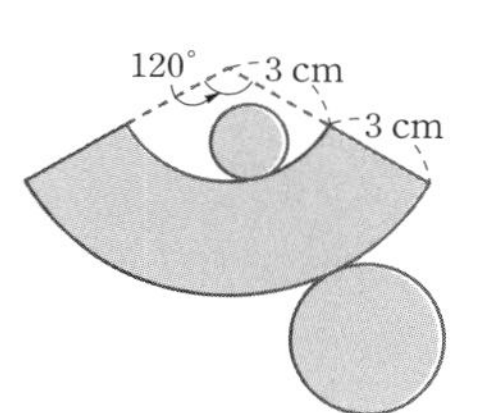

7 구의 겉넓이와 부피

44 반지름의 길이가 각각 6 cm, 3 cm인 두 구 A, B가 있다. A의 겉넓이는 B의 겉넓이의 a배이고, A의 부피는 B의 부피의 b배일 때, $b-a$의 값은?

① 2 ② 3 ③ 4
④ 5 ⑤ 6

45 어떤 구의 중심을 지나는 평면으로 자른 단면의 넓이가 $16\pi\ cm^2$일 때, 이 구의 부피를 구하시오.

46 오른쪽 그림과 같이 반구와 원뿔을 붙여서 만든 입체도형의 겉넓이와 부피를 차례로 구하면?

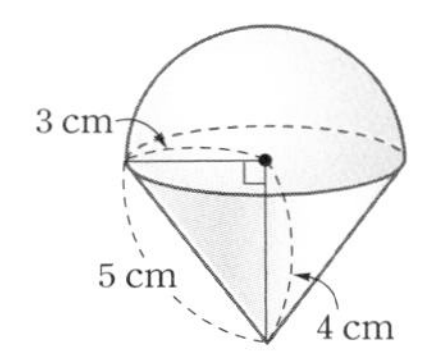

① 24π cm², 30π cm³
② 24π cm², 48π cm³
③ 33π cm², 30π cm³
④ 33π cm², 48π cm³
⑤ 33π cm², 54π cm³

47 오른쪽 그림은 반지름의 길이가 6 cm인 구의 $\frac{1}{8}$을 잘라낸 입체도형이다. 이 입체도형의 겉넓이와 부피를 차례로 구하시오.

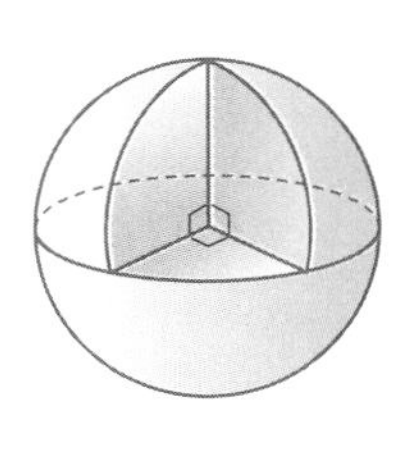

48 다음 그림과 같은 반구 모양의 그릇에 물을 가득 담아 원기둥 모양의 통에 물을 채우려고 한다. 몇 번을 부어야 통에 물이 가득 차겠는가?

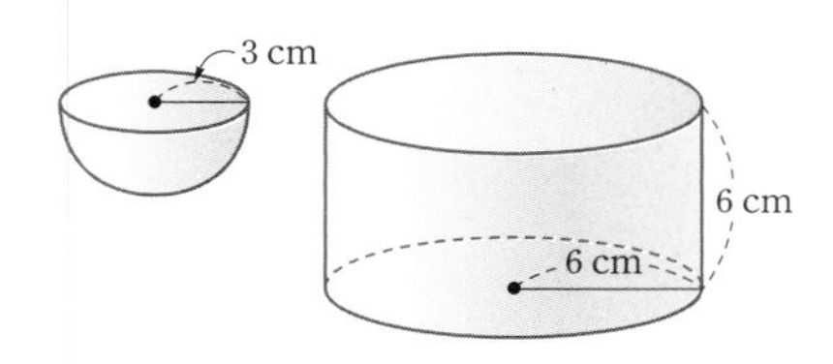

① 4번 ② 6번 ③ 8번
④ 10번 ⑤ 12번

8 원기둥, 원뿔, 구의 부피 사이의 관계

49 다음에서 ㉠, ㉡, ㉢에 알맞은 수를 각각 구하시오.

(가) 기둥의 부피는 밑면이 합동이고 높이가 같은 뿔의 부피의 [㉠]배이다.
(나) 반지름의 길이가 r인 구의 부피는 반지름의 길이가 r이고 높이가 $2r$인 원기둥의 부피의 [㉡]배이다.
(다) 반지름의 길이가 r인 구의 겉넓이는 반지름의 길이가 같은 원의 넓이의 [㉢]배이다.

50 오른쪽 그림과 같이 높이가 같은 원뿔 모양의 그릇과 원기둥 모양의 그릇이 있다. 원뿔 모양의 그릇에 물을 가득 채워서 원기둥 모양의 그릇에 부었을 때, x의 값은?

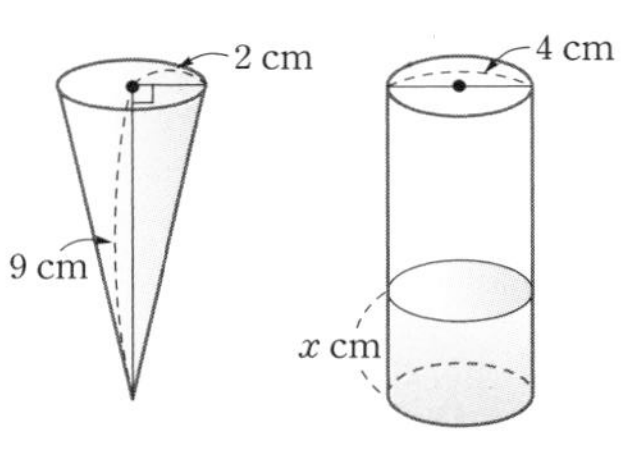

① 1 ② 2 ③ 3
④ 4 ⑤ 5

51 오른쪽 그림과 같이 반지름의 길이가 6 cm인 구와 그 구가 꼭 맞게 들어가는 원기둥, 그 원기둥에 꼭 맞게 들어가는 원뿔이 있다. 이때 구와 원기둥의 부피는 각각 원뿔의 부피의 몇 배인지 차례로 구하면?

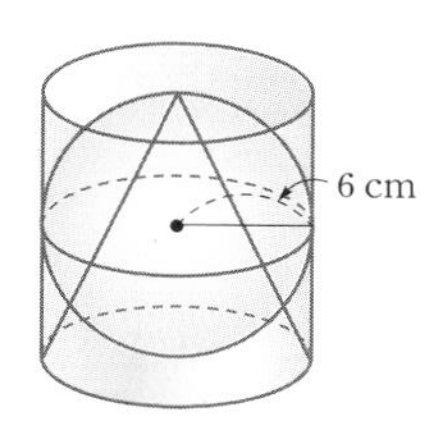

① 2배, 3배 ② 2배, 4배 ③ 3배, 2배
④ 3배, 4배 ⑤ 4배, 5배

52 오른쪽 그림과 같이 원기둥에 꼭 맞게 구와 원뿔이 들어 있다. 원기둥의 옆넓이가 $36\pi\ \text{cm}^2$일 때, 구의 부피와 원뿔의 부피를 차례로 구하시오.

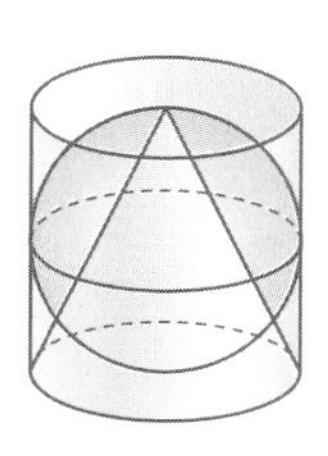

53 구 모양의 유리 구슬을 포장하기 위해 유리 구슬이 꼭 맞게 들어 가는 정육면체 모양의 뚜껑있는 상자를 만들었더니 상자의 겉넓이가 $216\ \text{cm}^2$이었다. 이때 이 유리 구슬의 겉넓이는? (단, 상자의 두께는 생각하지 않는다.)

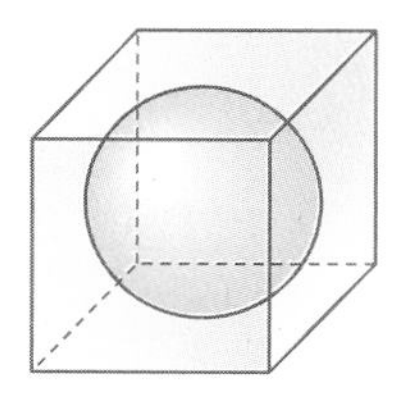

① $18\pi\ \text{cm}^2$ ② $36\pi\ \text{cm}^2$ ③ $54\pi\ \text{cm}^2$
④ $72\pi\ \text{cm}^2$ ⑤ $144\pi\ \text{cm}^2$

54 오른쪽 그림과 같은 원기둥 모양의 통 안에 크기가 같은 공 2개가 꼭 맞게 들어 있다. 공 한 개의 겉넓이가 $100\pi\ \text{cm}^2$일 때, 원기둥 모양의 통의 겉넓이는?
(단, 통의 두께는 생각하지 않는다.)

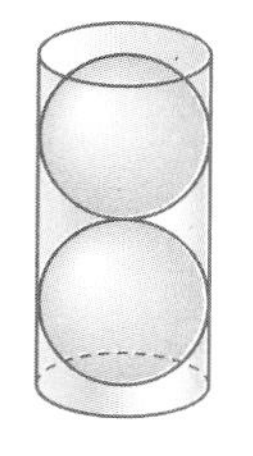

① $230\pi\ \text{cm}^2$ ② $240\pi\ \text{cm}^2$ ③ $250\pi\ \text{cm}^2$
④ $260\pi\ \text{cm}^2$ ⑤ $270\pi\ \text{cm}^2$

55 오른쪽 그림과 같이 원기둥 모양의 통에 크기가 같은 구 3개가 꼭 맞게 들어 있다. 통의 부피가 $48\pi\ \text{cm}^3$일 때, 구 한 개의 부피는?
(단, 통의 두께는 생각하지 않는다.)

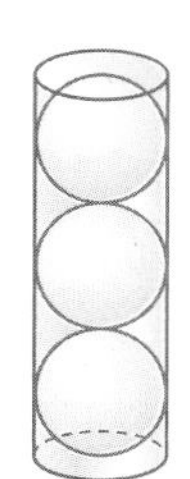

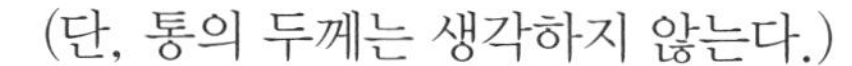

① $\frac{16}{3}\pi\ \text{cm}^3$ ② $8\pi\ \text{cm}^3$ ③ $\frac{32}{3}\pi\ \text{cm}^3$
④ $12\pi\ \text{cm}^3$ ⑤ $27\pi\ \text{cm}^3$

9 회전체의 겉넓이와 부피

56 다음 중 오른쪽 그림과 같은 평면도형을 직선 l을 회전축으로 하여 1회전 시킬 때 생기는 도형에 대한 설명으로 옳지 않은 것은?

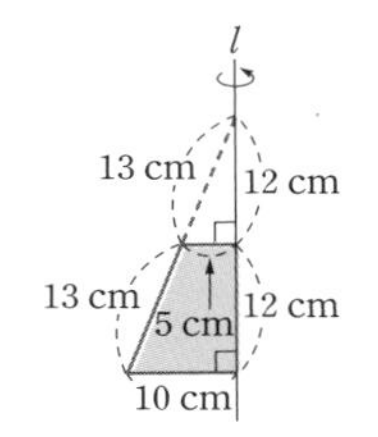

① 회전시켜 생기는 도형은 원뿔대이다.
② 회전체의 겉넓이는 320π cm^2이다.
③ 회전체의 부피는 680π cm^3이다.
④ 회전축에 수직인 평면으로 자르면 그 단면은 항상 원이다.
⑤ 회전축을 포함하는 평면으로 자르면 그 단면은 항상 합동인 사다리꼴이다.

57 오른쪽 그림과 같은 사다리꼴을 직선 l을 회전축으로 하여 1회전 시킬 때 생기는 입체도형의 겉넓이와 부피를 차례로 구하시오.

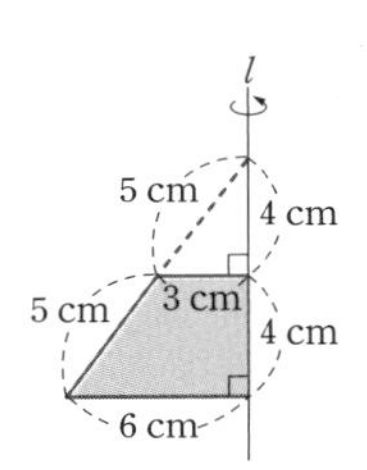

58 오른쪽 그림과 같은 도형을 직선 l을 회전축으로 하여 1회전 시킬 때 생기는 입체도형의 겉넓이를 구하시오.

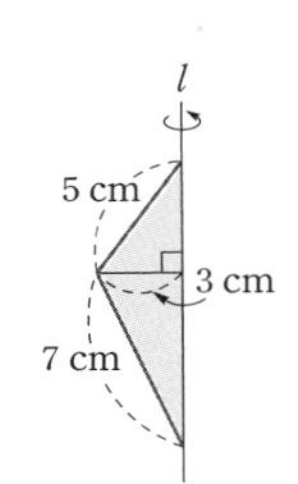

[59~60] 다음 그림과 같은 평면도형을 직선 l을 회전축으로 하여 1회전 시킬 때 생기는 입체도형의 겉넓이와 부피를 차례로 구하시오.

59

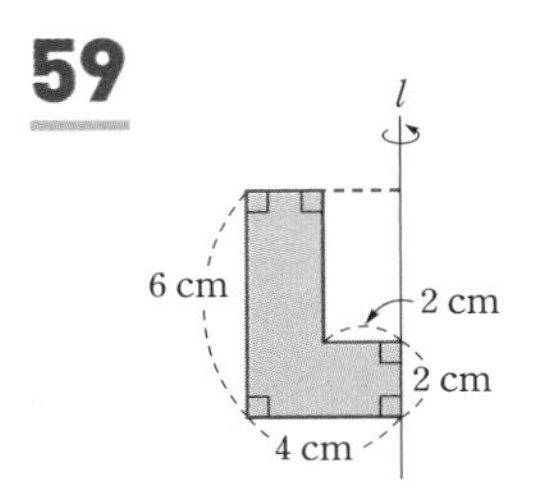

60

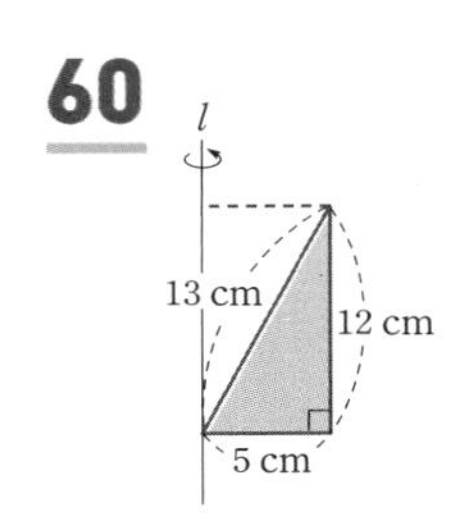

61 오른쪽 그림과 같은 평면도형을 직선 l을 회전축으로 하여 1회전 시킬 때 생기는 입체도형의 부피가 $198\pi\ \text{cm}^3$이다. 이때 x의 값은?

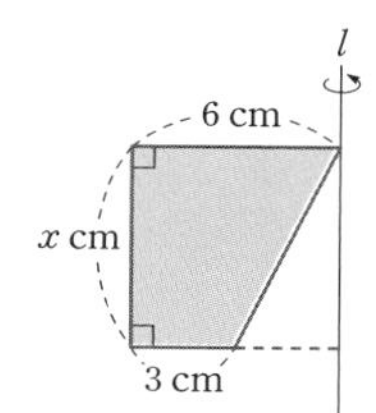

① 3 ② 4 ③ 5
④ 6 ⑤ 7

62 오른쪽 그림과 같이 좌표평면 위의 5개의 점 A(0, 7), B(0, 5), C(2, 1), D(4, 1), E(4, 5)로 이루어진 도형을 y축을 회전축으로 하여 1회전 시킬 때 생기는 입체도형의 부피를 구하시오.

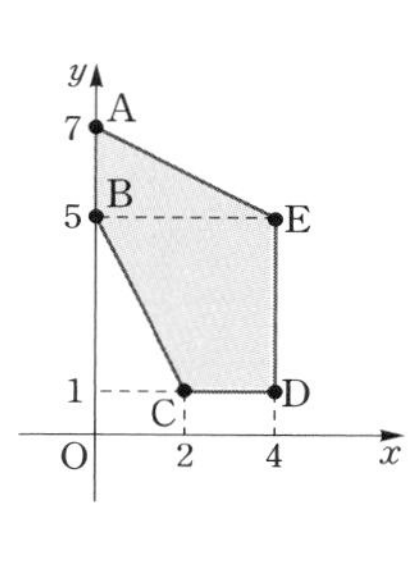

63 오른쪽 그림의 색칠한 부분을 직선 l을 회전축으로 하여 1회전 시킬 때 생기는 입체도형의 부피를 구하시오.

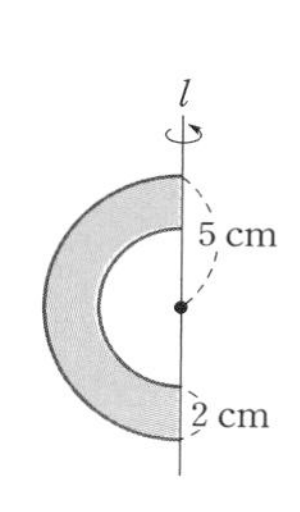

64 오른쪽 그림과 같은 평면도형을 직선 l을 회전축으로 하여 1회전 시킬 때 생기는 입체도형의 부피를 구하시오.

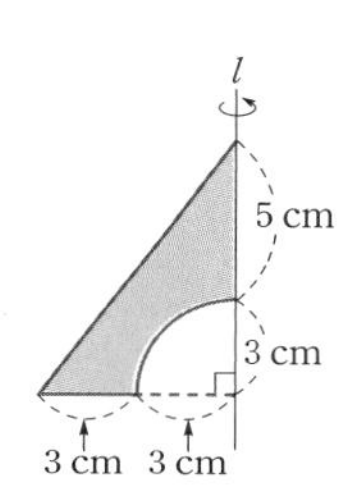

기둥, 뿔, 구의 부피

기둥의 부피!

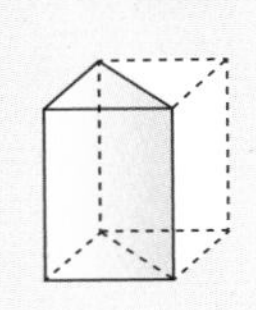

기둥의 부피는 직육면체의 부피에서 시작한다. 직육면체의 부피는 (밑넓이)×(높이)이다.
직육면체를 반으로 잘랐을 때, 삼각기둥의 부피는 직육면체의 부피의 $\frac{1}{2}$이다.

1 기둥의 부피

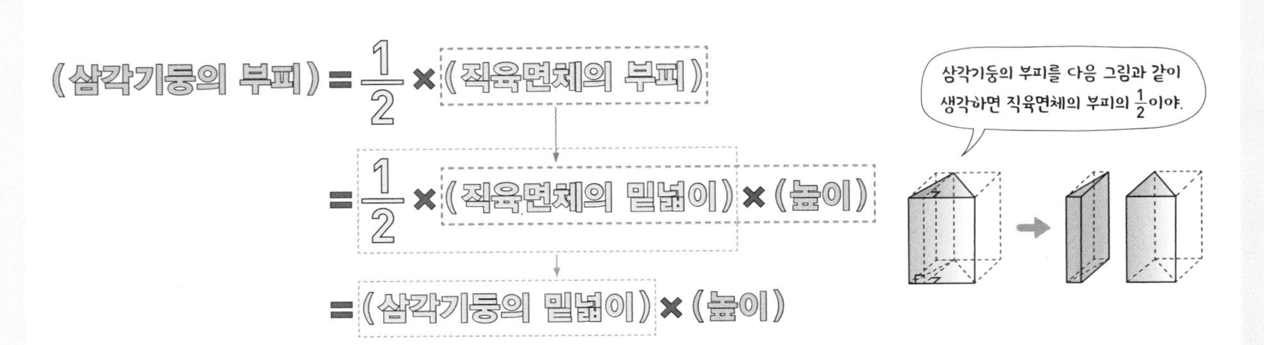

사각기둥, 오각기둥, ⋯ 역시 **삼각기둥으로 잘라서 삼각기둥의 부피의 합**으로 구할 수 있다.

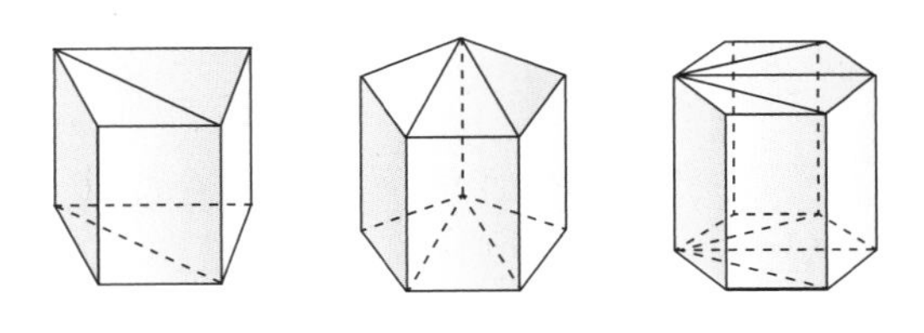

(각기둥의 밑넓이) = (삼각기둥의 밑넓이의 합)이므로

(각기둥의 부피) = (각기둥의 [   ]) × (높이)

원기둥을 다음 그림과 같이 한없이 잘게 잘라 엇갈리게 붙이면 사각기둥에 가까워진다.

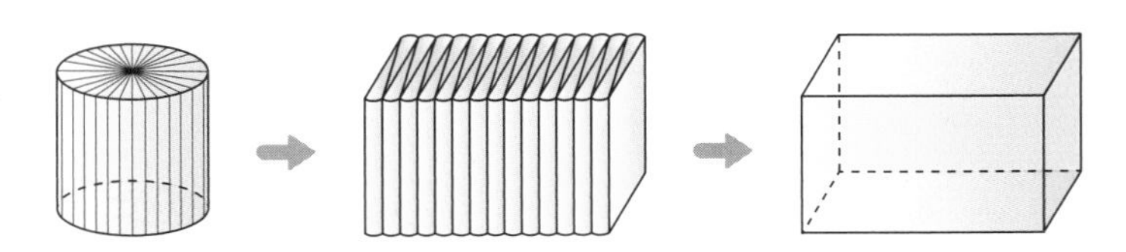

(원기둥의 밑넓이) = (사각기둥의 밑넓이)이고,

(원기둥의 높이) = (사각기둥의 높이)이므로

(원기둥의 부피) = (원기둥의 [   ]) × (높이)

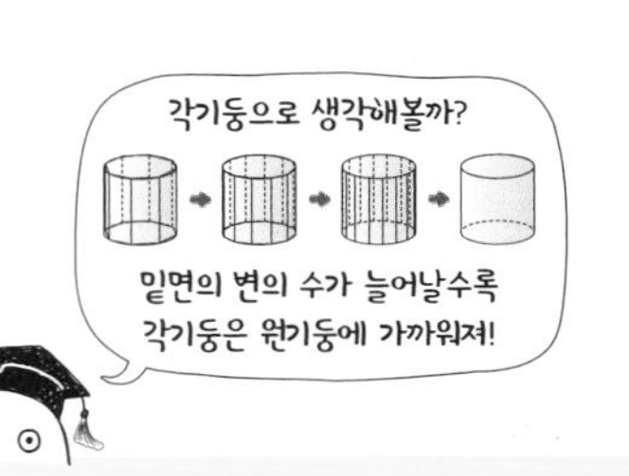

(기둥의 부피) = ([   ]) × (높이)

답 밑넓이, 밑넓이, 밑넓이

2 뿔의 부피

다음 그림과 같이 정육면체의 중심과 각 꼭짓점을 이으면 서로 합동인 6개의 사각뿔로 쪼갤 수 있다. 6개의 사각뿔이 모두 합동이므로 하나의 사각뿔의 부피는 정육면체의 부피의 □ 이다.

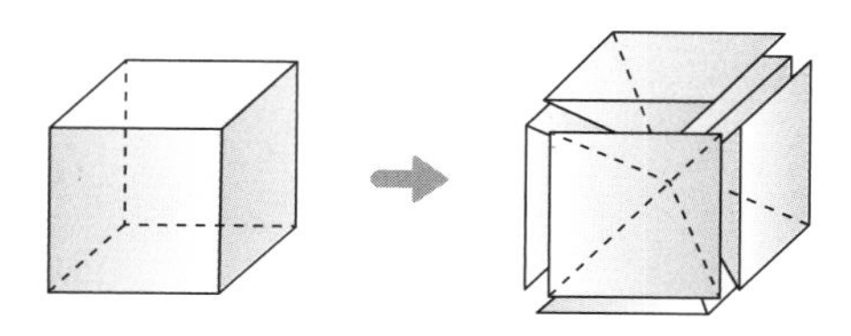

이때 사각뿔 3개의 부피의 합은 정육면체의 $\frac{1}{2}$이므로 다음 그림과 같이 높이가 원래 정육면체의 $\frac{1}{2}$인 직육면체의 부피와 같다. 즉 뿔의 부피는 밑면이 합동이고 높이가 같은 기둥의 부피의 □ 이다.

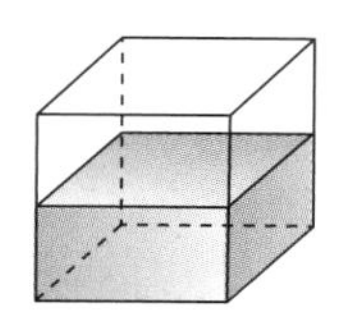
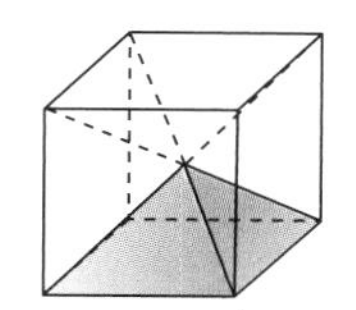

(사각뿔의 부피) = □ × (사각뿔의 밑넓이) × (높이)

답 $\frac{1}{6}$, $\frac{1}{3}$, $\frac{1}{3}$, $\frac{1}{3}$

3 구의 부피

구의 겉면을 무수히 많은 다각형으로 자른 후, 이 다각형을 밑면으로 하고 구의 반지름의 길이를 높이로 하는 무수히 많은 각뿔 모양으로 구를 자르면

(각뿔의 부피) $=\frac{1}{3}\times$ (각뿔의 밑넓이) $\times$ (구의 반지름의 길이)

이때 각뿔의 밑넓이의 합은 구의 겉넓이와 같고, 각뿔의 부피의 합은 구의 부피와 같으므로 구의 반지름의 길이를 r라 하면

(구의 부피) = (각뿔의 부피의 합)

$=\frac{1}{3}\times$ (각뿔의 밑넓이의 합) $\times$ (각뿔의 높이)

$=\frac{1}{3}\times$ (구의 겉넓이) $\times$ (구의 반지름의 길이)

$=\frac{1}{3}\times$ □ $\times r$

$=$ □

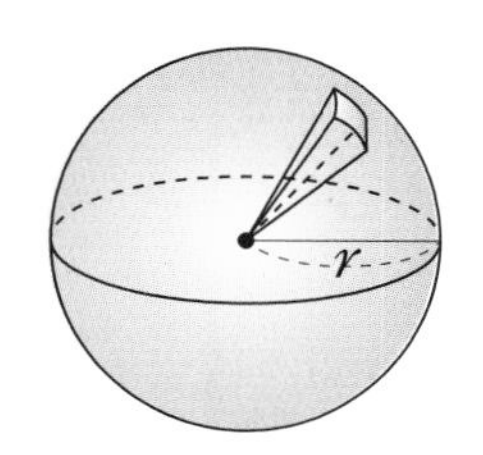

(구의 부피) = □

답 $4\pi r^2$, $\frac{4}{3}\pi r^3$, $\frac{4}{3}\pi r^3$

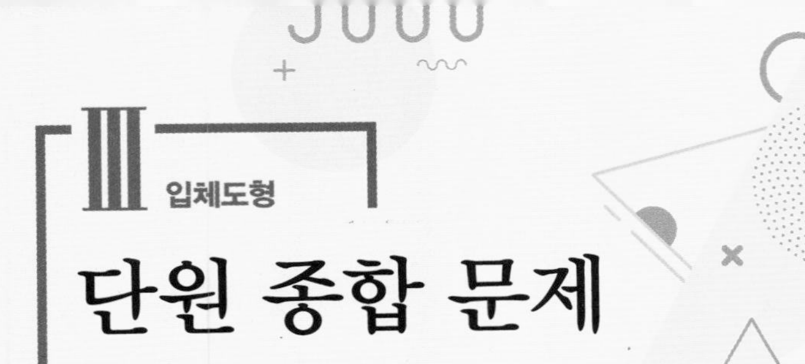

단원 종합 문제

01 다음 중 다면체에 대한 설명으로 옳지 않은 것은?

① 정다면체는 5가지뿐이다.
② 각기둥의 옆면은 직사각형이다.
③ 사각기둥은 사면체이다.
④ 사면체의 모든 면은 항상 삼각형이다.
⑤ 정다면체의 면이 될 수 있는 다각형은 정삼각형, 정사각형, 정오각형뿐이다.

02 다음 중 다면체가 아닌 것을 모두 고르면? (정답 2개)

① 원뿔 ② 삼각기둥 ③ 육각뿔대
④ 구 ⑤ 칠각뿔

03 다음 **보기** 중 각뿔대에 대한 설명으로 옳은 것은 모두 몇 개인가?

보기

ㄱ. 두 밑면은 서로 평행하다.
ㄴ. 옆면의 모양은 모두 평행사변형이다.
ㄷ. n각뿔대의 면의 개수는 $n+2$이다.
ㄹ. n각뿔대의 모서리의 개수는 $2n$이다.
ㅁ. n각뿔대의 꼭짓점의 개수는 $2n$이다.

① 1개 ② 2개 ③ 3개
④ 4개 ⑤ 5개

04 모서리의 개수가 15인 각뿔대의 면의 개수와 꼭짓점의 개수는?

① 면의 개수: 7, 꼭짓점의 개수: 10
② 면의 개수: 7, 꼭짓점의 개수: 6
③ 면의 개수: 8, 꼭짓점의 개수: 10
④ 면의 개수: 8, 꼭짓점의 개수: 7
⑤ 면의 개수: 9, 꼭짓점의 개수: 12

05 다음 정다면체 중 각 면의 모양이 정삼각형이 아닌 것을 모두 고르면? (정답 2개)

① 정사면체 ② 정육면체 ③ 정팔면체
④ 정십이면체 ⑤ 정이십면체

06 오른쪽 그림과 같은 전개도를 이용하여 만들 수 있는 정다면체의 이름을 말하고, 꼭짓점의 개수를 구하시오.

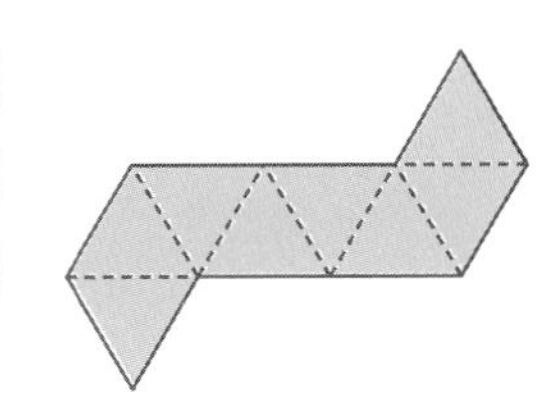

07 다음 **보기** 중 그 개수가 많은 것부터 순서대로 나열한 것은?

보기

ㄱ. 삼각뿔대의 꼭짓점　　ㄴ. 오각기둥의 모서리
ㄷ. 칠각뿔의 모서리　　ㄹ. 오각뿔대의 꼭짓점
ㅁ. 정이십면체의 꼭짓점　　ㅂ. 십각뿔의 면

① ㄴ－ㄷ－ㅁ－ㄹ－ㅂ－ㄱ
② ㄴ－ㄷ－ㅁ－ㅂ－ㄹ－ㄱ
③ ㄷ－ㅁ－ㄴ－ㄱ－ㅂ－ㄹ
④ ㅁ－ㄷ－ㄴ－ㅂ－ㄱ－ㄹ
⑤ ㅁ－ㄴ－ㄷ－ㅂ－ㄹ－ㄱ

08 다음 **조건**을 모두 만족하는 입체도형은?

조건

(가) 칠면체이다.
(나) 두 밑면은 서로 평행하다.
(다) 옆면의 모양은 사다리꼴이다.

① 오각뿔대　　② 오각기둥　　③ 육각뿔
④ 칠각기둥　　⑤ 칠각뿔대

09 오른쪽 그림과 같은 정육면체를 세 꼭짓점 B, D, G를 지나는 평면으로 자를 때 생기는 단면의 모양은?

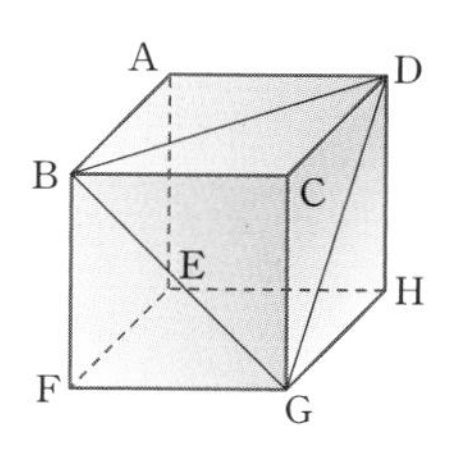

① 정삼각형　　② 정사각형
③ 정오각형　　④ 이등변삼각형
⑤ 직각삼각형

10 오른쪽 그림과 같은 원뿔을 평면으로 자를 때 생길 수 있는 단면의 모양을 모두 그리시오.

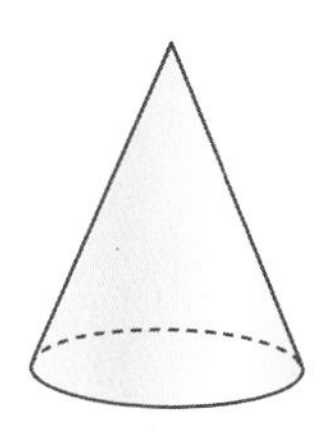

11 오른쪽 그림과 같이 가로, 세로의 길이가 각각 2 cm이고, 높이가 x cm인 직육면체의 겉넓이가 72 cm^2일 때, x의 값은?

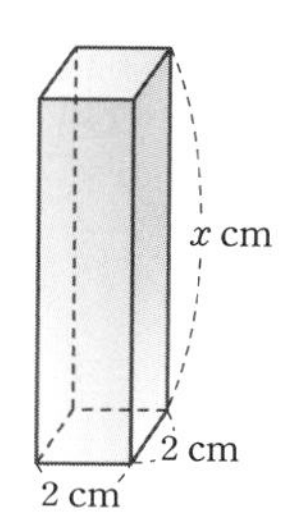

  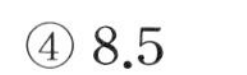

① 7　　② 7.5　　③ 8
④ 8.5　　⑤ 9

12 오른쪽 그림과 같은 직육면체를 세 꼭짓점 B, E, G를 지나는 평면으로 자를 때 생기는 삼각뿔의 부피는?

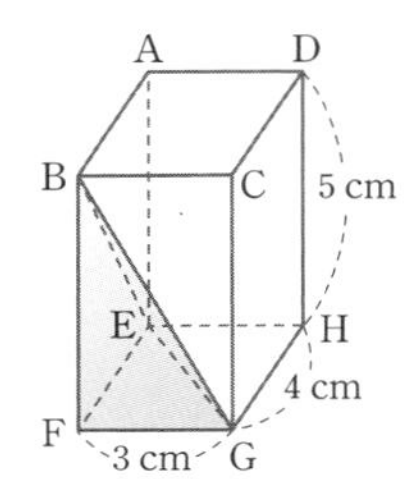

① 10 cm^3 ② 11 cm^3
③ 12 cm^3 ④ 15 cm^3
⑤ 18 cm^3

13 부피가 8인 정육면체 모양의 나무토막을 오른쪽 그림과 같이 세 모서리의 중점을 지나는 평면으로 자를 때, 잘려진 작은 나무토막의 부피를 구하시오.

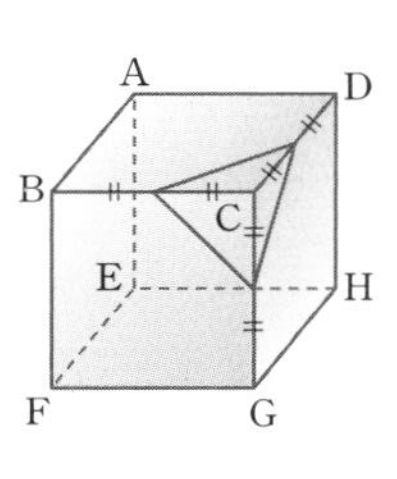

14 다음 그림과 같이 두 직육면체 모양의 그릇에 들어있는 물의 양이 같을 때, x의 값을 구하시오.

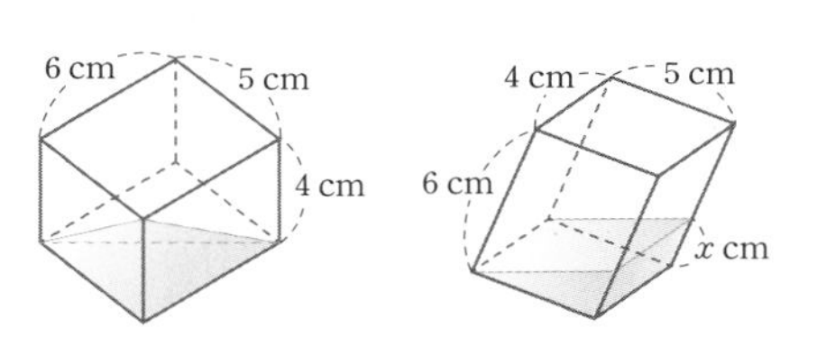

15 밑면의 반지름의 길이가 4 cm인 원기둥의 부피가 128π cm^3일 때, 이 원기둥의 겉넓이는?

① 160π cm^2 ② 144π cm^2 ③ 128π cm^2
④ 96π cm^2 ⑤ 64π cm^2

16 오른쪽 그림과 같은 직각삼각형 ABC를 $\overline{AC}$를 회전축으로 하여 1회전 시킬 때 생기는 입체도형의 겉넓이를 구하시오.

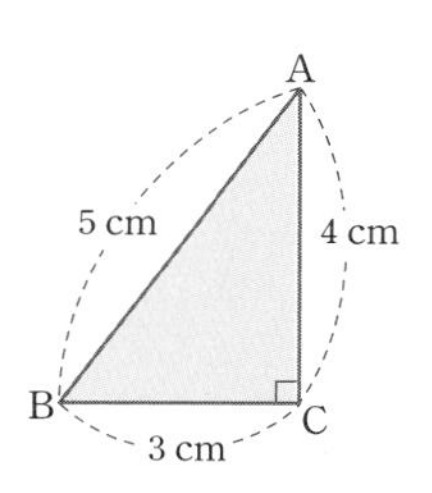

17 오른쪽 그림은 높이가 12 cm인 원뿔의 전개도이다. 이 전개도로 만들어지는 원뿔의 겉넓이와 부피를 차례로 구하시오.

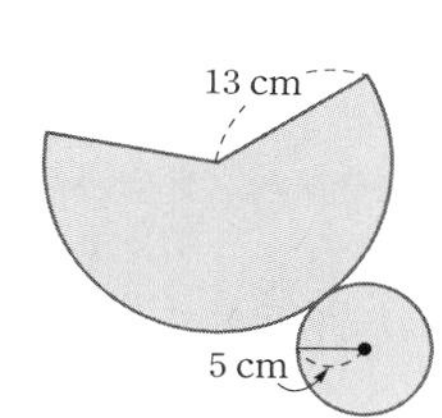

18 오른쪽 그림과 같은 사다리꼴을 직선 l을 회전축으로 하여 1회전 시킬 때 생기는 입체도형의 부피를 구하시오.

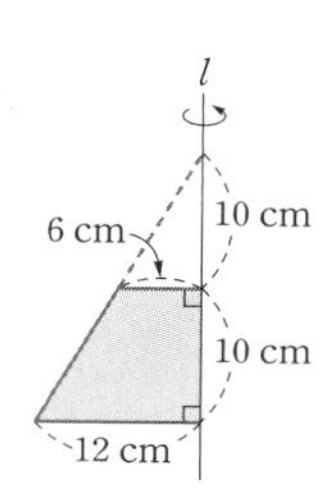

19 다음 그림과 같은 각뿔대와 원뿔대의 겉넓이를 구하시오.

(1)

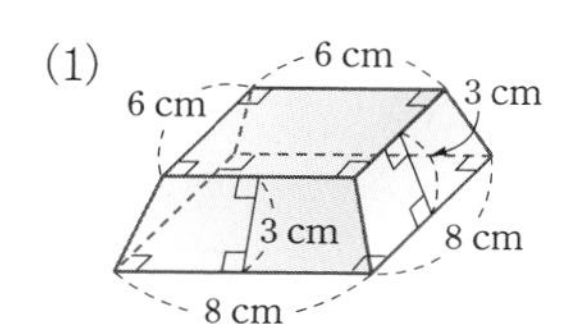

(2)

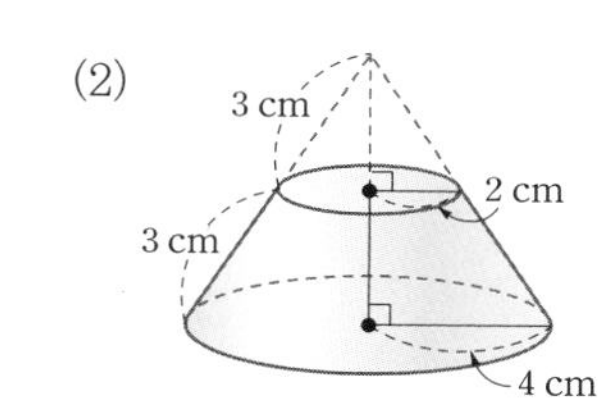

20 오른쪽 그림과 같이 밑면의 반지름의 길이가 5 cm, 높이가 10 cm인 원기둥 모양의 통에 물을 가득 채운 후 통에 꼭 맞는 구를 넣었더니 물이 흘러 넘쳤다. 이때 원기둥 모양의 통에 남아 있는 물의 부피는?

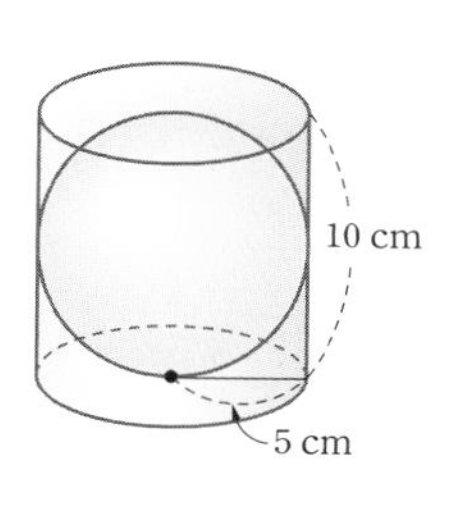

① $\frac{250}{3}\pi\ \text{cm}^3$　② $\frac{500}{3}\pi\ \text{cm}^3$
③ $250\pi\ \text{cm}^3$　④ $500\pi\ \text{cm}^3$
⑤ $750\pi\ \text{cm}^3$

21 오른쪽 그림에서 구의 피는 원뿔의 부피의 $\frac{2}{3}$배일 때, 원뿔의 높이는?

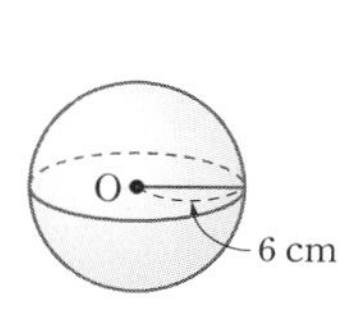

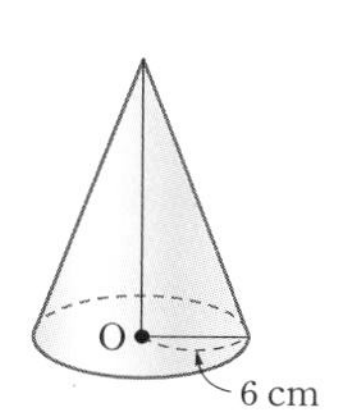

① 12 cm　② 13 cm　③ 14 cm
④ 15 cm　⑤ 16 cm

도전! 최상위

22 오른쪽 그림과 같이 직육면체에서 작은 직육면체를 잘라낸 입체도형의 겉넓이를 구하시오.

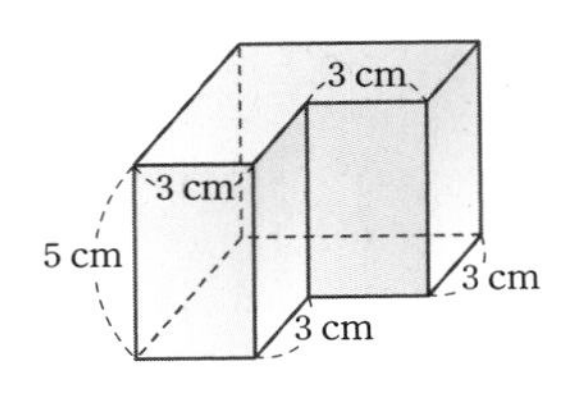

23 다음 그림과 같은 각기둥의 부피를 구하시오.

(1) (2)

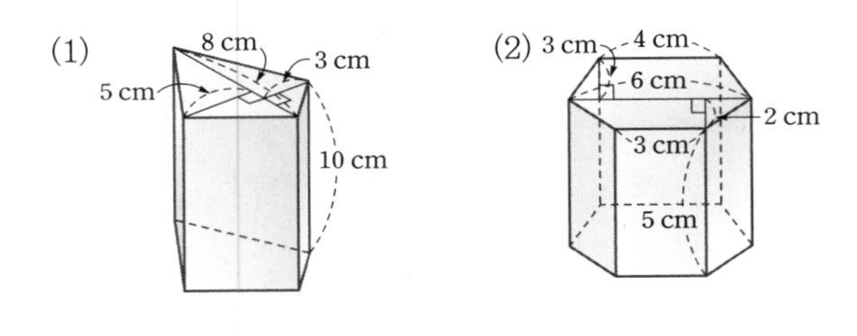

24 다음 그림과 같은 입체도형의 겉넓이와 부피를 차례로 구하시오.

(1) (2)

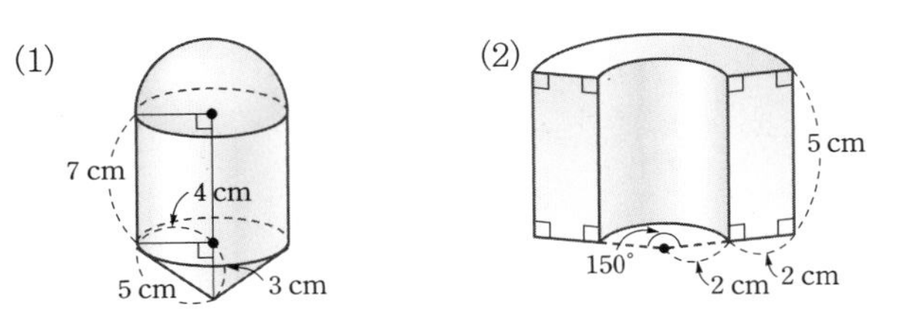

25 오른쪽 그림과 같이 원기둥 안에 원기둥 모양의 구멍이 뚫린 입체도형의 부피가 $420\pi\ \text{cm}^3$일 때, 겉넓이를 구하시오.

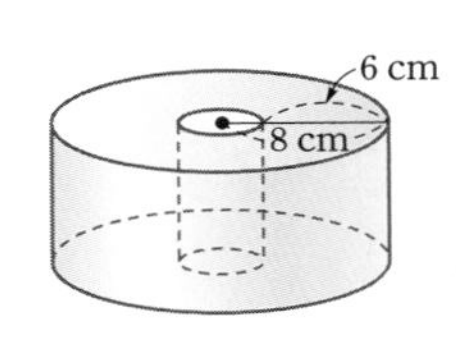

IV 통계

1 대푯값, 도수분포표와 그래프

1

자료의 정리와 분석!

대푯값, 도수분포표와 그래프

자료를 대표하는 값

대푯값

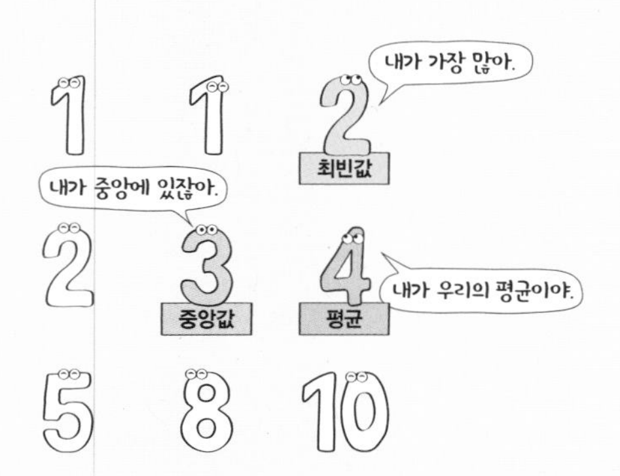

1 대푯값

1) 대푯값 : 자료 전체의 특징을 대표적으로 나타내는 값

2) 대푯값의 종류

① 평균(mean) : 전체 변량의 총합을 변량의 개수로 나눈 값, 즉

$$(\text{평균})=\frac{(\text{변량})\text{의 총합}}{(\text{변량})\text{의 개수}}$$

② 중앙값(median) : 각 변량을 크기순으로 나열할 때, 중앙에 오는 값

+ 자료의 개수가 짝수 개인 경우의 중앙값은 중앙에 있는 두 값의 평균이다.

예 1, 3, 3, 6, 7, 8, 9에서 중앙값은 6

1, 2, 3, 4, 5, 6, 8, 9에서 중앙값은 $\frac{4+5}{2}=4.5$

③ 최빈값(mode) : 각 변량 중에서 도수가 가장 큰 값

자료를 정리하고 해석하기

줄넘기 횟수 (단위: 회)

12	40	32	26	44
33	43	38	41	27
41	23	15	35	19
21	37	31	49	33

줄기와 잎 그림

줄기	잎
1	2 5 9
2	1 3 6 7
3	1 2 3 3 5 7 8
4	0 1 1 3 4 9

2 줄기와 잎 그림

1) 변량 : 키, 몸무게, 성적 등과 같이 자료를 수량으로 나타낸 것

2) 줄기와 잎 그림 : 줄기와 잎을 이용하여 자료를 나타낸 그림으로 세로선의 왼쪽에 있는 수를 줄기, 오른쪽에 있는 수를 잎이라 한다.

+ 줄기에는 중복되는 수를 한 번만 쓰고, 잎에는 중복되는 수를 모두 쓴다.

3) 줄기와 잎 그림을 그리는 순서

① 변량을 줄기와 잎으로 구분한다.

② 세로선을 긋고, 왼쪽에 줄기를 작은 값부터 차례로 세로로 쓴다.

③ 세로선의 오른쪽에 각 줄기에 해당하는 잎의 숫자를 쓴다.

④ '줄기|잎'을 설명한다.

도수분포표

줄넘기 횟수(회)	도수(명)
10 이상 ~ 20 미만	3
20 ~ 30	4
30 ~ 40	7
40 ~ 50	6
합계	20

3 도수분포표

1) 계급 : 변량을 일정한 간격으로 나눈 구간

① 계급의 크기 : 구간의 너비, 즉 계급의 양 끝값의 차

② 계급의 개수 : 변량을 나눈 구간의 수

③ 계급은 a 이상 b 미만으로 작성한다.

2) 도수 : 각 계급에 속하는 자료의 개수

주의 • 계급, 계급의 크기, 도수는 단위를 붙여서 쓴다.

3) 도수분포표 : 변량을 몇 개의 계급으로 나누고, 각 계급에 속하는 도수를 조사하여 나타낸 표

4) 도수분포표를 작성하는 순서

① 주어진 자료에서 가장 작은 변량과 가장 큰 변량을 찾는다.

② 계급의 개수와 계급의 크기를 정한다.

③ 각 계급에 속하는 변량의 수를 세어 계급의 도수를 구한다.

히스토그램

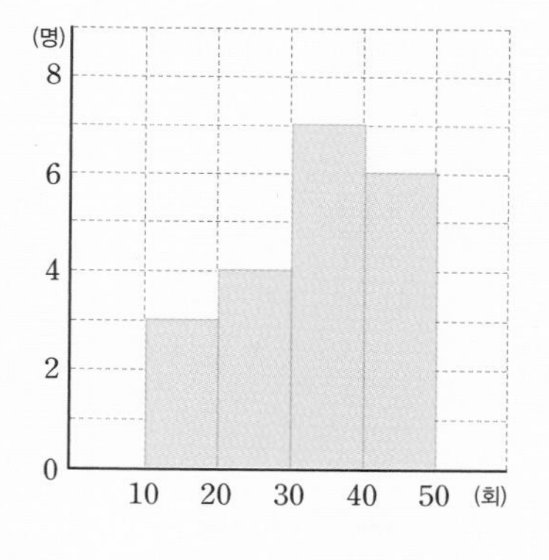

4 히스토그램

1) 히스토그램 : 도수분포표의 각 계급을 가로축에, 그 계급의 도수를 세로축에 표시하여 직사각형 모양으로 나타낸 그림

2) 히스토그램을 그리는 순서

① 가로축에 각 계급의 양 끝값을 나타낸다.

② 세로축에 도수를 나타낸다.

③ 각 계급의 크기를 가로로, 도수를 세로로 하는 직사각형을 차례로 그린다.

+ 히스토그램에서 직사각형의 개수는 계급의 개수와 같다.

3) 히스토그램의 성질

① 각 직사각형의 넓이는 각 계급의 도수에 정비례한다.

② (직사각형의 넓이의 합)$=${(계급의 크기)$\times$(그 계급의 도수)}의 합

$=$(계급의 크기)$\times$(도수의 총합)

도수분포다각형

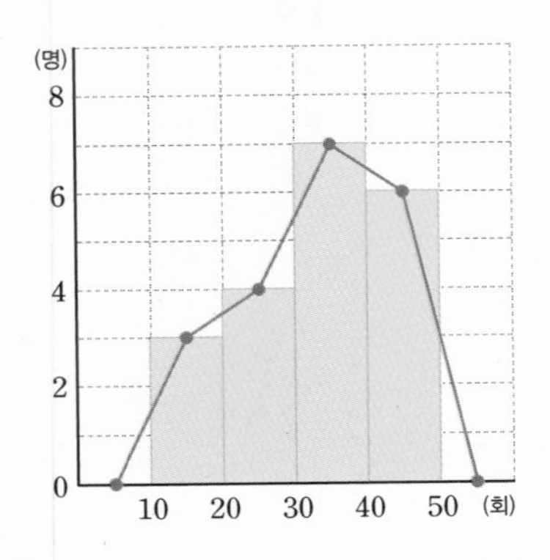

도수분포다각형의 넓이

(도수분포다각형과 가로축으로 둘러싸인 부분의 넓이)
=(히스토그램의 직사각형의 넓이의 합)
=(계급의 크기)×(도수의 총합)

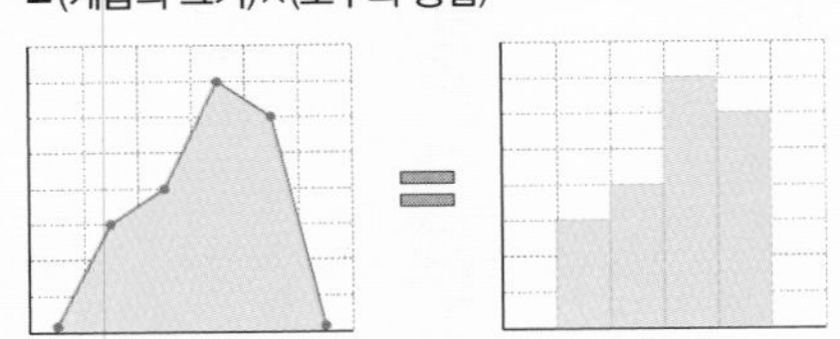

5 도수분포다각형

1) 도수분포다각형 : 히스토그램에서 각 직사각형의 윗변의 중앙에 있는 점을 차례로 선분으로 연결하고, 양 끝은 도수가 0인 계급을 하나씩 추가하여 그 중앙에 있는 점과 연결하여 그린 다각형 모양의 그래프

주의 • 도수분포다각형에서 계급의 개수를 구할 때 양 끝의 도수가 0인 두 곳은 제외한다.

2) 도수분포다각형을 그리는 순서

① 히스토그램의 각 직사각형의 윗변의 중앙에 점을 찍는다.

② 양 끝에 도수가 0인 계급이 하나씩 있는 것으로 생각하여 그 중앙에 있는 점을 ①의 점들과 차례로 선분으로 연결한다.

예

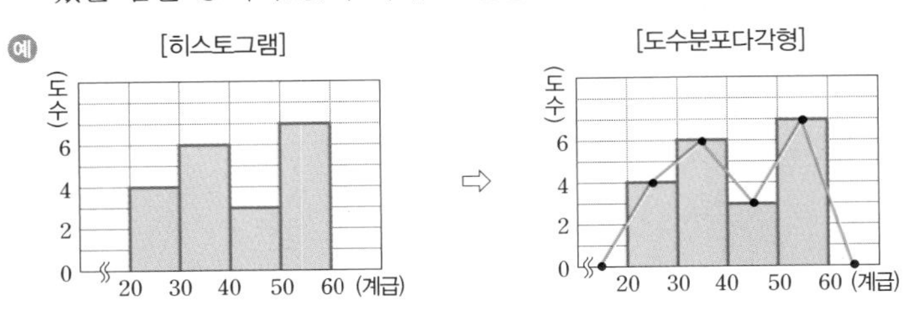

+ 오른쪽 그림에서 어두운 두 직각삼각형의 넓이가 같으므로 히스토그램의 직사각형의 넓이의 합은 도수분포다각형과 가로축으로 둘러싸인 부분의 넓이와 같다.
즉, 도수분포다각형과 가로축으로 둘러싸인 부분의 넓이는 (계급의 크기)×(도수의 총합)과 같다.

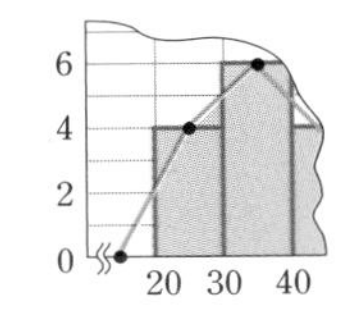

상대도수의 분포표

줄넘기 횟수(회)	도수(명)	상대도수
10이상 ~ 20미만	3	0.15
20 ~ 30	4	0.2
30 ~ 40	7	0.35
40 ~ 50	6	0.3
합계	20	1

상대도수의 분포를 나타낸 그래프

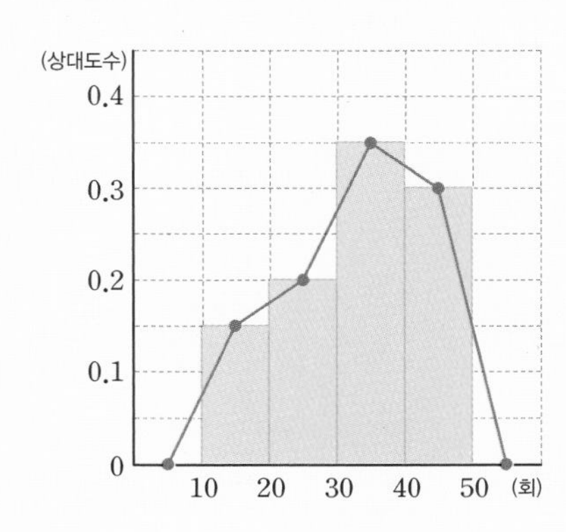

6 상대도수의 분포표

1) 상대도수 : 전체 도수에 대한 각 계급의 도수의 비율

➡ (어떤 계급의 상대도수)$=\dfrac{(\text{그 계급의 도수})}{(\text{전체 도수})}$

개념+ ① (어떤 계급의 도수)=(전체 도수)×(그 계급의 상대도수)

(전체 도수)$=\dfrac{(\text{그 계급의 도수})}{(\text{어떤 계급의 상대도수})}$

② (각 계급의 도수의 백분율)=(상대도수)×100(%)

예 ① 전체 도수가 20일 때, 상대도수가 0.3인 계급의 도수는 $20\times0.3=6$이다.

② 도수가 8인 계급의 상대도수가 0.2일 때, 전체 도수는 $\dfrac{8}{0.2}=40$이다.

2) 상대도수의 분포표 : 각 계급의 상대도수를 나타낸 표

3) 상대도수의 성질

① 상대도수의 총합은 항상 1이다.

② 각 계급의 상대도수는 그 계급의 도수에 정비례한다.

③ 전체 도수가 다른 두 가지 이상의 자료의 분포 상태를 비교할 때 편리하다.

개념+ 같은 자료에 대하여 도수의 총합이 다른 두 집단을 상대적으로 비교할 때, 상대도수를 이용하면 편리하다.

예 오른쪽 표에서 A, B 두 학교의 남학생 수의 상대도수를 구하면 A 학교는 $\dfrac{350}{500}=0.7$, B 학교는 $\dfrac{400}{800}=0.5$이므로 A 학교의 남학생의 비율이 B 학교의 남학생의 비율보다 상대적으로 더 높다.

	A 학교	B 학교
남학생 수(명)	350	400
전체 학생 수(명)	500	800

7 상대도수의 분포를 나타낸 그래프

1) 상대도수의 분포를 나타낸 그래프를 그리는 순서

① 가로축에 각 계급의 양 끝값을, 세로축에 상대도수를 나타낸다.

② 히스토그램이나 도수분포다각형과 같은 모양으로 그린다.

예 [상대도수의 분포표]

턱걸이 횟수(회)	상대도수
20이상~30미만	0.2
30 ~40	0.3
40 ~50	0.35
50 ~60	0.15
합계	1

⇨ [상대도수의 분포를 나타낸 그래프]

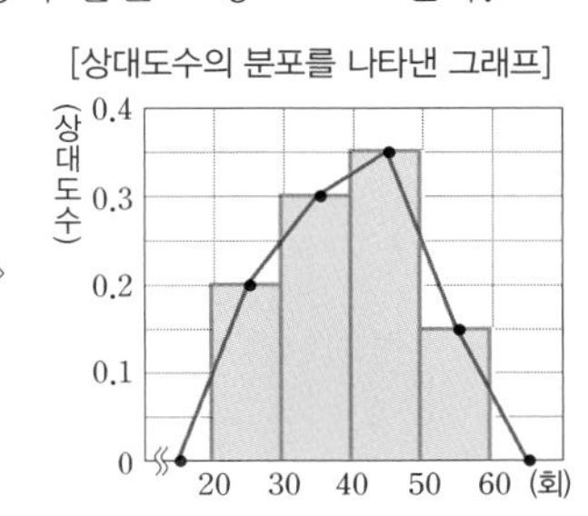

주제별 실력다지기

1 대푯값 - 평균

01 오른쪽은 A, B 두 반의 80 m 달리기 평균 기록을 조사하여 나타낸 표이다. 이때 A, B 두 반 전체 학생 30명의 평균 기록은?

	학생 수(명)	평균 기록(초)
A반	10	15
B반	20	14.4

① 14.5초 ② 14.6초 ③ 14.7초
④ 14.8초 ⑤ 14.9초

02 중간고사에서 길동이네 반의 평균 점수는 58점, 이슬이네 반의 평균 점수는 62점이었다. 두 반을 합한 전체 평균 점수가 59점일 때, 길동이네 반과 이슬이네 반의 학생 수의 비를 가장 간단한 자연수의 비로 나타내시오.

03 6개의 변량 a, b, c, d, e, f의 평균이 12일 때, 6개의 변량 $-2a+1$, $-2b+1$, $-2c+1$, $-2d+1$, $-2e+1$, $-2f+1$에 대하여 다음 물음에 답하시오.

(1) $a+b+c+d+e+f$의 값을 구하시오.

(2) $(-2a+1)+(-2b+1)+(-2c+1)$
$+(-2d+1)+(-2e+1)+(-2f+1)$
의 값을 구하시오.

(3) 6개의 변량 $-2a+1$, $-2b+1$, $-2c+1$, $-2d+1$, $-2e+1$, $-2f+1$의 평균을 구하시오.

04 4개의 변량 a, b, c, d의 평균이 13일 때, 4개의 변량 $2a$, $2b$, $2c$, $2d$의 평균은?

① 13 ② 26 ③ 27
④ 39 ⑤ 40

05 중찬이가 4회에 걸쳐 치른 수학 시험의 평균 점수는 88점이었다. 수학 시험을 한 번 더 치른 후 5회까지의 평균 점수가 90점 이상이 되도록 할 때, 5회째의 수학 시험에서 중찬이는 최소한 몇 점을 받아야 하는지 구하시오.

06 지선이가 3회에 걸쳐 측정한 100 m 달리기의 평균 기록은 17.2초였다. 100 m를 한 번 더 달린 후 4회까지의 평균 기록이 17초 이하가 되게 하려고 할 때, 4회째의 100 m 달리기에서 지선이는 몇 초 이내로 달려야 하는가?

① 16.2초 ② 16.4초 ③ 16.6초
④ 16.8초 ⑤ 17초

07 일경, 목련, 주현 세 사람이 수학 시험을 본 결과 일경이와 목련이의 평균 점수가 85점, 목련이와 주현이의 평균 점수가 79점, 일경이와 주현이의 평균 점수가 70점이었을 때, 세 사람의 평균 점수는?

① 78점 ② 79점 ③ 80점
④ 81점 ⑤ 82점

08 A 중학교 선생님 10명의 나이를 조사하였더니 나이가 가장 적은 선생님을 제외한 9명의 평균 나이는 31세, 나이가 가장 많은 선생님을 제외한 9명의 평균 나이는 26세였다. 나이가 가장 적은 선생님과 나이가 가장 많은 선생님의 나이의 합이 67세일 때, A 중학교 선생님 10명의 평균 나이를 구하시오.

2 대푯값 - 중앙값과 최빈값

09 다음 설명 중 옳지 않은 것은?

① 최빈값은 자료에 따라 2개 이상일 수도 있고 없을 수도 있다.
② 짝수 개의 자료의 중앙값은 자료를 크기순으로 나열할 때, 중앙에 있는 두 값의 평균이다.
③ 평균, 중앙값, 최빈값이 모두 같을 수도 있다.
④ 자료 전체의 특징을 대표적인 수로 나타낼 때, 그 값을 평균이라 한다.
⑤ 자료에 매우 크거나 매우 작은 값이 있는 경우에는 중앙값이 평균보다 자료 전체의 특징을 더 잘 대표할 수 있다.

10 다음은 현정이네 반 학생 5명의 몸무게를 조사하여 나타낸 것이다. 옳지 않은 것을 모두 고르면? (정답 2개)

(단위 : kg)

49, 46, 45, 46, 44

① 중앙값은 46 kg이다.
② 최빈값은 46 kg이다.
③ 평균은 45 kg이다.
④ (평균)<(최빈값)<(중앙값)
⑤ 평균, 중앙값, 최빈값의 평균은 46 kg이다.

11 다음 자료의 중앙값과 최빈값을 각각 구하시오.

13, 6, 21, 30, 17, 13, 21, 13

12 다음 자료의 최빈값이 4, 중앙값이 5일 때, 두 자연수 a, b의 값을 각각 구하시오. (단, $a>b$)

a, 4, 8, b, 4, 6, 6

13 다음은 영주네 반 학생 6명의 쪽지시험 점수를 조사하여 나타낸 것이다. 이 자료의 최빈값이 9점이고 $a+b=14$일 때, 중앙값은? (단, $a>b$)

(단위 : 점)

10, 8, a, 6, 9, b

① 7점 ② 7.5점 ③ 8점
④ 8.5점 ⑤ 9점

3 줄기와 잎 그림

14 다음 중 어떤 자료의 변량이 모두 두 자리의 자연수일 때, 줄기와 잎 그림에 대한 설명으로 옳지 않은 것을 모두 고르면? (정답 2개)

① 십의 자리의 숫자는 줄기에 나타낸다.
② 잎이 나타내는 수는 해당 변량의 일의 자리의 숫자이다.
③ 4|3이 나타내는 변량은 34이다.
④ 가장 큰 변량은 첫 번째 줄기의 첫 번째 잎에, 가장 작은 변량은 마지막 줄기의 마지막 잎에 나타낸다.
⑤ 줄기에는 중복되는 수를 한 번만 쓰고, 잎에는 중복되는 수를 모두 쓴다.

15 다음 자료는 에그타르트 빨리 먹기 대회에 참가한 선수들이 1분 동안 먹은 에그타르트의 개수를 조사하여 나타낸 것이다. 이때 이 자료의 줄기와 잎 그림을 그리고, 15개 이상 먹은 선수들은 전체의 몇 %인지 구하시오.

에그타르트를 먹은 개수

(단위 : 개)

20	17	9	23
11	28	26	15
26	6	20	19

16 오른쪽은 애견대회에 출전한 애견들의 키를 조사하여 나타낸 줄기와 잎 그림이다. 키가 50 cm 미만인 애견들의 키의 합은 50 cm 이상인 애견들의 키의 합보다 63 cm만큼 더 작다. 이때 x의 값을 구하시오.

애견들의 키

(3|2는 32 cm)

줄기	잎
3	2 9
4	0 0 3 6 7 9
5	2 2 2 5 x
6	4 7

17 다음은 대지와 구름이네 모둠 학생들이 일 년 동안 사용한 볼펜의 수를 조사하여 나타낸 줄기와 잎 그림이다. 전체 학생 중 볼펜을 가장 많이 사용한 학생은 가장 적게 사용한 학생보다 몇 자루를 더 사용하였는지 구하시오.

볼펜의 수

(2|1은 21자루)

잎(대지네 모둠)	줄기	잎(구름이네 모둠)
4	2	1 9
8 0	3	2 2 5
3 3	4	6 8
6	5	3

18 오른쪽은 현정이네 반 학생 20명이 1년 동안 읽은 책의 권수를 조사하여 나타낸 줄기와 잎 그림이다. 줄기가 4인 변량들의 평균을 구하시오.

1년 동안 읽은 책의 권수

(1|2는 12권)

줄기	잎
1	2 4
2	0 1 2 3
3	0 0 2 4
4	0 2 3 5 6
5	0 1 1 2

4 도수분포표

19 다음 중 도수분포표에 대한 설명으로 옳은 것을 모두 고르면? (정답 2개)

① 도수를 일정한 간격으로 나눈 구간을 계급이라 한다.
② 계급은 a 초과 b 미만으로 작성한다.
③ 변량은 자료를 도수로 나타낸 것이다.
④ 계급의 크기는 계급의 양 끝 값의 차인 구간의 너비이다.
⑤ 도수는 각 계급에 속하는 변량의 개수이다.

[20~22] 오른쪽은 어느 학교 학생 50명의 몸무게를 조사하여 나타낸 도수분포표이다. 다음 물음에 답하시오.

몸무게 (kg)	학생 수 (명)
40이상~45미만	4
45 ~50	11
50 ~55	A
55 ~60	17
60 ~65	8
합계	B

20 A, B의 값을 각각 구하시오.

21 다음 설명 중 옳지 않은 것은?

① 도수가 가장 큰 계급은 55 kg 이상 60 kg 미만이다.
② 몸무게가 49 kg인 학생이 속하는 계급의 도수는 11명이다.
③ 계급의 크기는 5 kg이다.
④ 몸무게가 52.5 kg인 학생이 속하는 계급의 도수는 11명이다.
⑤ 몸무게가 60 kg 미만인 학생 수는 42명이다.

22 몸무게가 45 kg 이상 55 kg 미만인 학생은 전체의 몇 %인가?

① 36 % ② 38 % ③ 40 %
④ 42 % ⑤ 44 %

23 오른쪽은 어느 반 학생들의 통학 시간을 조사하여 나타낸 도수분포표이다. 통학 시간이 20분 미만인 학생과 20분 이상인 학생 수의 비가 2 : 3일 때, 다음 중 옳은 것을 모두 고르면? (정답 2개)

통학 시간 (분)	학생 수 (명)
0이상~10미만	A
10 ~20	5
20 ~30	11
30 ~40	B
40 ~50	4
합계	40

① 계급의 개수는 5개이다.
② $A=12$, $B=8$이다.
③ 통학 시간이 30분 이상인 학생은 전체의 35 %이다.
④ 통학 시간이 긴 쪽에서 12번째인 학생이 속하는 계급은 30분 이상 40분 미만이다.
⑤ 통학 시간이 20분 이상 40분 미만인 학생 수는 19명이다.

24 오른쪽은 어떤 회사 직원들의 일주일 동안의 E-mail 확인 횟수를 조사하여 나타낸 도수분포표이다. E-mail 확인 횟수가 12회 미만인 직원이 전체의 50 %일 때, 다음 설명 중 옳지 <u>않은</u> 것은?

확인 횟수 (회)	직원 수 (명)
0이상 ~ 6미만	5
6 ~ 12	A
12 ~ 18	3
18 ~ 24	7
24 ~ 30	B
합계	30

① 계급의 크기는 6회이다.
② $A=10$, $B=5$이다.
③ 도수가 가장 작은 계급은 12회 이상 18회 미만이다.
④ E-mail 확인 횟수가 적은 쪽에서 9번째인 직원이 속하는 계급은 6회 이상 12회 미만이다.
⑤ E-mail 확인 횟수가 18회 이상 30회 미만인 직원은 전체의 42 %이다.

25 다음은 어느 반의 남학생과 여학생의 과학 성적을 조사하여 나타낸 도수분포표이다. 과학 성적이 70점 이상 80점 미만인 여학생 수가 남학생 수의 2배일 때, A, B, C의 값을 각각 구하시오.

과학 성적 (점)	남학생 수 (명)	여학생 수 (명)
50이상 ~ 60미만	1	4
60 ~ 70	5	2
70 ~ 80	A	B
80 ~ 90	8	3
90 ~ 100	4	C
합계	22	18

5 히스토그램

[26~29] 오른쪽은 어느 반 학생들의 하루 평균 수면 시간을 조사하여 나타낸 히스토그램이다. 다음 물음에 답하시오.

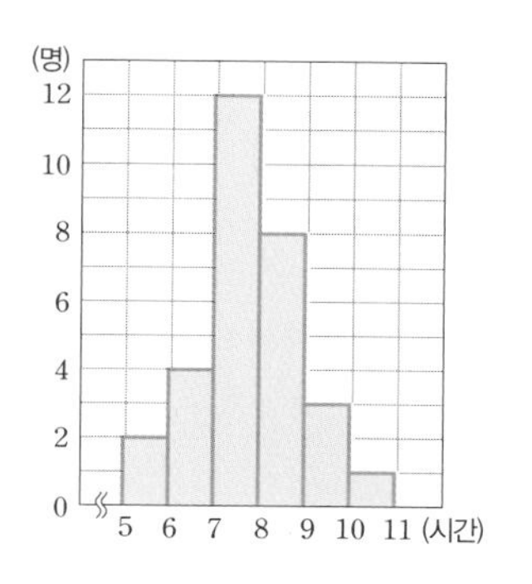

26 계급의 크기를 구하시오.

27 전체 학생 수를 구하시오.

28 도수가 가장 큰 계급을 구하시오.

29 수면 시간이 7시간 이상 9시간 미만인 학생 수는 수면 시간이 7시간 미만인 학생 수의 몇 배인가?

① $\frac{5}{3}$배 ② $\frac{5}{2}$배 ③ $\frac{10}{3}$배
④ $\frac{17}{5}$배 ⑤ $\frac{7}{2}$배

[30~31] 오른쪽은 어느 반 학생들의 국어 성적을 조사하여 나타낸 히스토그램이다. 다음 물음에 답하시오.

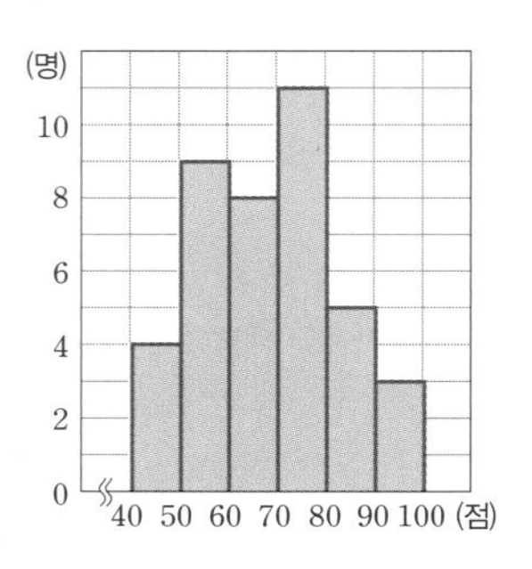

30 다음 설명 중 옳지 않은 것은?

① 전체 학생 수는 40명이다.
② 도수가 두 번째로 큰 계급은 50점 이상 60점 미만이다.
③ 성적이 70점 미만인 학생 수는 21명이다.
④ 계급의 개수는 6개이다.
⑤ 성적이 좋은 쪽에서 7번째인 학생이 속하는 계급은 90점 이상 100점 미만이다.

31 국어 성적이 70점 이상 90점 미만인 학생은 전체의 몇 %인지 구하시오.

[32~34] 다음은 지홍이네 반 학생들의 100 m 달리기 기록을 조사하여 나타낸 도수분포표와 히스토그램의 일부이다. 다음 물음에 답하시오.

기록 (초)	학생 수 (명)
12이상 ~ 14미만	A
14 ~ 16	4
16 ~ 18	
18 ~ 20	
20 ~ 22	
22 ~ 24	B
합계	40

⇨

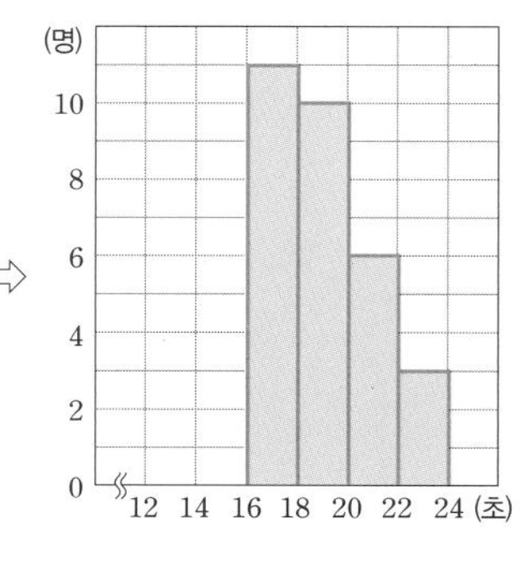

32 A, B의 값을 각각 구하시오.

33 위의 히스토그램에서 14초 이상 16초 미만인 계급의 직사각형의 넓이를 구하시오.

34 100 m 달리기 기록이 상위 25 % 이내에 속하려면 몇 초 미만으로 달려야 하는가?

① 14초 ② 16초 ③ 18초
④ 20초 ⑤ 22초

35 오른쪽은 정한이네 반 학생들의 아버지의 나이를 조사하여 나타낸 히스토그램이다. 직사각형 B의 넓이가 직사각형 A의 넓이의 $\frac{2}{3}$일 때, 아버지의 나이가 46세 미만인 학생은 전체의 몇 %인지 구하시오.

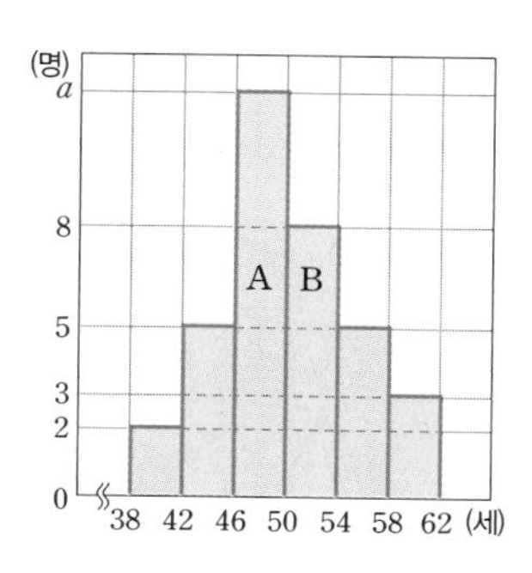

6 찢어진 히스토그램

36 오른쪽은 어느 반 학생들의 영어 성적을 조사하여 나타낸 히스토그램인데 일부가 찢어져 보이지 않는다. 영어 성적이 80점 이상인 학생이 전체의 20 %일 때, 50점 이상 60점 미만인 학생 수를 구하시오.

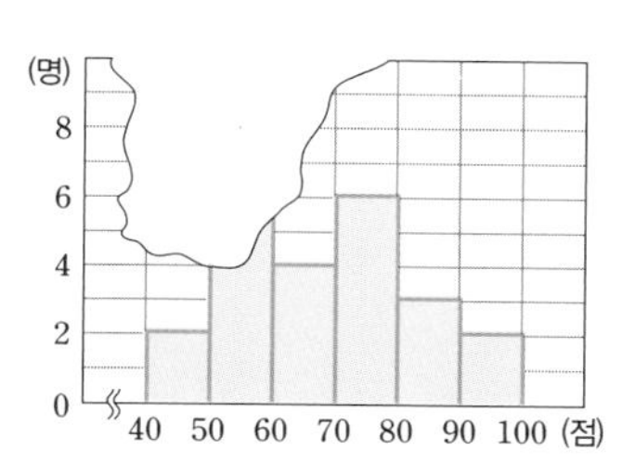

37 오른쪽은 어느 반 학생들의 일주일 동안의 TV 시청 시간을 조사하여 나타낸 히스토그램인데 일부가 훼손되었다. TV 시청 시간이 4시간 이상인 학생이 전체 학생의 $\frac{1}{3}$일 때, TV 시청 시간이 3시간 이상 4시간 미만인 학생은 전체의 몇 %인가?

(단, 소수 둘째 자리에서 반올림한다.)

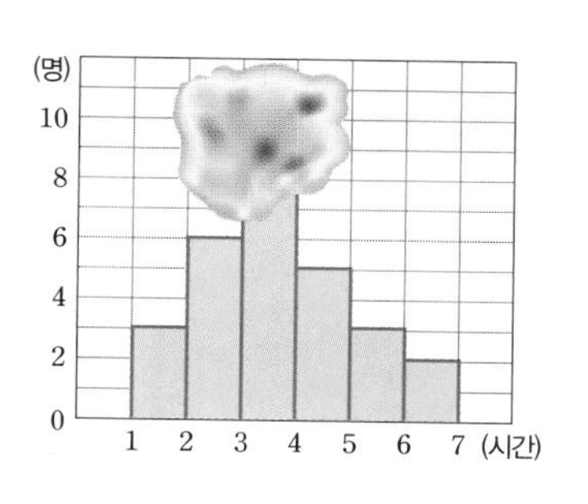

① 32.1 % ② 33.3 % ③ 34.1 %
④ 35.3 % ⑤ 36.7 %

38 오른쪽은 어느 동아리 회원의 비만도를 조사하여 나타낸 히스토그램인데 일부가 훼손되었다. 비만도가 26 % 미만인 회원이 전체의 82.5 %이고, 14 % 이상 18 % 미만인 계급의 도수와 18 % 이상 22 % 미만인 계급의 도수의 비가 10 : 13일 때, 비만도가 14 % 이상 18 % 미만인 계급의 도수를 구하시오.

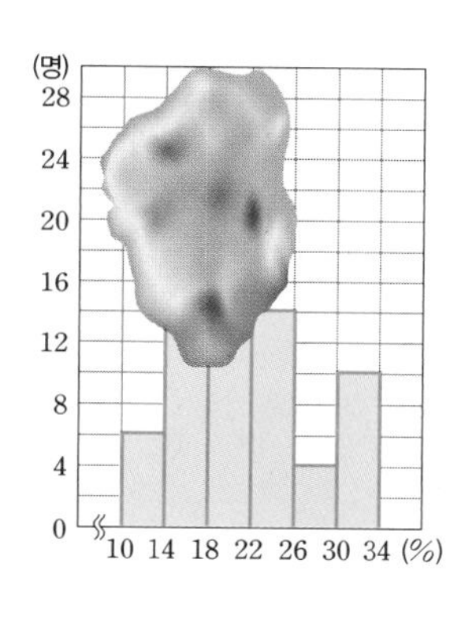

7 도수분포다각형

39 다음 중 도수분포다각형에 대한 설명으로 옳지 않은 것은?

① 가로축은 계급을 표시한다.
② 세로축은 도수를 표시한다.
③ 히스토그램에서 각 직사각형의 윗변의 오른쪽 끝점을 선분으로 연결하여 그린다.
④ 양 끝은 도수가 0인 계급이 하나씩 있는 것으로 생각한다.
⑤ 도수분포다각형과 가로축으로 둘러싸인 부분의 넓이는 히스토그램의 각 직사각형의 넓이의 합과 같다.

[40~42] 오른쪽은 미래중학교 1학년 1반 학생들의 윗몸일으키기 기록을 조사하여 나타낸 도수분포다각형이다. 다음 물음에 답하시오.

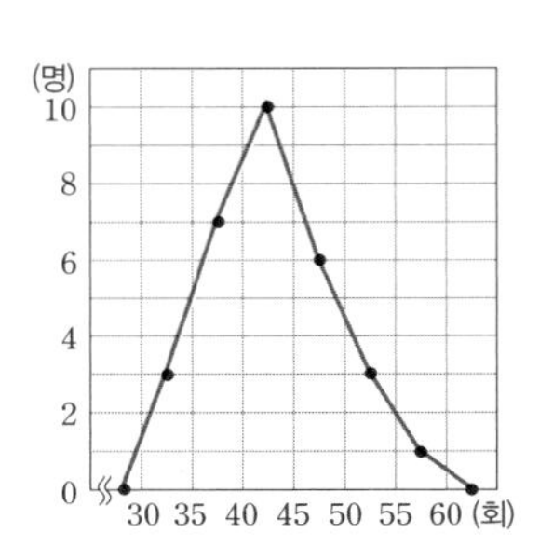

40 다음 설명 중 옳은 것을 모두 고르면? (정답 2개)

① 전체 학생 수는 40명이다.
② 계급의 개수는 8개이다.
③ 윗몸일으키기 기록이 좋은 쪽에서 5번째인 학생이 속하는 계급은 45회 이상 50회 미만이다.
④ 도수가 가장 작은 계급은 30회 이상 35회 미만이다.
⑤ 윗몸일으키기 기록이 45회 이상인 학생 수는 10명이다.

41 윗몸일으키기 기록이 40회 미만인 학생은 전체의 몇 %인지 구하시오.
(단, 소수 둘째 자리에서 반올림한다.)

42 도수분포다각형과 가로축으로 둘러싸인 부분의 넓이를 구하시오.

43 오른쪽은 지영이네 반 학생들의 과학 성적을 조사하여 나타낸 그래프이다. 다음 설명 중 옳지 않은 것을 모두 고르면? (정답 2개)

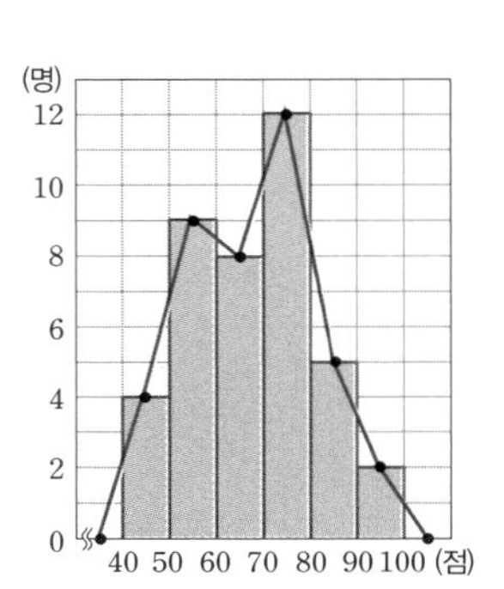

① 전체 학생 수는 40명이다.
② 도수가 가장 작은 계급은 90점 이상 100점 미만이다.
③ 성적이 60점 이상 70점 미만인 학생은 전체의 20 %이다.
④ 성적이 좋은 쪽에서 10번째인 학생이 속하는 계급은 80점 이상 90점 미만이다.
⑤ 도수분포다각형과 가로축으로 둘러싸인 부분의 넓이는 히스토그램의 직사각형의 넓이의 합보다 작다.

44 오른쪽은 우형이네 반 학생들의 줄넘기 횟수를 조사하여 나타낸 도수분포다각형이다. 다음 설명 중 옳은 것을 모두 고르면? (정답 2개)

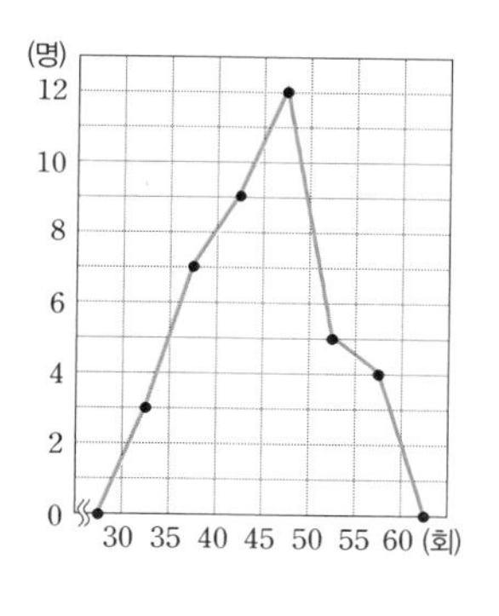

① 도수가 가장 큰 계급은 40회 이상 45회 미만이다.

② 줄넘기 횟수가 40회 미만인 학생 수는 7명이다.

③ 기록이 상위 10 % 이내에 속하려면 줄넘기를 최소한 55회 이상 해야 한다.

④ 도수분포다각형과 가로축으로 둘러싸인 부분의 넓이는 180이다.

⑤ 줄넘기 횟수가 45회 이상인 학생은 전체의 52.5 %이다.

8 찢어진 도수분포다각형

[45~46] 오른쪽은 어느 공장에서 생산한 초콜릿의 무게를 조사하여 나타낸 도수분포다각형인데 일부가 찢어져 보이지 않는다. 무게가 32 g 이상인 초콜릿이 전체의 52.5 %일 때, 다음 물음에 답하시오.

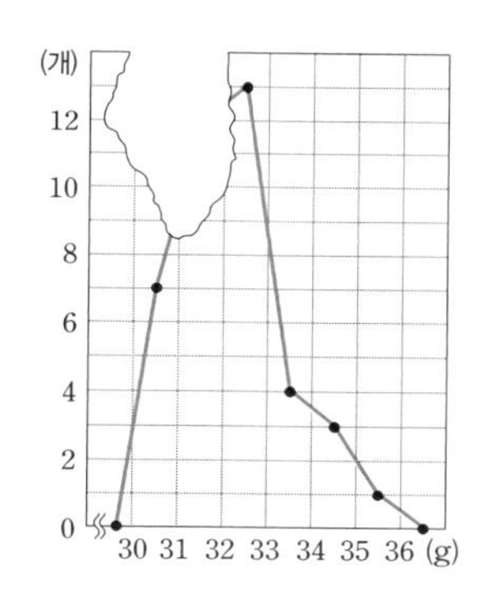

45 전체 초콜릿의 수를 구하시오.

46 무게가 31 g 이상 32 g 미만인 초콜릿의 수를 구하시오.

47 오른쪽은 어느 지역 은행들의 하루 총 저축액을 조사하여 나타낸 도수분포다각형인데 일부가 훼손되었다. 하루 총 저축액이 50억 원 미만인 은행이 전체의 55 %일 때, 하루 총 저축액이 60억 원 이상 70억 원 미만인 은행은 모두 몇 개인가?

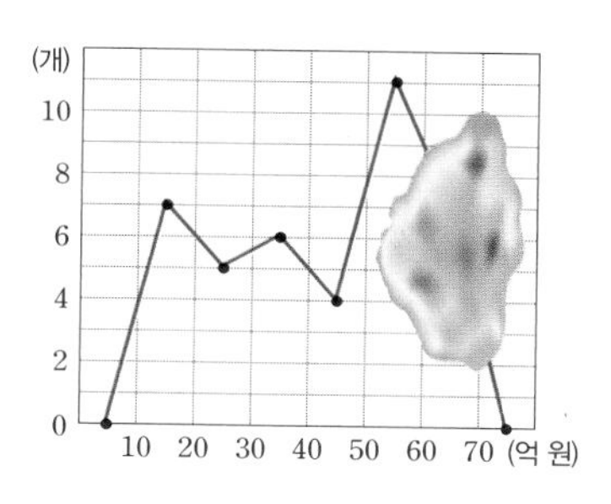

① 5개 ② 6개 ③ 7개

④ 8개 ⑤ 9개

48 오른쪽은 어느 가수의 팬클럽 회원들의 나이를 조사하여 나타낸 도수분포다각형인데 일부가 찢어져 보이지 않는다. 나이가 18세 미만인 회원과 18세 이상인 회원 수의 비가 4 : 11일 때, 나이가 18세 이상 22세 미만인 회원 수를 구하시오.

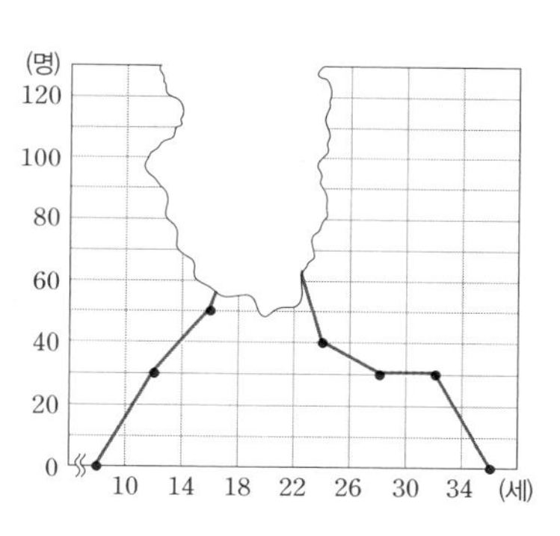

49 오른쪽은 어느 시즌 동안 프로 야구 선수들의 홈런의 개수를 조사하여 나타낸 도수분포다각형인데 일부가 찢어져 보이지 않는다. 홈런의 개수가 40개 미만인 선수와 40개 이상인 선수의 수의 비가 3 : 1이고, 홈런의 개수가 20개 이상 30개 미만인 선수의 수가 10개 이상 20개 미만인 선수의 수보다 5명이 더 많을 때, 홈런의 개수가 20개 이상인 선수는 전체의 몇 %인지 구하시오.

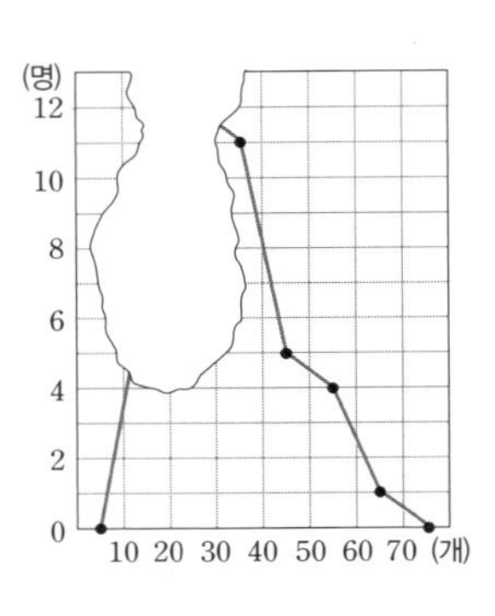

9 두 도수분포다각형의 비교

50 오른쪽은 어느 중학교 1학년 7반의 중간고사와 기말고사의 수학 성적을 조사하여 나타낸 도수분포다각형이다. 다음 설명 중 옳은 것을 모두 고르면? (정답 2개)

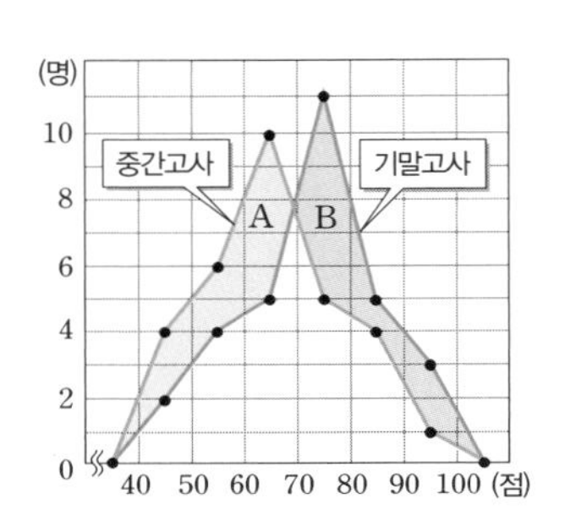

① 이 반의 전체 학생 수는 25명이다.
② 수학 성적이 70점 이상 80점 미만인 학생은 중간고사보다 기말고사가 5명이 더 많다.
③ 색칠한 두 부분 A, B의 넓이는 같다.
④ 중간고사와 기말고사에서 수학 성적이 각각 상위 10등인 학생이 속하는 계급은 같다.
⑤ 중간고사의 수학 성적이 기말고사의 수학 성적보다 우수하다.

51 오른쪽은 어느 중학교 1반과 2반 학생들의 키를 조사하여 나타낸 도수분포다각형이다. 다음 설명 중 옳지 않은 것은?

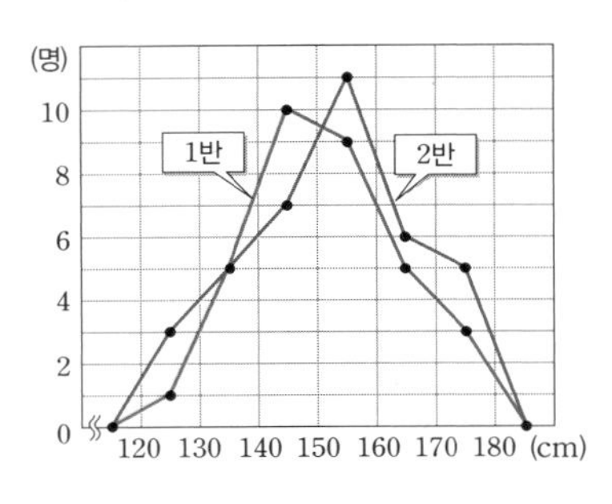

① 1반 학생 수가 2반 학생 수보다 4명 적다.
② 키가 150 cm 이상 160 cm 미만인 학생은 2반이 1반보다 2명 더 많다.
③ 각각의 도수분포다각형과 가로축으로 둘러싸인 부분의 넓이는 같다.
④ 1반과 2반 전체 학생 중에서 키가 10번째로 큰 학생이 속하는 계급은 160 cm 이상 170 cm 미만이다.
⑤ 1반의 그래프에서 도수가 가장 큰 계급은 140 cm 이상 150 cm 미만이다.

52 오른쪽은 승우네 반 남학생과 여학생의 하루 운동 시간을 조사하여 나타낸 도수분포다각형이다. 다음 **보기** 중 옳은 것을 모두 고르시오.

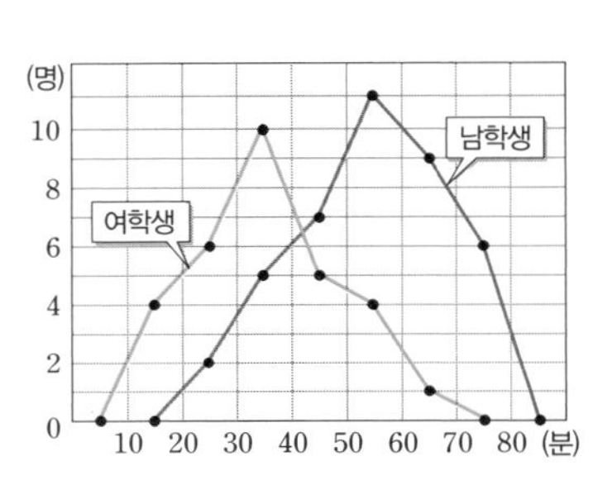

보기

ㄱ. 남녀 전체 학생 중에서 운동 시간이 가장 많은 학생은 남학생 중에 있다.
ㄴ. 여학생의 운동 시간이 남학생의 운동 시간보다 많다고 할 수 있다.
ㄷ. 각각의 도수분포다각형과 가로축으로 둘러싸인 부분의 넓이는 같다.
ㄹ. 운동 시간이 50분 이상인 남학생은 남학생 전체의 65 %이다.
ㅁ. 운동 시간이 40분 이상 50분 미만인 학생은 남학생이 여학생보다 2명 더 많다.

10 상대도수의 분포표

53 다음 설명 중 옳지 않은 것은?

① 전체 도수에 대한 각 계급의 도수의 비율을 상대도수라 한다.
② 상대도수는 전체 도수가 다른 두 자료를 비교할 때 편리하다.
③ 도수가 가장 큰 계급의 상대도수가 가장 크다.
④ (전체 도수)×(어떤 계급의 상대도수)는 그 계급의 도수와 같다.
⑤ 상대도수의 총합은 전체 도수에 따라 다르다.

54 다음은 A, B 두 음식점에 하루 동안 방문한 손님들의 나이를 조사하여 나타낸 도수분포표이다. 나이가 10세 이상 20세 미만인 손님 수가 상대적으로 더 많은 음식점은 어느 음식점인지 구하시오.

나이(세)	손님 수(명)	
	A 음식점	B 음식점
10이상～20미만	35	42
20 ～30	21	30
30 ～40	11	20
40 ～50	3	8
합계	70	100

[55~57] 아래는 어느 동아리 회원들의 키를 조사하여 나타낸 상대도수의 분포표이다. 다음 물음에 답하시오.

키 (cm)	회원 수 (명)	상대도수
155이상～160미만	A	0.34
160 ～165	8	B
165 ～170	C	0.22
170 ～175	9	D
175 ～180	5	0.1
합계	E	1

55 다음 중 A~E의 값으로 옳지 않은 것은?

① $A=17$ ② $B=0.2$ ③ $C=11$
④ $D=0.18$ ⑤ $E=50$

56 상대도수가 두 번째로 큰 계급을 구하시오.

57 키가 170 cm 이상인 회원은 전체의 몇 %인지 구하시오.

58 아래는 민수네 반 학생들의 키를 조사하여 나타낸 상대도수의 분포표이다. 다음 설명 중 옳지 않은 것은?

키 (cm)	학생 수 (명)	상대도수
145이상 ~ 150미만	4	
150 ~ 155	8	
155 ~ 160		0.26
160 ~ 165	6	0.12
165 ~ 170		
170 ~ 175		0.18
합계		

① 전체 학생 수는 50명이다.
② 상대도수의 총합은 1이다.
③ 키가 165 cm 이상인 학생 수는 18명이다.
④ 키가 167.5 cm인 학생이 속한 계급의 상대도수는 0.2이다.
⑤ 도수가 가장 큰 계급은 155 cm 이상 160 cm 미만이다.

[59~60] 아래는 지혁이네 반 학생들의 1주일 동안의 TV 시청 시간을 조사하여 나타낸 상대도수의 분포표인데 일부가 찢어져 보이지 않는다. 다음 물음에 답하시오.

시청 시간 (시간)	도수 (명)	상대도수
0이상 ~ 3미만	7	0.175
3 ~ 6	5	
6 ~ 9	9	
9 ~ 12	8	
12 ~ 15	7	
15 ~ 18		
합계		

59 TV 시청 시간이 6시간 이상 9시간 미만인 계급의 상대도수는?

① 0.3 ② 0.275 ③ 0.25
④ 0.225 ⑤ 0.2

60 TV 시청 시간이 10.5시간인 학생이 속하는 계급의 학생 수는 전체의 몇 %인지 구하시오.

61 오른쪽은 어느 중학교 학생들의 공 던지기 기록을 조사하여 나타낸 상대도수의 분포표이다. 기록이 50 m 미만인 학생 수와 50 m 이상인 학생 수의 비가 4 : 1일 때, 기록이 40 m 이상 50 m 미만인 학생은 전체의 몇 %인지 구하시오.

기록 (m)	상대도수
0이상 ~ 10미만	0.2
10 ~ 20	0.15
20 ~ 30	0.28
30 ~ 40	0.12
40 ~ 50	
50 ~ 60	
60 ~ 70	0.05
합계	1

11 두 집단에서의 상대도수의 비 또는 상대도수 구하기

62 남학생이 28명, 여학생이 24명인 어느 반에서 남학생은 팔굽혀펴기를 20회 이상, 여학생은 윗몸일으키기를 30회 이상 한 경우 합격점을 주기로 했다. 남학생은 14명, 여학생은 18명이 합격점을 받았을 때, 남학생과 여학생 중 합격점을 받은 학생의 비율은 어느 쪽이 더 높은지 말하시오.

63 A, B 두 집단의 전체 도수의 비가 2 : 3이고, 어떤 계급의 도수의 비가 4 : 3일 때, 그 계급의 상대도수의 비는?

① 1 : 1　② 1 : 2　③ 1 : 3
④ 2 : 1　⑤ 3 : 2

64 어느 학교 천문학 동아리와 수화 동아리의 전체 회원 수의 비가 5 : 2이다. 두 동아리에서 각각 회원들의 모임 참석 횟수를 조사한 결과 어떤 계급의 상대도수의 비가 3 : 2일 때, 그 계급의 도수의 비는?

① 15 : 2　② 15 : 4　③ 5 : 2
④ 5 : 3　⑤ 3 : 2

65 지수네 반 남학생 30명과 여학생 20명을 대상으로 좋아하는 과목을 조사하였더니 수학을 좋아하는 학생의 상대도수가 각각 남학생이 0.4, 여학생이 0.25였다. 이때 남녀 전체 학생에 대한 수학을 좋아하는 학생의 상대도수를 구하시오.

66 A 제품 30개, B 제품 40개를 대상으로 불량품을 조사한 결과 두 제품에서 불량품의 상대도수가 각각 a, b였다. 두 제품 전체에 대한 불량품의 상대도수를 a, b를 사용하여 나타내면?

① $\frac{2a+3b}{5}$　② $\frac{3a+2b}{5}$　③ $\frac{2a+5b}{7}$
④ $\frac{3a+4b}{7}$　⑤ $\frac{4a+3b}{7}$

67 오른쪽은 어느 학교 1반과 2반 학생들의 영어 성적을 조사하여 나타낸 70점 이상 80점 미만인 계급의 상대도수의 분포표이다. 1반과 2반의 학생 수가 각각 x명, y명일 때, 두 반 전체 학생에 대한 70점 이상 80점 미만인 계급의 상대도수를 x, y를 사용하여 나타내면?

성적(점)	상대도수	
	1반	2반
70이상～80미만	0.36	0.325

① $\dfrac{36x+65y}{200(x+y)}$ ② $\dfrac{72x+65y}{200(x+y)}$ ③ $\dfrac{65x+72y}{200(x+y)}$
④ $\dfrac{65x+72y}{100(x+y)}$ ⑤ $\dfrac{72x+65y}{100(x+y)}$

12 상대도수의 분포를 나타낸 그래프

68 오른쪽은 어느 반 학생 40명의 영어 성적에 대한 상대도수의 분포를 나타낸 그래프이다. 영어 성적이 80점 이상인 학생 수는?

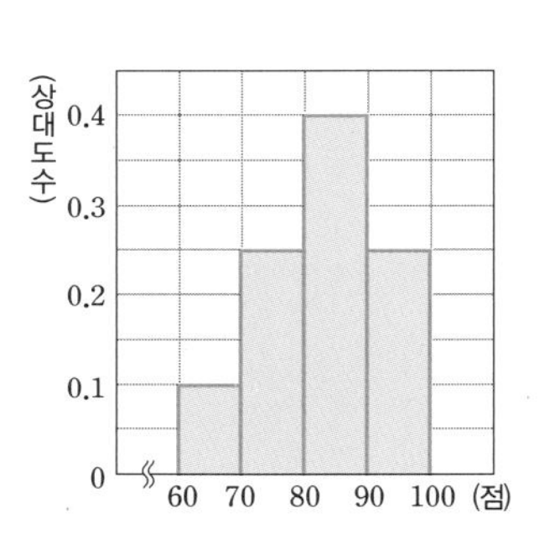

① 20명 ② 22명
③ 24명 ④ 26명
⑤ 28명

[69~72] 오른쪽은 기준이네 중학교 학생들의 턱걸이 횟수에 대한 상대도수의 분포를 나타낸 그래프이다. 다음 물음에 답하시오.

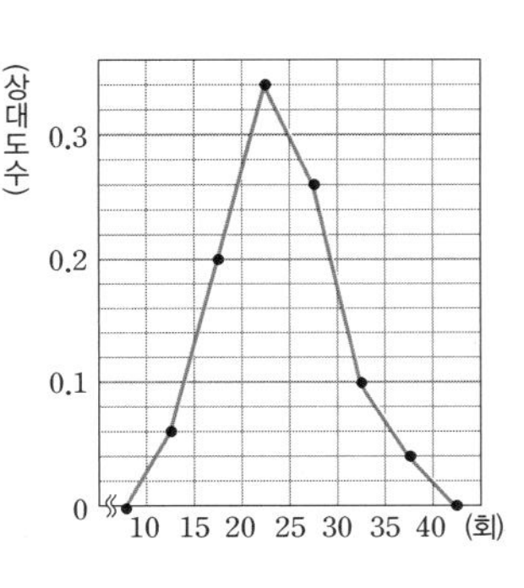

69 턱걸이 횟수가 25회 이상 30회 미만인 계급의 상대도수를 구하시오.

70 상대도수가 가장 큰 계급을 구하시오.

71 턱걸이 횟수가 20회 미만인 학생은 전체의 몇 %인가?

① 26 % ② 30 % ③ 35 %
④ 40 % ⑤ 45 %

72 턱걸이 횟수가 30회 이상인 학생 수가 35명일 때, 전체 학생 수는?

① 50명 ② 100명 ③ 150명
④ 200명 ⑤ 250명

73 오른쪽은 혜원이네 학교 학생들의 통학 시간에 대한 상대도수의 분포를 나타낸 그래프이다. 통학 시간이 50분 이상인 학생 수가 35명일 때, 다음 중 옳지 않은 것을 모두 고르면? (정답 2개)

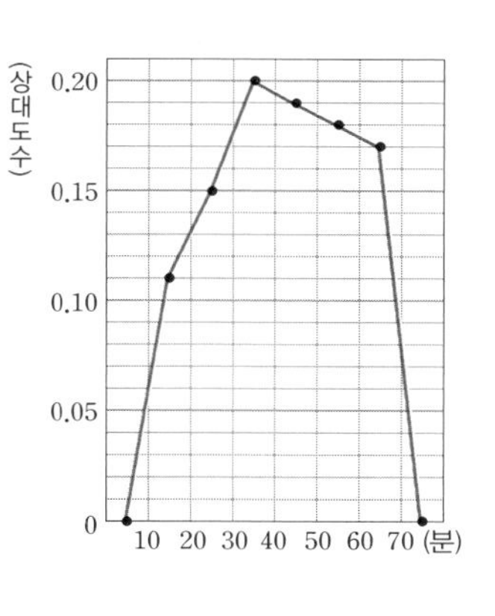

① 계급의 개수는 6개이다.
② 전체 학생 수는 90명이다.
③ 통학 시간이 30분 미만인 학생은 전체의 26 %이다.
④ 도수가 가장 작은 계급의 학생 수는 11명이다.
⑤ 통학 시간이 25번째로 긴 학생이 속하는 계급은 40분 이상 50분 미만이다.

13 찢어진 상대도수의 분포를 나타낸 그래프

74 오른쪽은 영주네 학교 학생들의 한 달 용돈에 대한 상대도수의 분포를 나타낸 그래프인데 일부가 훼손되었다. 4만 원 이상 5만 원 미만인 계급의 학생 수가 45명일 때, 5만 원 이상 6만 원 미만인 계급의 학생 수를 구하시오.

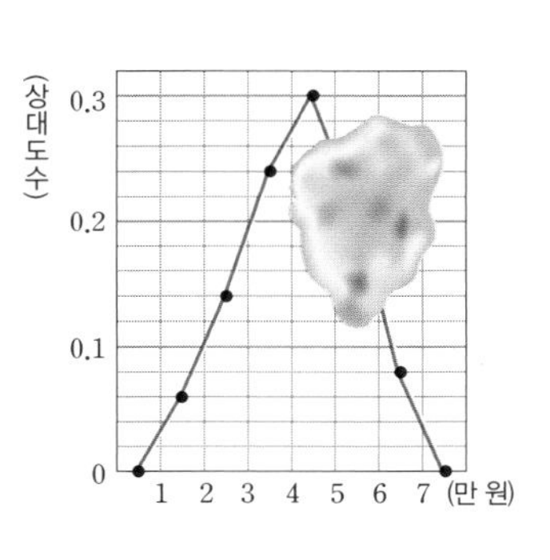

75 오른쪽은 어느 모임 회원들의 나이에 대한 상대도수의 분포를 나타낸 그래프인데 일부가 찢어져 보이지 않는다. 나이가 50세 미만인 회원 수가 34명일 때, 55세인 회원이 속하는 계급의 회원 수는?

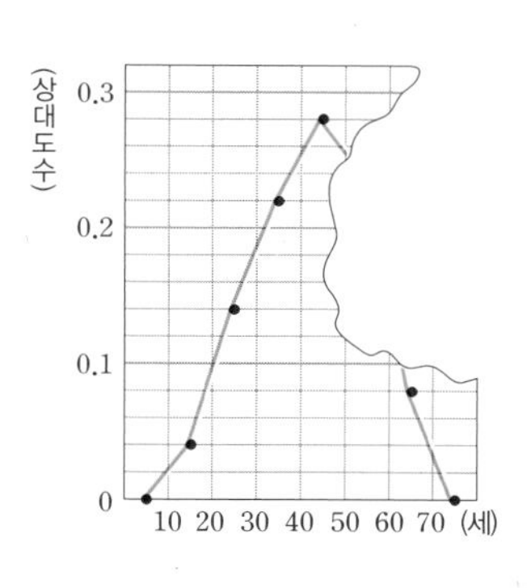

① 6명 ② 8명 ③ 10명
④ 12명 ⑤ 14명

76 오른쪽은 어느 할인 매장에 일주일 동안 시간대별로 방문한 평균 고객 수에 대한 상대도수의 분포를 나타낸 그래프인데 일부가 찢어져 보이지 않는다. 12시 전에 방문한 고객 수가 64명이고, 12시부터 13시 전까지 방문한 고객 수가 108명일 때, 13시부터 14시 전까지 방문한 고객 수를 구하시오.

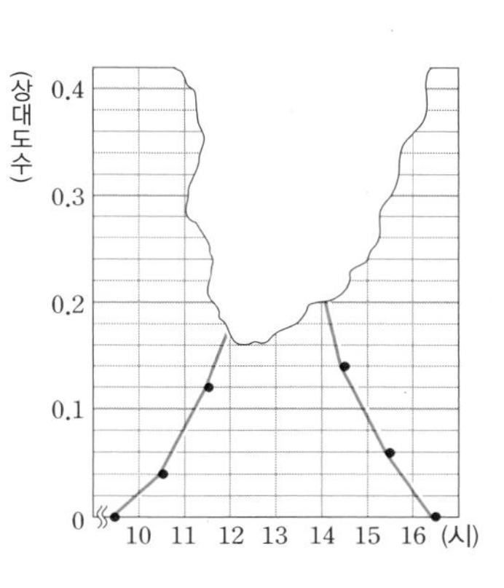

14 상대도수 분포를 나타낸 두 그래프의 비교

77 아래는 어느 헬스 클럽의 20대 회원 50명과 30대 회원 100명의 윗몸일으키기 기록에 대한 상대도수의 분포를 나타낸 그래프이다. 다음 **보기** 중 옳은 것을 모두 고른 것은?

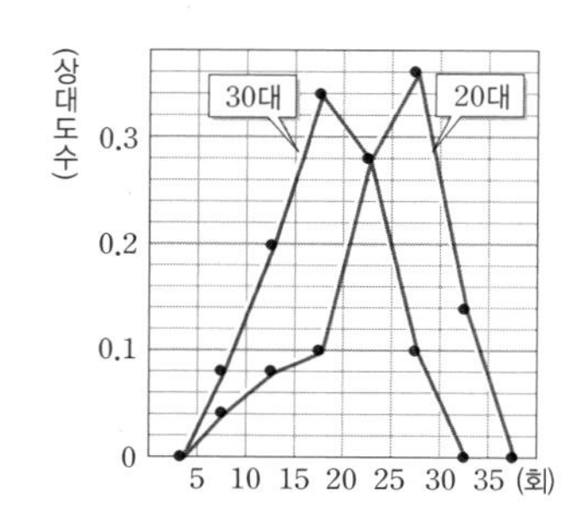

보기

ㄱ. 윗몸일으키기 기록은 20대 회원이 30대 회원보다 상대적으로 더 좋다.
ㄴ. 윗몸일으키기 기록이 10회 이상 15회 미만인 회원 수는 30대가 더 많다.
ㄷ. 윗몸일으키기 기록이 20회 이상 25회 미만인 회원 수는 20대와 30대가 같다.
ㄹ. 30대 회원의 기록 중 도수가 가장 큰 계급의 회원 수는 34명이다.

① ㄱ, ㄴ ② ㄱ, ㄹ ③ ㄴ, ㄷ
④ ㄱ, ㄴ, ㄹ ⑤ ㄴ, ㄷ, ㄹ

78 아래는 어느 중학교 남학생 200명과 여학생 150명의 일주일 동안의 독서 시간에 대한 상대도수의 분포를 나타낸 그래프이다. 다음 설명 중 옳지 않은 것을 모두 고르면? (정답 2개)

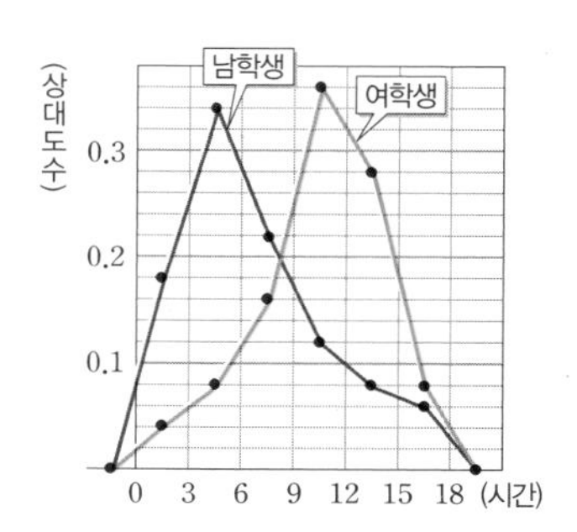

① 독서 시간이 6시간 이상 9시간 미만인 학생은 남학생이 여학생보다 16명 더 많다.
② 각 그래프와 가로축으로 둘러싸인 부분의 넓이는 같다.
③ 여학생이 남학생보다 독서 시간이 상대적으로 더 많다.
④ 남녀 전체 학생 중에서 독서 시간이 3시간 미만인 학생은 전체의 10 %이다.
⑤ 여학생의 독서 시간 중 도수가 가장 큰 계급은 9시간 이상 12시간 미만이다.

IV 통계

단원 종합 문제

정답과 풀이 50쪽

01 다음 설명 중 대푯값의 사용이 적당하지 않은 것은?

① 사람의 염색체가 46개라는 것은 대푯값으로 평균을 사용한 것이다.

② 어떤 학급의 수학 실력을 나타내는 데는 보통 대푯값으로 평균을 사용한다.

③ 자료 3, 4, 6, 27의 중앙값은 5이다.

④ 자료 9, 8, 15, 9, 10, 12, 11, 15, 7의 최빈값은 9와 15이다.

⑤ 현정이네 반에서 학급 회장을 선출하기 위한 선거를 할 때, 대푯값으로 최빈값을 사용한다.

02 다음 자료의 10개의 변량의 평균을 a, 중앙값을 b, 최빈값을 c라 할 때, $a+b+c$의 값은?

8, 1, 9, 9, 5, 8, 1, 8, 5, 6

① 19 ② 20 ③ 21
④ 22 ⑤ 23

03 A, B 두 반 학생들의 미술 실기 시험 점수의 평균이 오른쪽 표와 같을 때, A, B 두 반 전체의 미술 실기 시험 점수의 평균은?

	학생 수(명)	평균(점)
A반	8	38
B반	12	43

① 39점 ② 39.5점 ③ 40점
④ 40.5점 ⑤ 41점

04 다음은 A 과수원과 B 과수원에서 수확한 사과의 무게를 조사하여 나타낸 줄기와 잎 그림이다. 옳지 않은 것은?

사과의 무게

(15|0은 150 g)

잎(A 과수원)	줄기	잎(B 과수원)
8 6 4 3	15	0 5 8
9 7 5 4 3 2	16	1 3 7 9
8 7 6 5 3 2 1	17	2 3 5 6 7 8
9 5 4 1	18	0 1 3 4 5 8 9
8 6 0	19	3 5 6 7

① 줄기가 17인 잎의 수는 A 과수원이 더 많다.

② 두 과수원에서 수확한 사과 중 가장 가벼운 것은 150 g이다.

③ B 과수원에서 수확한 사과 중 가장 무거운 것은 197 g이다.

④ A 과수원에서 수확한 사과의 수가 더 적다.

⑤ B 과수원에서 수확한 사과가 더 무거운 편이다.

05 오른쪽은 지영이가 6번에 걸쳐 줄넘기를 한 횟수를 조사하여 줄기와 잎 그림으로 나타낸 것이다. 줄넘기 횟수의 평균을 구하시오.

(1|5는 15회)

줄기	잎
1	5
2	0 4 9
3	0 2

06 오른쪽은 해피중학교 일부 학생들의 수학 성적을 조사하여 나타낸 줄기와 잎 그림이다. 남학생 중 수학 성적이 70점 미만인 학생들의 점수의 합은 여학생 중 수학 성적이 75점 이상인 학생들의 점수의 합보다 97점이 낮다. 이때 수학 성적이 높은 쪽에서 4번째인 학생의 수학 점수를 구하시오.

수학 성적

(5|0은 50점)

잎(남학생)	줄기	잎(여학생)
9 6	5	0
7 0	6	2 3
8 1 1	7	0 3 5
7 2	8	1 x
3	9	7

07 다음 설명 중 옳은 것은?

① 도수분포표는 히스토그램으로 나타낼 수 없다.
② 도수의 총합은 항상 일정하다.
③ 도수분포표에서 계급의 개수가 많을수록 자료의 전체적인 분포 상태를 알아보기 쉽다.
④ 히스토그램에서 직사각형의 넓이가 가장 큰 계급은 도수가 가장 크다.
⑤ 도수분포다각형은 각 계급의 끝값에 도수를 표시한다.

08 오른쪽은 어떤 학급 학생들의 하루 학습량을 조사하여 나타낸 도수분포표이다. 다음 **보기** 중 옳은 것을 모두 고른 것은?

시간(분)	학생 수(명)
0이상 ~ 30미만	5
30 ~ 60	13
60 ~ 90	8
90 ~ 120	3
120 ~ 150	1
합계	30

보기

ㄱ. 계급의 크기는 30분이다.
ㄴ. 계급의 개수는 5개이다.
ㄷ. 90분 동안 학습한 학생이 속하는 계급의 도수는 8명이다.
ㄹ. 129분 동안 학습한 학생은 도수가 가장 낮은 계급에 속한다.

① ㄱ, ㄴ　② ㄱ, ㄷ　③ ㄱ, ㄴ, ㄷ
④ ㄱ, ㄴ, ㄹ　⑤ ㄷ, ㄹ

09 오른쪽은 전통중학교 1학년 학생들의 일주일 동안의 학습 시간을 조사하여 나타낸 도수분포표이다. 학습 시간이 12시간 미만인 학생이 전체의 37.5 %일 때, 학습 시간이 많은 쪽에서 15번째인 학생이 속하는 계급을 구하시오.

학습 시간 (시간)	학생 수 (명)
0이상 ~ 4미만	3
4 ~ 8	6
8 ~ 12	6
12 ~ 16	11
16 ~ 20	2
20 ~ 24	A
24 ~ 28	5
합계	B

[10~11] 오른쪽은 홍철이네 학교 학생 50명의 1년 동안의 봉사 활동 시간을 조사하여 나타낸 히스토그램인데 일부가 찢어져 보이지 않는다. 봉사 활동 시간이 25시간 이상 30시간 미만인 계급의 도수가 20시간 이상 25시간 미만인 계급의 도수의 2배일 때, 다음 물음에 답하시오.

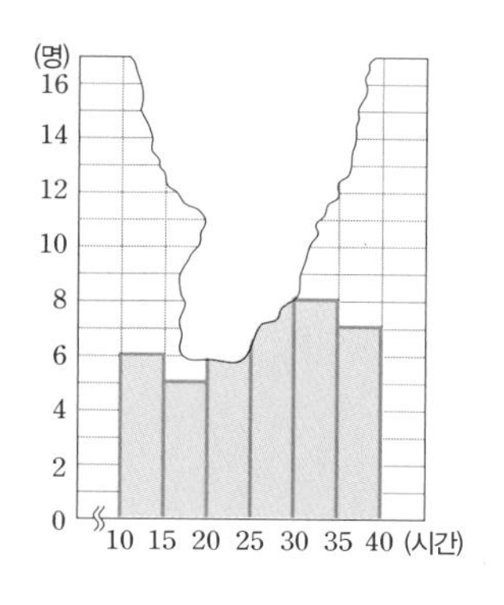

10

봉사 활동 시간이 많은 쪽에서 12번째인 학생이 속하는 계급의 학생 수는?

① 7명 ② 8명 ③ 10명
④ 13명 ⑤ 16명

11

봉사 활동 시간이 27.5시간인 학생이 속하는 계급의 학생 수는 전체의 몇 %인가?

① 30 % ② 32 % ③ 34 %
④ 36 % ⑤ 38 %

[12~13] 오른쪽은 어느 반 학생들의 1분당 맥박 수를 조사하여 나타낸 도수분포다각형이다. 다음 물음에 답하시오.

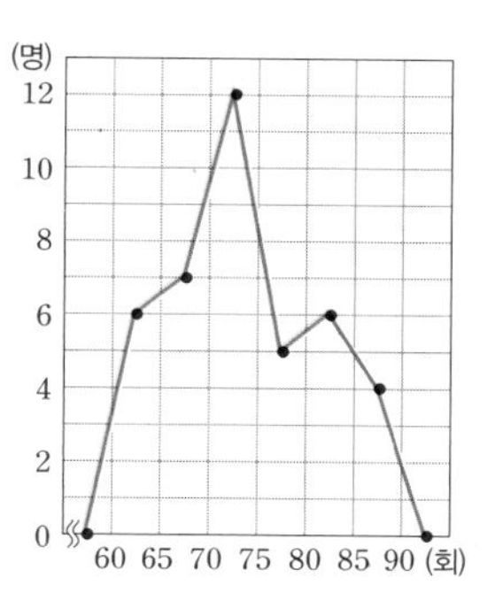

12

도수가 가장 큰 계급의 최솟값을 a회, 도수가 가장 작은 계급의 최솟값을 b회라 할 때, $a+b$의 값은?

① 70 ② 145 ③ 155
④ 160 ⑤ 165

13

1분당 맥박 수가 75회 미만인 학생 수와 75회 이상인 학생 수의 차를 구하시오.

14

오른쪽은 혜경이네 학교 남학생과 여학생의 수학 성적을 조사하여 나타낸 도수분포다각형이다. 다음 설명 중 옳지 않은 것을 모두 고르면? (정답 2개)

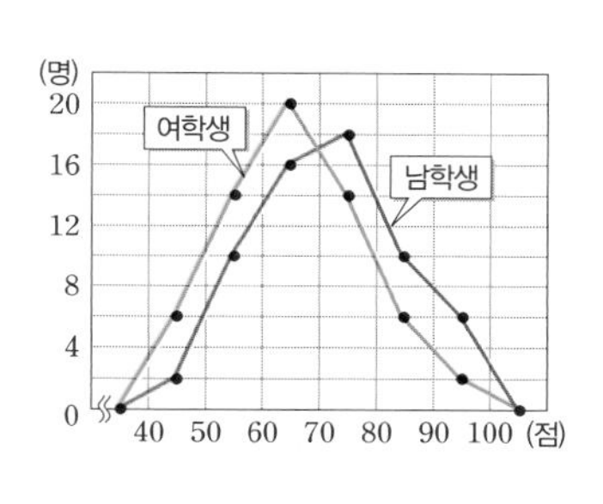

① 남학생 수와 여학생 수는 같다.
② 각각의 그래프와 가로축으로 둘러싸인 부분의 넓이는 같다.
③ 남녀 전체 학생 중 성적이 좋은 쪽에서 30번째인 학생이 속하는 계급은 80점 이상 90점 미만이다.
④ 남학생의 성적과 여학생의 성적에서 도수가 가장 큰 계급은 서로 다르다.
⑤ 여학생의 성적이 남학생의 성적보다 좋다고 할 수 있다.

15 도수의 총합이 30인 도수분포표에서 어떤 계급의 도수가 12일 때, 이 계급의 상대도수는?

① 0.3　② 0.35　③ 0.4
④ 0.45　⑤ 0.5

16 승훈이네 반과 상화네 반의 학생 수는 각각 36명, 42명이고, 각 반에서 키가 170 cm 이상 180 cm 미만인 계급의 상대도수는 각각 x, y이다. 이때 두 반 전체 학생에 대한 키가 170 cm 이상 180 cm 미만인 계급의 상대도수를 x, y를 사용하여 나타내면?

① $\frac{12x+21y}{7}$　② $\frac{21x+18y}{20}$
③ $\frac{6x+7y}{13}$　④ $\frac{7x+6y}{13}$
⑤ $\frac{12x+17y}{26}$

17 다음은 진형이네 반 학생 20명이 체육 시간에 농구장에서 자유투를 던져 성공한 횟수를 조사하여 나타낸 상대도수의 분포표이다. A, B, C의 값을 각각 구하시오.

성공 횟수 (회)	학생 수 (명)	상대도수
0이상 ~ 3미만	4	0.2
3 ~ 6	8	A
6 ~ 9	6	0.3
9 ~ 12	2	B
합계	20	C

18 다음은 어느 버스에 탄 승객들을 대상으로 버스를 기다린 시간을 조사하여 나타낸 상대도수의 분포표이다. (가)~(마)에 알맞은 수를 모두 곱한 값을 구하시오.

시간(분)	학생 수(명)	상대도수
0이상 ~ 4미만	1	(라)
4 ~ 8	(가)	0.1
8 ~ 12	8	(마)
12 ~ 16	6	0.3
16 ~ 20	(나)	0.15
합계	(다)	1

19 오른쪽은 어느 마을 주민들의 나이에 대한 상대도수의 분포를 나타낸 그래프이다. 나이가 10세 이상 20세 미만인 주민 수가 5명일 때, 다음 중 옳은 것을 모두 고르면? (정답 2개)

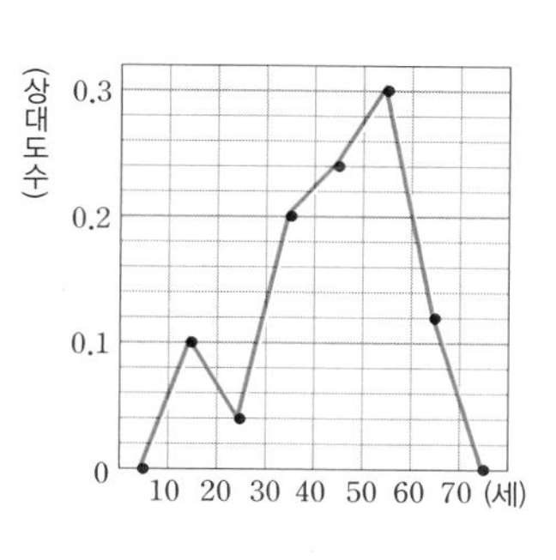

① 계급의 크기는 20세이다.
② 전체 주민 수는 60명이다.
③ 도수가 가장 큰 계급은 60세 이상 70세 미만이다.
④ 나이가 30세 이상 50세 미만인 주민 수는 22명이다.
⑤ 나이가 12번째로 적은 주민이 속하는 계급은 30세 이상 40세 미만이다.

20 다음은 어느 학교의 A, B, C, D반 학생들에 대하여 각 반의 학생 수와 수학성적이 85점 이상인 학생의 상대도수를 나타낸 것이다. 4개 반 전체 학생에 대하여 수학 성적이 85점 이상인 학생의 상대도수가 0.22일 때, x의 값은?

	A반	B반	C반	D반
학생 수(명)	10	10	30	50
85점 이상인 학생들의 상대도수	0.1	x	0.1	0.3

① 0.1 ② 0.2 ③ 0.3
④ 0.4 ⑤ 0.5

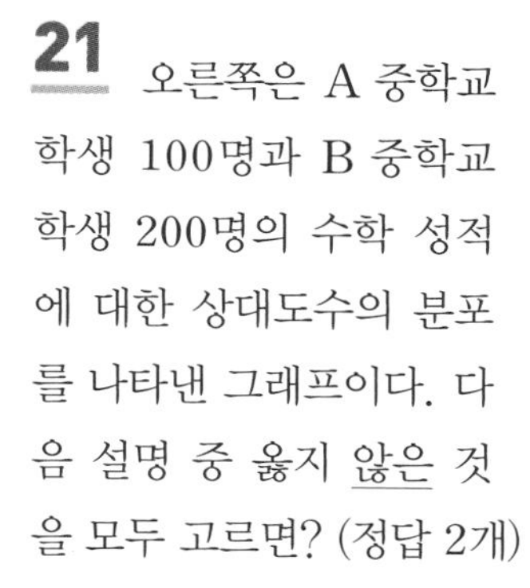

21 오른쪽은 A 중학교 학생 100명과 B 중학교 학생 200명의 수학 성적에 대한 상대도수의 분포를 나타낸 그래프이다. 다음 설명 중 옳지 않은 것을 모두 고르면? (정답 2개)

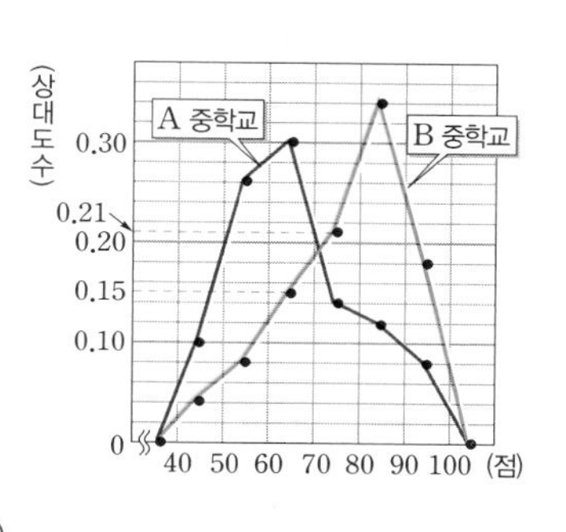

① B 중학교 학생의 수학 성적 중 도수가 가장 큰 계급은 80점 이상 90점 미만이다.
② B 중학교 학생의 수학 성적이 A 중학교 학생의 수학 성적보다 상대적으로 더 우수하다.
③ 수학 성적이 60점 이상 70점 미만인 학생 수는 A 중학교가 더 많다.
④ A 중학교 학생 중 수학 성적이 80점 이상인 학생 수는 20명이다.
⑤ 수학 성적이 60점 이상 80점 미만인 학생의 비율은 B 중학교가 더 높다.

도전! 최상위

22 선지가 중간고사에서 받은 전체 10과목의 점수의 평균은 92점이고, 그 중 수학, 국어, 사회, 과학 4과목의 점수의 평균은 95점이다. 이때 선지가 받은 나머지 6과목의 점수의 평균을 구하시오.

23 오른쪽은 지연이네 학교 학생 50명의 앉은 키를 조사하여 나타낸 도수분포다각형인데 일부가 훼손되었다. 앉은 키가 80 cm 이상인 학생이 전체의 54 %일 때, 앉은 키가 80 cm 이상 85 cm 미만인 학생은 전체의 몇 %인지 구하시오.

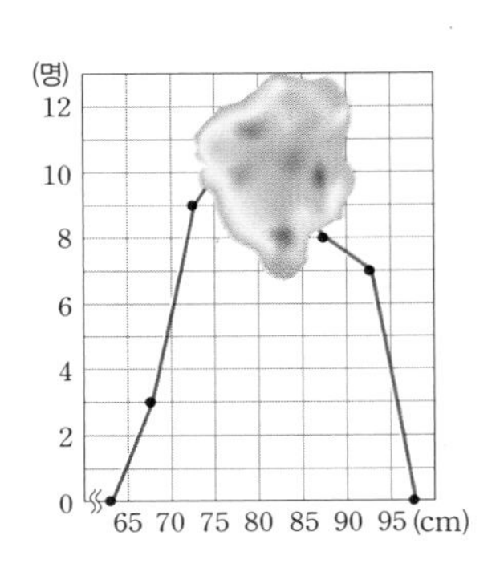

24 오른쪽은 어느 종이접기 동아리 회원 40명의 종이학 한 마리를 접는데 걸리는 시간에 대한 상대도수의 분포를 나타낸 그래프인데 일부가 훼손되었다. 종이학 한 마리를 접는데 걸리는 시간이 50초 이상 60초 미만인 회원 수를 구하시오.

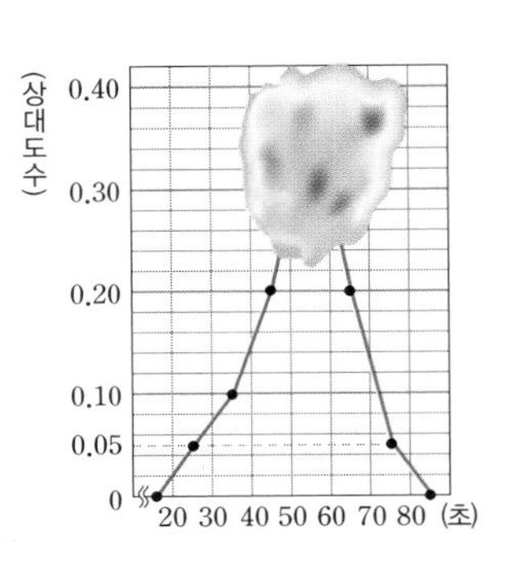

25 A, B 두 지역의 전체 인구 수의 비가 2 : 3이고, 나이가 20세 이상 30세 미만인 인구 수는 각각 3만 6천 명, 4만 2천 명이다. 이때 두 지역에서 나이가 20세 이상 30세 미만인 인구 수에 대한 상대도수의 비를 가장 간단한 자연수의 비로 나타내시오.

빠른 정답 찾기

Ⅰ 도형의 기초

1 기본 도형

주제별 실력다지기 9~21쪽

01 ③ 02 (1) 6 (2) 8 (3) 12 03 ③
04 ④ 05 ④, ⑤ 06 ④ 07 ③
08 10 09 ④ 10 ㄴ, ㄷ 11 ③
12 ③ 13 4 cm 14 ④ 15 2 cm
16 ④ 17 27 cm 18 ⑤ 19 ⑤
20 ② 21 40° 22 64° 23 45°
24 105° 25 100° 26 ④ 27 180°
28 90° 29 ③ 30 ⑤ 31 ②
32 ④ 33 ②, ④ 34 20° 35 ③
36 ② 37 ③, ⑤ 38 ㄱ, ㄷ 39 ④
40 ② 41 ① 42 ① 43 ②
44 $\angle x=48°$, $\angle y=67°$ 45 20°
46 50° 47 ⑤ 48 ②, ⑤
49 l과 m, p와 q 50 ⑤ 51 55°
52 50° 53 ③ 54 ② 55 85°
56 ⑤ 57 32° 58 68° 59 ④
60 76° 61 ③ 62 ④ 63 ②
64 ④ 65 ⑤

2 위치 관계

주제별 실력다지기 26~33쪽

01 ①, ④ 02 ④ 03 ④ 04 ③
05 ③, ⑤ 06 ③ 07 ④ 08 ③
09 3 10 ④, ⑤ 11 ② 12 10
13 ⑤ 14 ①, ⑤ 15 평행하다.
16 ③ 17 ③ 18 ③ 19 ④
20 ②, ③
21 (1) 면 ABC, 면 ADEB (2) 면 ADFC
(3) 면 ABC, 면 DEF (4) $\overline{AB}$, $\overline{DE}$
22 2 23 ③ 24 3개
25 (1) 면 ABCD, 면 AEHD, 면 BFGC,
면 EFGH
(2) 면 AEHD (3) 모서리 EH
26 ③, ④ 27 ②, ④ 28 ③ 29 ①
30 ②, ④ 31 ③ 32 ⑤ 33 ㄱ, ㄴ
34 ⑤ 35 22 36 0 37 ②
38 ③ 39 ㅁ 40 ④

3 작도와 합동

주제별 실력다지기 39~48쪽

01 눈금 없는 자 ─ ㄱ, ㄹ / 컴퍼스 ─ ㄴ, ㅁ
02 ②, ③ 03 ㉠, ㉣, ㉤, ㉡ 04 ③
05 ④ 06 ㉤, ㉡, ㉥, ㉢ 07 ④
08 ② 09 ①, ④ 10 ① 11 ①
12 ② 13 ①, ⑤
14 ③, ④ 15 $\overline{AC}$의 길이, $\angle B$의 크기
16 ②, ④ 17 ⑤ 18 ③ 19 ⑤
20 65 21 ③ 22 ⑤ 23 ④, ⑤
24 ①, ④, ⑤ 25 ④
26 (가) ∠DAE (나) ∠ADE (다) ASA
27 (가) ∠DBE (나) △DBE (다) ASA
28 ④ 29 ⑤
30 (1) △ACD≡△BCE, SAS 합동
(2) $\overline{BE}=10$ cm, $\angle BPD=120°$
31 (1) △ADC, SAS 합동 (2) 35 cm
32 $a+b$ 33 60° 34 ③ 35 60°
36 ③ 37 ③ 38 4 cm^2 39 ③
40 45 cm^2
41 ❶ A, B ❷ A, B, P ❸ 이등분선
42 ② 43 ③ 44 ④
45 (1) ㉢─㉠─㉡ (2) $\overline{BP}$, $\overline{BQ}$, ∠BOP, 90
46 ②, ③

단원 종합 문제 49~54쪽

01 ③ 02 ①, ⑤ 03 ④ 04 ④
05 ③ 06 ③ 07 (1) 98° (2) 75°
08 ②, ⑤ 09 ⑤ 10 ④ 11 29°
12 ① 13 ②, ④ 14 ⑤
15 (1) 면 ABFE, 면 AEHQ, 면 BFGP
(2) 풀이 참조, $\overline{AB}$, $\overline{AE}$, $\overline{AQ}$, $\overline{EF}$, $\overline{EH}$
16 8 17 4 18 ④ 19 ⑤
20 (1) ㉡─㉠─㉥─㉣─㉢─㉤
(2) ∠CPD (3) $\overline{BQ}$, $\overline{CP}$, $\overline{DP}$
21 ②, ⑤ 22 ② 23 ④, ⑤ 24 ②
25 ④
26 $\overline{AB}=\overline{DF}$ 또는 $\overline{BC}=\overline{FE}$ 또는 $\overline{AC}=\overline{DE}$
27 6시 $16\frac{4}{11}\left(=\frac{180}{11}\right)$분
또는 6시 $49\frac{1}{11}\left(=\frac{540}{11}\right)$분
28 ⑤ 29 ④ 30 ⑤

Ⅱ 평면도형

1 다각형

주제별 실력다지기 59~73쪽

01 ②, ⑤ 02 ①, ③ 03 ③
04 정오각형 05 158°
06 (1) 5 (2) 6 (3) 20 07 ② 08 ②
09 35 10 ③ 11 ⑤ 12 ④
13 6 14 ④ 15 정십일각형
16 90 17 ① 18 ① 19 36번
20 ③ 21 ④
22 (가) 180° (나) ∠ACD (다) 180°
(라) ∠B
23 ② 24 ④ 25 ⑤ 26 ④
27 40° 28 ③ 29 ② 30 ①
31 ② 32 ③ 33 ② 34 ③
35 ② 36 ③ 37 ④ 38 ③
39 ⑤ 40 34° 41 21° 42 180°
43 ①
44 $\angle a=78°$, $\angle b=72°$, $\angle c=64°$
45 (가) 6 (나) 1080° (다) 720° 46 ⑤
47 76° 48 ② 49 ④ 50 ④
51 ③ 52 6 53 60° 54 ③
55 ④ 56 ③ 57 ② 58 ③
59 ③ 60 ② 61 240° 62 ⑤
63 ① 64 0° 65 540° 66 900°
67 ④ 68 ② 69 36° 70 ③
71 45° 72 ③ 73 ③ 74 ②
75 ④ 76 1800° 77 정십육각형
78 ② 79 1800° 80 ④, ⑤

2 원과 부채꼴

주제별 실력다지기 78~85쪽

01 ①, ③ 02 ④ 03 60° 04 ③
05 ① 06 19π cm^2 07 ②
08 ④ 09 $\widehat{BC}=4\pi$ cm, $\widehat{DE}=12\pi$ cm
10 ④ 11 ③, ⑤ 12 ②, ④ 13 ②
14 ④ 15 ② 16 ② 17 10 cm
18 24π cm 19 30π cm, 75π cm^2
20 ⑤ 21 ③
22 B 선수 : 2π m, C 선수 : 4π m 23 ⑤
24 6π cm, 27π cm^2 25 30π cm^2
26 $\frac{5}{2}\pi$ 27 $\frac{81}{2}\pi$ cm^2
28 120°, 12π cm^2 29 216° 30 45°
31 16 : 15 32 $\frac{83}{4}\pi$ m^2 33 8π cm
34 ③ 35 $(12+10\pi)$ cm
36 $(24+20\pi)$ cm, 60π cm^2
37 $(72\pi-144)$ cm^2

38 ① 39 $\left(75-\frac{25}{2}\pi\right)\text{ cm}^2$

40 $(800-200\pi)\text{ cm}^2$ 41 $\frac{81}{2}\text{ cm}^2$

42 72 cm^2 43 $12\pi\text{ cm}$, $12\pi\text{ cm}^2$

44 $32\pi\text{ cm}^2$ 45 $(32\pi-64)\text{ cm}^2$

단원 종합 문제

88~92쪽

01 ③ 02 44 03 4 04 ④
05 ③ 06 ③ 07 60° 08 ④
09 25° 10 ③ 11 ② 12 ④
13 ⑤ 14 ㄱ, ㄴ, ㄹ 15 ②
16 (1) $18\pi\text{ cm}^2$ (2) $8\pi\text{ cm}^2$ 17 ④
18 ② 19 ① 20 110°

III 입체도형

1 다면체와 회전체

주제별 실력다지기

97~108쪽

01 ②, ⑤ 02 ⑤ 03 ④, ⑤ 04 ⑤
05 ④ 06 50 07 ③ 08 ③
09 ③ 10 구각뿔, 10, 18
11 팔각기둥 12 10 13 ⑤
14 ② 15 ③ 16 ④ 17 ③
18 ① 19 ⑤ 20 ② 21 ①, ④
22 ④ 23 정이십면체 24 ③
25 ② 26 ④ 27 ④ 28 ③
29 ⑤ 30 ② 31 ⑤ 32 ⑤
33 (1) 꼭짓점 F (2) 모서리 GF
34 (1) 정십이면체, 꼭짓점의 개수: 20, 모서리의 개수: 30
(2) 꼭짓점 C, 꼭짓점 F
35 구, 원뿔대, 원뿔, 원기둥 36 ②
37 ③ 38 ④ 39 ④ 40 ③
41 ② 42 ③ 43 ①, ② 44 ⑤
45 ③, ④ 46 ③ 47 ⑤ 48 ③
49 풀이 참조
50 (1) 풀이 참조 (2) 12 cm^2 (3) $\frac{144}{25}\pi\text{ cm}^2$
51 ① 52 $49\pi\text{ cm}^2$, $9\pi\text{ cm}^2$
53 풀이 참조, $(22\pi+22)\text{ cm}$

2 입체도형의 겉넓이와 부피

주제별 실력다지기

113~125쪽

01 ④ 02 ① 03 ④
04 96 cm^2, 63 cm^3 05 312 cm^3
06 ⑤ 07 408 cm^2 08 ④
09 $68\pi\text{ cm}^2$, $60\pi\text{ cm}^3$ 10 ③
11 $288\pi\text{ cm}^3$ 12 ①
13 $(112\pi+120)\text{ cm}^2$, $210\pi\text{ cm}^3$ 14 ③
15 ④ 16 $(168-28\pi)\text{ cm}^3$
17 $(192-2\pi)\text{ cm}^3$ 18 $(96-8\pi)\text{ cm}^3$
19 $182\pi\text{ cm}^2$, $210\pi\text{ cm}^3$ 20 ③
21 $(170\pi+132)\text{ cm}^2$, $(300\pi-72)\text{ cm}^3$
22 ② 23 3번 24 36 cm^3 25 6
26 ③ 27 ① 28 ② 29 ④
30 ② 31 $\frac{25}{4}\text{ cm}$ 32 ⑤
33 ① 34 ① 35 ② 36 ④
37 ④ 38 ② 39 $(48\pi+48)\text{ cm}^2$
40 20분 41 ③
42 (1) $140\pi\text{ cm}^2$ (2) 1 : 7
43 $14\pi\text{ cm}^2$ 44 ③
45 $\frac{256}{3}\pi\text{ cm}^3$ 46 ③
47 $153\pi\text{ cm}^2$, $252\pi\text{ cm}^3$ 48 ⑤
49 ㉠ 3 ㉡ $\frac{2}{3}$ ㉢ 4 50 ③ 51 ①
52 $36\pi\text{ cm}^3$, $18\pi\text{ cm}^3$ 53 ② 54 ③
55 ③ 56 ③ 57 $90\pi\text{ cm}^2$, $84\pi\text{ cm}^3$
58 $36\pi\text{ cm}^2$ 59 $96\pi\text{ cm}^2$, $80\pi\text{ cm}^3$
60 $210\pi\text{ cm}^2$, $200\pi\text{ cm}^3$ 61 ④
62 $\frac{208}{3}\pi$ 63 $\frac{392}{3}\pi\text{ cm}^3$
64 $78\pi\text{ cm}^3$

단원 종합 문제

128~132쪽

01 ③ 02 ①, ④ 03 ③ 04 ①
05 ②, ④ 06 정팔면체, 6 07 ②
08 ① 09 ① 10 풀이 참조
11 ③ 12 ① 13 $\frac{1}{6}$ 14 2
15 ④ 16 $24\pi\text{ cm}^2$
17 $90\pi\text{ cm}^2$, $100\pi\text{ cm}^3$
18 $840\pi\text{ cm}^3$
19 (1) 184 cm^2 (2) $38\pi\text{ cm}^2$ 20 ①
21 ⑤ 22 174 cm^2
23 (1) 320 cm^3 (2) 120 cm^3
24 (1) $108\pi\text{ cm}^2$, $\frac{512}{3}\pi\text{ cm}^3$
(2) $(35\pi+20)\text{ cm}^2$, $25\pi\text{ cm}^3$
25 $260\pi\text{ cm}^2$

IV 통계

1 대푯값, 도수분포표와 그래프

주제별 실력다지기

138~154쪽

01 ② 02 3 : 1
03 (1) 72 (2) −138 (3) −23 04 ②
05 98점 06 ② 07 ① 08 29세
09 ④ 10 ③, ④
11 중앙값: 15, 최빈값: 13
12 $a=5$, $b=4$ 13 ④ 14 ③, ④
15 풀이 참조, 75 % 16 7 17 35자루
18 43.2권 19 ④, ⑤ 20 $A=10$, $B=50$
21 ④ 22 ④ 23 ①, ④ 24 ⑤
25 $A=4$, $B=8$, $C=1$ 26 1시간
27 30명 28 7시간 이상 8시간 미만
29 ③ 30 ⑤ 31 40 %
32 $A=6$, $B=3$ 33 8 34 ②
35 20 % 36 8명 37 ⑤ 38 20명
39 ③ 40 ③, ⑤ 41 33.3 % 42 150
43 ④, ⑤ 44 ③, ⑤ 45 40개 46 12개
47 ③ 48 120명 49 82.5 % 50 ③, ④
51 ③ 52 ㄱ, ㄹ, ㅁ 53 ⑤
54 A 음식점 55 ②
56 165 cm 이상 170 cm 미만 57 28 %
58 ③ 59 ④ 60 20 % 61 5 %
62 여학생 63 ④ 64 ② 65 0.34
66 ④ 67 ② 68 ④ 69 0.26
70 20회 이상 25회 미만 71 ①
72 ⑤ 73 ②, ⑤ 74 27명 75 ④
76 148명 77 ㄱ, ㄴ, ㄹ 78 ①, ④

단원 종합 문제

155~160쪽

01 ① 02 ③ 03 ⑤ 04 ④
05 25회 06 86점 07 ④ 08 ④
09 12시간 이상 16시간 미만 10 ②
11 ② 12 ③ 13 10명 14 ③, ⑤
15 ③ 16 ③
17 $A=0.4$, $B=0.1$, $C=1$ 18 2.4
19 ④, ⑤ 20 ③ 21 ③, ⑤ 22 90점
23 24 % 24 16명 25 9 : 7

수학은 개념이다!

디딤돌의 중학 수학 시리즈는
여러분의 수학 자신감을 높여 줍니다.

개념 이해
디딤돌수학 개념연산

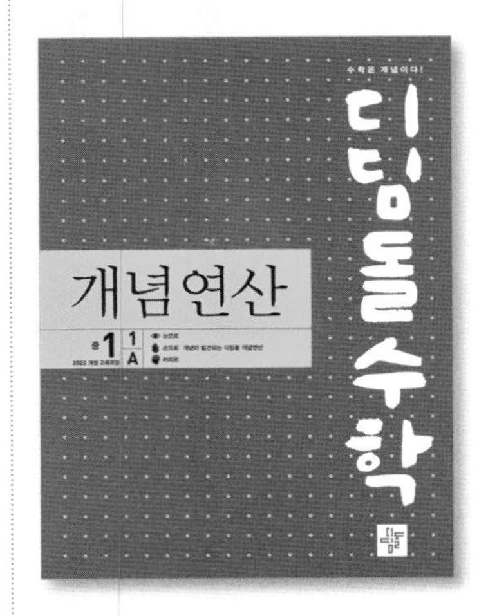

다양한 이미지와 단계별 접근을 통해
개념이 쉽게 이해되는 교재

개념 적용
디딤돌수학 개념기본

개념 이해, 개념 적용, 개념 완성으로
개념에 강해질 수 있는 교재

개념 응용
최상위수학 라이트

개념을 다양하게 응용하여
문제해결력을 키워주는 교재

개념 완성

디딤돌수학 개념연산과 개념기본은 동일한 학습 흐름으로 구성되어 있습니다.
연계 학습이 가능한 개념연산과 개념기본을 통해
중학 수학 개념을 완성할 수 있습니다.

최상위 수학

Light 라이트

정답과 풀이

2022 개정 교육과정

최상위 수학

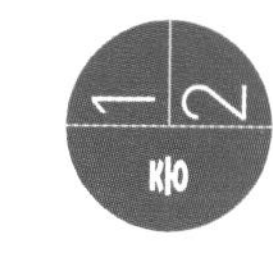

정답과 풀이

Light 라이트

1 기본 도형

주제별 실력다지기

9~21쪽

01 ③	02 (1) 6 (2) 8 (3) 12		03 ③
04 ④	05 ④, ⑤	06 ④	07 ③
08 10	09 ④	10 ㄴ, ㄷ	11 ③
12 ③	13 4 cm	14 ④	
15 2 cm	16 ④	17 27 cm	18 ⑤
19 ⑤	20 ②	21 40°	22 64°
23 45°	24 105°	25 100°	26 ④
27 180°	28 90°	29 ③	30 ⑤
31 ②	32 ④	33 ②, ④	34 20°
35 ③	36 ②	37 ③, ⑤	
38 ㄱ, ㄷ	39 ④	40 ②	41 ①
42 ①	43 ②	44 $\angle x=48^\circ$, $\angle y=67^\circ$	
45 20°	46 50°	47 ⑤	
48 ②, ⑤	49 l과 m, p와 q		50 ⑤
51 55°	52 50°	53 ③	54 ②
55 85°	56 ⑤	57 32°	58 68°
59 ④	60 76°	61 ③	62 ④
63 ②	64 ④	65 ⑤	

01 ③ 서로 다른 두 점을 지나는 직선은 오직 하나뿐이다.

02 (1) 면의 개수는 6이다.
(2) 교점의 개수는 8이다.
(3) 교선의 개수는 12이다.

03 ③ 방향과 시작점이 모두 같아야 같은 반직선이다.

04 ④ 시작점은 같지만 방향이 같지 않으므로 $\overrightarrow{BA}\neq\overrightarrow{BD}$

05 $\overrightarrow{DB}$와 시작점과 방향이 모두 같은 것은 ④ $\overrightarrow{DA}$, ⑤ $\overrightarrow{DC}$이다.

06 ㄴ. $\overrightarrow{AD}$와 $\overrightarrow{BD}$는 시작점이 다르므로 서로 같지 않다.
ㄷ. $\overline{AC}$와 $\overline{CB}$는 서로 다른 선분이다.
ㅁ. $\overrightarrow{CE}$와 $\overrightarrow{EC}$는 시작점과 방향이 모두 다르므로 서로 같지 않다.
따라서 옳은 것은 ㄱ, ㄹ, ㅂ이다.

07 $\overleftrightarrow{AB}$, $\overleftrightarrow{AC}$, $\overleftrightarrow{AD}$, $\overleftrightarrow{BC}$, $\overleftrightarrow{BD}$, $\overleftrightarrow{CD}$의 6개이다.

08 다음 그림과 같이 직선 l 위의 서로 다른 6개의 점을 A, B, C, D, E, F로 놓으면

A B C D E F l

점 A와 점 F를 시작점으로 하는 반직선은 각각 1개, 네 개의 점 B, C, D, E를 시작점으로 하는 반직선은 양쪽 방향으로 각각 2개씩 존재한다.
따라서 구하는 반직선의 개수는
$2\times1+4\times2=10$

09 오른쪽 그림과 같이 $\overrightarrow{AB}$와 $\overrightarrow{CA}$의 공통 부분은 $\overline{AC}$(또는 $\overline{CA}$)이다.

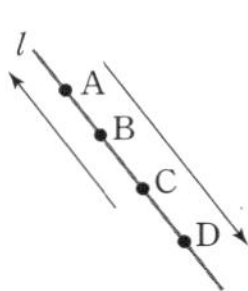

10 ㄱ. $\overrightarrow{AB}$는 $\overrightarrow{BA}$와 공통 부분으로 $\overline{AB}$를 가질 뿐 서로를 포함하지는 않는다.
ㄹ. $\overrightarrow{BC}$와 $\overrightarrow{CA}$의 공통 부분은 $\overline{BC}$이다.

11 ① $\overline{AB}$와 $\overline{BC}$의 공통 부분은 점 B이다.
② $\overline{AC}$와 $\overline{BD}$의 공통 부분은 $\overline{BC}$이다.
④ $\overrightarrow{CD}$와 $\overrightarrow{DC}$를 합한 도형은 직선 l이다.
⑤ $\overrightarrow{AD}$와 $\overleftrightarrow{BC}$의 공통 부분은 $\overrightarrow{AD}$이다.

12 $\overline{AM}=\frac{1}{2}\overline{AB}=\frac{1}{2}\times48=24(\text{cm})$
$\therefore \overline{MN}=\frac{1}{2}\overline{AM}=\frac{1}{2}\times24=12(\text{cm})$

13 $\overline{AC}=\overline{AB}+\overline{BC}=4\overline{BC}+\overline{BC}=5\overline{BC}$에서
$5\overline{BC}=10\text{ cm}$ $\quad\therefore \overline{BC}=2\text{ cm}$
$\overline{BC}=2\text{ cm}$이므로 $\overline{AB}=4\overline{BC}=4\times2=8(\text{cm})$
$\therefore \overline{BM}=\frac{1}{2}\overline{AB}=\frac{1}{2}\times8=4(\text{cm})$

다른 풀이
$\overline{BC}=x\text{ cm}$라 하면 $\overline{AB}=4\overline{BC}=4x(\text{cm})$이므로

$\overline{AC}=\overline{AB}+\overline{BC}=4x+x=5x(\text{cm})$에서

$5x=10 \quad \therefore x=2$

$\therefore \overline{BM}=\frac{1}{2}\overline{AB}=\frac{1}{2}\times 4x=2x=2\times 2=4(\text{cm})$

14 $\overline{BD}=\frac{1}{3}\overline{AD}=\frac{1}{3}\times 18=6(\text{cm})$

$\overline{CD}=\frac{1}{3}\overline{BD}=\frac{1}{3}\times 6=2(\text{cm})$

$\therefore \overline{AC}=\overline{AD}-\overline{CD}=18-2=16(\text{cm})$

다른 풀이

$\overline{CD}=x$ cm라 하면 $\overline{BD}=3\overline{CD}=3x(\text{cm})$이므로

$\overline{AD}=3\overline{BD}=3\times 3x=9x(\text{cm})$에서 $9x=18 \quad \therefore x=2$

$\therefore \overline{AC}=\overline{AD}-\overline{CD}$

$=9x-x=8x=8\times 2=16(\text{cm})$

15 $\overline{AM}=\overline{MB}=6$ cm이므로 $\overline{AB}=12$ cm

$\overline{AB}:\overline{BC}=3:1$이므로

$\overline{BC}=\frac{1}{3}\overline{AB}=\frac{1}{3}\times 12=4(\text{cm})$

$\therefore \overline{BN}=\frac{1}{2}\overline{BC}=\frac{1}{2}\times 4=2(\text{cm})$

다른 풀이

$\overline{NC}=x$ cm라 하면 $\overline{BC}=2\overline{NC}=2x(\text{cm})$이므로

$\overline{AB}:\overline{BC}=3:1$에서 $\overline{AB}=3\overline{BC}=3\times 2x=6x(\text{cm})$

$\overline{MB}=\frac{1}{2}\overline{AB}=\frac{1}{2}\times 6x=3x(\text{cm})$에서

$3x=6 \quad \therefore x=2$

$\therefore \overline{BN}=\overline{NC}=x=2$ cm

16 $\overline{AM}=\overline{MB}$, $\overline{BN}=\overline{NC}$이므로

$\overline{AC}=\overline{AB}+\overline{BC}=2\overline{MB}+2\overline{BN}$

$=2(\overline{MB}+\overline{BN})=2\overline{MN}=2\times 10=20(\text{cm})$

이때 $\overline{AB}=\frac{1}{4}\overline{BC}$, 즉 $\overline{BC}=4\overline{AB}$이므로

$\overline{AC}=\overline{AB}+\overline{BC}=\overline{AB}+4\overline{AB}=5\overline{AB}$

$\therefore \overline{AB}=\frac{1}{5}\overline{AC}=\frac{1}{5}\times 20=4(\text{cm})$

다른 풀이

$\overline{AM}=x$ cm라 하면

$\overline{AB}=2\overline{AM}=2x(\text{cm})$, $\overline{BC}=4\overline{AB}=4\times 2x=8x(\text{cm})$이므로

$\overline{MN}=\overline{MB}+\overline{BN}=\frac{1}{2}\overline{AB}+\frac{1}{2}\overline{BC}$

$=\frac{1}{2}\times 2x+\frac{1}{2}\times 8x=5x(\text{cm})$

에서 $5x=10 \quad \therefore x=2$

$\therefore \overline{AB}=2x=2\times 2=4(\text{cm})$

17 $\overline{BC}=3\overline{AB}$에서 $\overline{AB}=\frac{1}{3}\overline{BC}$이므로

$\overline{AC}=\overline{AB}+\overline{BC}=\frac{1}{3}\overline{BC}+\overline{BC}=\frac{4}{3}\overline{BC}$

또, $\overline{CD}=3\overline{DE}$에서 $\overline{DE}=\frac{1}{3}\overline{CD}$이므로

$\overline{CE}=\overline{CD}+\overline{DE}=\overline{CD}+\frac{1}{3}\overline{CD}=\frac{4}{3}\overline{CD}$

즉, $\overline{AE}=\overline{AC}+\overline{CE}=\frac{4}{3}\overline{BC}+\frac{4}{3}\overline{CD}=\frac{4}{3}(\overline{BC}+\overline{CD})$

$=\frac{4}{3}\overline{BD}$

이므로 $\frac{4}{3}\overline{BD}=36$ cm $\quad \therefore \overline{BD}=27$ cm

다른 풀이

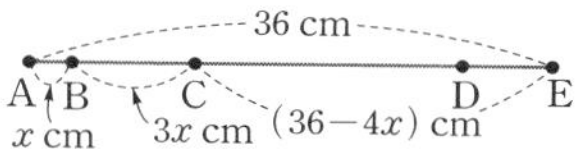

오른쪽 그림에서

36 cm
A B C D E
x cm $3x$ cm $(36-4x)$ cm

$\overline{AB}=x$ cm라 하면

$\overline{BC}=3\overline{AB}=3x(\text{cm})$,

$\overline{AC}=\overline{AB}+\overline{BC}=x+3x=4x(\text{cm})$이므로

$\overline{CE}=36-4x(\text{cm})$

또, $\overline{CD}=3\overline{DE}$에서 $\overline{DE}=\frac{1}{3}\overline{CD}$이므로

$\overline{CE}=\overline{CD}+\overline{DE}=\overline{CD}+\frac{1}{3}\overline{CD}=\frac{4}{3}\overline{CD}$

$\therefore \overline{CD}=\frac{3}{4}\overline{CE}=\frac{3}{4}\times(36-4x)=27-3x(\text{cm})$

$\therefore \overline{BD}=\overline{BC}+\overline{CD}=3x+(27-3x)=27(\text{cm})$

18 ⑤ 두 각의 크기가 45°, 50°일 때는 그 합이 95°가 되어 둔각이지만, 두 각의 크기가 각각 각각 20°, 30°일 때는 그 합이 50°가 되어 예각이다.

19 $25°+90°=115°$(둔각)

$25°+150°=175°$(둔각)

$65°+30°=95°$(둔각)

$65°+90°=155°$(둔각)

$30°+90°=120°$(둔각)

따라서 만들 수 있는 둔각은 모두 5개이다.

20 $\angle BOC=\frac{4}{3}\times 42°=56°$이므로

$\angle AOB=180°-(42°+56°)=82°$

21 $\angle AOB:\angle BOD=1:5$이므로

$\angle BOD=180°\times\frac{5}{1+5}=150°$

$\angle BOD=\angle BOC+\angle COD$

$=2\angle x+(\angle x+30°)=3\angle x+30°$

$3\angle x+30°=150°$, $3\angle x=120° \quad \therefore \angle x=40°$

22 $\angle AOB=\angle x$라 하면
$\angle BOC=90^\circ-\angle x$,
$\angle COD=\angle BOD-\angle BOC=90^\circ-(90^\circ-\angle x)=\angle x$
이므로
$\angle AOB+\angle COD=\angle x+\angle x=2\angle x$
$2\angle x=52^\circ \quad \therefore \angle x=26^\circ$
$\therefore \angle BOC=90^\circ-26^\circ=64^\circ$

23 $\angle AOB=\frac{3}{4}\angle AOC$이므로 $\angle BOC=\frac{1}{4}\angle AOC$
$\therefore \angle BOD=\angle BOC+\angle COD$
$=\frac{1}{4}\angle AOC+\frac{1}{4}\angle COE$
$=\frac{1}{4}(\angle AOC+\angle COE)$
$=\frac{1}{4}\angle AOE=\frac{1}{4}\times 180^\circ=45^\circ$

24 시침은 1시간에 30°를 움직이므로 1분에 0.5°씩 움직이고, 분침은 1시간에 360°를 움직이므로 1분에 6°씩 움직인다.
즉, 12를 기준으로 9시 30분을 가리킬 때까지 시침이 움직인 각의 크기는 $30^\circ\times 9+0.5^\circ\times 30=285^\circ$이고 분침이 움직인 각의 크기는 $6^\circ\times 30=180^\circ$이다.
따라서 구하는 각의 크기는
(시침이 움직인 각의 크기)−(분침이 움직인 각의 크기)
$=285^\circ-180^\circ=105^\circ$

다른 풀이
x시 y분일 때, 시침과 분침이 이루는 작은 각의 크기는
$|30^\circ\times x-5.5^\circ\times y|$이다.
$x=9$, $y=30$이므로
(구하는 각의 크기)$=|30^\circ\times x-5.5^\circ\times y|$
$=|30^\circ\times 9-5.5^\circ\times 30|=105^\circ$

25 시침은 1분에 $\frac{30^\circ}{60}=0.5^\circ$씩, 분침은 1분에 $\frac{360^\circ}{60}=6^\circ$씩 움직이므로 12를 기준으로 7시 20분을 가리킬 때까지 시침이 움직인 각의 크기는 $30^\circ\times 7+0.5^\circ\times 20=220^\circ$이고, 분침이 움직인 각의 크기는 $6^\circ\times 20=120^\circ$이다.
따라서 두 바늘이 이루는 각 중 작은 쪽의 각의 크기는
(시침이 움직인 각의 크기)−(분침이 움직인 각의 크기)
$=220^\circ-120^\circ=100^\circ$

다른 풀이
x시 y분일 때, 시침과 분침이 이루는 작은 각의 크기는
$|30^\circ\times x-5.5^\circ\times y|$이다.
$x=7$, $y=20$이므로
(구하는 각의 크기)$=|30^\circ\times x-5.5^\circ\times y|$
$=|30^\circ\times 7-5.5^\circ\times 20|=100^\circ$

26 한 개의 각으로 생기는 맞꼭지각은 3쌍이고, 두 개의 각이 합쳐져서 생기는 맞꼭지각은 3쌍이므로 모두 6쌍의 맞꼭지각이 생긴다.

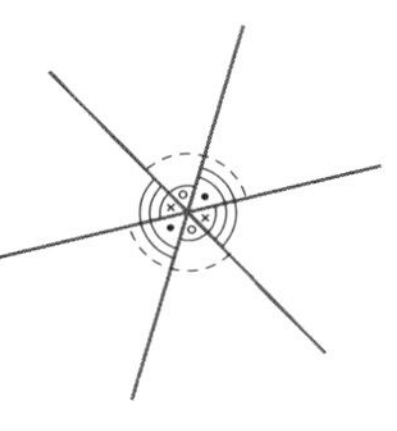

다른 풀이
n개의 서로 다른 직선이 한 점에서 만날 때 생기는 맞꼭지각은 $n(n-1)$쌍이다.
$\therefore 3\times(3-1)=6$(쌍)

27 맞꼭지각의 크기는 서로 같으므로 오른쪽 그림에서
$\angle a+\angle b+\angle c+\angle d$
$+\angle e+\angle f+\angle g$
$=180^\circ$

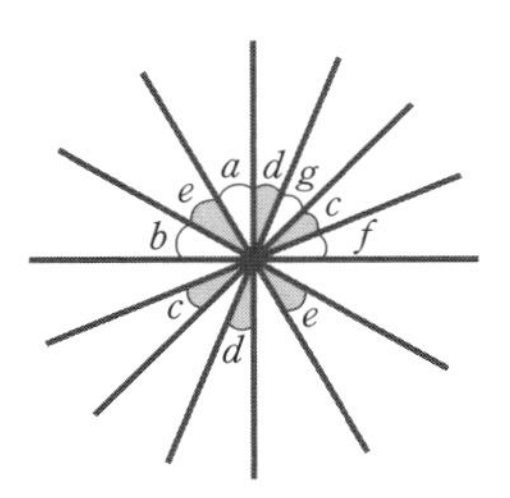

28 맞꼭지각의 크기는 서로 같으므로
$3\angle x-10^\circ=2\angle x+40^\circ$
$\therefore \angle x=50^\circ$
평각의 크기는 180°이므로
$\angle y=180^\circ-(2\angle x+40^\circ)$
$=180^\circ-(2\times 50^\circ+40^\circ)$
$=180^\circ-140^\circ=40^\circ$
$\therefore \angle x+\angle y=50^\circ+40^\circ=90^\circ$

29 오른쪽 그림에서 맞꼭지각의 크기는 서로 같고, 평각의 크기는 180°이므로
$\angle x+(2\angle x-35^\circ)$
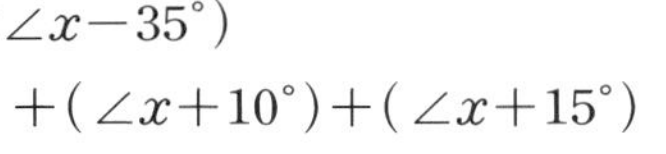
$+(\angle x+10^\circ)+(\angle x+15^\circ)$
$=180^\circ$
$5\angle x=190^\circ \quad \therefore \angle x=38^\circ$

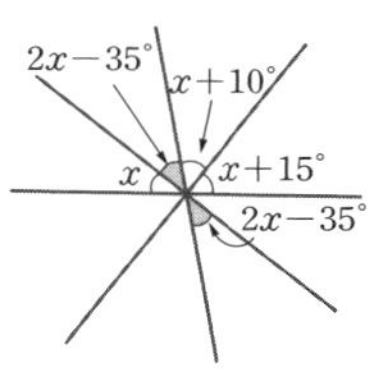

30 ① $\angle AOE=\angle AOH-\angle EOH$
$=90^\circ-(90^\circ-\angle DOH)$
$=\angle DOH=25^\circ$
② $\angle FOG=\angle EOH=90^\circ-25^\circ=65^\circ$
③ $\angle BOC=\angle AOD=90^\circ+25^\circ=115^\circ$
④ $\angle EOH=\angle EOD-\angle HOD=90^\circ-25^\circ=65^\circ$
$\angle BOD=\angle HOB-\angle HOD=90^\circ-25^\circ=65^\circ$이므로
$\angle EOH=\angle BOD$
⑤ $\angle AOF=180^\circ-\angle AOE=180^\circ-25^\circ=155^\circ$

31 오른쪽 그림에서
평각의 크기는 180°이므로
$6\angle x+(70°-2\angle x)$
$+(50°-\angle x)$
$=180°$
$3\angle x=60°$ $\therefore \angle x=20°$
맞꼭지각의 크기는 서로 같으므로
$6\angle x=90°+\angle y$
$6\times 20°=90°+\angle y$ $\therefore \angle y=120°-90°=30°$
$\therefore \angle x+\angle y=20°+30°=50°$

32 ④ 점 C와 $\overleftrightarrow{AB}$ 사이의 거리는 $\overline{CH}$이다.

33 ① 점 B와 변 AD 사이의 거리는 6 cm이다.
③ 점 C에서 변 AD에 내린 수선의 발은 표시되어 있지 않다.
⑤ $\overline{AD}$와 $\overline{CD}$는 수직이 아니다.

34 $\angle AOB=\angle BOE=90°$이고
$\angle AOB : \angle BOC=3 : 1$이므로
$\angle BOC=\frac{1}{3}\angle AOB=\frac{1}{3}\times 90°=30°$
$\angle COE=90°-\angle BOC=90°-30°=60°$
$\therefore \angle COD=\frac{1}{3}\angle COE=\frac{1}{3}\times 60°=20°$

35 $\angle AOE=\angle BOE=90°$이고
$\angle BOE+\angle DOE=\angle BOD=7\angle DOE$이므로
$6\angle DOE=\angle BOE$
$\therefore \angle DOE=\frac{1}{6}\angle BOE=\frac{1}{6}\times 90°=15°$
$\angle AOD=\angle AOE-\angle DOE=90°-15°=75°$
이때 $\angle AOD=5\angle COD$에서
$\angle COD=\frac{1}{5}\angle AOD=\frac{1}{5}\times 75°=15°$
$\therefore \angle COE=\angle COD+\angle DOE=15°+15°=30°$

36 $\angle f$의 동위각은 $\angle b$, 엇각은 $\angle d$이다.

37 오른쪽 그림에서

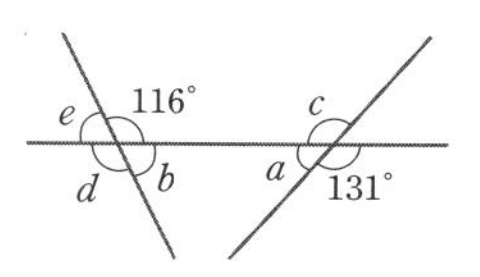

① $\angle a$의 동위각의 크기는
$\angle d=116°$ (맞꼭지각)이다.
② $\angle a$의 엇각의 크기는 116°이다.
④ $\angle b$의 엇각의 크기는 $\angle c=131°$ (맞꼭지각)이다.
⑤ $\angle c$의 동위각의 크기는 $\angle e=180°-116°=64°$이다.

38 ㄴ. $\angle b$와 $\angle i$는 동위각이다.
ㄹ. $\angle f$와 동위각은 $\angle b$와 $\angle j$이다.
따라서 보기 중 옳은 것은 ㄱ, ㄷ이다.

39 오른쪽 그림에서 $l /\!/ m$이므로 동위각의 크기는 같고, 평각의 크기는 180°이다.

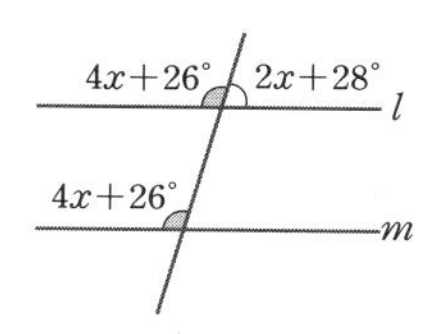

$(4\angle x+26°)+(2\angle x+28°)=180°$
$6\angle x=126°$ $\therefore \angle x=21°$

40 $\angle ECD=\angle ABE=32°$ (엇각)이므로
$\angle CED=180°-(32°+50°)=98°$
$\therefore \angle x=180°-98°=82°$

41 오른쪽 그림에서 $l /\!/ m$이므로 동위각의 크기는 같고, 평각의 크기는 180°이다.

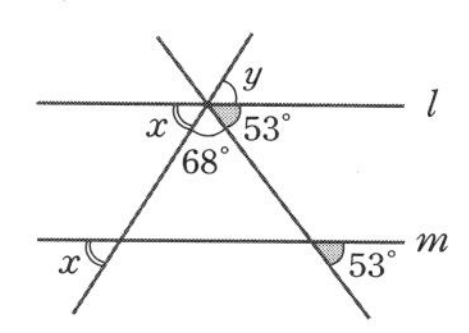

$\angle x+68°+53°=180°$
$\therefore \angle x=59°$
이때 $\angle x=\angle y$ (맞꼭지각)이므로
$\angle x+\angle y=59°+59°=118°$

42 오른쪽 그림에서

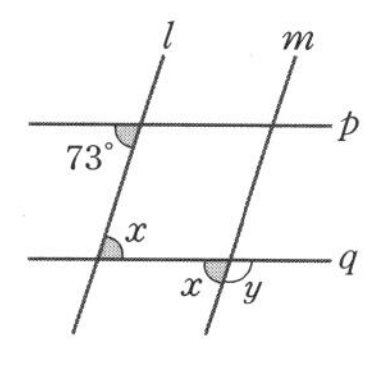

$p /\!/ q$이므로 $\angle x=73°$ (엇각)
$l /\!/ m$이므로 $\angle x+\angle y=180°$
$\therefore \angle y=180°-73°=107°$
$\therefore \angle y-\angle x=107°-73°=34°$

43 오른쪽 그림에서

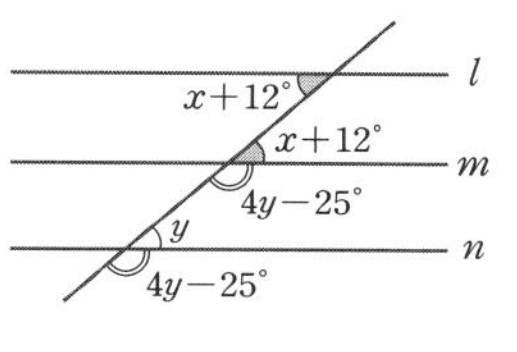

$m /\!/ n$이므로
$(4\angle y-25°)+\angle y=180°$
$5\angle y=205°$ $\therefore \angle y=41°$
또, $l /\!/ m$이므로 $(\angle x+12°)+(4\angle y-25°)=180°$
$\angle x+4\angle y=193°$
이때 $\angle y=41°$이므로 $\angle x+4\times 41°=193°$
$\therefore \angle x=193°-164°=29°$
$\therefore \angle x+\angle y=29°+41°=70°$

44 오른쪽 그림에서
$l /\!/ m$이므로
$\angle x=180°-132°=48°$ (동위각)
삼각형의 세 내각의 크기의 합은
180°이므로
$\angle y+48°+65°=180°$

$\therefore \angle y=67^\circ$

다른 풀이

오른쪽 그림과 같이 두 직선 l, m에 평행한 직선을 그으면

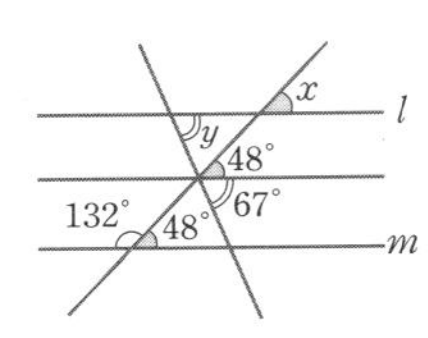

$\angle x=180^\circ-132^\circ=48^\circ$

$\angle y=115^\circ-48^\circ=67^\circ$

45 삼각형 ABC는 정삼각형이므로 오른쪽 그림에서

$\angle DAC=\angle ACE$

$=40^\circ+60^\circ$

$=100^\circ$

$\therefore \angle x=180^\circ-(60^\circ+100^\circ)=20^\circ$

다른 풀이

오른쪽 그림과 같이 두 직선 l, m에 평행한 직선을 그으면

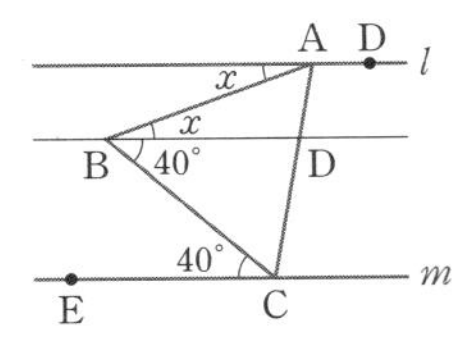

$\angle x+40^\circ=60^\circ$에서

$\angle x=60^\circ-40^\circ=20^\circ$

46 오른쪽 그림에서

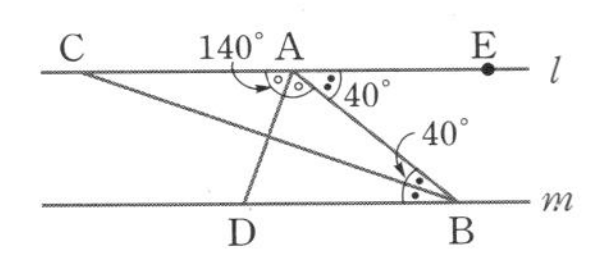

$\angle EAB=\angle ABD$ (엇각)

이므로

$\angle CAB : \angle EAB=7 : 2$

$\therefore \angle CAB=180^\circ\times\frac{7}{7+2}=140^\circ$,

$\angle ABD=\angle EAB=180^\circ-140^\circ=40^\circ$

이때 $\angle CAD=\angle BAD$, $\angle ABC=\angle DBC$이므로

$\angle CAD=\frac{1}{2}\angle CAB=\frac{1}{2}\times140^\circ=70^\circ$

$\angle CBD=\frac{1}{2}\angle ABD=\frac{1}{2}\times40^\circ=20^\circ$

따라서 $\angle ADB=\angle CAD=70^\circ$ (엇각),

$\angle ACB=\angle CBD=20^\circ$ (엇각)이므로

$\angle ADB-\angle ACB=70^\circ-20^\circ=50^\circ$

47 ① 엇각의 크기가 같으므로 $l /\!/ m$이다.

②, ③ 동위각의 크기가 같으므로 $l /\!/ m$이다.

④ $l /\!/ m$이면 $\angle a=\angle e$ (동위각), $\angle e=\angle g$ (맞꼭지각)이므로 $\angle a=\angle g$이다.

⑤ $l /\!/ m$이면 $\angle d=\angle h$ (동위각)이고, $\angle h=\angle f$ (맞꼭지각)이므로 $\angle d=\angle f$이다.
즉, $\angle d+\angle f=180^\circ$라고 할 수 없다.

따라서 옳지 않은 것은 ⑤이다.

48 ② 엇각의 크기가 같으므로 $l /\!/ m$이다.

⑤ $\angle c+\angle h=180^\circ$에서 $\angle c=180^\circ-\angle h$ …… ㉠

이때 $\angle h+\angle g=180^\circ$이므로 $\angle g=180^\circ-\angle h$ …… ㉡

즉, ㉠, ㉡에서 동위각인 $\angle c$와 $\angle g$의 크기가 같으므로 $l /\!/ m$이다.

49 오른쪽 그림의 두 직선 l, m에서 동위각의 크기가 같으므로 $l /\!/ m$

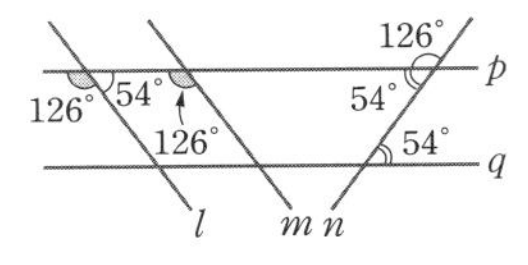

두 직선 p, q에서 엇각의 크기가 같으므로 $p /\!/ q$

50 두 직선 l, n과 직선 p가 만나서 생기는 동위각의 크기가 60°로 같으므로 $l /\!/ n$이고, 두 직선 p, q와 직선 m이 만나서 생기는 엇각의 크기가 70°로 같으므로 $p /\!/ q$이다.

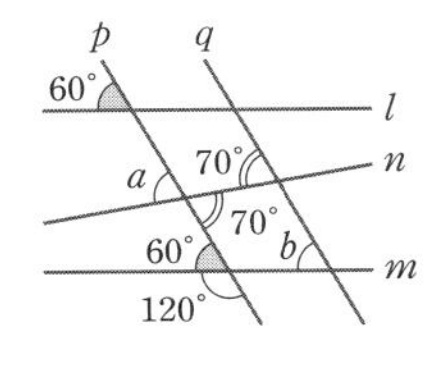

① $\angle a=70^\circ$ (맞꼭지각)

② $p /\!/ q$이므로 $\angle b=60^\circ$ (동위각)

③, ④ 동위각의 크기가 다르므로 두 직선 l, m과 두 직선 m, n은 각각 평행하지 않다.

51 오른쪽 그림과 같이 두 직선 l, m에 평행한 직선을 그으면

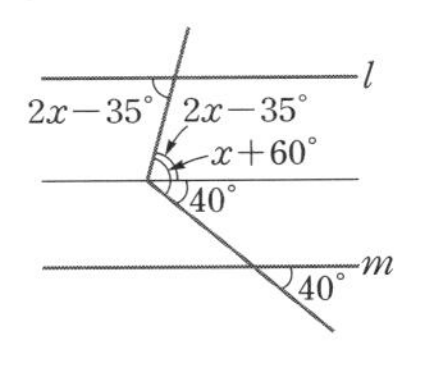

$(2\angle x-35^\circ)+40^\circ=\angle x+60^\circ$

$\therefore \angle x=55^\circ$

52 오른쪽 그림과 같이 두 직선 l, m에 평행한 직선을 그으면

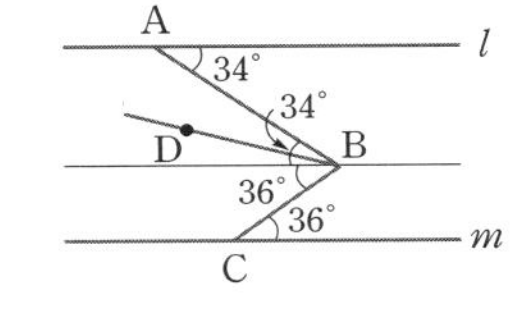

$\angle ABC=34^\circ+36^\circ=70^\circ$

$\angle ABD=\frac{2}{5}\angle CBD$이므로

$\angle ABC=\angle ABD+\angle CBD$

$=\frac{2}{5}\angle CBD+\angle CBD=\frac{7}{5}\angle CBD$

$\therefore \angle CBD=\frac{5}{7}\angle ABC=\frac{5}{7}\times70^\circ=50^\circ$

53 오른쪽 그림과 같이 두 직선 l, m에 평행한 두 직선을 그으면

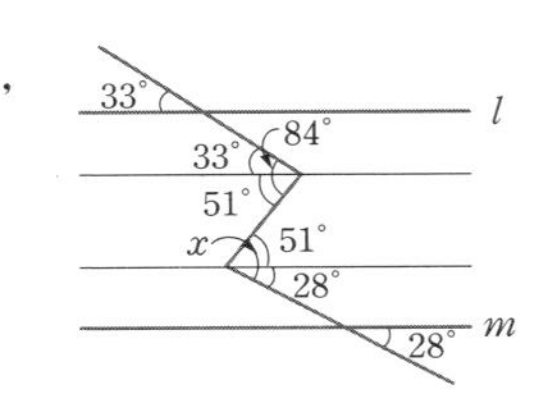

$\angle x=51^\circ+28^\circ=79^\circ$

54 오른쪽 그림과 같이 두 직선 l, m에 평행한 두 직선을 그으면

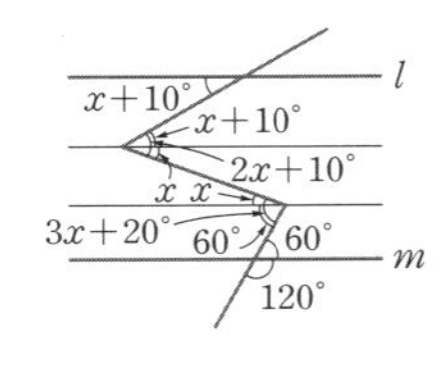

$\angle x+60^\circ=3\angle x+20^\circ$

$2\angle x=40^\circ$

$\therefore \angle x=20^\circ$

55 오른쪽 그림과 같이 두 직선 l, m에 평행한 두 직선을 그으면

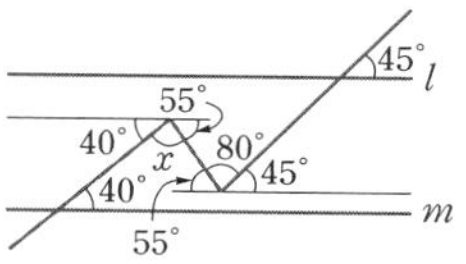

$\angle x=180^\circ-(40^\circ+55^\circ)=85^\circ$

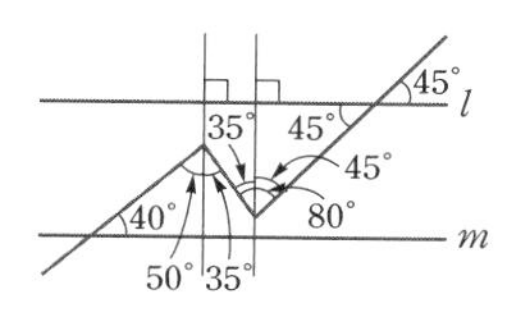

다른 풀이

오른쪽 그림과 같이 두 직선 l, m에 수직인 두 직선을 그으면

$\angle x=50^\circ+35^\circ=85^\circ$

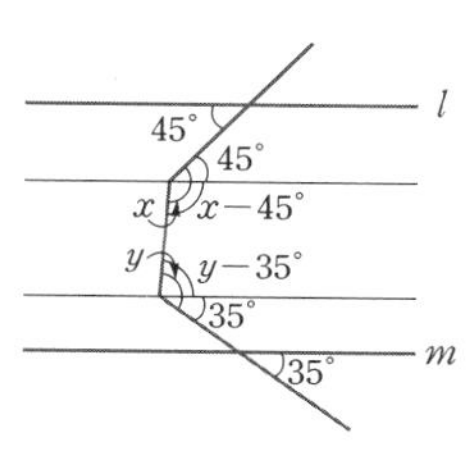

56 오른쪽 그림과 같이 두 직선 l, m에 평행한 두 직선을 그으면

$(\angle x-45^\circ)+(\angle y-35^\circ)=180^\circ$

$\therefore \angle x+\angle y=260^\circ$

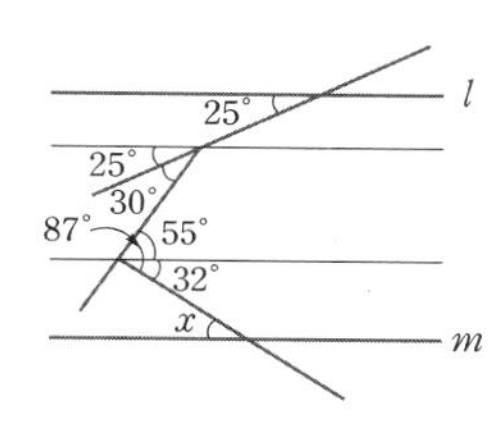

57 오른쪽 그림과 같이 두 직선 l, m에 평행한 두 직선을 그으면

$\angle x=32^\circ$

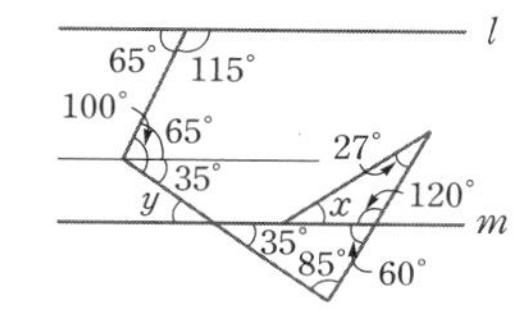

58 오른쪽 그림과 같이 두 직선 l, m에 평행한 직선을 그으면

$\angle y=35^\circ$

$\angle x=180^\circ-(27^\circ+120^\circ)=33^\circ$

$\therefore \angle x+\angle y=33^\circ+35^\circ=68^\circ$

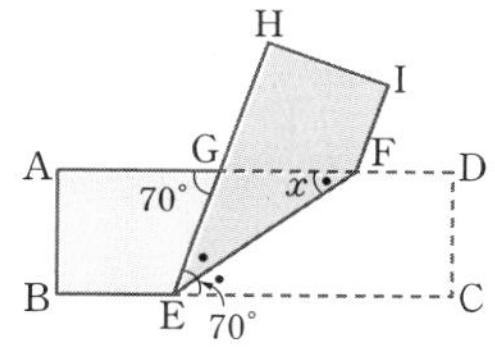

59 오른쪽 그림에서

$\angle GEC=\angle AGE=70^\circ$ (엇각)

$\angle GEF=\angle FEC$ (접은 각)

이므로

$\angle FEC=\dfrac{1}{2}\angle GEC=\dfrac{1}{2}\times 70^\circ=35^\circ$

$\therefore \angle x=\angle FEC=35^\circ$ (엇각)

60 오른쪽 그림에서

$\angle FEC=\angle FEG$

$=\angle x$ (접은 각)

$\angle GEB=\angle HGA=28^\circ$ (동위각)

따라서 $\angle x+\angle x+28^\circ=180^\circ$이므로

$2\angle x=152^\circ \qquad \therefore \angle x=76^\circ$

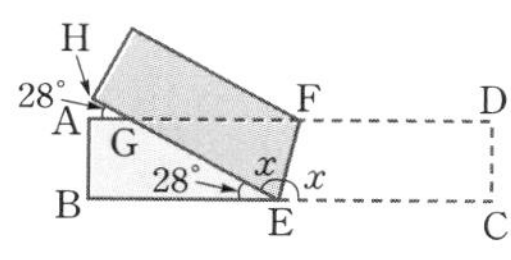

61 오른쪽 그림에서

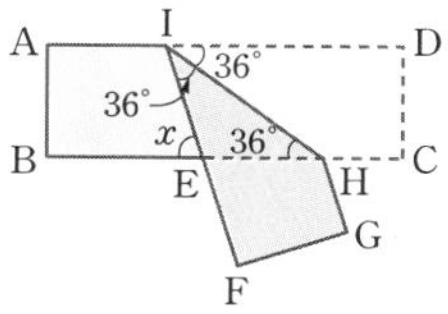

$\angle DIH=\angle IHE=36^\circ$ (엇각)

$\angle EIH=\angle DIH=36^\circ$ (접은 각)

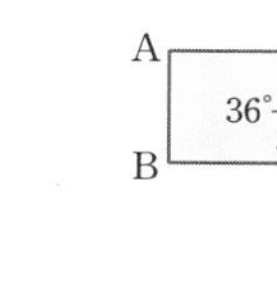

$\therefore \angle x=\angle DIE=\angle DIH+\angle EIH$

$=36^\circ+36^\circ=72^\circ$ (엇각)

62 오른쪽 그림에서

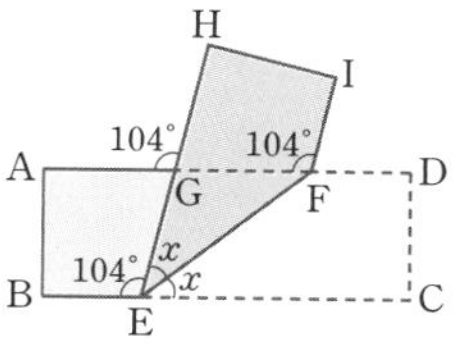

$\overline{IF}\,/\!/\,\overline{HE}$이므로

$\angle HGA=\angle IFG=104^\circ$ (동위각)

$\overline{AD}\,/\!/\,\overline{BC}$이므로

$\angle GEB=\angle HGA=104^\circ$ (동위각)

$\therefore \angle GEC=180^\circ-104^\circ=76^\circ$

이때 $\angle GEF=\angle FEC$ (접은 각)이므로

$\angle x=\dfrac{1}{2}\angle GEC=\dfrac{1}{2}\times 76^\circ=38^\circ$

63 오른쪽 그림에서

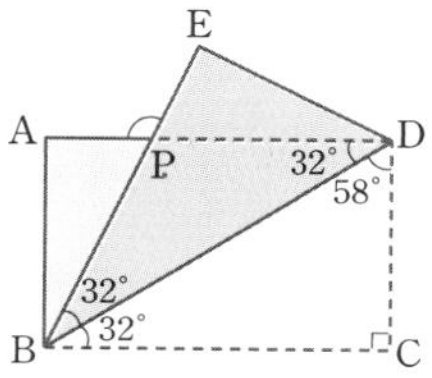

$\angle DBC=90^\circ-58^\circ=32^\circ$

$\angle PBD=\angle DBC=32^\circ$ (접은 각)

$\angle PDB=\angle DBC=32^\circ$ (엇각)

이므로 $\triangle PBD$에서

$\angle BPD=180^\circ-(32^\circ+32^\circ)=116^\circ$

$\therefore \angle APE=\angle BPD=116^\circ$ (맞꼭지각)

64 오른쪽 그림에서

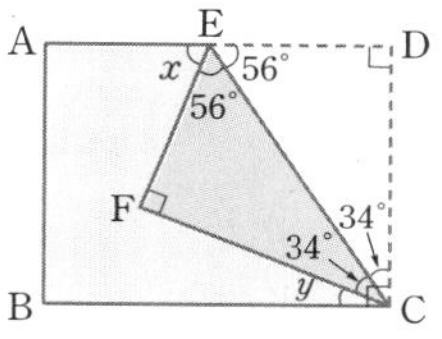

$\angle FCE=\angle DCE=34^\circ$ (접은 각)

$\therefore \angle y=90^\circ-(34^\circ+34^\circ)=22^\circ$

또, $\angle DEC=90^\circ-34^\circ=56^\circ$이고

$\angle FEC=\angle DEC=56^\circ$ (접은 각)이므로

$\angle x=180^\circ-(56^\circ+56^\circ)=68^\circ$

$\therefore \angle x+\angle y=68^\circ+22^\circ=90^\circ$

다른 풀이

오른쪽 그림과 같이 직사각형의 두 변에 평행한 직선을 그으면

$\angle x+\angle y=90^\circ$

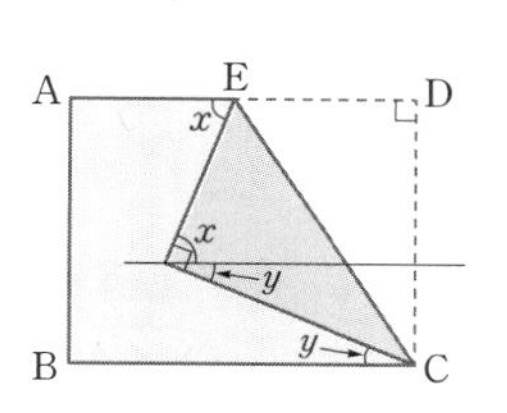

65 오른쪽 그림에서

$\angle FGB=\angle LFG$

$=30^\circ$ (엇각)

$\angle FGL=\angle FGB$

$=30^\circ$ (접은 각)

또, $\angle JKH=\angle IHD=80^\circ$ (동위각)이므로

$\angle HKG=180^\circ-80^\circ=100^\circ$

이때 $\angle KGB=\angle HKG=100^\circ$ (엇각)이므로

$30^\circ+30^\circ+\angle x=100^\circ$

$\therefore \angle x=40^\circ$

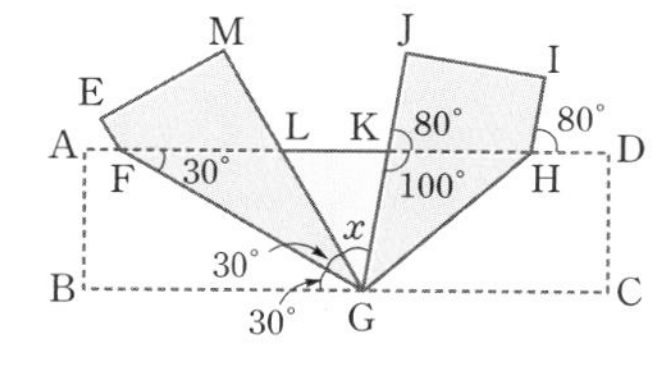

2 위치 관계

주제별 실력다지기

26~33쪽

01 ①, ④	02 ④	03 ④	04 ③
05 ③, ⑤	06 ③	07 ④	08 ③
09 3	10 ④, ⑤	11 ②	12 10
13 ⑤	14 ①, ⑤	15 평행하다.	16 ③
17 ③	18 ③	19 ④	

20 ②, ③

21 (1) 면 ABC, 면 ADEB (2) 면 ADFC
(3) 면 ABC, 면 DEF (4) $\overline{AB}$, $\overline{DE}$

22 2 23 ③ 24 3개

25 (1) 면 ABCD, 면 AEHD, 면 BFGC, 면 EFGH
(2) 면 AEHD (3) 모서리 EH

26 ③, ④	27 ②, ④	28 ③	29 ①
30 ②, ④	31 ③	32 ⑤	
33 ㄱ, ㄴ	34 ⑤	35 22	36 0
37 ②	38 ③	39 ㅁ	40 ④

01 ① 점 A는 직선 n 위에 있다.
④ 두 직선 l, m의 교점은 점 C이고, 두 직선 l, n의 교점은 점 A이므로 같지 않다.

02 ④ 꼬인 위치는 공간에서 직선과 직선의 위치 관계에만 존재한다.

03 ④ 오른쪽 그림과 같이 $l \perp m$이고, $l \perp n$이면 $m /\!/ n$이다.

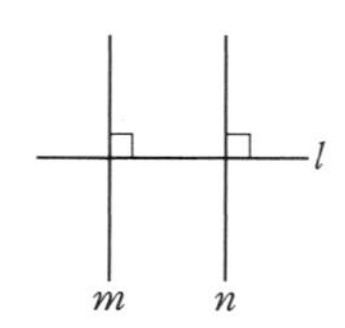

04 ①, ②, ④, ⑤ 두 직선은 한 점에서 만난다.
③ $\overleftrightarrow{AF}$와 $\overleftrightarrow{CD}$는 평행하다.

05 ③ $\overleftrightarrow{AB}$와 $\overleftrightarrow{CD}$는 한 점에서 만난다.
⑤ $\overleftrightarrow{CD}$와 만나는 직선은 $\overleftrightarrow{AB}$, $\overleftrightarrow{AD}$, $\overleftrightarrow{BC}$의 3개이다.

06 ㄴ. 사각형 ABCD가 마름모일 때, $\overline{AC}$와 $\overline{BD}$는 수직이다.
ㅁ. $\overline{AC}$와 만나는 선분은 $\overline{AB}$, $\overline{AD}$, $\overline{BC}$, $\overline{CD}$, $\overline{BD}$의 5개이다.
따라서 옳은 것은 ㄱ, ㄷ, ㄹ의 3개이다.

07 ① 서로 만나지 않는 두 직선은 평행하거나 꼬인 위치에 있다.
② 꼬인 위치에 있는 두 직선은 한 평면 위에 있지 않다.
③ 서로 다른 세 직선 중 어느 두 직선도 평행하지 않을 수 있다.
⑤ 한 평면 위에서 서로 만나지 않는 두 직선은 평행하다.

08 ① $\overline{AB}$와 $\overline{BC}$는 수직이다.
② $\overline{EF}$와 $\overline{CD}$는 평행하다.
④ $\overline{AD}$와 $\overline{BC}$는 평행하다.
⑤ $\overline{AE}$와 $\overline{BC}$는 꼬인 위치에 있다.

09 $\overline{CG}$와 평행한 모서리는 $\overline{AE}$, $\overline{BF}$, $\overline{DH}$의 3개이므로 $a=3$
한 점에서 만나는 모서리는 $\overline{BC}$, $\overline{CD}$, $\overline{FG}$, $\overline{GH}$의 4개이므로 $b=4$
꼬인 위치에 있는 모서리는 $\overline{AB}$, $\overline{AD}$, $\overline{EF}$, $\overline{EH}$의 4개이므로 $c=4$
$\therefore a+b-c=3+4-4=3$

10 ④ $\overline{AD}$와 $\overline{BD}$는 점 D에서 만난다.
⑤ $\overline{BC}$와 $\overline{CD}$는 점 C에서 만난다.

11 모서리 CD와 꼬인 위치에 있는 모서리는 $\overline{AB}$, $\overline{AE}$, $\overline{BF}$, $\overline{EI}$, $\overline{FG}$, $\overline{HI}$이고, 모서리 DH와 꼬인 위치에 있는 모서리는 $\overline{AC}$, $\overline{AE}$, $\overline{BC}$, $\overline{BE}$, $\overline{FG}$, $\overline{FI}$이다.
따라서 두 모서리 CD, DH와 동시에 꼬인 위치에 있는 모서리는 $\overline{AE}$, $\overline{FG}$의 2개이다.

12 모서리 BC와 만나는 모서리는
$\overline{AB}$, $\overline{AC}$, $\overline{BE}$, $\overline{BF}$, $\overline{CD}$, $\overline{CF}$이므로 $a=6$
모서리 AB와 꼬인 위치에 있는 모서리는
$\overline{CD}$, $\overline{CF}$, $\overline{ED}$, $\overline{EF}$이므로 $b=4$
$\therefore a+b=6+4=10$

13 주어진 전개도로 정육면체를 만들면 오른쪽 그림과 같다.

⑤ 모서리 AN과 모서리 IJ는 한 점에서 만나므로 꼬인 위치에 있지 않다.

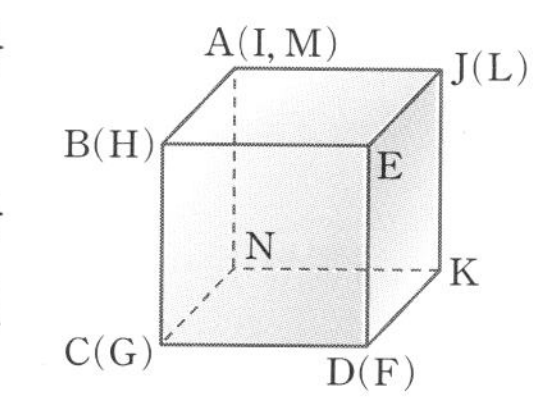

14 주어진 전개도로 삼각기둥을 만들면 오른쪽 그림과 같다.

① 모서리 IJ와 모서리 CD는 평행하다.

⑤ 모서리 IJ와 모서리 FG는 한 점에서 만난다.

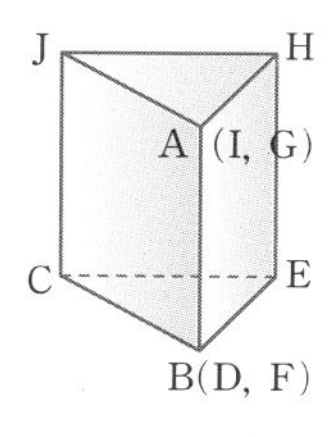

15 주어진 전개도로 만든 정육면체는 오른쪽 그림과 같으므로 $\overline{CK}$와 $\overline{JH}$는 평행하다.

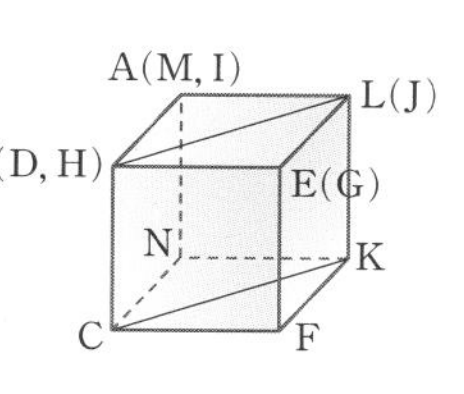

16 주어진 전개도로 입체도형을 만들면 오른쪽 그림과 같다.

③ 모서리 CD와 모서리 HK는 한 점에서 만난다.

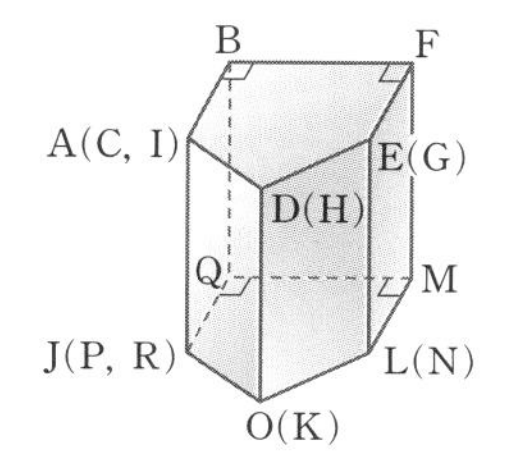

17 ③ 꼬인 위치에 있는 두 직선은 한 평면 위에 있지 않다.

18 (i) 네 점 A, B, C, D로 이루어진 평면 ⇨ 1개

(ii) 점 P와 네 점 A, B, C, D 중 두 점으로 이루어진 평면

⇨ 면 PAB, 면 PAC, 면 PAD, 면 PBC, 면 PBD,
면 PCD의 6개

(i), (ii)에 의해 만들 수 있는 평면의 개수는 7이다.

19 ③ 면 BFGC와 수직인 모서리는 $\overline{AB}$, $\overline{DC}$, $\overline{EF}$, $\overline{HG}$의 4개이다.

④ 면 EFGH와 평행한 모서리는 $\overline{AB}$, $\overline{BC}$, $\overline{CD}$, $\overline{DA}$의 4개이다.

20 주어진 전개도로 만든 입체도형은 오른쪽 그림과 같다.

① 모서리 AB와 모서리 GF는 일치한다.

② 모서리 JC와 모서리 IH는 만나지도 않고, 평행하지도 않으므로 꼬인 위치에 있다.

③ 모서리 HE와 꼬인 위치에 있는 모서리는 모서리 CD와 모서리 JI이므로 2개이다.

④ 모서리 AB는 면 HEFG에 포함된다.

⑤ 모서리 CD와 면 JCEH는 수직이 아니다.

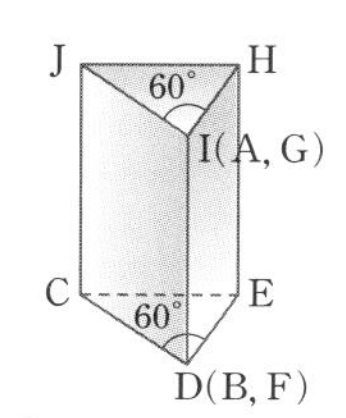

21 (1) 모서리 AB를 포함하는 면은 면 ABC, 면 ADEB이다.

(2) 모서리 BE와 평행한 면은 면 ADFC이다.

(3) 모서리 AD와 수직인 면은 면 ABC, 면 DEF이다.

(4) 면 BEFC와 수직인 모서리는 $\overline{AB}$, $\overline{DE}$이다.

22 모서리 CG와 꼬인 위치에 있는 모서리는
$\overline{AB}$, $\overline{AD}$, $\overline{EF}$, $\overline{EH}$의 4개이므로 $a=4$

또, 모서리 FG와 평행한 면은 면 ABCD, 면 AEHD의 2개이므로 $b=2$

$\therefore a-b=4-2=2$

23 점과 평면 사이의 거리는 그 점에서 평면에 내린 수선의 발까지의 거리이다.

①, ②, ⑤ 주어진 점과 평면 사이의 거리는 알 수 없다.

③ 점 D에서 면 EFGH에 내린 수선의 발은 점 H이므로 점 D와 면 EFGH 사이의 거리는 $\overline{DH}=6$ cm이다.

④ 점 E에서 면 ABCD에 내린 수선의 발은 점 A이므로 점 E와 면 ABCD 사이의 거리는 $\overline{EA}=6$ cm이다.

24 면 ABCDE와 수직인 모서리는 $\overline{AF}$, $\overline{BG}$, $\overline{CH}$, $\overline{DI}$, $\overline{EJ}$이다.

또, 면 BGHC와 평행한 모서리는 $\overline{AF}$, $\overline{DI}$, $\overline{EJ}$이다.

따라서 두 조건을 모두 만족하는 모서리는 $\overline{AF}$, $\overline{DI}$, $\overline{EJ}$의 3개이다.

27 ② $\overline{AE}$와 꼬인 위치에 있는 모서리는 $\overline{BC}$, $\overline{CD}$, $\overline{FG}$, $\overline{GH}$의 4개이다.

③ $\overline{BC}$와 수직인 면은 면 ABFE, 면 CGHD의 2개이다.

④ $\overline{BF}$는 면 ABFE와 면 BFGC의 교선이다.

⑤ 평행한 면은 면 ABCD와 면 EFGH, 면 ABFE와 면 DCGH, 면 BFGC와 면 AEHD의 3쌍이다.

28 ③ 면 ABED와 수직인 면은 면 ABC, 면 DEF(또는 평면 P), 면 ADFC의 3개이다.

29 전개도를 이용하여 입체도형을 만들면 오른쪽 그림과 같다. 따라서 면 MDGJ와 평행한 면은 면 ABCN이다.

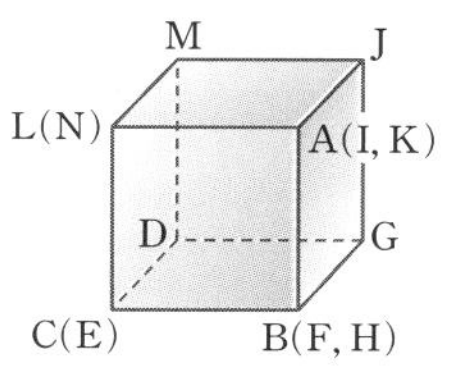

30 ② 면 AEGC와 평행한 모서리는 $\overline{BF}$, $\overline{DH}$이다.

③ $\overline{BF}$와 평행한 모서리는 $\overline{AE}$, $\overline{CG}$, $\overline{DH}$의 3개이다.

④ $\overline{EG}$와 꼬인 위치에 있는 모서리는 $\overline{AB}$, $\overline{AD}$, $\overline{BC}$, $\overline{CD}$, $\overline{BF}$, $\overline{DH}$의 6개이다.

⑤ 면 BFGC와 수직인 면은 면 ABCD, 면 ABFE, 면 CGHD, 면 EFGH의 4개이다.

31 ③ 모서리 FG와 모서리 DG는 한 점에서 만나지만 수직은 아니다.

32 ③ 모서리 EF와 수직인 면은 면 AEH, 면 BFG의 2개이다.

④ 모서리 AH와 꼬인 위치에 있는 모서리는 $\overline{BF}$, $\overline{EF}$, $\overline{FG}$의 3개이다.

⑤ 모서리 AE와 평행한 모서리는 $\overline{BF}$의 1개이다.

33 ㄱ. 모서리 EH와 평행한 면은 면 APQD, 면 PFGQ의 2개이다.

ㄴ. 면 AEFP와 수직인 모서리는 $\overline{AD}$, $\overline{EH}$, $\overline{FG}$, $\overline{PQ}$의 4개이다.

ㄷ. 모서리 DH와 꼬인 위치에 있는 모서리는 $\overline{AP}$, $\overline{EF}$, $\overline{FG}$, $\overline{PQ}$의 4개이다.

ㄹ. 모서리 AP와 평행한 모서리는 $\overline{DQ}$의 1개이다.

따라서 보기 중 옳은 것은 ㄱ, ㄴ이다.

34 ② 모서리 DG와 꼬인 위치에 있는 모서리는 $\overline{AB}$, $\overline{AE}$, $\overline{BF}$, $\overline{BP}$, $\overline{EF}$, $\overline{EH}$의 6개이다.

③ 모서리 EH와 수직인 모서리는 $\overline{AE}$, $\overline{DH}$, $\overline{EF}$, $\overline{GH}$의 4개이다.

④ 면 ABPD와 평행한 면은 면 EFGH의 1개이다.

⑤ 모서리 AD는 면 DPG 위의 직선 PD와 수직이 아니므로 모서리 AD와 면 DPG는 수직이 아니다.

35 모서리 BP와 평행한 면은 면 AEHD, 면 EFGH의 2개이므로 $a=2$

모서리 QR와 꼬인 위치에 있는 모서리는 $\overline{AB}$, $\overline{AD}$, $\overline{AE}$, $\overline{BF}$, $\overline{BP}$, $\overline{EF}$, $\overline{EH}$, $\overline{FG}$의 8개이므로 $b=8$

면 PQR와 수직인 면은 없으므로 $c=0$

$\therefore 3a+2b+3c=3\times2+2\times8+3\times0=22$

36 모서리 AC와 평행한 평면은 면 DGHF, 면 GBH이므로 $a=2$

모서리 GH와 평행한 평면은 면 DACF, 면 ABC이므로 $b=2$

모서리 HB와 꼬인 위치에 있는 모서리는 $\overline{AC}$, $\overline{AD}$, $\overline{DF}$, $\overline{DG}$이므로 $c=4$

$\therefore a+b-c=2+2-4=0$

37 ① 서로 만나지 않는 두 직선은 평행할 수도 있고 꼬인 위치에 있을 수도 있다.

③ 꼬인 위치에 있는 두 직선은 한 평면 위에 있지 않다.

④ 한 평면 위에 있고 서로 만나지 않는 두 직선은 평행하다.

⑤ 서로 다른 세 직선 중 두 직선은 평행할 수도 있고 한 점에서 만날 수도 있고 꼬인 위치에 있을 수도 있다.

38 ① $l /\!/ m$, $m /\!/ n$이면 $l /\!/ n$이다.

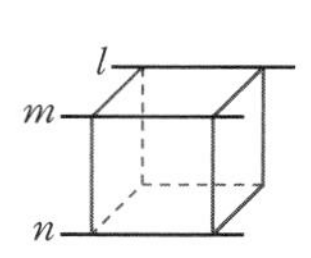

② $l /\!/ m$, $l \perp n$이면 두 직선 m, n은 만날 수도 있고 꼬인 위치에 있을 수도 있다.

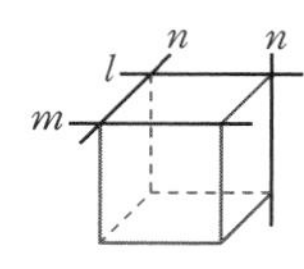

④ $l \perp P$, $m /\!/ P$이면 두 직선 l, m은 만날 수도 있고 꼬인 위치에 있을 수도 있다.

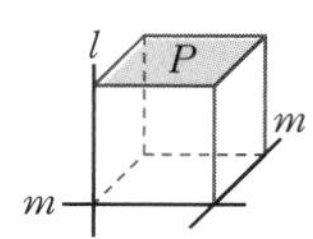

⑤ $l /\!/ P$, $m /\!/ P$이면 두 직선 l, m은 만날 수도 있고 평행할 수도 있고 꼬인 위치에 있을 수도 있다.

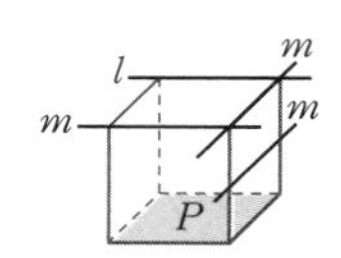

39 ㅁ. $l /\!/ m$, $l \perp n$이면 두 직선 m, n은 만날 수도 있고 꼬인 위치에 있을 수도 있다.

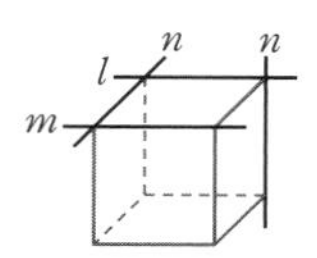

40 ① 두 직선 l과 m은 만날 수도 있고 평행할 수도 있고 꼬인 위치에 있을 수도 있다.

② 평면 P와 직선 m은 수직이다.

③ 두 평면 P와 Q는 수직이다.

⑤ 두 직선 l과 m은 만날 수도 있고 꼬인 위치에 있을 수도 있다.

3 작도와 합동

주제별 실력다지기

39~48쪽

01 눈금 없는 자 — ㄱ, ㄹ / 컴퍼스 — ㄴ, ㅁ

02 ②, ③	03 ㉠, ㉣, ㉤, ㉡		04 ③
05 ④	06 ㉤, ㉡, ㉥, ㉢		07 ④
08 ②	09 ①, ④	10 ①	11 ①
12 ②	13 ①, ⑤	14 ③, ④	
15 $\overline{AC}$의 길이, $\angle B$의 크기		16 ②, ④	17 ⑤
18 ③	19 ⑤	20 65	21 ③
22 ⑤	23 ④, ⑤	24 ①, ④, ⑤	25 ④

26 (가) $\angle DAE$ (나) $\angle ADE$ (다) ASA

27 (가) $\angle DBE$ (나) $\triangle DBE$ (다) ASA　　28 ④

29 ⑤

30 (1) $\triangle ACD \equiv \triangle BCE$, SAS 합동
(2) $\overline{BE}=10$ cm, $\angle BPD=120°$

31 (1) $\triangle ADC$, SAS 합동 (2) 35 cm

32 $a+b$	33 $60°$	34 ③	35 $60°$
36 ③	37 ③	38 4 cm^2	39 ③
40 45 cm^2	41 ❶ A, B ❷ A, B, P ❸ 이등분선		
42 ②	43 ③	44 ④	

45 (1) ㉢ − ㉠ − ㉡ (2) $\overline{BP}$, $\overline{BQ}$, $\angle BOP$, 90

46 ②, ③

01 두 점을 잇는 선분을 그리거나 주어진 선분을 연장하는 데는 눈금 없는 자를 사용하고, 주어진 선분의 길이를 재어 선분의 길이를 비교하거나 다른 직선 위로 옮기는 데는 컴퍼스를 사용한다.

02 직선을 그릴 때 눈금 없는 자가 사용되고, $\overline{AB}$의 길이를 잴 때 컴퍼스가 사용된다.

03 작도 순서는 ㉢ − ㉠ − ㉣ − ㉤ − ㉡ − ㉥이다.

04 ③ $\overline{OB}=\overline{OA}=\overline{PD}=\overline{PC}$, $\overline{AB}=\overline{CD}$

05 ③ 점 A의 방향으로 연장되어 $\overline{AB}$의 길이의 2배가 되는 $\overline{BC}$가 그려진다.
④ 컴퍼스로 점 B를 중심으로 하고, 반지름의 길이가 $\overline{AB}$인 원을 그려 $\overline{AB}$의 연장선과 만나는 점을 C라 하면 $\overline{AB}=\overline{BC}$, 즉 $\overline{AC}=2\overline{AB}$

06 작도 순서는 ㉠ − ㉤ − ㉡ − ㉥ − ㉢ − ㉣이다.

07 ④ 평행선의 작도는 크기가 같은 각을 작도하고, 동위각의 크기가 같은 두 직선은 서로 평행함을 이용한 것이다.

08 ② $\overline{QR}=\overline{BC}$

09 (가장 긴 변의 길이)<(나머지 두 변의 길이의 합)이므로
① $8<2+7$　② $8=3+5$　③ $11>4+6$
④ $10<4+8$　⑤ $14=5+9$
따라서 삼각형의 세 변의 길이가 될 수 있는 것은 ①, ④이다.

10 (가장 긴 변의 길이)<(나머지 두 변의 길이의 합)이므로
i) 가장 긴 변의 길이가 14일 때,
$14<5+11$, $14<7+11$이므로 만들 수 있는 삼각형의 세 변의 길이의 쌍은 (5, 11, 14), (7, 11, 14)의 2개이다.
ii) 가장 긴 변의 길이가 11일 때,
$11<5+7$, $11<7+7$이므로 만들 수 있는 삼각형의 세 변의 길이의 쌍은 (5, 7, 11), (7, 7, 11)의 2개이다.
iii) 가장 긴 변의 길이가 7일 때,
$7<5+7$이므로 만들 수 있는 삼각형의 세 변의 길이의 쌍은 (5, 7, 7)의 1개이다.
따라서 만들 수 있는 서로 다른 삼각형은 모두 $2+2+1=5$(개)이다.

11 i) 가장 긴 변의 길이가 3일 때, $3<2+x$
이때 $x<3$이므로 자연수 x의 값은 2이다.
ii) 가장 긴 변의 길이가 x일 때, $x<2+3$　$\therefore x<5$
이때 $x\geq 3$이므로 자연수 x의 값은 3, 4이다.
i), ii)에서 자연수 x의 값은 2, 3, 4의 3개이다.

12 i) 가장 긴 변의 길이가 10일 때,

$10<4+a$

이때 $a<10$이므로 자연수 a의 값은 7, 8, 9이다.

ii) 가장 긴 변의 길이가 a일 때,

$a<4+10 \quad \therefore a<14$

이때 $a\geq10$이므로 자연수 a의 값은 10, 11, 12, 13이다.

i), ii)에서 자연수 a의 값은 7, 8, 9, 10, 11, 12, 13의 7개이다.

13 나머지 한 변의 길이를 a라 하면

i) 가장 긴 변의 길이가 11일 때,

$11<6+a$

이때 $a<11$이므로 자연수 a의 값은 6, 7, 8, 9, 10이다.

ii) 가장 긴 변의 길이가 a일 때,

$a<6+11 \quad \therefore a<17$

이때 $a\geq11$이므로 자연수 a의 값은 11, 12, 13, 14, 15, 16이다.

i), ii)에서 자연수 a의 값은 6, 7, 8, 9, …, 15, 16이므로 나머지 한 변의 길이로 적당하지 않은 것은 ①, ⑤이다.

14 ③ 두 변의 길이와 그 끼인각의 크기가 주어지면 삼각형은 하나로 정해진다.

④ 한 변의 길이와 그 양 끝각의 크기가 주어지면 삼각형은 하나로 정해진다.

15 $\overline{AC}$의 길이가 주어지면 세 변의 길이를 알 수 있으므로 삼각형을 하나로 작도할 수 있다.

또, ∠B의 크기가 주어지면 두 변의 길이와 그 끼인각의 크기를 알 수 있으므로 삼각형을 하나로 작도할 수 있다.

16 ① 가장 긴 변의 길이가 나머지 두 변의 길이의 합과 같으므로 삼각형이 만들어지지 않는다.

② 두 변의 길이와 그 끼인각의 크기가 주어졌으므로 삼각형이 하나로 정해진다.

④ ∠A와 ∠B의 크기를 이용하여 ∠C의 크기를 구할 수 있다. 즉, 한 변의 길이와 그 양 끝각의 크기가 주어졌으므로 삼각형이 하나로 정해진다.

17 ③ ∠A와 ∠C의 크기를 이용하여 ∠B의 크기를 구할 수 있다. 즉, 한 변의 길이와 그 양 끝각의 크기가 주어졌으므로 삼각형이 하나로 정해진다.

⑤ ∠C가 주어진 두 변의 끼인각이 아니므로 삼각형이 하나로 정해지지 않는다.

18 다음과 같이 3가지의 삼각형을 작도할 수 있다.

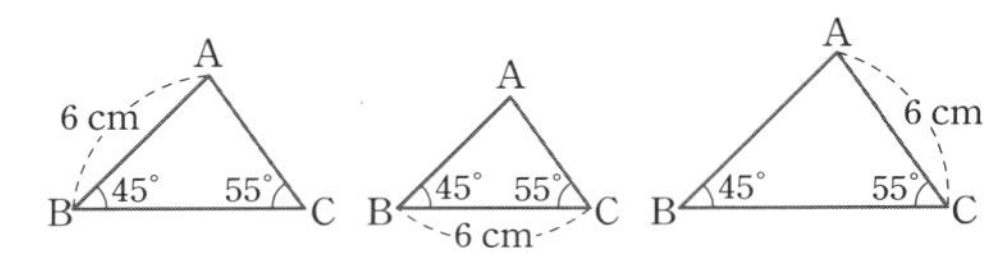

19 ⑤ 다음 그림과 같이 두 삼각형의 세 각의 크기가 같아도 합동이 아닐 수 있다.

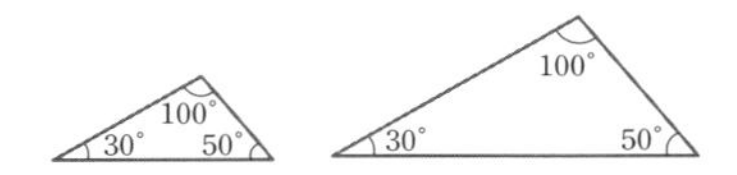

20 $\overline{AC}=\overline{DF}$이므로 $x=6$

$\angle D=\angle A$이므로 $y=180-(41+80)=59$

$\therefore x+y=6+59=65$

21 ① $\overline{EF}=\overline{AB}=9$ cm

② $\overline{AD}=\overline{EH}=5$ cm

③ $\overline{CD}=\overline{GH}$이지만 길이는 알 수 없다.

④ $\angle C=\angle G=75°$

⑤ $\angle E=\angle A=360°-(80°+75°+112°)=93°$

따라서 옳지 않은 것은 ③이다.

22 ① 대응하는 세 변의 길이가 같으므로 SSS 합동

② 대응하는 한 변의 길이와 그 양 끝 각의 크기가 같으므로 ASA 합동

③ $\angle A=\angle D$, $\angle B=\angle E$이므로 $\angle C=\angle F$

즉, 대응하는 한 변의 길이와 그 양 끝 각의 크기가 같으므로 ASA 합동

④ 대응하는 두 변의 길이와 그 끼인각의 크기가 같으므로 SAS 합동

⑤ 주어진 두 변의 끼인각이 아닌 다른 각의 크기가 같으므로 합동인지 아닌지 알 수 없다.

따라서 합동이 될 수 없는 것은 ⑤이다.

23 ④ 대응하는 한 변의 길이가 같고, 그 양 끝 각의 크기가 각각 같다. (ASA 합동)

⑤ 대응하는 두 변의 길이가 각각 같고, 그 끼인각의 크기가 같다. (SAS 합동)

24 ①, ④, ⑤ $\angle B=\angle F$, $\angle C=\angle E$에서 $\angle A=\angle D$이므로 세 쌍의 대응변 중 어느 한 쌍의 대응변의 길이가 같으면 $\triangle ABC\equiv\triangle DFE$ (ASA 합동)이다.

25 ① △ABD와 △CDB에서

$\overline{AD}=\overline{CB}$, $\angle ADB=\angle CBD$, $\overline{BD}$는 공통이므로

$\triangle ABD \equiv \triangle CDB$ (SAS 합동)

② $\triangle ABD$와 $\triangle CDB$에서

$\angle ABD = \angle CDB$, $\angle ADB = \angle CBD$,

$\overline{BD}$는 공통이므로

$\triangle ABD \equiv \triangle CDB$ (ASA 합동)

③ $\triangle ABC$와 $\triangle ADC$에서

$\overline{AB} = \overline{AD}$, $\overline{BC} = \overline{DC}$, $\overline{AC}$는 공통이므로

$\triangle ABC \equiv \triangle ADC$ (SSS 합동)

④ $\triangle AEC$와 $\triangle BED$에서

$\overline{AC} = \overline{BD}$, $\angle ACE = \angle BDE$,

$\angle AEC = \angle BED$ (맞꼭지각)이므로

$\angle CAE = \angle DBE$

$\therefore \triangle AEC \equiv \triangle BED$ (ASA 합동)

⑤ $\triangle ACD$와 $\triangle ECB$에서

$\overline{CD} = \overline{CB}$, $\angle C$는 공통,

$\overline{AC} = \overline{AB} + \overline{BC} = \overline{ED} + \overline{DC} = \overline{EC}$이므로

$\triangle ACD \equiv \triangle ECB$ (SAS 합동)

26 $\triangle ABC$와 $\triangle ADE$에서

$\overline{AB} = \overline{AD}$, $\angle BAC = \boxed{\angle DAE}$ (맞꼭지각)

$\overline{BC} /\!/ \overline{ED}$이므로

$\angle ABC = \boxed{\angle ADE}$ (엇각)

$\therefore \triangle ABC \equiv \triangle ADE$ ($\boxed{\text{ASA}}$ 합동)

27 $\triangle ABC$와 $\triangle DBE$에서

$\angle A = \angle D$, $\overline{AB} = \overline{DB}$이고

$\angle ABC = \boxed{\angle DBE}$ (공통인 각)

$\therefore \triangle ABC \equiv \boxed{\triangle DBE}$ ($\boxed{\text{ASA}}$ 합동)

28 $\triangle PAM$과 $\triangle PBM$에서

$\overline{AM} = \overline{BM}$ (①), $\angle AMP = \angle BMP = 90^\circ$ (②)

$\overline{PM}$은 공통

$\therefore \triangle PAM \equiv \triangle PBM$ (SAS 합동)

$\triangle PAM \equiv \triangle PBM$이므로

$\overline{PA} = \overline{PB}$ (③), $\angle PAM = \angle PBM$ (⑤)

29 $\triangle AOP$와 $\triangle BOP$에서

$\overline{OP}$는 공통, $\angle AOP = \angle BOP$

또, $\angle OAP = \angle OBP = 90^\circ$이므로

$\angle APO = \angle BPO$

$\therefore \triangle AOP \equiv \triangle BOP$ (ASA 합동)

30 (1) $\triangle ABC$와 $\triangle ECD$는 정삼각형이므로

$\triangle ACD$와 $\triangle BCE$에서

$\overline{AC} = \overline{BC}$, $\overline{CD} = \overline{CE}$

또, $\angle ACB = \angle ECD = 60^\circ$이므로

$\angle ACD = \angle BCE = 180^\circ - 60^\circ = 120^\circ$

$\therefore \triangle ACD \equiv \triangle BCE$ (SAS 합동)

(2) $\triangle ACD \equiv \triangle BCE$이므로 $\overline{BE} = \overline{AD} = 10$ cm

또, $\angle CAD = \angle CBE = \angle x$,

$\angle ADC = \angle BEC = \angle y$라 하면

$\triangle ACD$에서

$\angle x + \angle y + 120^\circ = 180^\circ \qquad \therefore \angle x + \angle y = 60^\circ$

따라서 $\triangle PBD$에서

$\angle BPD = 180^\circ - (\angle x + \angle y) = 180^\circ - 60^\circ = 120^\circ$

31 (1) 오른쪽 그림의

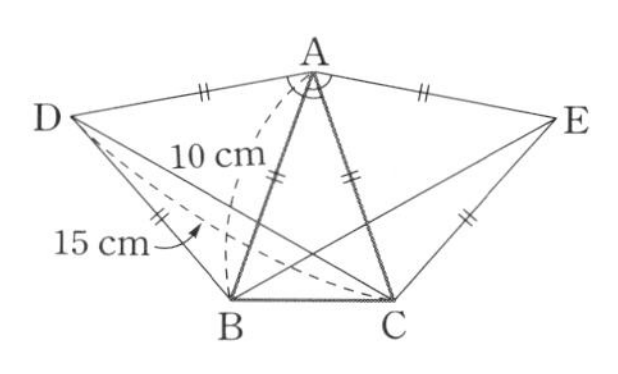

$\triangle ABE$와 $\triangle ADC$에서

$\overline{AB} = \overline{AD}$, $\overline{AE} = \overline{AC}$,

$\angle BAE = \angle BAC + 60^\circ$

$= \angle DAC$

이므로

$\triangle ABE \equiv \triangle ADC$ (SAS 합동)

(2) $\overline{AE} = \overline{AC} = \overline{AB} = 10$ cm이고,

$\triangle ABE \equiv \triangle ADC$이므로

$\overline{BE} = \overline{DC} = 15$ cm

따라서 $\triangle ABE$의 둘레의 길이는

$\overline{AB} + \overline{BE} + \overline{EA} = 10 + 15 + 10 = 35$(cm)

32 $\triangle ABD$와 $\triangle CBE$에서

$\overline{AB} = \overline{CB}$, $\overline{BD} = \overline{BE}$, $\angle ABD = 60^\circ - \angle DBC = \angle CBE$

이므로 $\triangle ABD \equiv \triangle CBE$ (SAS 합동)

$\therefore \overline{CE} = \overline{AD}$

따라서 $\triangle DEC$의 둘레의 길이는

$\overline{DE} + \overline{EC} + \overline{CD} = \overline{BD} + \overline{AD} + \overline{CD}$

$= b + \overline{AC}$

$= b + a$

33 $\triangle ADF$와 $\triangle BED$에서

$\overline{AD} = \overline{BE}$, $\angle DAF = \angle EBD = 60^\circ$

$\overline{AF} = \overline{AC} - \overline{CF} = \overline{AB} - \overline{AD} = \overline{BD}$이므로

$\triangle ADF \equiv \triangle BED$ (SAS 합동)

같은 방법으로 하면

$\triangle ADF \equiv \triangle CFE$ (SAS 합동)

$\therefore \triangle ADF \equiv \triangle BED \equiv \triangle CFE$

따라서 $\overline{DE} = \overline{EF} = \overline{FD}$, 즉 $\triangle DEF$가 정삼각형이므로

$\angle DEF = 60^\circ$

34 $\triangle ADF$와 $\triangle BED$에서

$\overline{AD}=\overline{BE}$, $\angle DAF=\angle EBD=60°$, $\overline{AF}=\overline{BD}$

이므로 $\triangle ADF\equiv\triangle BED$ (SAS 합동)

같은 방법으로 하면

$\triangle ADF\equiv\triangle CFE$ (SAS 합동)

$\therefore \triangle ADF\equiv\triangle BED\equiv\triangle CFE$

따라서 세 삼각형의 넓이는 모두 같으므로

$\triangle ABC=(\triangle ADF+\triangle BED+\triangle CFE)+\triangle DEF$

$=3\triangle ADF+28$

$3\triangle ADF+28=100$, $3\triangle ADF=72$

$\therefore \triangle ADF=24\text{ cm}^2$

35 $\triangle ACE$와 $\triangle CBD$에서

$\overline{CE}=\overline{BD}$, $\angle ACE=\angle CBD=60°$, $\overline{AC}=\overline{CB}$이므로

$\triangle ACE\equiv\triangle CBD$ (SAS 합동)

$\therefore \angle BCD=\angle CAE=23°$

또, $\triangle ACE$에서 $\angle CAE=23°$이므로

$\angle AEC=180°-(60°+23°)=97°$

$\therefore \angle AFD=\angle CFE=180°-(\angle BCD+\angle AEC)$

$=180°-(23°+97°)=60°$

36 $\triangle ABE$와 $\triangle BCF$에서

$\overline{BE}=\overline{CF}$, $\overline{AB}=\overline{BC}$, $\angle ABE=\angle BCF=90°$

$\therefore \triangle ABE\equiv\triangle BCF$ (SAS 합동)

③ $\angle AGF=\angle BGE$

$=180°-(\angle GBE+\angle GEB)$

$=180°-(\angle FBC+\angle BFC)$

$=90°\neq\angle AEC$

37 $\triangle BFC$와 $\triangle GDC$에서

$\overline{BC}=\overline{GC}$, $\overline{CF}=\overline{CD}$, $\angle BCF=\angle GCD=90°$이므로

$\triangle BCF\equiv\triangle GCD$ (SAS 합동)

$\therefore \overline{DG}=\overline{FB}=5\text{ cm}$

38 $\triangle OBH$와 $\triangle OCI$에서

$\overline{OB}=\overline{OC}$, $\angle OBH=\angle OCI$

$\angle BOH=90°-\angle HOC=\angle COI$

$\therefore \triangle OBH\equiv\triangle OCI$ (ASA 합동)

따라서 겹쳐진 부분의 넓이는

$\triangle OHC+\triangle OCI=\triangle OHC+\triangle OBH$

$=\triangle OBC$

$=\frac{1}{4}\times$(정사각형 ABCD의 넓이)

$=\frac{1}{4}\times4\times4=4(\text{cm}^2)$

39 ③ $\overline{AB}=\overline{PQ}$인지는 알 수 없다.

40 $\triangle POE$와 $\triangle QOE$에서

$\overline{PE}=\overline{QE}$, $\angle PEO=\angle QEO=90°$,

$\overline{OE}$는 공통이므로

$\triangle POE\equiv\triangle QOE$ (SAS 합동)

또, $\triangle POF$와 $\triangle ROF$에서

$\overline{PF}=\overline{RF}$, $\angle PFO=\angle RFO=90°$, $\overline{OF}$는 공통이므로

$\triangle POF\equiv\triangle ROF$ (SAS 합동)

따라서 $\triangle POE=\triangle QOE$, $\triangle POF=\triangle ROF$이므로

(사각형 OEPF의 넓이)$=\frac{1}{2}\times(\triangle POQ+\triangle POR)$

$=\frac{1}{2}\times$(사각형 OQPR의 넓이)

$=\frac{1}{2}\times90$

$=45(\text{cm}^2)$

42 ② $\overline{XA}=\overline{YB}$인지는 알 수 없다.

43 ③ 오른쪽 그림과 같이 $\overrightarrow{BP}$가 $\angle ABC$의 이등분선일 때, $\overline{AC}$와 $\overrightarrow{BP}$가 만나는 점 P에서 $\overline{AB}$와 $\overline{BC}$에 이르는 거리는 같다.

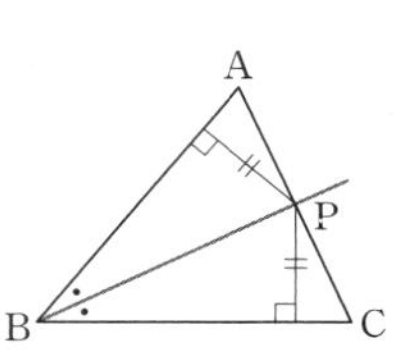

따라서 $\angle ABC$의 이등분선의 작도가 이용된다.

44 $\overleftrightarrow{PQ}$는 직선 l의 수선이다.

④ $\overline{PQ}=\overline{AB}$인지는 알 수 없다.

45 (1) ㉢ 점 P를 중심으로 하는 원을 그려 직선 XY와 만나는 두 점을 A, B라 한다.

㉠ 두 점 A, B를 각각 중심으로 하고 반지름의 길이가 같은 두 원을 그려 이 두 원이 만나는 점을 Q라 한다.

㉡ 두 점 P, Q를 잇는 직선을 긋는다.

따라서 작도 순서는 ㉢-㉠-㉡이다.

(2) $\overline{AP}=$ [BP], $\overline{AQ}=$ [BQ], $\angle AOP=$ [$\angle BOP$] $=$ [90]°

46 $\overleftrightarrow{PQ}$가 직선 l의 수선이므로

① $\overline{PA}=\overline{PB}$

④ 작도 순서는 ㉣-㉠-㉢-㉡(또는 ㉣-㉢-㉠-㉡)이다.

⑤ ㉢의 원과 ㉠의 원은 반지름의 길이가 같다.

I 도형의 기초

단원 종합 문제

49~54쪽

01 ③ 02 ①, ⑤ 03 ④ 04 ④

05 ③ 06 ③ 07 (1) 98° (2) 75°

08 ②, ⑤ 09 ⑤ 10 ④ 11 29°

12 ① 13 ②, ④ 14 ⑤

15 (1) 면 ABFE, 면 AEHQ, 면 BFGP

(2) 풀이 참조, $\overline{AB}$, $\overline{AE}$, $\overline{AQ}$, $\overline{EF}$, $\overline{EH}$

16 8 17 4 18 ④ 19 ⑤

20 (1) ㉡－㉠－㉥－㉣－㉢－㉤

(2) ∠CPD (3) $\overline{BQ}$, $\overline{CP}$, $\overline{DP}$

21 ②, ⑤ 22 ② 23 ④, ⑤ 24 ②

25 ④

26 $\overline{AB}=\overline{DF}$ 또는 $\overline{BC}=\overline{FE}$ 또는 $\overline{AC}=\overline{DE}$

27 6시 $16\frac{4}{11}\left(=\frac{180}{11}\right)$분 또는 6시 $49\frac{1}{11}\left(=\frac{540}{11}\right)$분

28 ⑤ 29 ④ 30 ⑤

01 ③ 선과 선 또는 선과 면이 만나는 경우에 교점이 생긴다.

④ 오른쪽 그림과 같이 원기둥과 면이 만나서 곡선이 생긴다.

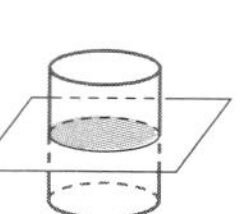

02 ① $\overrightarrow{AB}$와 $\overline{BC}$의 공통 부분은 $\overline{BC}$이다.

⑤ $\overrightarrow{AC}$와 $\overline{CD}$의 공통 부분은 점 C이다.

03 $\overline{AC}=\overline{AB}+\overline{BC}=2\overline{MB}+2\overline{BN}$

$=2(\overline{MB}+\overline{BN})=2\overline{MN}$

$=2\times18=36(\text{cm})$

04 $\overline{AM}=\frac{1}{5}\overline{AB}=\frac{1}{5}\times120=24(\text{cm})$

$\overline{MB}=\overline{AB}-\overline{AM}=120-24=96(\text{cm})$이므로

$2x+6=96$ $\therefore x=45$

05 평각의 크기는 180°이므로

$(\angle x-10^\circ)+90^\circ+55^\circ=180^\circ$ $\therefore \angle x=45^\circ$

맞꼭지각의 크기는 같으므로

$\angle y+20^\circ=90^\circ+55^\circ$ $\therefore \angle y=125^\circ$

$\therefore \angle y-\angle x=125^\circ-45^\circ=80^\circ$

06 $\angle AOB : \angle BOC : \angle COD=3:1:2$이고,

$\angle AOD=180^\circ$이므로

$\angle BOC=180^\circ\times\frac{1}{3+1+2}=30^\circ$

07 오른쪽 그림에서

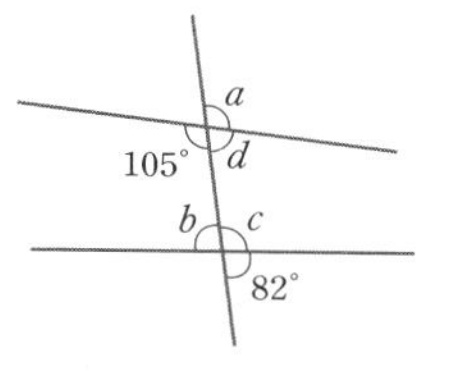

(1) $\angle a$의 동위각은 $\angle c$이므로

$\angle c=180^\circ-82^\circ=98^\circ$

(2) $\angle b$의 엇각은 $\angle d$이므로

$\angle d=180^\circ-105^\circ=75^\circ$

08 ① $\angle a=47^\circ$(맞꼭지각) ② $\angle b=47^\circ$(엇각)

③ $\angle c=47^\circ$(동위각) ④ $\angle d=58^\circ$(동위각)

⑤ $\angle e=180^\circ-(\angle b+\angle d)=180^\circ-(47^\circ+58^\circ)$

$=75^\circ$

09 ⑤ 오른쪽 그림에서 동위각의 크기가 같지 않으므로 두 직선 l, m은 평행하지 않다.

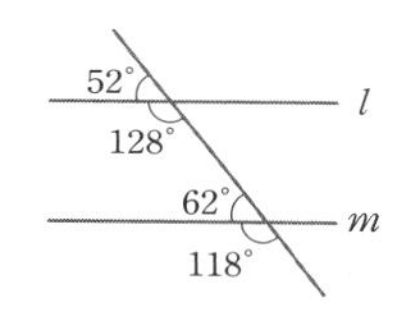

10 오른쪽 그림에서 삼각형의 세 내각의 크기의 합은 180°이므로

$\angle x+64^\circ+68^\circ=180^\circ$

$\therefore \angle x=48^\circ$

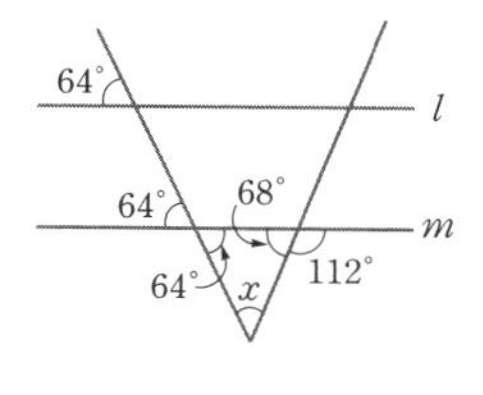

11 오른쪽 그림과 같이 두 직선 l, m에 평행한 직선을 그으면

$50^\circ+(3\angle x-42^\circ)=\angle x+66^\circ$

$2\angle x=58^\circ$ $\therefore \angle x=29^\circ$

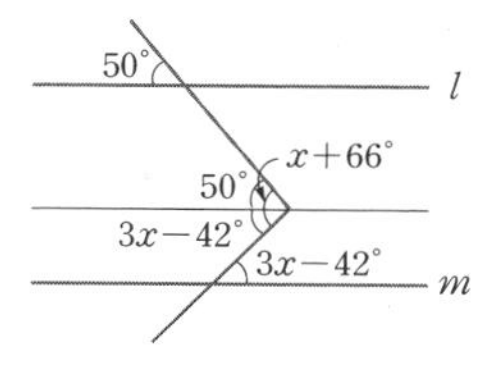

12 오른쪽 그림과 같이 두 직선 l, m에 평행한 두 직선 k, n을 그으면

$\angle x=41^\circ+34^\circ=75^\circ$

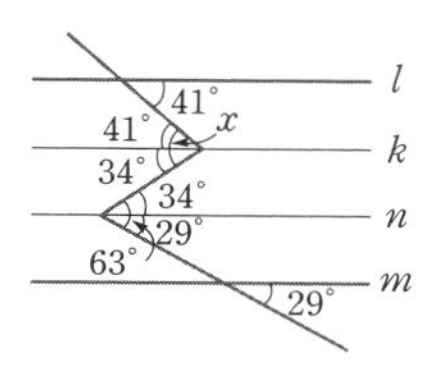

13 ② 직선 m은 점 D를 지나지 않는다. 즉, 점 D는 직선 m 위에 있지 않다.

④ 직선 l은 점 C를 지난다.

14 ⑤ 평면에서 한 점을 지나는 직선은 무수히 많다.

15 (1) 면 ABPQ와 수직인 면은 면 ABFE, 면 AEHQ, 면 BFGP이다.
(2) 꼬인 위치란 공간에서 두 직선이 만나지도 않고 평행하지도 않은 위치 관계를 뜻한다.
모서리 PG와 꼬인 위치에 있는 모서리는 $\overline{AB}$, $\overline{AE}$, $\overline{AQ}$, $\overline{EF}$, $\overline{EH}$이다.

16 점 C를 지나는 모서리는 $\overline{AC}$, $\overline{BC}$, $\overline{CF}$이므로 $a=3$
점 F를 포함하지 않는 면은 면 ABC, 면 ADEB이므로 $b=2$
$\overline{AB}$와 꼬인 위치에 있는 모서리는 $\overline{CF}$, $\overline{DF}$, $\overline{EF}$이므로 $c=3$
$\therefore a+b+c=3+2+3=8$

17 모서리 AH와 평행한 모서리는 $\overline{BG}$이므로 $a=1$
꼬인 위치에 있는 모서리는 $\overline{BF}$, $\overline{EF}$, $\overline{FG}$이므로 $b=3$
$\therefore a+b=1+3=4$

18 ④ 면 APGQ는 면 AEHD와 평행하지 않다.

19 ⑤ 두 선분의 길이를 비교할 때 컴퍼스를 사용한다.

20 (1) 작도 순서는 ㉡-㉠-㉥-㉣-㉢-㉤이다.
(2) $\angle AQB=\angle CPD$ (동위각)
(3) $\overline{AQ}=\overline{BQ}=\overline{CP}=\overline{DP}$

21 ① $\overline{AB}=\overline{BC}+\overline{CA}$이므로 삼각형이 만들어지지 않는다.
② $\angle C$가 $\overline{AC}$와 $\overline{BC}$의 끼인각이므로 삼각형이 하나로 정해진다.
③ $\angle A$가 $\overline{AB}$와 $\overline{BC}$의 끼인각이 아니므로 삼각형이 하나로 정해지지 않는다.
④ $\angle B+\angle C=180°$이므로 삼각형이 만들어지지 않는다.
⑤ $\angle A$, $\angle C$의 크기로부터 $\angle B$의 크기를 구할 수 있으므로 삼각형이 하나로 정해진다.

22 가장 긴 변의 길이가 13일 때, $13<7+a$
이때 $a<13$이므로 자연수 a의 값은 7, 8, 9, 10, 11, 12이다.
가장 긴 변의 길이가 a일 때, $a<13+7$ $\quad\therefore a<20$
이때 $a\geq13$이므로 자연수 a의 값은 13, 14, 15, 16, 17, 18, 19이다.
i), ii)에서 자연수 a의 값은 7, 8, 9, ⋯, 19의 13개이다.

23 삼각형의 가장 긴 변의 길이는 나머지 두 변의 길이의 합보다 작아야 한다.
① $x=3$일 때, 세 변의 길이는 6, 11, 19
이때 $19>6+11$이므로 삼각형이 될 수 없다.
② $x=4$일 때, 세 변의 길이는 8, 14, 23
이때 $23>8+14$이므로 삼각형이 될 수 없다.
③ $x=5$일 때, 세 변의 길이는 10, 17, 27
이때 $27=10+17$이므로 삼각형이 될 수 없다.
④ $x=6$일 때, 세 변의 길이는 12, 20, 31
이때 $31<12+20$이므로 삼각형이 될 수 있다.
⑤ $x=7$일 때, 세 변의 길이는 14, 23, 35
이때 $35<14+23$이므로 삼각형이 될 수 있다.

24 ㄱ. 원의 둘레의 길이가 같으면 반지름의 길이가 같으므로 두 원은 합동이다.
ㄴ. 한 변의 길이가 같아도 대응각의 크기가 다르면 두 마름모는 합동이 아니다.
ㄷ. 가로의 길이와 세로의 길이가 각각 2, 8인 직사각형과 가로의 길이와 세로의 길이가 각각 4, 6인 직사각형은 둘레의 길이가 같으나 합동은 아니다.
ㄹ. 넓이가 같으면 한 변의 길이가 같으므로 두 정삼각형은 합동이다.
ㅁ. 대응하는 네 변의 길이가 같더라도 대응각의 크기가 다르면 두 사각형은 합동이 아니다.

25 ㄱ. 대응하는 두 변의 길이가 각각 같고, 그 끼인각의 크기가 같으므로 $\triangle ABC\equiv\triangle DEF$ (SAS 합동)이다.
ㄴ. 대응하는 한 변의 길이가 같고, 그 양 끝 각의 크기가 각각 같으므로 $\triangle ABC\equiv\triangle DEF$ (ASA 합동)이다.

26 $\angle B=\angle F$, $\angle C=\angle E$이므로
$\angle A=180°-(\angle B+\angle C)=180°-(\angle F+\angle E)=\angle D$
따라서 더 필요한 조건은 $\overline{AB}=\overline{DF}$ 또는 $\overline{BC}=\overline{FE}$ 또는 $\overline{AC}=\overline{DE}$이다.

27 시침은 1시간에 30°를 움직이므로 1분에 0.5°씩 움직이고, 분침은 1시간에 360°를 움직이므로 1분에 6°씩 움직인다.
6시 x분일 때, 12를 기준으로 시침이 움직인 각의 크기는 $180°+0.5°\times x$, 분침이 움직인 각의 크기는 $6°\times x$이므로
i) $180°+0.5°\times x-6°\times x=90°$에서
$180°-5.5°\times x=90°$
$5.5°\times x=90°$
$\therefore x=\frac{180}{11}=16\frac{4}{11}$

ii) $6° \times x-(180°+0.5° \times x)=90°$에서

$5.5° \times x-180°=90°$

$5.5° \times x=270°$

$\therefore x=\frac{540}{11}=49\frac{1}{11}$

따라서 처음으로 직각을 이루는 시각은 6시 $16\frac{4}{11}$분이고, 두 번째로 직각을 이루는 시각은 6시 $49\frac{1}{11}$분이다.

28 오른쪽 그림과 같이 두 직선 l, m에 평행한 세 직선을 그으면

$\angle y+(\angle x-30°)+(\angle z-25°)=360°$

$\therefore \angle x+\angle y+\angle z=360°+55°=415°$

29 오른쪽 그림에서

$\angle FGB=\angle LFG$

$=\angle x$ (엇각)

$\angle FGL=\angle FGB$

$=\angle x$ (접은 각)

$\angle KLH=\angle KLD$

$=34°$ (접은 각)

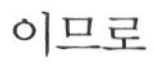

이므로

$\angle FLG=180°-(62°+34°+34°)=180°-130°=50°$

$\triangle FGL$에서 삼각형의 내각의 크기의 합은 $180°$이므로

$\angle x+\angle x+50°=180°$, $2\angle x=130°$

$\therefore \angle x=65°$

30 $\triangle ADC$와 $\triangle BEC$에서

$\overline{AC}=\overline{BC}$, $\overline{DC}=\overline{EC}$,

$\angle DCA=60°-\angle DCB=\angle ECB$

이므로

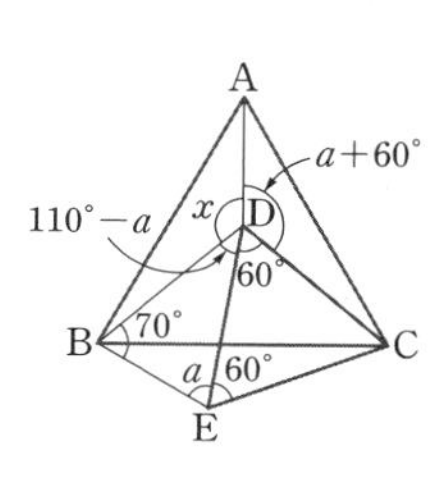

$\triangle ADC \equiv \triangle BEC$ (SAS 합동)

$\triangle ADC \equiv \triangle BEC$이므로

$\angle BED=\angle a$라 하면 $\angle ADC=\angle BEC=\angle a+60°$

$\triangle BED$에서 $\angle BDE=180°-(70°+\angle a)=110°-\angle a$

$\angle x+\angle BDE+\angle CDE+\angle ADC=360°$이므로

$\angle x+(110°-\angle a)+60°+(\angle a+60°)=360°$

$\angle x+230°=360°$ $\therefore \angle x=130°$

1 다각형

주제별 실력다지기

59~73쪽

01 ②, ⑤	**02** ①, ③	**03** ③	
04 정오각형	**05** 158°	**06** (1) 5 (2) 6 (3) 20	
07 ②	**08** ②	**09** 35	**10** ③
11 ⑤	**12** ④	**13** 6	**14** ④
15 정십일각형	**16** 90	**17** ①	**18** ①
19 36번	**20** ③	**21** ④	
22 (가) 180° (나) $\angle ACD$ (다) 180° (라) $\angle B$			
23 ②	**24** ④	**25** ⑤	**26** ④
27 40°	**28** ③	**29** ②	**30** ①
31 ②	**32** ③	**33** ②	**34** ③
35 ②	**36** ③	**37** ④	**38** ③
39 ⑤	**40** 34°	**41** 21°	**42** 180°
43 ①	**44** $\angle a=78°$, $\angle b=72°$, $\angle c=64°$		
45 (가) 6 (나) 1080° (다) 720°			**46** ⑤
47 76°	**48** ②	**49** ④	**50** ④
51 ③	**52** 6	**53** 60°	**54** ③
55 ④	**56** ③	**57** ②	**58** ③
59 ③	**60** ②	**61** 240°	**62** ⑤
63 ①	**64** 0°	**65** 540°	**66** 900°
67 ④	**68** ②	**69** 36°	**70** ③
71 45°	**72** ③	**73** ③	**74** ②
75 ④	**76** 1800°	**77** 정십육각형	**78** ②
79 1800°	**80** ④, ⑤		

01 ② 도형 전체가 곡선이므로 다각형이 아니다.

⑤ 입체도형은 다각형이 아니다.

02 ② 다각형을 이루는 각 선분을 변이라 한다.
④ 다각형의 이웃하는 두 변으로 이루어진 각은 내각이다.
⑤ 모든 변의 길이가 같고, 모든 내각의 크기가 같은 다각형을 정다각형이라 한다.

03 ③ 정다각형의 대각선의 길이가 모두 같지는 않다.

04 (가)에서 오각형이고, (나), (다)에서 정다각형이므로 세 조건을 모두 만족하는 다각형은 정오각형이다.

05 한 내각과 그에 대한 외각의 크기의 합은 $180°$이므로
$\angle x=180°-75°=105°$
$\angle y=180°-127°=53°$
$\therefore\ \angle x+\angle y=105°+53°=158°$

06 (1) $8-3=5$
(2) $8-2=6$
(3) $\dfrac{8\times(8-3)}{2}=20$

07 이십각형의 한 꼭짓점에서 그을 수 있는 대각선의 개수는 $20-3=17$ $\quad\therefore\ x=17$
이때 생기는 삼각형의 개수는 $20-2=18$ $\quad\therefore\ y=18$
$\therefore\ x-y=17-18=-1$

08 $a=12-3=9$
$b=\dfrac{12\times(12-3)}{2}=54$
$\therefore\ a+b=9+54=63$

09 n각형의 한 꼭짓점에서 대각선을 그었을 때 생기는 삼각형의 개수는 $n-2$이므로 구하는 다각형을 n각형이라 하면
$n-2=8$에서 $n=10$
즉, 십각형이므로 대각선의 개수는
$\dfrac{10\times(10-3)}{2}=35$

10 n각형의 내부의 한 점에서 각 꼭짓점에 선분을 그었을 때 생기는 삼각형의 개수는 n각형의 변의 개수와 같다.
따라서 오른쪽 그림과 같이 구각형이므로 한 꼭짓점에서 그을 수 있는 대각선의 개수는
$9-3=6$

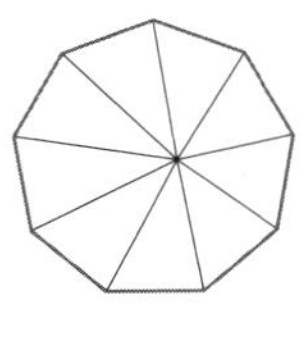

11 구하는 다각형을 n각형이라 하면 n각형의 한 꼭짓점에서 그을 수 있는 대각선의 개수는 $n-3$이므로
$n-3=17$ $\quad\therefore\ n=20$
따라서 한 꼭짓점에서 그을 수 있는 대각선의 개수가 17인 다각형은 이십각형이다.

12 구하는 다각형을 n각형이라 하면
$\dfrac{n(n-3)}{2}=65$에서
$n(n-3)=130=13\times10$ $\quad\therefore\ n=13$
따라서 대각선의 개수가 65인 다각형은 십삼각형이다.

13 구하는 다각형을 n각형이라 하면
$\dfrac{n(n-3)}{2}=27$에서
$n(n-3)=54=9\times6$ $\quad\therefore\ n=9$
따라서 구각형의 한 꼭짓점에서 그을 수 있는 대각선의 개수는 $9-3=6$이다.

14 구하는 다각형을 n각형이라 하면
$\dfrac{n(n-3)}{2}=104$에서
$n(n-3)=208=16\times13$ $\quad\therefore\ n=16$
따라서 십육각형의 한 꼭짓점에서 대각선을 그었을 때 생기는 삼각형의 개수는 $16-2=14$이다.

15 구하는 다각형을 n각형이라 하면
(가)에서 $\dfrac{n(n-3)}{2}=44$, $n(n-3)=88=11\times8$
따라서 $n=11$, 즉 십일각형이다.
(나)에서 정다각형이므로
두 조건을 모두 만족하는 다각형은 정십일각형이다.

16 구하는 다각형을 n각형이라 하면
$n-3=12$ $\quad\therefore\ n=15$
따라서 십오각형의 대각선의 개수는
$\dfrac{15\times(15-3)}{2}=90$

17 구하는 다각형을 n각형이라 하면 n각형의 한 꼭짓점에서 그을 수 있는 대각선의 개수는 $n-3$이므로
$n-3=4$ $\quad\therefore\ n=7$
따라서 칠각형의 변의 개수는 7, 대각선의 개수는
$\dfrac{7\times(7-3)}{2}=14$이므로
변의 개수와 대각선의 개수의 합은 $7+14=21$

18 각 사람을 점으로 나타내고 악수를 하는 것을 선분으로 생각한다.

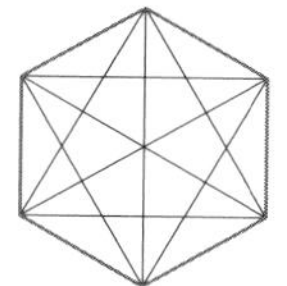

양 옆의 사람을 제외한 두 사람씩 짝을 지으면 악수를 한 총 횟수는 육각형의 대각선의 개수와 같으므로

$\frac{6\times(6-3)}{2}=3\times3=9$(번)

19 9개의 야구팀을 점으로 나타내고 대진팀을 선분으로 생각한다. 9개 팀 모두가 단 한 번씩 다른 팀과 서로 경기를 할 때 총 경기 횟수는 구각형의 변의 개수와 대각선의 개수를 합한 것과 같으므로

$9+\frac{9\times(9-3)}{2}=9+27=36$(번)

20 삼각형의 세 내각의 크기의 합은 $180°$이므로 가장 큰 내각의 크기는

$180°\times\frac{3}{2+1+3}=90°$

21 오른쪽 그림에서

$(43°+\angle a)+50°+(30°+\angle b)$

$=180°$

이므로 $\angle a+\angle b=57°$

$\therefore\ \angle x=180°-(\angle a+\angle b)$

$=180°-57°=123°$

23 삼각형의 한 외각의 크기는 그와 이웃하지 않는 두 내각의 크기의 합과 같으므로

$(\angle x+5°)+30°=75°$, $\angle x+35°=75°$

$\therefore\ \angle x=40°$

24 삼각형의 한 외각의 크기는 그와 이웃하지 않는 두 내각의 크기의 합과 같으므로

$70°+35°=\angle x+30°$ $\qquad\therefore\ \angle x=75°$

25 삼각형의 한 외각의 크기는 그와 이웃하지 않는 두 내각의 크기의 합과 같으므로

$\angle x=65°+40°=105°$

$\angle y+45°=\angle x$에서

$\angle y=\angle x-45°=105°-45°=60°$

$\therefore\ \angle x+\angle y=105°+60°=165°$

26 $\angle B+\angle C=180°-48°=132°$이므로

$\angle x=180°-\frac{1}{2}(\angle B+\angle C)$

$=180°-\frac{1}{2}\times132°$

$=180°-66°$

$=114°$

27 $\angle A+40°=120°$이므로 $\angle A=120°-40°=80°$

$2\angle x=40°+\frac{1}{2}\angle A=40°+\frac{1}{2}\times80°=80°$

$\therefore\ \angle x=40°$

28 $\angle A+\angle B=180°-58°=122°$이므로

$\angle BDE=\frac{1}{2}(\angle A+\angle B)$

$=\frac{1}{2}\times122°$

$=61°$

29 $\angle A+\angle B=180°-62°=118°$이므로

$\angle ADB=180°-\frac{1}{2}(\angle A+\angle B)$

$=180°-\frac{1}{2}\times118°$

$=180°-59°$

$=121°$

30 오른쪽 그림에서

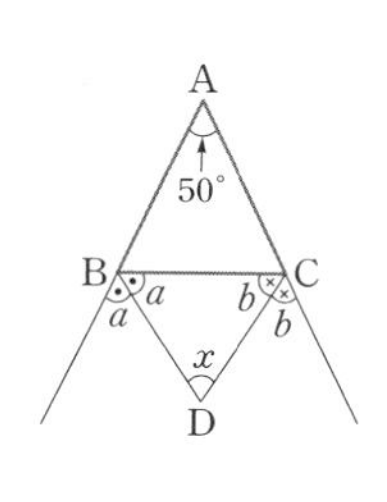

$50°+(180°-2\angle a)+(180°-2\angle b)$

$=180°$

이므로 $\angle a+\angle b=115°$

$\therefore\ \angle x=180°-(\angle a+\angle b)$

$=180°-115°$

$=65°$

31 $\frac{1}{2}\angle B+\angle x=\frac{1}{2}\angle ACE$이므로

$\angle x=\frac{1}{2}\angle ACE-\frac{1}{2}\angle B=\frac{1}{2}(\angle ACE-\angle B)$

이때 $\angle A+\angle B=\angle ACE$이므로

$\angle ACE-\angle B=\angle A$

$\therefore\ \angle x=\frac{1}{2}\angle A=\frac{1}{2}\times42°=21°$

32 $\angle x+\angle B=\angle ACE$이므로

$\angle x=\angle ACE-\angle B$

이때 $\frac{1}{2}\angle B+38°=\frac{1}{2}\angle ACE$이므로

$\frac{1}{2}\angle ACE-\frac{1}{2}\angle B=38°$

$\frac{1}{2}(\angle ACE-\angle B)=38°$

$\frac{1}{2}\angle x=38°$　　$\therefore \angle x=76°$

33 $\frac{1}{2}\angle C+\angle x=\frac{1}{2}\angle ABE$이므로

$\angle x=\frac{1}{2}\angle ABE-\frac{1}{2}\angle C=\frac{1}{2}(\angle ABE-\angle C)$

이때 $\angle A+\angle C=\angle ABE$이므로

$\angle ABE-\angle C=\angle A$

$\therefore \angle x=\frac{1}{2}\angle A=\frac{1}{2}\times 60°=30°$

34 $\angle A+\angle x=\angle BCE$이므로

$\angle x=\angle BCE-\angle A$

이때 $\frac{1}{2}\angle A+37°=\frac{1}{2}\angle BCE$이므로

$\frac{1}{2}\angle BCE-\frac{1}{2}\angle A=37°$

$\frac{1}{2}(\angle BCE-\angle A)=37°$

$\frac{1}{2}\angle x=37°$　　$\therefore \angle x=74°$

35 $\triangle ABD$는 $\overline{AB}=\overline{DB}$인 이등변삼각형이므로

$\angle BDA=\angle BAD=80°$

$\angle y+10°=180°-(80°+80°)$　　$\therefore \angle y=10°$

$\triangle BCD$에서 $\angle DBC+\angle DCB=\angle BDA$이므로

$(\angle x-4°)+(2\angle x-60°)=80°$

$3\angle x=144°$　　$\therefore \angle x=48°$

$\therefore \angle x+\angle y=48°+10°=58°$

36 $\triangle ABC$는 $\overline{AB}=\overline{AC}$인 이등변삼각형이므로

$\angle ABC=\angle ACB=\frac{1}{2}\times(180°-50°)=65°$

또, $\triangle BCD$는 $\overline{BC}=\overline{DC}$인 이등변삼각형이므로

$\angle BDC=\angle DBC=65°$

$\therefore \angle DCB=180°-(65°+65°)=50°$

37 오른쪽 그림에서

$\angle x+2\angle x+96°=180°$

$3\angle x=84°$

$\therefore \angle x=28°$

38 오른쪽 그림에서

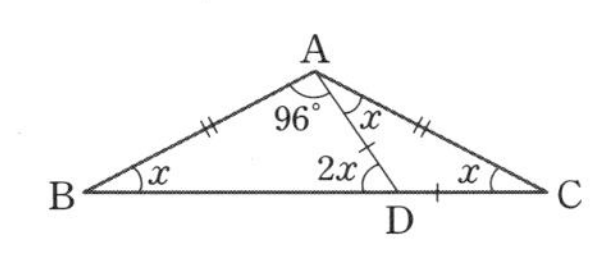

$\angle B=\angle x$라 하면

$\angle x+2\angle x=123°$

$3\angle x=123°$　　$\therefore \angle x=41°$

$\therefore \angle ACD=180°-(123°+41°)=16°$

39 $\triangle ACD$는 $\overline{AC}=\overline{CD}$인 이등변삼각형이므로

$\angle CAD=\angle CDA=180°-150°=30°$

또, $\triangle ABC$는 $\overline{AB}=\overline{AC}$인 이등변삼각형이므로

$\angle ABC=\angle ACB=\angle CAD+\angle CDA$

$=30°+30°=60°$

40 오른쪽 그림에서

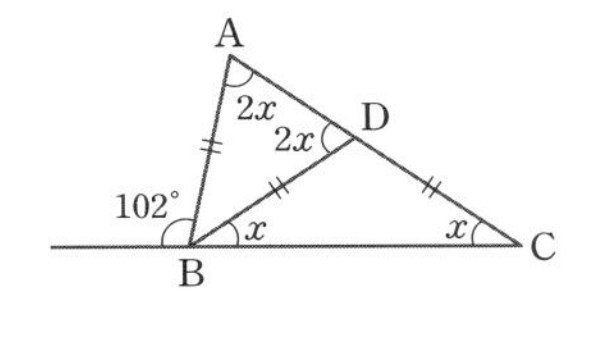

$2\angle x+\angle x=102°$

$3\angle x=102°$

$\therefore \angle x=34°$

41 오른쪽 그림에서

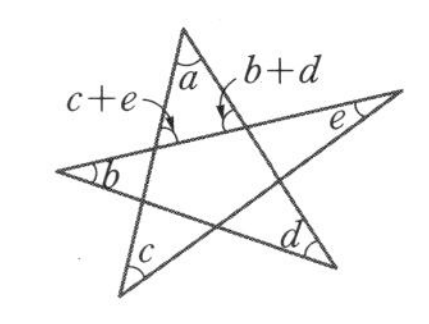

$\angle x+4\angle x=105°$

$5\angle x=105°$

$\therefore \angle x=21°$

42 오른쪽 그림에서

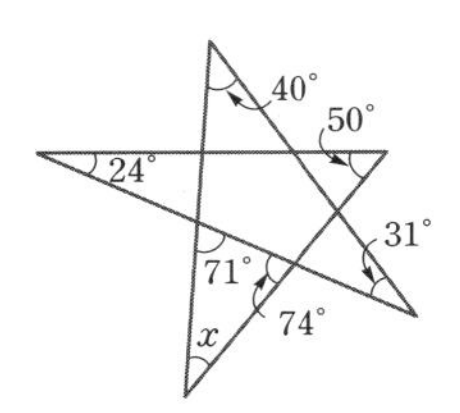

$\angle a+\angle b+\angle c+\angle d+\angle e$

$=180°$

43 오른쪽 그림에서

$\angle x+71°+74°=180°$

$\therefore \angle x=35°$

44 삼각형의 한 외각의 크기는 그와 이웃하지 않는 두 내각의 크기의 합과 같으므로

$\angle a=36°+42°=78°$

$\angle b=30°+42°=72°$

$\angle c=28°+36°=64°$

45 오른쪽 그림과 같이 육각형의 내부의 한 점과 각 꼭짓점을 연결하면 [6]개의 삼각형이 만들어진다.

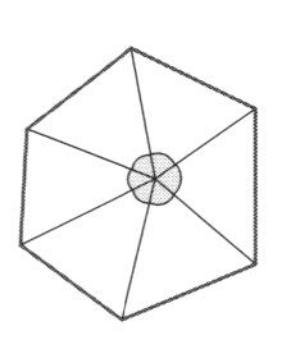

이 삼각형들의 내각의 크기의 합은

$180°\times$[6]=[1080°]

여기서 가운데 색칠한 부분의 각의 크기를 빼면 육각형의 내각의 크기의 합이 되므로

[1080°]$-360°=$[720°]

46 칠각형의 내각의 크기의 합은

$180°\times(7-2)=900°$

이므로

$\angle x+120°+110°+(\angle x+20°)+90°+150°+130°$
$=900°$
$2\angle x=280°$ $\therefore \angle x=140°$

47 사각형의 내각의 크기의 합은 360°이므로
$80°+(180°-110°)+68°+(2\angle x-10°)=360°$
$2\angle x=152°$ $\therefore \angle x=76°$

48 육각형의 내각의 크기의 합은
$180°\times(6-2)=720°$
이므로
$\angle A+120°+100°+110°+130°+\angle F=720°$
$\angle A+\angle F=260°$
$\therefore \angle x=180°-\frac{1}{2}(\angle A+\angle F)$
$=180°-\frac{1}{2}\times 260°$
$=180°-130°$
$=50°$

49 오른쪽 그림과 같이 보조선을 그으면

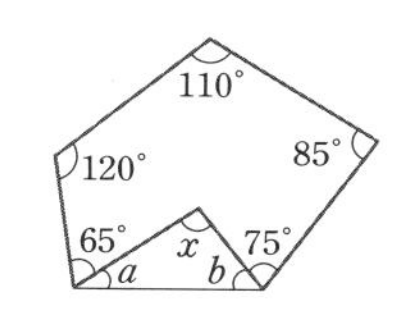

오각형의 내각의 크기의 합은
$180°\times(5-2)=540°$
이므로
$110°+120°+(65°+\angle a)+(\angle b+75°)+85°=540°$에서
$\angle a+\angle b=85°$
$\therefore \angle x=180°-(\angle a+\angle b)=180°-85°=95°$

50 구하는 다각형을 n각형이라 하면
$180°\times(n-2)=1260°$, $n-2=7$ $\therefore n=9$
따라서 구각형이다.

51 (내각의 크기의 합)$=2160°-$(외각의 크기의 합)
$=2160°-360°$
$=1800°$
구하는 다각형을 n각형이라 하면
내각의 크기의 합이 1800°이므로
$180°\times(n-2)=1800°$, $n-2=10$ $\therefore n=12$
따라서 십이각형이다.

다른 풀이
한 꼭짓점에서 내각의 크기와 외각의 크기의 합은 180°이므로
n각형에서 내각의 크기와 외각의 크기의 합은 $180°\times n$
$180°\times n=2160°$ $\therefore n=12$
따라서 십이각형이다.

52 구하는 다각형을 n각형이라 하면
외각의 크기의 합은 항상 360°이고
n각형의 내각의 크기의 합은 $180°\times(n-2)$이므로
$180°\times(n-2)-360°=900°$
$180°\times(n-2)=1260°$, $n-2=7$ $\therefore n=9$
따라서 구하는 다각형은 구각형이고, 구각형의 한 꼭짓점에서 그은 대각선의 개수는
$9-3=6$

53 다각형의 외각의 크기의 합은 360°이므로
$(\angle x+40°)+80°+(180°-130°)+130°=360°$
$\therefore \angle x=60°$

54 다각형의 외각의 크기의 합은 360°이므로
$60°+92°+(2\angle x-10°)+80°=360°$
$2\angle x=138°$ $\therefore \angle x=69°$

55 $(\angle x+20°)+(180°-156°)+110°+50°+(180°-110°)$
$=360°$
$\therefore \angle x=86°$

56 $(\angle x+20°)+74°+80°+52°+48°+(180°-110°)$
$=360°$
$\therefore \angle x=16°$

57 $(2\angle x-17°)+(180°-110°)+45°+62°+(180°-2\angle x)+(\angle x-30°)$
$=360°$
$\therefore \angle x=50°$

58 오른쪽 그림에서

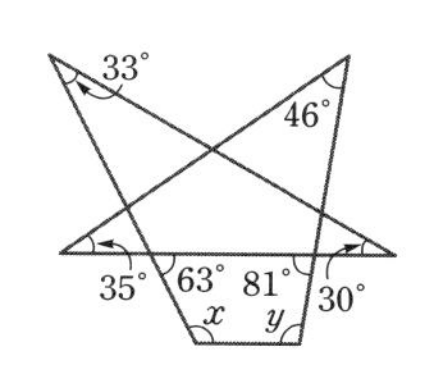

$63°+81°+\angle x+\angle y=360°$
$\therefore \angle x+\angle y=216°$

59 오른쪽 그림과 같이 보조선을 그으면

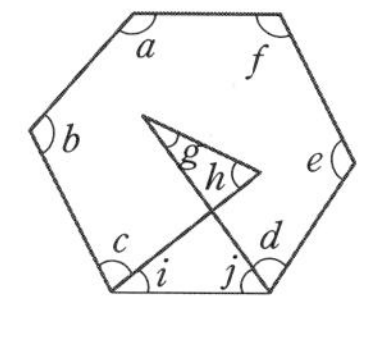

$\angle g+\angle h=\angle i+\angle j$이므로
$\angle a+\angle b+\angle c+\angle d+\angle e+\angle f+\angle g+\angle h$
$=\angle a+\angle b+\angle c+\angle d+\angle e+\angle f+\angle i+\angle j$
$=$(육각형의 내각의 크기의 합)
$=180°\times(6-2)$
$=720°$

60 오른쪽 그림과 같이 보조선을 그으면

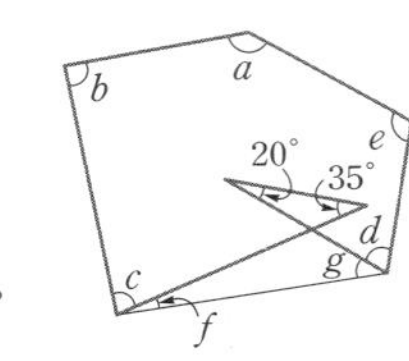

$20^\circ+35^\circ=\angle f+\angle g$이므로

$\angle a+\angle b+\angle c+\angle d+\angle e+20^\circ+35^\circ$

$=\angle a+\angle b+\angle c+\angle d+\angle e+\angle f+\angle g$

$=$(오각형의 내각의 크기의 합)

$=180^\circ\times(5-2)$

$=540^\circ$

$\therefore\ \angle a+\angle b+\angle c+\angle d+\angle e=540^\circ-(20^\circ+35^\circ)$

$=485^\circ$

61 오른쪽 그림에서 삼각형의 한 외각의 크기는 그와 이웃하지 않는 두 내각의 크기의 합과 같으므로

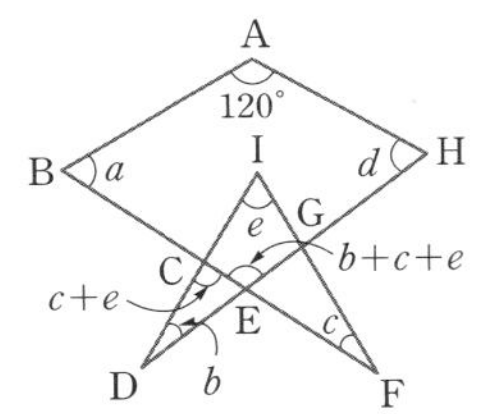

$\triangle$CFI에서

$\angle$DCE$=\angle c+\angle e$

마찬가지로 $\triangle$CDE에서

$\angle$CEG$=\angle b+\angle c+\angle e$

따라서 사각형 ABEH에서 사각형의 내각의 크기의 합은 360°이므로

$120^\circ+\angle a+(\angle b+\angle c+\angle e)+\angle d=360^\circ$

$\therefore\ \angle a+\angle b+\angle c+\angle d+\angle e=360^\circ-120^\circ=240^\circ$

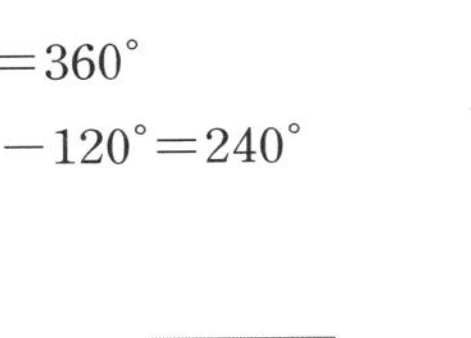

62 오른쪽 그림에서

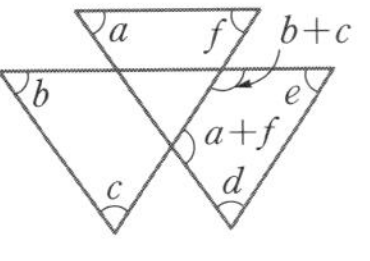

$\angle a+\angle b+\angle c+\angle d+\angle e+\angle f$

$=$(사각형의 내각의 크기의 합)

$=360^\circ$

63 오른쪽 그림에서

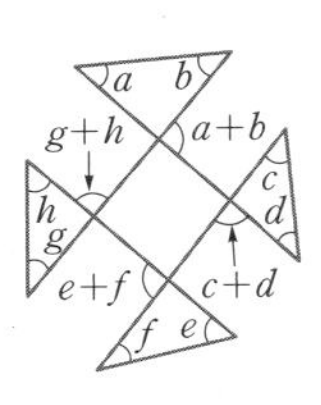

$\angle a+\angle b+\angle c+\angle d+\angle e+\angle f+\angle g+\angle h$

$=$(사각형의 외각의 크기의 합)

$=360^\circ$

64 오른쪽 그림에서

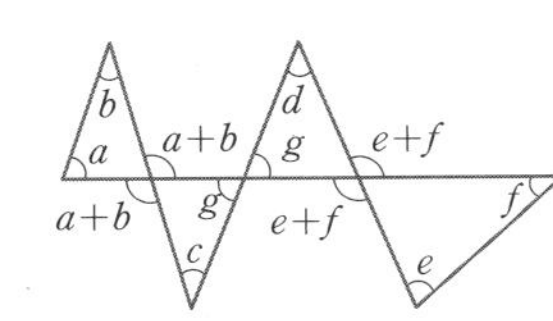

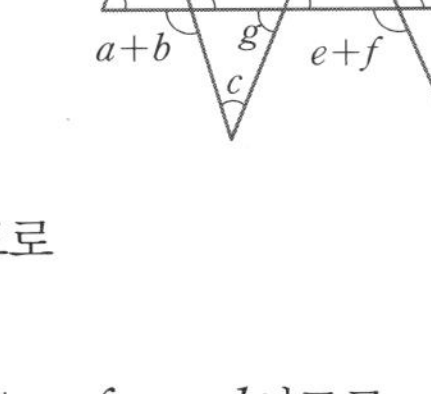

$\angle c+\angle g=\angle a+\angle b$

이므로

$\angle g=\angle a+\angle b-\angle c$

또, $\angle d+\angle g=\angle e+\angle f$이므로

$\angle g=\angle e+\angle f-\angle d$

따라서 $\angle a+\angle b-\angle c=\angle e+\angle f-\angle d$이므로

$\angle a+\angle b-\angle c+\angle d-\angle e-\angle f=0^\circ$

65 오른쪽 그림과 같이 보조선을 그으면

$360^\circ-(\angle e+\angle f+\angle g)$

$=180^\circ-(\angle i+\angle j)$

에서

$\angle e+\angle f+\angle g=\angle i+\angle j+180^\circ$

이므로

$\angle a+\angle b+\angle c+\angle d+\angle e+\angle f+\angle g$

$=\angle a+\angle b+\angle c+\angle d+\angle i+\angle j+180^\circ$

$=$(사각형의 내각의 크기의 합)$+180^\circ$

$=360^\circ+180^\circ$

$=540^\circ$

66 오른쪽 그림과 같이 보조선을 그으면

$360^\circ-(\angle g+\angle h+\angle i)$

$=180^\circ-(\angle j+\angle k)$

이므로

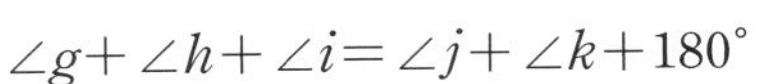

$\angle g+\angle h+\angle i=\angle j+\angle k+180^\circ$

$\therefore\ \angle a+\angle b+\angle c+\cdots+\angle g+\angle h+\angle i$

$=\angle a+\angle b+\angle c+\angle d+\angle e+\angle f+\angle j+\angle k+180^\circ$

$=$(육각형의 내각의 크기의 합)$+180^\circ$

$=180^\circ\times(6-2)+180^\circ$

$=900^\circ$

67 ① 정팔각형의 내각의 크기의 합은

$180^\circ\times(8-2)=1080^\circ$

② 정팔각형의 한 내각의 크기는

$\dfrac{180^\circ\times(8-2)}{8}=135^\circ$

③ 정팔각형의 한 외각의 크기는 $\dfrac{360^\circ}{8}=45^\circ$

④ 한 꼭짓점에서 $8-3=5$(개)의 대각선을 그을 수 있다.

⑤ 정팔각형의 대각선의 개수는

$\dfrac{8\times(8-3)}{2}=20$

68 정오각형의 한 내각의 크기는 $\dfrac{180^\circ\times(5-2)}{5}=108^\circ$

정육각형의 한 내각의 크기는 $\dfrac{180^\circ\times(6-2)}{6}=120^\circ$

이므로

$\angle x=360^\circ-(108^\circ+120^\circ\times2)=12^\circ$

69 정오각형의 한 외각의 크기는 $\dfrac{360^\circ}{5}=72^\circ$이므로

$\angle x=180^\circ-(72^\circ+72^\circ)=36^\circ$

70 정육각형 ABCDEF의 한 내각의 크기는

$\frac{180^\circ \times (6-2)}{6}=120^\circ$

$\triangle ABC$에서 $\overline{AB}=\overline{BC}$이므로

$\angle ACB=\frac{1}{2}\times(180^\circ-120^\circ)=30^\circ$

마찬가지로 $\triangle BCD$에서 $\overline{BC}=\overline{CD}$이므로

$\angle CBD=\frac{1}{2}\times(180^\circ-120^\circ)=30^\circ$

$\therefore \angle x=30^\circ+30^\circ=60^\circ$

71 오른쪽 그림과 같이 원 위의 점을 연결하면 정팔각형이 만들어진다.

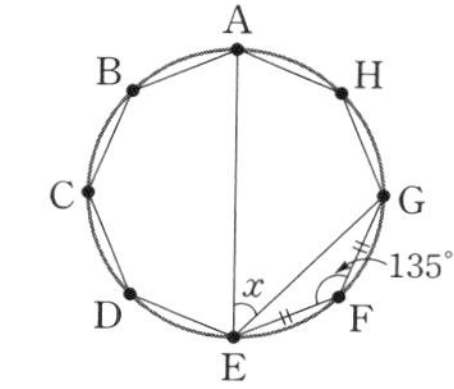

정팔각형의 한 내각의 크기는

$\frac{180^\circ \times (8-2)}{8}=135^\circ$

$\therefore \angle AEF=\frac{1}{2}\angle E=\frac{1}{2}\times 135^\circ$

$=67.5^\circ$

이때 $\triangle EFG$에서 $\overline{EF}=\overline{FG}$이므로

$\angle FEG=\frac{1}{2}\times(180^\circ-135^\circ)=22.5^\circ$

$\therefore \angle x=\angle AEF-\angle FEG$

$=67.5^\circ-22.5^\circ=45^\circ$

72 한 내각의 크기가 140°이므로 한 외각의 크기는

$180^\circ-140^\circ=40^\circ$

구하는 다각형을 정n각형이라 하면

$\frac{360^\circ}{n}=40^\circ \quad \therefore n=9$

따라서 정구각형의 꼭짓점의 개수는 9이다.

73 정다각형의 한 내각의 크기가 144°이므로 한 외각의 크기는

$180^\circ-144^\circ=36^\circ$

구하는 다각형을 정n각형이라 하면

$\frac{360^\circ}{n}=36^\circ \quad \therefore n=10$

따라서 정십각형의 대각선의 개수는

$\frac{10\times(10-3)}{2}=35$

74 구하는 다각형을 정n각형이라 하면

$\frac{360^\circ}{n}=24^\circ \quad \therefore n=15$

따라서 정십오각형의 한 꼭짓점에서 그을 수 있는 대각선의 개수는 $15-3=12$이다.

75 구하는 다각형을 정n각형이라 하면

$\frac{360^\circ}{n}=22.5^\circ \quad \therefore n=16$

따라서 정십육각형의 대각선의 개수는

$\frac{16\times(16-3)}{2}=104$

76 삼각형의 안쪽으로 만들어지는 다각형을 정n각형이라 하면 정n각형의 한 외각의 크기는 30°이므로

$\frac{360^\circ}{n}=30^\circ \quad \therefore n=12$

따라서 정십이각형의 내각의 크기의 합은

$180^\circ\times(12-2)=1800^\circ$

77 (한 외각의 크기)$=180^\circ\times\frac{1}{8}=22.5^\circ$이므로

구하는 다각형을 정n각형이라 하면

$\frac{360^\circ}{n}=22.5^\circ \quad \therefore n=16$

따라서 정십육각형이다.

78 (한 외각의 크기)$=180^\circ\times\frac{1}{3}=60^\circ$이므로

구하는 다각형을 정n각형이라 하면

$\frac{360^\circ}{n}=60^\circ \quad \therefore n=6$

따라서 정육각형의 대각선의 개수는

$\frac{6\times(6-3)}{2}=9$

79 (한 외각의 크기)$=180^\circ\times\frac{1}{5}=36^\circ$이므로

구하는 다각형을 정n각형이라 하면

$\frac{360^\circ}{n}=36^\circ \quad \therefore n=10$

따라서 정십각형의 내각과 외각의 크기의 총합은

$180^\circ\times 10=1800^\circ$

80 (한 외각의 크기)$=180^\circ\times\frac{2}{5}=72^\circ$이므로

구하는 다각형을 정n각형이라 하면

$\frac{360^\circ}{n}=72^\circ \quad \therefore n=5$

따라서 정오각형이다.

① 한 외각의 크기는 72°이다.

② 내각의 크기의 합은 $180^\circ\times(5-2)=540^\circ$이다.

③ 대각선의 개수는 $\frac{5\times(5-3)}{2}=5$이다.

2 원과 부채꼴

주제별 실력다지기

78~85쪽

01 ①, ③ 02 ④ 03 $60°$ 04 ③
05 ① 06 19π cm^2 07 ② 08 ④
09 $\overset{\frown}{BC}=4\pi$ cm, $\overset{\frown}{DE}=12\pi$ cm 10 ④
11 ③, ⑤ 12 ②, ④ 13 ② 14 ④
15 ② 16 ② 17 10 cm
18 24π cm 19 30π cm, 75π cm^2 20 ⑤
21 ③ 22 B 선수 : 2π m, C 선수 : 4π m
23 ⑤ 24 6π cm, 27π cm^2
25 30π cm^2 26 $\frac{5}{2}\pi$ 27 $\frac{81}{2}\pi$ cm^2
28 $120°$, 12π cm^2 29 $216°$ 30 $45°$
31 16 : 15 32 $\frac{83}{4}\pi$ m^2 33 8π cm 34 ③
35 $(12+10\pi)$ cm
36 $(24+20\pi)$ cm, 60π cm^2 37 $(72\pi-144)$ cm^2
38 ① 39 $\left(75-\frac{25}{2}\pi\right)$ cm^2
40 $(800-200\pi)$ cm^2 41 $\frac{81}{2}$ cm^2
42 72 cm^2 43 12π cm, 12π cm^2
44 32π cm^2 45 $(32\pi-64)$ cm^2

01 ① $\overline{CD}$와 $\overline{EF}$는 현이다.
③ $\overline{CD}$는 지름으로 가장 긴 현이다.

02 ④ 반원은 부채꼴이면서 활꼴이므로 반원의 경우에는 부채꼴의 넓이와 활꼴의 넓이가 같다.

03 $\triangle AOB$는 정삼각형이므로 부채꼴 AOB의 중심각의 크기는 $60°$이다.

04 ③ 한 원에서 현의 길이는 그 현에 대한 중심각의 크기에 정비례하지 않는다.

05 부채꼴의 중심각의 크기와 호의 길이는 정비례하므로
$30 : x=4 : 12$ $\quad\therefore x=90$
또, $30 : 60=4 : y$ $\quad\therefore y=8$

06 $\angle COD=360°-(90°+30°+120°)=120°$
부채꼴의 넓이는 중심각의 크기에 정비례하므로
(부채꼴 OCD의 넓이) : (부채꼴 OAB의 넓이)
$=120° : 30°=4 : 1$
즉, 76π : (부채꼴 OAB의 넓이)$=4 : 1$
$\therefore$ (부채꼴 OAB의 넓이)$=19\pi(\text{cm}^2)$

07 $\overline{OA}=\overline{OB}$에서 $\angle OAB=\angle OBA=30°$이므로
$\angle AOC=30°+30°=60°$
$\angle COD=180°-60°=120°$
따라서 $\angle AOC : \angle COD=\overset{\frown}{AC} : \overset{\frown}{CD}$에서
$60 : 120=\overset{\frown}{AC} : 6\pi$, $1 : 2=\overset{\frown}{AC} : 6\pi$
$\therefore \overset{\frown}{AC}=3\pi(\text{cm})$

08 $\overline{AC}=\overline{OC}=\overline{OA}$이므로 $\triangle CAO$는 정삼각형이다.
즉, $\angle AOC=60°$
$\therefore \angle COD=180°-(60°+70°)=50°$
따라서 $\overset{\frown}{AC} : \overset{\frown}{CD}=60 : 50$에서
$12 : \overset{\frown}{CD}=60 : 50$, $12 : \overset{\frown}{CD}=6 : 5$
$\therefore \overset{\frown}{CD}=10(\text{cm})$

09 $\overline{AC}=\overline{OC}$에서 $\angle CAO=\angle COA=30°$이므로
$\angle OCD=\angle CAO+\angle COA=30°+30°=60°$
또, $\overline{OC}=\overline{OD}$에서 $\angle ODC=\angle OCD=60°$
$\therefore \angle COD=180°-(60°+60°)=60°$,
$\angle DOE=180°-(30°+60°)=90°$
따라서 $\overset{\frown}{BC} : \overset{\frown}{CD} : \overset{\frown}{DE}=30 : 60 : 90$이므로
$\overset{\frown}{BC} : 8\pi : \overset{\frown}{DE}=1 : 2 : 3$
$\therefore \overset{\frown}{BC}=4\pi(\text{cm})$, $\overset{\frown}{DE}=12\pi(\text{cm})$

10 ④ 현의 길이는 중심각의 크기에 정비례하지 않는다.
즉, $2\overline{AB}>\overline{CD}$

11 ③ $3\angle AOB=\angle COF$이므로 $\overset{\frown}{AB}=\frac{1}{3}\overset{\frown}{CF}$
⑤ $\triangle OAC<2\triangle OEF$

12 ② 한 원에서 호의 길이는 중심각의 크기에 정비례하므로 $\widehat{CE}=2\widehat{AB}$

④ 한 원에서 현의 길이는 중심각의 크기에 정비례하지 않으므로 $\overline{CE}\neq 2\overline{AB}$

13 $\angle OAB=\angle AOC=40°$(엇각)

$\overline{OA}=\overline{OB}$이므로 $\angle OBA=\angle OAB=40°$

$\therefore \angle AOB=180°-(40°+40°)=100°$

또, $\angle BOD=\angle OBA=40°$(엇각)이므로

$\widehat{AB} : \widehat{BD}=100 : 40=5 : 2$에서

$\widehat{AB} : 10=5 : 2 \qquad \therefore \widehat{AB}=25(cm)$

14 $\angle OBA=\angle BOD=30°$(엇각)

$\overline{OA}=\overline{OB}$이므로 $\angle OAB=\angle OBA=30°$

$\therefore \angle AOB=180°-(30°+30°)=120°$

따라서 $120 : 360=1 : 3$이므로 원 O의 둘레의 길이는 $\widehat{AB}$의 길이의 3배이다.

15 오른쪽 그림과 같이 $\overline{OD}$를 그으면 $\overline{BD}/\!/\overline{OC}$이므로

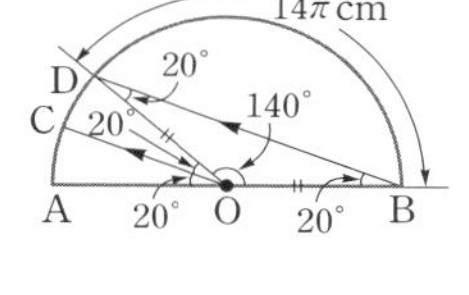

$\angle DBO=\angle COA$

$=20°$(동위각)

$\overline{OB}=\overline{OD}$이므로 $\angle BDO=\angle DBO=20°$

$\therefore \angle COD=\angle BDO=20°$(엇각),

$\angle BOD=180°-(20°+20°)=140°$

$\widehat{CD} : \widehat{BD}=20 : 140$에서

$\widehat{CD} : 14\pi=20 : 140$, $\widehat{CD} : 14\pi=1 : 7$

$\therefore \widehat{CD}=2\pi$ cm

16 오른쪽 그림과 같이 $\overline{OD}$를 긋고

$\angle BOC=\angle x$라 하면

$\angle OAD=\angle BOC=\angle x$ (동위각)

$\overline{OA}=\overline{OD}$이므로 $\angle ODA=\angle OAD=\angle x$

$\therefore \angle AOD=180°-2\angle x$

$\angle AOD : \angle COB=\widehat{AD} : \widehat{BC}$이므로

$(180°-2\angle x) : \angle x=4 : 1$, $4\angle x=180°-2\angle x$

$6\angle x=180° \qquad \therefore \angle x=30°$

$\therefore \angle BOC=30°$

17 오른쪽 그림과 같이 $\overline{OC}$를 그으면

$\angle AOD=\angle OBC$ (동위각)

$\overline{OB}=\overline{OC}$이므로 $\angle OCB=\angle OBC$

$\therefore \angle COD=\angle OCB$ (엇각)

따라서 $\angle AOD=\angle COD$이고, 같은 크기의 중심각에 대한 현의 길이는 같으므로

$\overline{AD}=\overline{CD}=10$ cm

18 오른쪽 그림과 같이 $\overline{OA}$를 그으면

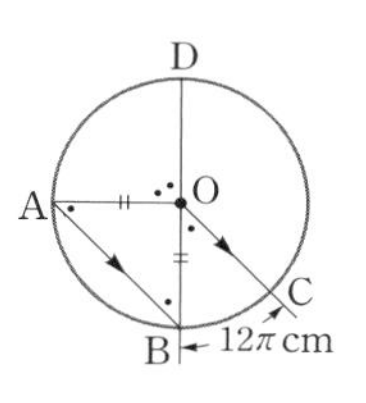

$\overline{AB}/\!/\overline{OC}$이므로 $\angle OBA=\angle BOC$ (엇각)

$\overline{OA}=\overline{OB}$이므로 $\angle OAB=\angle OBA$

$\angle AOD=\angle OAB+\angle OBA=2\angle BOC$

이므로

$\widehat{AD} : \widehat{BC}=\angle AOD : \angle BOC$에서

$\widehat{AD} : 12\pi=2\angle BOC : \angle BOC$, $\widehat{AD} : 12\pi=2 : 1$

$\therefore \widehat{AD}=24\pi(cm)$

19 원 O는 반지름의 길이가 10 cm이므로

둘레의 길이는 $2\pi\times 10=20\pi(cm)$이고,

넓이는 $\pi\times 10^2=100\pi(cm^2)$

원 O′은 반지름의 길이가 5 cm이므로

둘레의 길이는 $2\pi\times 5=10\pi(cm)$이고,

넓이는 $\pi\times 5^2=25\pi(cm^2)$

따라서 색칠한 부분의 둘레의 길이는

$20\pi+10\pi=30\pi(cm)$이고,

넓이는 $100\pi-25\pi=75\pi(cm^2)$

20 원의 반지름의 길이를 r라 하면

$2\pi r=10\pi \qquad \therefore r=5$ cm

따라서 원의 반지름의 길이가 5 cm이므로 넓이는

$\pi\times 5^2=25\pi(cm^2)$

21 원이 지나간 자리의 넓이는 오른쪽 그림의 색칠한 부분의 넓이와 같으므로

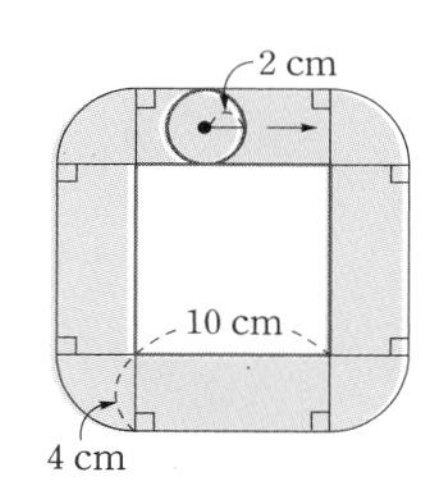

$4\times(10\times 4)+\pi\times 4^2$

$=160+16\pi(cm^2)$

22 A 선수가 뛸 트랙 거리는

$100\times 2+2\pi\times 31=200+62\pi(m)$

B 선수가 뛸 트랙 거리는

$100\times 2+2\pi\times 32=200+64\pi(m)$

C 선수가 뛸 트랙 거리는

$100\times 2+2\pi\times 33=200+66\pi(m)$

따라서 B 선수는 A 선수보다

$(200+64\pi)-(200+62\pi)=2\pi(m)$,

C 선수는 A 선수보다

$(200+66\pi)-(200+62\pi)=4\pi(m)$

더 앞에서 출발해야 한다.

23 색칠한 부분의 둘레의 길이는

$\left(2\pi \times \frac{9}{2}\right)+\left(2\pi \times 9 \times \frac{300}{360}\right)+(9+9)=9\pi+15\pi+18$

$=24\pi+18(\text{cm})$

24 정육각형의 한 내각의 크기는 $\frac{180^\circ \times (6-2)}{6}=120^\circ$

이므로 색칠한 부분인 부채꼴의

(호의 길이)$=2\pi \times 9 \times \frac{120}{360}=6\pi(\text{cm})$

(넓이)$=\pi \times 9^2 \times \frac{120}{360}=27\pi(\text{cm}^2)$

다른 풀이

색칠한 부분인 부채꼴의 호의 길이가 6π cm이므로

(넓이)$=\frac{1}{2} \times 9 \times 6\pi=27\pi(\text{cm}^2)$

25 정오각형의 한 내각의 크기는 $\frac{180^\circ \times (5-2)}{5}=108^\circ$

따라서 색칠한 부분은 중심각의 크기가 108°이고, 반지름의 길이가 10 cm인 부채꼴이므로 넓이는

$\pi \times 10^2 \times \frac{108}{360}=30\pi(\text{cm}^2)$

26 가로의 길이가 x cm, 세로의 길이가 10 cm인 직사각형의 넓이와 중심각의 크기가 90°, 반지름의 길이가 10 cm인 부채꼴의 넓이가 같으므로

$10 \times x=\pi \times 10^2 \times \frac{90}{360}$

$\therefore x=\frac{5}{2}\pi$

27 부채꼴의 반지름의 길이를 r라 하면 호의 길이가 6π cm이므로

$2\pi \times r \times \frac{80}{360}=6\pi \qquad \therefore r=\frac{27}{2}$ cm

따라서 부채꼴의 넓이를 S라 하면

$S=\frac{1}{2} \times \frac{27}{2} \times 6\pi=\frac{81}{2}\pi(\text{cm}^2)$

다른 풀이

부채꼴의 반지름의 길이가 $\frac{27}{2}$ cm, 중심각의 크기가 80°이므로 넓이 S는

$S=\pi \times \left(\frac{27}{2}\right)^2 \times \frac{80}{360}=\frac{81}{2}\pi(\text{cm}^2)$

28 부채꼴의 중심각의 크기를 x°라 하면

호의 길이가 4π cm이므로

$2\pi \times 6 \times \frac{x}{360}=4\pi \qquad \therefore x=120$

부채꼴의 넓이를 S라 하면

$S=\frac{1}{2} \times 6 \times 4\pi=12\pi(\text{cm}^2)$

따라서 부채꼴의 중심각의 크기는 120°이고, 넓이는 12π cm^{2}이다.

다른 풀이

반지름의 길이가 6 cm, 중심각의 크기가 120°이므로 넓이 S는

$S=\pi \times 6^2 \times \frac{120}{360}=12\pi(\text{cm}^2)$

29 부채꼴의 중심각의 크기를 x°라 하면 넓이가 15π cm^{2}이므로

$\pi \times 5^2 \times \frac{x}{360}=15\pi \qquad \therefore x=216$

따라서 부채꼴의 중심각의 크기는 216°이다.

30 부채꼴의 반지름의 길이를 r라 하면 호의 길이가 2π cm이고 넓이가 8π cm^{2}이므로

$\frac{1}{2} \times r \times 2\pi=8\pi \qquad \therefore r=8$ cm

이때 중심각의 크기를 x°라 하면 호의 길이가 2π cm이므로

$2\pi \times 8 \times \frac{x}{360}=2\pi \qquad \therefore x=45$

따라서 부채꼴의 중심각의 크기는 45°이다.

31 부채꼴 A, B의 반지름의 길이를 각각 r, r'이라 하면

$\left(\frac{1}{2} \times r \times 3\pi\right) : \left(\frac{1}{2} \times r' \times 4\pi\right)=4 : 5$, $15r=16r'$

$\therefore r : r'=16 : 15$

32 강아지가 최대로 움직일 수 있는 땅의 넓이는 오른쪽 그림의 색칠한 부분의 넓이와 같으므로

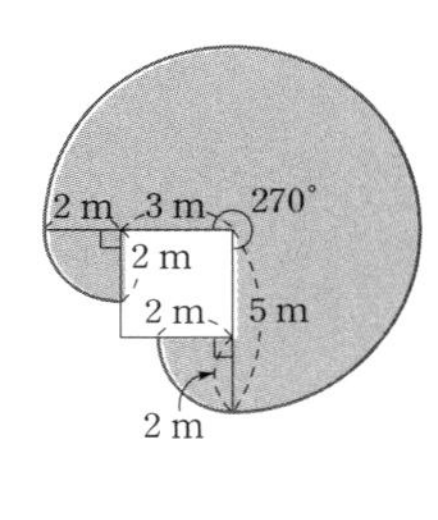

$\pi \times 5^2 \times \frac{270}{360}+2 \times \left(\pi \times 2^2 \times \frac{90}{360}\right)$

$=\frac{75}{4}\pi+2\pi$

$=\frac{83}{4}\pi(\text{m}^2)$

33

A				A
B	C	A		l

위의 그림과 같이 꼭짓점 A가 움직인 거리는 반지름의 길이가 6 cm이고 중심각의 크기가 120°인 부채꼴의 호의 길이의 2배와 같으므로

$2 \times \left(2\pi \times 6 \times \frac{120}{360}\right)=8\pi(\text{cm})$

34 오른쪽 그림과 같이 점 A가 움직인 자취인 세 부분의 호의 길이를 각각 l_1, l_2, l_3라 하면

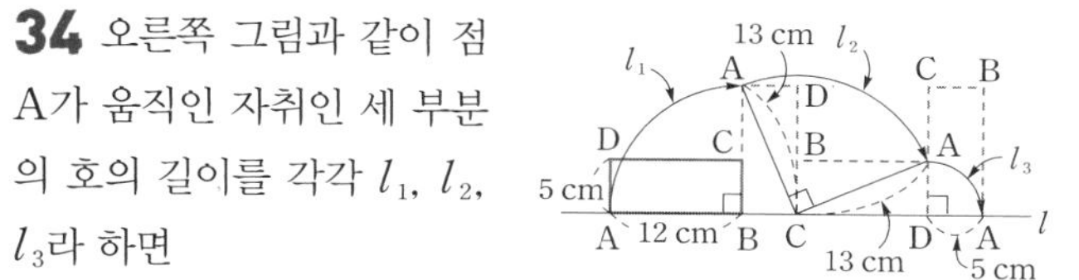

$l_1=2\pi\times12\times\frac{90}{360}=6\pi(\text{cm})$

$l_2=2\pi\times13\times\frac{90}{360}=\frac{13}{2}\pi(\text{cm})$

$l_3=2\pi\times5\times\frac{90}{360}=\frac{5}{2}\pi(\text{cm})$

$\therefore l_1+l_2+l_3=6\pi+\frac{13}{2}\pi+\frac{5}{2}\pi=15\pi(\text{cm})$

35 큰 부채꼴의 호의 길이는 $2\pi\times18\times\frac{60}{360}=6\pi(\text{cm})$

작은 부채꼴의 호의 길이는 $2\pi\times12\times\frac{60}{360}=4\pi(\text{cm})$

따라서 색칠한 부분의 둘레의 길이는

$2\times(18-12)+6\pi+4\pi=12+10\pi(\text{cm})$

36 색칠한 부분의

(둘레의 길이)$=(2\pi\times6)+(12+12)+\left(2\pi\times12\times\frac{120}{360}\right)$

$=12\pi+24+8\pi$

$=24+20\pi(\text{cm})$

(넓이)$=\pi\times6^2\times\frac{240}{360}+\left(\pi\times12^2\times\frac{120}{360}-\pi\times6^2\times\frac{120}{360}\right)$

$=24\pi+36\pi$

$=60\pi(\text{cm}^2)$

37 오른쪽 그림과 같이 보조선을 그으면 ㉠, ㉡의 넓이는 각각 반지름의 길이가 12 cm, 중심각의 크기가 90°인 부채꼴의 넓이에서 밑변의 길이가 12 cm, 높이가 12 cm인 삼각형의 넓이를 뺀 것과 같으므로 색칠한 부분의 넓이는

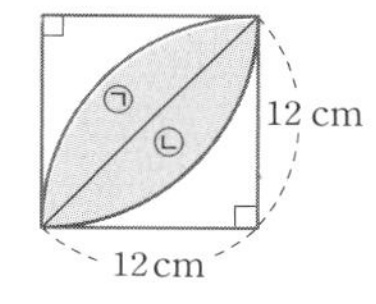

㉠+㉡$=2\times\left(\pi\times12^2\times\frac{90}{360}-\frac{1}{2}\times12\times12\right)$

$=2\times(36\pi-72)$

$=72\pi-144(\text{cm}^2)$

38 오른쪽 그림에서 색칠한 삼각형은 정삼각형이므로 색칠한 부분의 넓이는 한 변의 길이가 12 cm인 정사각형의 넓이에서 반지름의 길이가 12 cm, 중심각의 크기가 30°인 부채꼴 2개의 넓이를 뺀 것과 같다.

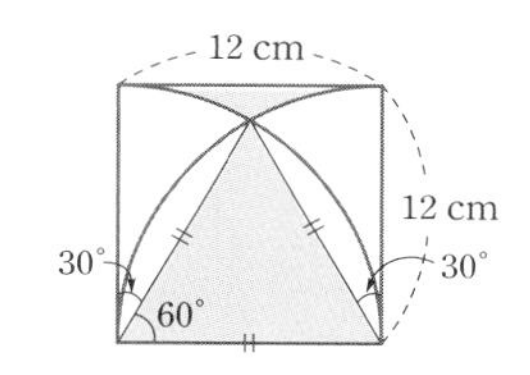

따라서 색칠한 부분의 넓이는

$12\times12-2\times\left(\pi\times12^2\times\frac{30}{360}\right)=144-24\pi(\text{cm}^2)$

39 색칠한 부분의 넓이는 한 변의 길이가 10 cm인 정사각형의 넓이에서 반지름의 길이가 5 cm인 반원과 밑변의 길이가 10 cm, 높이가 5 cm인 삼각형의 넓이를 뺀 것과 같으므로

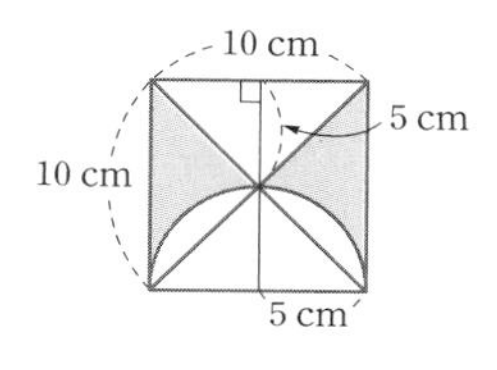

$10\times10-\pi\times5^2\times\frac{1}{2}-\frac{1}{2}\times10\times5=100-\frac{25}{2}\pi-25$

$=75-\frac{25}{2}\pi(\text{cm}^2)$

40 색칠한 부분의 넓이는 오른쪽 그림의 색칠한 부분의 넓이의 8배이므로

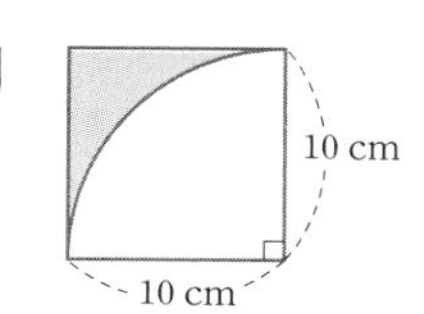

$8\times\left(10\times10-\pi\times10^2\times\frac{90}{360}\right)$

$=8\times(100-25\pi)$

$=800-200\pi(\text{cm}^2)$

41 오른쪽 그림과 같이 이동하면 색칠한 부분의 삼각형의 넓이와 같다.

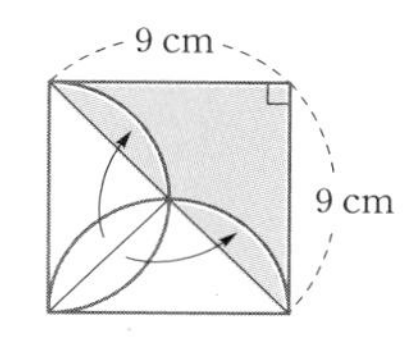

따라서 색칠한 부분의 넓이는

$\frac{1}{2}\times9\times9=\frac{81}{2}(\text{cm}^2)$

42 오른쪽 그림과 같이 이동하면 색칠한 부분의 두 삼각형의 넓이의 합과 같다.

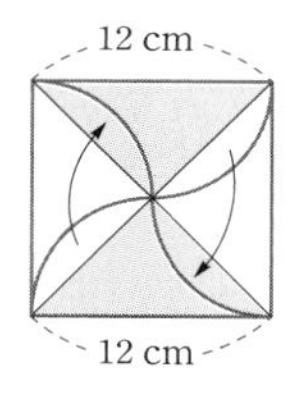

따라서 색칠한 부분의 넓이는

$2\times\left(\frac{1}{2}\times12\times6\right)=72(\text{cm}^2)$

43 오른쪽 그림과 같이 이동하면

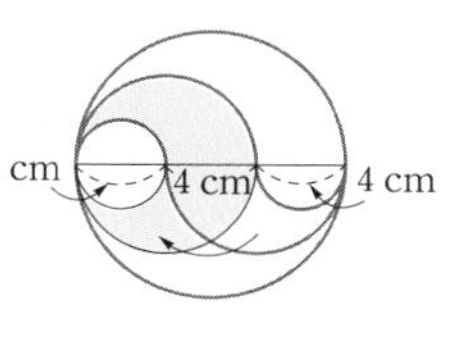

색칠한 부분의

(둘레의 길이)$=2\pi\times4+2\pi\times2$

$=8\pi+4\pi=12\pi(\text{cm})$

(넓이)$=\pi\times4^2-\pi\times2^2=16\pi-4\pi=12\pi(\text{cm}^2)$

44 색칠한 부분의 넓이는

(부채꼴 ABB′의 넓이)+(지름이 $\overline{\text{AB}'}$인 반원의 넓이)

$-$(지름이 $\overline{\text{AB}}$인 반원의 넓이)

=(부채꼴 ABB′의 넓이)

$=\pi\times16^2\times\frac{45}{360}=32\pi(\text{cm}^2)$

45 오른쪽 그림과 같이 이동하면 색칠한 부분의 넓이는 반원의 넓이에서 삼각형의 넓이를 뺀 것과 같으므로

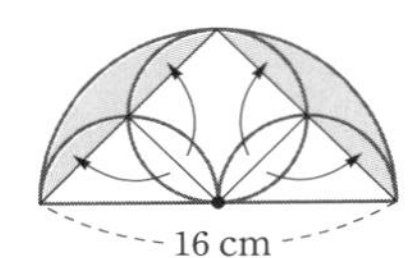

$\pi\times8^2\times\frac{1}{2}-\frac{1}{2}\times16\times8=32\pi-64(\text{cm}^2)$

II 평면도형

단원 종합 문제

88~92쪽

01 ③	02 44	03 4	04 ④
05 ③	06 ③	07 60°	08 ④
09 25°	10 ③	11 ②	12 ④
13 ⑤	14 ㄱ, ㄴ, ㄹ	15 ②	
16 (1) 18π cm² (2) 8π cm²		17 ④	18 ②
19 ①	20 110°		

01 ③ n각형의 대각선의 개수는 $\frac{n(n-3)}{2}$이다.

02 구하는 다각형을 n각형이라 하면

$n-2=9 \quad \therefore n=11$

따라서 십일각형의 대각선의 개수는

$\frac{11\times(11-3)}{2}=44$

03 구하는 다각형을 n각형이라 하면

$\frac{n(n-3)}{2}=14$, $n(n-3)=28=7\times4$

$\therefore n=7$

따라서 칠각형의 한 꼭짓점에서 그을 수 있는 대각선의 개수는 $7-3=4$

04 오각형의 내각의 크기의 합은

$180^\circ\times(5-2)=540^\circ$

이므로

$150^\circ+(\angle x-10^\circ)+90^\circ+\angle x+120^\circ=540^\circ$

$2\angle x=190^\circ \quad \therefore \angle x=95^\circ$

05 $\overline{AD}=\overline{DC}$이므로

$\angle DAC=\angle DCA=\frac{1}{2}\times(180^\circ-110^\circ)=35^\circ$

$\overline{AD}/\!/\overline{BC}$이므로 $\angle ACB=\angle DAC=35^\circ$(엇각)

$\therefore \angle BAC=180^\circ-(55^\circ+35^\circ)=90^\circ$

06 오른쪽 그림과 같이 보조선을 그으면 육각형이고 육각형의 내각의 크기의 합은

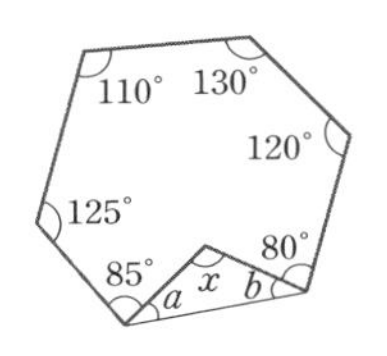

$180^\circ\times(6-2)=720^\circ$

이므로

$110^\circ+125^\circ+(85^\circ+\angle a)+(\angle b+80^\circ)+120^\circ+130^\circ$

$=720^\circ$

$\therefore \angle a+\angle b=70^\circ$

이때 삼각형의 세 내각의 크기의 합은 180°이므로

$\angle x=180^\circ-(\angle a+\angle b)=180^\circ-70^\circ=110^\circ$

07 △AEC와 △CDB에서

$\overline{AC}=\overline{CB}$, $\angle ACE=\angle CBD=60^\circ$, $\overline{CE}=\overline{BD}$이므로

△AEC≡△CDB (SAS 합동)

△AFC에서

$\angle CFE=\angle FAC+\angle FCA=\angle DCB+\angle FCA$

$=\angle ACB=60^\circ$

다른 풀이

△AEC와 △CDB에서

$\overline{AC}=\overline{CB}$, $\angle ACE=\angle CBD=60^\circ$, $\overline{CE}=\overline{BD}$이므로

△AEC≡△CDB (SAS 합동)

$\angle CAE=\angle BCD=\angle a$, $\angle AEC=\angle CDB=\angle b$라 하면

$\angle a+\angle b=180^\circ-60^\circ=120^\circ$

△FEC에서

$\angle CFE=180^\circ-(\angle FCE+\angle FEC)$

$=180^\circ-(\angle a+\angle b)$

$=180^\circ-120^\circ$

$=60^\circ$

08 $\overline{BD}=\overline{CD}$이므로 $\angle DCB=\angle DBC=\angle x$이고,

$\angle ADC=\angle DBC+\angle DCB=\angle x+\angle x=2\angle x$

또, $\overline{AC}=\overline{CD}$이므로 $\angle CAD=\angle ADC=2\angle x$

이때 $\angle ABC+\angle CAB=\angle ACE$이므로

$\angle x+2\angle x=111^\circ$, $3\angle x=111^\circ$

$\therefore \angle x=37^\circ$

09 $\frac{1}{2}\angle B+\angle x=\frac{1}{2}\angle ACE$이므로

$\angle x=\frac{1}{2}\angle \mathrm{ACE}-\frac{1}{2}\angle \mathrm{B}=\frac{1}{2}(\angle \mathrm{ACE}-\angle \mathrm{B})$

이때 $\angle \mathrm{A}+\angle \mathrm{B}=\angle \mathrm{ACE}$이므로

$\angle \mathrm{A}=\angle \mathrm{ACE}-\angle \mathrm{B}$

$\therefore \angle x=\frac{1}{2}\angle \mathrm{A}=\frac{1}{2}\times 50^\circ=25^\circ$

10 외각의 크기의 합은 360°이므로

$(180^\circ-90^\circ)+70^\circ+40^\circ+30^\circ+80^\circ+(180^\circ-\angle x)=360^\circ$

$\therefore \angle x=130^\circ$

11 구하는 다각형을 정n각형이라 하면

$180^\circ\times(n-2)=1800^\circ \quad \therefore n=12$

따라서 정십이각형의 한 외각의 크기는

$\frac{360^\circ}{12}=30^\circ$

12 구하는 다각형을 정n각형이라 하면

(한 외각의 크기)$=180^\circ\times\frac{2}{9}=40^\circ$이므로

$\frac{360^\circ}{n}=40^\circ \quad \therefore n=9$

따라서 정구각형이다.

13 ⑤ 한 원에서 현의 길이는 중심각의 크기에 정비례하지 않는다.

14 ㄷ. $\triangle \mathrm{OCD}<4\triangle \mathrm{OAB}$

따라서 보기 중 옳은 것은 ㄱ, ㄴ, ㄹ이다.

15 부채꼴의 중심각의 크기를 x°라 하면

$2\pi\times 45\times\frac{x}{360}=30\pi \quad \therefore x=120$

따라서 부채꼴의 중심각의 크기는 120°이다.

16 (1) 중심각의 크기가 90°이고, 반지름의 길이가 12 cm인 부채꼴의 넓이에서 반지름의 길이가 6 cm인 반원의 넓이를 빼면 되므로

$\pi\times 12^2\times\frac{90}{360}-\frac{1}{2}\times\pi\times 6^2=36\pi-18\pi=18\pi(\mathrm{cm}^2)$

(2) 오른쪽 그림과 같이 이동시키면 색칠한 부분의 넓이는 반지름의 길이가 4 cm인 반원의 넓이와 같으므로

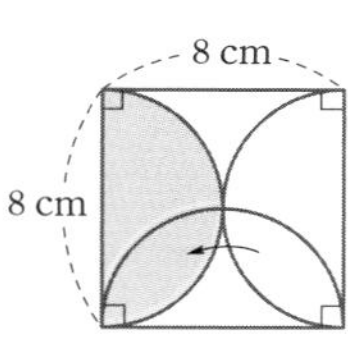

$\frac{1}{2}\times\pi\times 4^2=8\pi(\mathrm{cm}^2)$

17 정오각형의 한 내각의 크기는 $\frac{180^\circ\times(5-2)}{5}=108^\circ$

$\triangle \mathrm{ABE}$에서 $\overline{\mathrm{AB}}=\overline{\mathrm{AE}}$이므로

$\angle \mathrm{AEB}=\frac{1}{2}\times(180^\circ-108^\circ)=36^\circ$

마찬가지로 $\triangle \mathrm{ADE}$에서 $\overline{\mathrm{AE}}=\overline{\mathrm{DE}}$이므로

$\angle \mathrm{DAE}=36^\circ$

따라서 $\triangle \mathrm{AEF}$에서

$\angle x=180^\circ-(36^\circ+36^\circ)=108^\circ$

18 오른쪽 그림과 같이 $\overline{\mathrm{OD}}$를 그으면 $\overline{\mathrm{AD}}/\!/\overline{\mathrm{OC}}$이므로

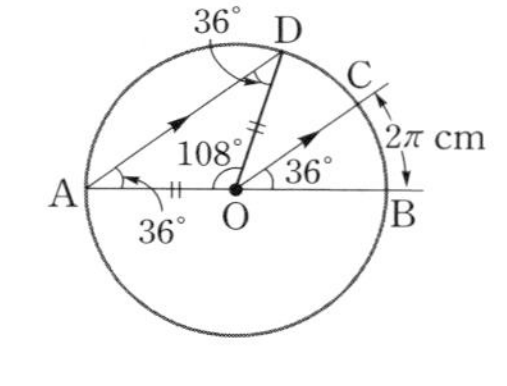

$\angle \mathrm{DAO}=\angle \mathrm{COB}=36^\circ$(동위각)

$\overline{\mathrm{OA}}=\overline{\mathrm{OD}}$이므로

$\angle \mathrm{ADO}=\angle \mathrm{DAO}=36^\circ$

따라서 $\angle \mathrm{AOD}=180^\circ-(36^\circ+36^\circ)=108^\circ$이므로

$\overset{\frown}{\mathrm{AD}}:\overset{\frown}{\mathrm{BC}}=\angle \mathrm{AOD}:\angle \mathrm{BOC}$에서

$\overset{\frown}{\mathrm{AD}}:2\pi=108:36$, $\overset{\frown}{\mathrm{AD}}:2\pi=3:1$

$\therefore \overset{\frown}{\mathrm{AD}}=6\pi$ cm

19 색칠한 부분의 둘레의 길이는 중심각의 크기가 90°이고, 반지름의 길이가 9 cm인 부채꼴 8개의 호의 길이의 합과 같으므로

$8\times\left(2\pi\times 9\times\frac{90}{360}\right)=36\pi(\mathrm{cm})$

20 $\angle \mathrm{ABE}=\angle \mathrm{EBC}=\angle x$, $\angle \mathrm{ACD}=\angle \mathrm{DCB}=\angle y$라 하면

$\triangle \mathrm{ABC}$에서 $40^\circ+2\angle x+2\angle y=180^\circ$

$2\angle x+2\angle y=140^\circ \quad \therefore \angle x+\angle y=70^\circ$

$\triangle \mathrm{IBC}$에서

$\angle \mathrm{BIC}=180^\circ-(\angle x+\angle y)=180^\circ-70^\circ=110^\circ$

$\therefore \angle \mathrm{DIE}=\angle \mathrm{BIC}=110^\circ$

다른 풀이

$\angle \mathrm{ABE}=\angle \mathrm{EBC}=\angle x$, $\angle \mathrm{ACD}=\angle \mathrm{DCB}=\angle y$라 하면

$\triangle \mathrm{ABC}$에서 $40^\circ+2\angle x+2\angle y=180^\circ$

$2\angle x+2\angle y=140^\circ \quad \therefore \angle x+\angle y=70^\circ$

$\triangle \mathrm{DBC}$에서 $\angle \mathrm{ADI}=2\angle x+\angle y$

$\triangle \mathrm{EBC}$에서 $\angle \mathrm{AEI}=\angle x+2\angle y$

이므로

$$\begin{aligned}\angle \mathrm{ADI}+\angle \mathrm{AEI}&=2\angle x+\angle y+\angle x+2\angle y\\&=3\angle x+3\angle y\\&=3(\angle x+\angle y)\\&=3\times 70^\circ\\&=210^\circ\end{aligned}$$

따라서 사각형 ADIE에서

$40^\circ+210^\circ+\angle \mathrm{DIE}=360^\circ$

$\therefore \angle \mathrm{DIE}=110^\circ$

1 다면체와 회전체

주제별 실력다지기

97~108쪽

01 ②, ⑤	02 ⑤	03 ④, ⑤	04 ⑤
05 ④	06 50	07 ③	08 ③
09 ③	10 구각뿔, 10, 18		
11 팔각기둥	12 10	13 ⑤	14 ②
15 ③	16 ④	17 ③	18 ①
19 ⑤	20 ②	21 ①, ④	22 ④
23 정이십면체	24 ③	25 ②	26 ④
27 ④	28 ③	29 ⑤	30 ②
31 ⑤	32 ⑤		

33 (1) 꼭짓점 F (2) 모서리 GF

34 (1) 정십이면체, 꼭짓점의 개수: 20, 모서리의 개수: 30

(2) 꼭짓점 C, 꼭짓점 F

35 구, 원뿔대, 원뿔, 원기둥		36 ②	37 ③
38 ④	39 ④	40 ③	41 ②
42 ③	43 ①, ②	44 ⑤	
45 ③, ④	46 ③	47 ⑤	48 ③

49 풀이 참조

50 (1) 풀이 참조 (2) 12 cm^2 (3) $\frac{144}{25}\pi\text{ cm}^2$ 51 ①

52 $49\pi\text{ cm}^2$, $9\pi\text{ cm}^2$

53 풀이 참조, $(22\pi+22)\text{ cm}$

01 ② 각뿔대에서 평행한 면은 두 밑면 1쌍이다.
⑤ n각뿔대의 모서리의 개수는 $3n$, n각뿔의 모서리의 개수는 $2n$이므로 n각뿔대의 모서리의 개수가 항상 많다.

02 ⑤ 삼각기둥은 오면체이다.

03 ① 사각기둥은 육면체, ② 오각뿔대는 칠면체, ③ 육각뿔은 칠면체이다.

04 ⑤ 사각기둥의 옆면의 모양은 직사각형이다.

05 ④ n각뿔대의 꼭짓점의 개수는 $2n$이다.

06 팔각뿔대의 면의 개수는 $8+2=10$, 모서리의 개수는 $8\times3=24$, 꼭짓점의 개수는 $8\times2=16$이므로
$x=10$, $y=24$, $z=16$
$\therefore x+y+z=10+24+16=50$

07 ② 십각기둥의 모서리의 개수는 $10\times3=30$, 면의 개수는 $10+2=12$이고, 십각뿔대의 모서리의 개수는 $10\times3=30$, 면의 개수는 $10+2=12$이다. 따라서 십각뿔대와 십각기둥의 모서리의 개수와 면의 개수는 각각 같다.
③ 십각뿔대의 두 밑면은 모양이 같지만 크기가 다르므로 합동이 아니다.

08 ③ 육각뿔의 꼭짓점의 개수는 $6+1=7$이다.

09 구하는 다면체의 밑면을 n각형이라 하면 밑면의 대각선의 개수가 9이므로
$\frac{n(n-3)}{2}=9$, $n(n-3)=18=6\times3$ $\therefore n=6$
따라서 육각뿔대이므로 면의 개수는 $6+2=8$이다.
즉, 팔면체이다.

10 옆면이 모두 삼각형이므로 각뿔이고, 십면체이므로 면의 개수는 10이다. 즉, 구각뿔이다.
따라서 구각뿔의 꼭짓점의 개수는
$9+1=10$
모서리의 개수는
$9\times2=18$

11 (가)에서 두 밑면이 평행하고 합동이므로 각기둥이다.
(다)에서 꼭짓점의 개수가 16이므로 구하는 각기둥을 n각기둥이라 하면 $2n=16$에서 $n=8$
따라서 팔각기둥이다.

12 (가)에서 두 밑면이 평행하고, 옆면은 모두 사다리꼴이므로 각뿔대이다.
(나)에서 꼭짓점의 개수가 12이므로 구하는 각뿔대를 n각뿔

대라 하면 $2n=12$에서 $n=6$
즉, 육각뿔대이다.
육각뿔대의 모서리의 개수는 $6\times3=18$이므로 $x=18$
면의 개수는 $6+2=8$이므로 $y=8$
$\therefore x-y=18-8=10$

13 ① 삼각뿔대의 모서리의 개수는 $3\times3=9$이다.
② 사각기둥의 모서리의 개수는 $4\times3=12$이다.
③ 칠각뿔의 모서리의 개수는 $7\times2=14$이다.
④ 정사각뿔의 모서리의 개수는 $4\times2=8$이다.
⑤ 오각뿔대의 모서리의 개수는 $5\times3=15$이다.
따라서 모서리의 개수가 가장 많은 것은 ⑤이다.

14 정오각형 한 개에는 5개의 변이 있고, 정육각형 한 개에는 6개의 변이 있다. 그런데 한 모서리에는 이웃하는 두 면이 있으므로 모두 두 번을 세게 된다.
따라서 모서리 전체의 개수는
$(5\times12+6\times20)\div2=90$

15 n각뿔의 모서리의 개수는 $2n$이므로 $2n=14$에서 $n=7$
즉, 모서리의 개수가 14인 각뿔은 칠각뿔이다.
칠각뿔의 면의 개수는 $7+1=8$이므로 $x=8$
꼭짓점의 개수는 $7+1=8$이므로 $y=8$
$\therefore x+y=8+8=16$

16 ① 정다면체는 5가지뿐이다.
② 정사면체의 꼭짓점의 개수는 4이다.
③ 정이십면체의 모서리의 개수는 30이다.
⑤ 각 면의 모양이 정삼각형인 정다면체는 정사면체, 정팔면체, 정이십면체이다.

17 ③ 정다면체의 면의 모양은 정삼각형, 정사각형, 정오각형뿐이다.
④ 정십이면체의 면의 개수는 12이고, 정이십면체의 꼭짓점의 개수는 12이므로 같다.

18 ① 한 꼭짓점에서 최소 3개 이상의 정다각형이 맞닿아야 한다.

19 ⑤ 정십이면체의 모든 면은 정오각형이고, 정오각형의 한 내각의 크기는 $\dfrac{180^\circ\times(5-2)}{5}=108^\circ$이다.

20 ㄱ. 정사면체는 한 꼭짓점에 3개의 정삼각형이 모인다.
ㄴ. 정육면체는 한 꼭짓점에 3개의 정사각형이 모인다.
ㄷ. 정팔면체는 한 꼭짓점에 4개의 정삼각형이 모인다.
ㄹ. 정십이면체는 한 꼭짓점에 3개의 정오각형이 모인다.
ㅁ. 정이십면체는 한 꼭짓점에 5개의 정삼각형이 모인다.
따라서 한 꼭짓점에 모인 면의 개수가 3인 정다면체는 ㄱ, ㄴ, ㄹ이다.

21 정팔면체의 각 면의 중심을 연결하여 만든 정다면체는 정육면체이다.
① 각 면의 모양은 정사각형이다.
④ 면의 개수는 6이다.

22 (나), (다)에서 모든 면이 합동인 정다각형이고 한 꼭짓점에 모이는 면의 개수가 같으므로 구하는 다면체는 정다면체이다.
따라서 꼭짓점의 개수가 20이고 면의 모양이 정오각형, 한 꼭짓점에 모이는 면의 개수가 3인 정다면체는 정십이면체이다.

23 (가), (나)에서 모든 면이 합동인 정다각형이고 한 꼭짓점에 모이는 면의 개수가 같으므로 구하는 다면체는 정다면체이다.
따라서 면의 모양이 정삼각형인 정다면체 중에서 한 꼭짓점에 모이는 면의 개수가 5인 것은 정이십면체이다.

24 $\overline{BD}=\overline{BG}=\overline{DG}$이므로 $\triangle BDG$는 정삼각형이다.
$\therefore \angle BDG=60^\circ$

25 오른쪽 그림에서 단면의 모양은 직사각형이다.

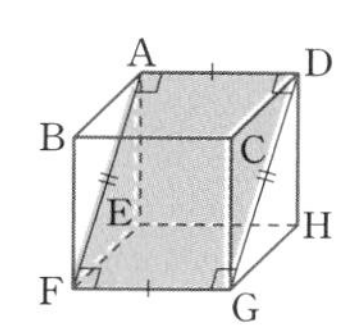

26 오른쪽 그림에서 단면의 모양은 오각형이다.

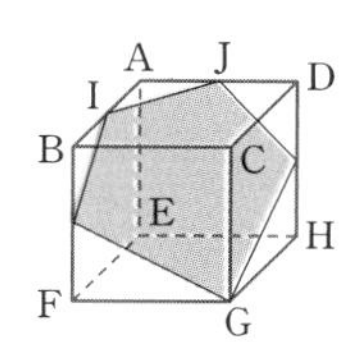

27 오른쪽 그림과 같이 세 점 B, I, H를 지나는 평면은 $\overline{FG}$의 중점 M을 지난다.
이때 $\overline{BI}=\overline{IH}=\overline{HM}=\overline{BM}$이므로 사각형 IBMH는 마름모이다.

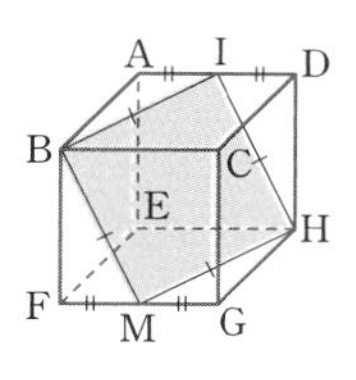

참고 사각형 IBMH는 $\overline{IM}\neq\overline{BH}$
즉, 두 대각선의 길이가 같지 않으므로 정사각형이 아니다.

28 $\overline{AM}=\overline{DM}$이므로 $\triangle AMD$는 이등변삼각형이다.

29 오른쪽 그림과 같이 세 점 M, N, L을 지나는 평면은 $\overline{BD}$의 중점 O를 지난다.
이때 $\overline{MN}=\overline{NL}=\overline{LO}=\overline{OM}$이고 $\overline{LM}=\overline{NO}$이다.
즉, 사각형 MNLO는 네 변의 길이가 모두 같고, 두 대각선의 길이가 같으므로 정사각형이다.

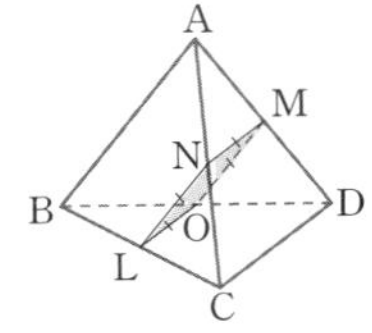

30 주어진 전개도로 만들어지는 정다면체는 정사면체로 오른쪽 그림과 같다. 따라서 $\overline{AF}$와 꼬인 위치에 있는 모서리는
$\overline{BC}$(또는 $\overline{DC}$)이다.

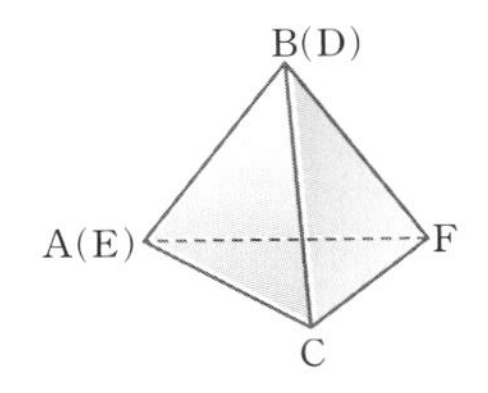

31 주어진 전개도로 만들어지는 정다면체는 정육면체로 오른쪽 그림과 같다.
⑤ 꼭짓점 B와 겹치는 꼭짓점은 꼭짓점 F 또는 꼭짓점 H이다.

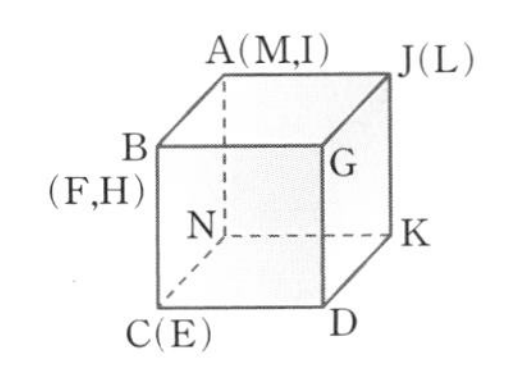

32 마주 보는 눈의 수의 합이 7이 되려면 주사위의 눈은 오른쪽 그림과 같다.
따라서 주사위의 눈의 수는 (가)는 6, (나)는 4, (다)는 5이다.

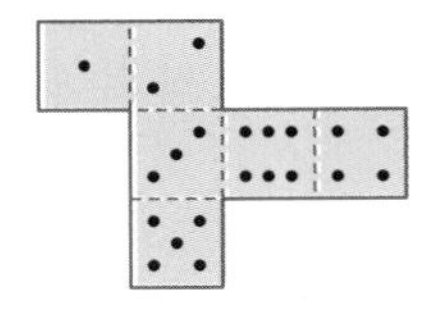

33 주어진 전개도로 만들어지는 정다면체는 정팔면체로 오른쪽 그림과 같다.
(1) 꼭짓점 B와 겹치는 꼭짓점은 꼭짓점 F이다.
(2) 모서리 AB와 겹치는 모서리는 모서리 GF이다.

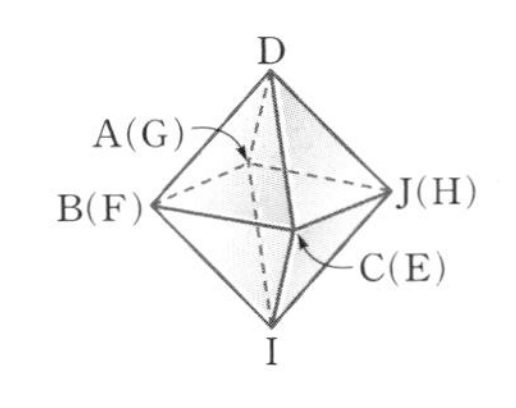

34 (1) 주어진 전개도로 만들어지는 정다면체는 정십이면체이고, 꼭짓점의 개수는 20, 모서리의 개수는 30이다.
(2) 한 꼭짓점에 3개의 면이 모이므로 꼭짓점 B와 꼭짓점 C, 꼭짓점 F가 만난다.

35 사각뿔대, 오각기둥, 정십이면체, 육각뿔은 다면체이다.
즉, 회전체는 구, 원뿔대, 원뿔, 원기둥이다.

36 ㄱ. 회전체는 평면도형을 한 직선을 축으로 하여 1회전 시킬 때 생기는 입체도형이므로 구, 원기둥, 원뿔, 원뿔대를 포함하여 무수히 많다.
ㄷ. 원뿔을 평면으로 자른 단면 중 사각형 모양의 단면은 없다.
ㅁ. 회전체를 회전축에 수직인 평면으로 자른 단면의 모양은 항상 원이지만 모두 합동은 아니다.
따라서 보기 중 옳은 것은 ㄴ, ㄹ이다.

37 주어진 평면도형을 직선 l을 회전축으로 하여 1회전 시킬 때 생기는 회전체는 원뿔이다.
따라서 원뿔의 전개도에서 옆면의 모양은 부채꼴이다.

38 주어진 사다리꼴을 직선 l을 회전축으로 하여 1회전 시켰을 때 생기는 회전체는 원뿔대이므로 그 전개도는 오른쪽 그림과 같다.

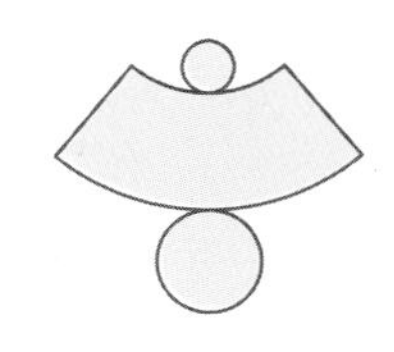

39 ④ $\overline{CD}$는 회전체의 모선이다.

40 회전체의 겨냥도를 그릴 때에는 주어진 평면도형을 회전축에 대하여 대칭이동시킨 다음 입체화한다.
따라서 오른쪽 그림과 같은 회전체가 생긴다.

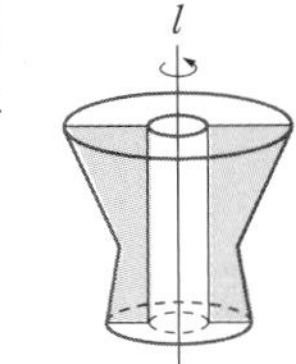

41 회전체의 겨냥도를 보고 회전시킨 평면도형을 구할 때에는 회전체를 회전축을 포함하는 평면으로 자른 단면의 $\frac{1}{2}$을 찾는다.
따라서 구하는 단면은 오른쪽 그림과 같다.

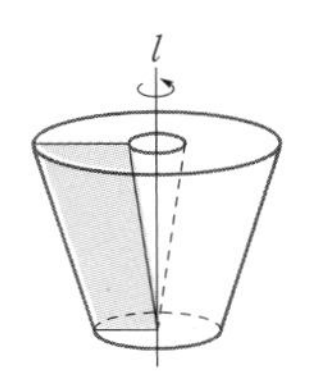

42

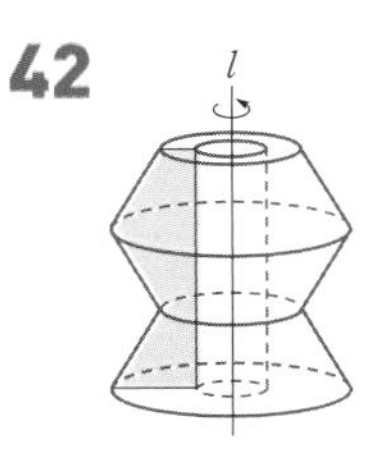

43 ① 원뿔대를 회전축을 포함하는 평면으로 자른 단면은 등변사다리꼴이다.
② 원뿔을 회전축을 포함하는 평면으로 자른 단면은 이등변삼각형이다.

44 ① ② ③ ④

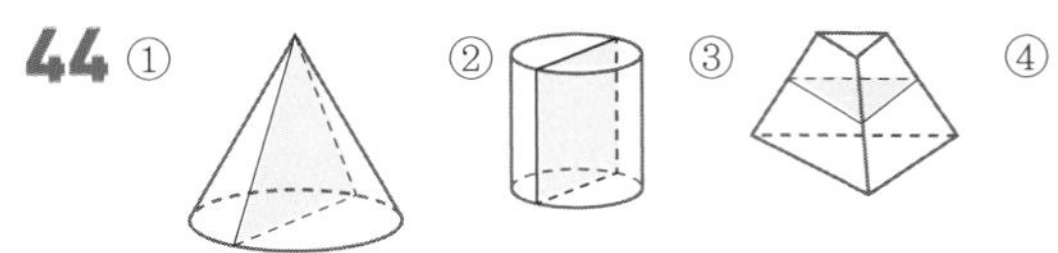

⑤ 구는 어떤 평면으로 잘라도 자른 단면이 항상 원이다.

45 ③ 원뿔 − 이등변삼각형 ④ 반구 − 반원

46 회전체를 회전축을 포함하는 평면으로 자를 때 그 단면은 항상 선대칭도형이다.
③ 선대칭도형이 아니므로 단면이 될 수 없다.

47 원뿔을 평면으로 잘랐을 때 생기는 단면의 모양은 다음과 같다.

① 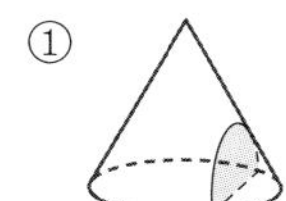  ② 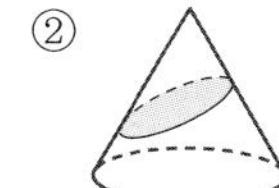  ③ 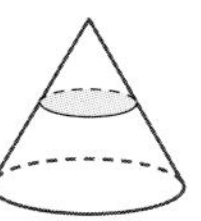 ④ 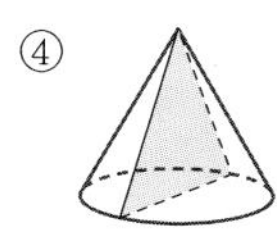

⑤ 원뿔을 평면으로 자른 단면의 모양이 사다리꼴인 경우는 없다.

48 주어진 전개도로 만들어지는 회전체는 원기둥이다.
① 두 밑면은 서로 합동이다.
② 어떤 평면으로 잘라도 자른 단면이 항상 원인 회전체는 구이다.
④ 회전축에 수직인 평면으로 자른 단면은 원이다.
⑤ 회전체의 이름은 원기둥이다.

49 회전체가 속이 뚫린 상태이므로 회전축에 수직인 평면으로 자른 단면은 다음 그림과 같은 모양이다.

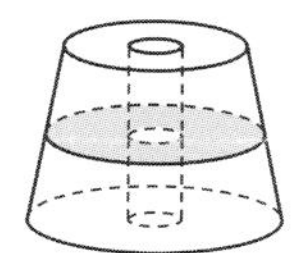 ⇨ 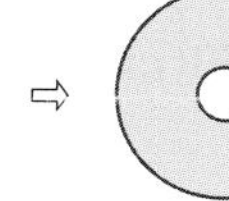

50 (1) 회전체의 겨냥도를 그리면 오른쪽 그림과 같다.

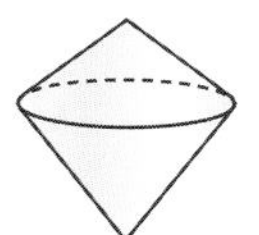

(2) 단면의 모양은 오른쪽 그림과 같고, 그 넓이는 2개의 직각삼각형의 넓이의 합이다.
$\therefore \left(\frac{1}{2}\times 3\times 4\right)\times 2=12(\text{cm}^2)$

(3) 회전체를 회전축에 수직인 평면으로 자른 단면의 모양은 모두 원이다. 이 중 넓이가 가장 큰 경우는 오른쪽 그림과 같이 점 B에서 $\overline{\text{AC}}$에 내린 수선의 발 H에 대하여 $\overline{\text{BH}}$를 반지름으로 하는 원일 때이다. 이때

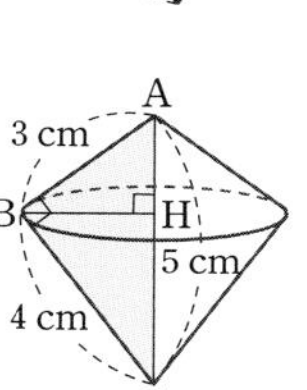

$\triangle \text{ABC}=\frac{1}{2}\times 3\times 4=\frac{1}{2}\times 5\times \overline{\text{BH}}$
$\therefore \overline{\text{BH}}=\frac{12}{5}$ cm

따라서 구하는 넓이는 반지름의 길이가 $\frac{12}{5}$ cm인 원의 넓이이므로

$\pi\times\left(\frac{12}{5}\right)^2=\frac{144}{25}\pi(\text{cm}^2)$

51 단면의 모양은 윗변의 길이가 6 cm, 아랫변의 길이가 8 cm, 높이가 6 cm인 등변사다리꼴이므로 넓이는
$\frac{1}{2}\times(6+8)\times 6=42(\text{cm}^2)$

52 회전축에 수직인 평면으로 자른 단면은 모두 원으로 넓이가 가장 큰 경우는 반지름의 길이가 7 cm일 때이므로 이때의 넓이는

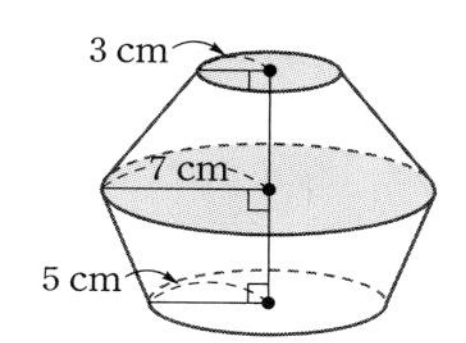

$\pi\times 7^2=49\pi(\text{cm}^2)$
넓이가 가장 작은 경우는 반지름의 길이가 3 cm일 때이므로 이때의 넓이는
$\pi\times 3^2=9\pi(\text{cm}^2)$

53 회전체는 원뿔대이므로 전개도를 그리면 다음 그림과 같다.

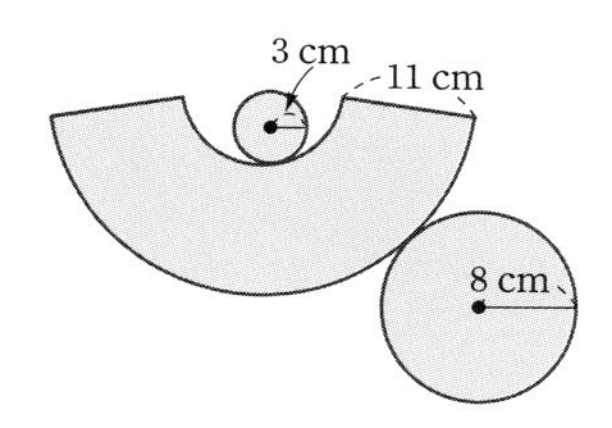

옆면의 둘레의 길이는 두 모선의 길이와 밑면인 두 원의 둘레의 길이의 합과 같으므로
$(11+11)+\{(2\pi\times 3)+(2\pi\times 8)\}=22+6\pi+16\pi$
$=22\pi+22(\text{cm})$

2 입체도형의 겉넓이와 부피

주제별 실력다지기

113~125쪽

01 ④	02 ①	03 ④	
04 96 cm^2, 63 cm^3		05 312 cm^3	06 ⑤
07 408 cm^2	08 ④	09 $68\pi\text{ cm}^2$, $60\pi\text{ cm}^3$	
10 ③	11 $288\pi\text{ cm}^3$	12 ①	
13 $(112\pi+120)\text{ cm}^2$, $210\pi\text{ cm}^3$			14 ③
15 ④	16 $(168-28\pi)\text{ cm}^3$		
17 $(192-2\pi)\text{ cm}^3$		18 $(96-8\pi)\text{ cm}^3$	
19 $182\pi\text{ cm}^2$, $210\pi\text{ cm}^3$		20 ③	
21 $(170\pi+132)\text{ cm}^2$, $(300\pi-72)\text{ cm}^3$			22 ②
23 3번	24 36 cm^3	25 6	26 ③
27 ①	28 ②	29 ④	30 ②
31 $\frac{25}{4}$ cm	32 ⑤	33 ①	34 ①
35 ②	36 ④	37 ④	38 ②
39 $(48\pi+48)\text{ cm}^2$		40 20분	41 ③
42 (1) $140\pi\text{ cm}^2$ (2) 1 : 7		43 $14\pi\text{ cm}^2$	44 ③
45 $\frac{256}{3}\pi\text{ cm}^3$	46 ③		
47 $153\pi\text{ cm}^2$, $252\pi\text{ cm}^3$		48 ⑤	
49 ㉠ 3 ㉡ $\frac{2}{3}$ ㉢ 4		50 ③	51 ①
52 $36\pi\text{ cm}^3$, $18\pi\text{ cm}^3$		53 ②	54 ③
55 ③	56 ③	57 $90\pi\text{ cm}^2$, $84\pi\text{ cm}^3$	
58 $36\pi\text{ cm}^2$	59 $96\pi\text{ cm}^2$, $80\pi\text{ cm}^3$		
60 $210\pi\text{ cm}^2$, $200\pi\text{ cm}^3$		61 ④	
62 $\frac{208}{3}\pi$	63 $\frac{392}{3}\pi\text{ cm}^3$	64 $78\pi\text{ cm}^3$	

01 (겉넓이)=(밑넓이)×2+(옆넓이)

$$=\left\{\frac{1}{2}\times(4+8)\times3\right\}\times2+(3+4+5+8)\times10$$
$$=36+200=236(\text{cm}^2)$$

02 겹치는 면을 제외하면 겉넓이는 정육면체의 면 14개의 넓이의 합과 같으므로

(겉넓이)=$(2\times2)\times14=56(\text{cm}^2)$

03 (겉넓이)=(밑넓이)×2+(옆넓이)

$$=\left(8\times8-\frac{1}{2}\times8\times3\right)\times2+(8+8+8+5+5)\times11$$
$$=104+374=478(\text{cm}^2)$$

04 (겉넓이)=(밑넓이)×2+(옆넓이)

$$=\left(3\times5+\frac{1}{2}\times3\times4\right)\times2+(3+4+3+3+5)\times3$$
$$=42+54=96(\text{cm}^2)$$

(부피)=(밑넓이)×(높이)

$$=\left(3\times5+\frac{1}{2}\times3\times4\right)\times3=63(\text{cm}^3)$$

05 오각기둥의 높이를 h cm라 하면

(옆넓이)=$(5+4+5+8+6)\times h$

$168=28h$ $\quad\therefore h=6$

∴ (부피)=(밑넓이)×(높이)

$$=\left\{\frac{1}{2}\times6\times8+\frac{1}{2}\times(4+10)\times4\right\}\times6$$
$$=(24+28)\times6=312(\text{cm}^3)$$

06 사각기둥의 높이를 h cm라 하면

(부피)=(밑넓이)×(높이)이므로

$$308=\left(\frac{1}{2}\times6\times8+\frac{1}{2}\times10\times4\right)\times h$$

$44h=308$ $\quad\therefore h=7$

따라서 구하는 높이는 7 cm이다.

07 (겉넓이)=(밑넓이)×2+(옆넓이)

$$=\left(\frac{1}{2}\times6\times8\right)\times2+(6+8+10)\times15$$
$$=48+360=408(\text{cm}^2)$$

08 색칠한 부분은 사다리꼴이므로 높이를 h cm라 하면 $\overline{CD}=6$ cm이므로

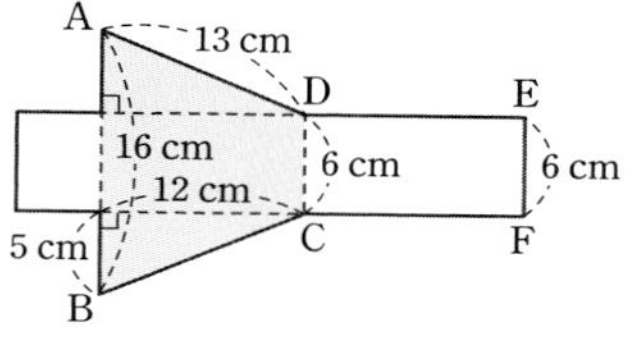

$\frac{1}{2}\times(6+16)\times h=132$

$11h=132$ $\quad\therefore h=12$

$\therefore$ (삼각기둥의 부피)$=\left(\frac{1}{2}\times5\times12\right)\times6=180(\text{cm}^3)$

09 (겉넓이)$=(\pi\times4^2)\times2+(2\pi\times4)\times3+(2\pi\times2)\times3$

$=32\pi+24\pi+12\pi=68\pi(\text{cm}^2)$

(부피)$=(\pi\times4^2)\times3+(\pi\times2^2)\times3$

$=48\pi+12\pi=60\pi(\text{cm}^3)$

10 밑면인 원의 반지름의 길이는 5 cm이다.

원기둥의 높이를 h cm라 하면

(부피)$=(\pi\times5^2)\times h$이므로

$25\pi h=200\pi$ $\quad\therefore h=8$

$\therefore$ (겉넓이)$=$(밑넓이)$\times2+$(옆넓이)

$=(\pi\times5^2)\times2+(2\pi\times5)\times8$

$=50\pi+80\pi=130\pi(\text{cm}^2)$

11 원기둥의 높이를 h cm라 하면

(겉넓이)$=$(밑넓이)$\times2+$(옆넓이)

$=(\pi\times6^2)\times2+(2\pi\times6)\times h$

$=72\pi+12\pi h(\text{cm}^2)$

이므로

$72\pi+12\pi h=168\pi$, $12\pi h=96\pi$ $\quad\therefore h=8$

$\therefore$ (부피)$=\pi\times6^2\times8=288\pi(\text{cm}^3)$

12 (겉넓이)$=$(밑넓이)$\times2+$(옆넓이)

$=\left(\pi\times4^2\times\frac{60}{360}\right)\times2$

$+\left(4+4+2\pi\times4\times\frac{60}{360}\right)\times5$

$=\frac{16}{3}\pi+\left(8+\frac{4}{3}\pi\right)\times5$

$=\frac{16}{3}\pi+40+\frac{20}{3}\pi$

$=12\pi+40(\text{cm}^2)$

13 (겉넓이)$=$(밑넓이)$\times2+$(옆넓이)

$=\left(\pi\times6^2\times\frac{210}{360}\right)\times2$

$+\left(6+6+2\pi\times6\times\frac{210}{360}\right)\times10$

$=42\pi+(12+7\pi)\times10$

$=42\pi+120+70\pi$

$=112\pi+120(\text{cm}^2)$

(부피)$=$(밑넓이)$\times$(높이)

$=\left(\pi\times6^2\times\frac{210}{360}\right)\times10$

$=210\pi(\text{cm}^3)$

14 밑면인 부채꼴의 중심각의 크기를 $x°$라 하면

(부피)$=$(밑넓이)$\times$(높이)이므로

$48\pi=\left(\pi\times4^2\times\frac{x}{360}\right)\times9$ $\quad\therefore x=120$

따라서 밑면인 부채꼴의 중심각의 크기는 120°이다.

15 (겉넓이)$=$(밑넓이)$\times2+$(옆넓이)

$=(10\times10-6\times2)\times2$

$+\{(10+10+10+10)\times10$

$+(2+6+2+6)\times10\}$

$=176+400+160$

$=736(\text{cm}^2)$

16 (부피)$=$(사각기둥의 부피)$-$(원기둥의 부피)

$=6\times4\times7-\pi\times2^2\times7$

$=168-28\pi(\text{cm}^3)$

17 (부피)$=$(직육면체의 부피)$-$(반원기둥의 부피)

$=12\times4\times4-\left(\pi\times1^2\times\frac{1}{2}\right)\times4$

$=192-2\pi(\text{cm}^3)$

18 (부피)$=$(각기둥의 부피)$-$(원기둥의 부피)

$=\left\{\frac{1}{2}\times(3+5)\times3\right\}\times8-\pi\times1^2\times8$

$=96-8\pi(\text{cm}^3)$

19 (겉넓이)$=$(밑넓이)$\times2+$(옆넓이)

$=(\pi\times5^2-\pi\times2^2)\times2$

$+(2\pi\times5\times10+2\pi\times2\times10)$

$=42\pi+100\pi+40\pi$

$=182\pi(\text{cm}^2)$

(부피)$=$(큰 원기둥의 부피)$-$(작은 원기둥의 부피)

$=\pi\times5^2\times10-\pi\times2^2\times10$

$=250\pi-40\pi=210\pi(\text{cm}^3)$

20 (부피)$=$(원기둥의 부피)$-$(정육면체의 부피)

$=\pi\times6^2\times12-6\times6\times6$

$=432\pi-216(\text{cm}^3)$

21 (겉넓이)=(밑넓이)×2+(옆넓이)

$=\{(\text{원의 넓이})-(\text{삼각형의 넓이})\}\times 2$

$\quad+\{(\text{원기둥의 옆넓이})+(\text{삼각기둥의 옆넓이})\}$

$=\left(\pi\times 5^2-\frac{1}{2}\times 3\times 4\right)\times 2$

$\quad+\{(2\pi\times 5\times 12)+(3+4+5)\times 12\}$

$=50\pi-12+120\pi+144$

$=170\pi+132(\text{cm}^2)$

(부피)=(원기둥의 부피)−(삼각기둥의 부피)

$=\pi\times 5^2\times 12-\frac{1}{2}\times 3\times 4\times 12$

$=300\pi-72(\text{cm}^3)$

22 붙어 있는 부분의 넓이를 제외한 정사각뿔의 겉넓이와 직육면체의 겉넓이를 더하면 되므로 구하는 겉넓이는

$\left(\frac{1}{2}\times 10\times 10\right)\times 4+\{10\times 10+(10+10+10+10)\times 12\}$

$=200+100+480$

$=780(\text{cm}^2)$

23 (정사각뿔의 부피)$=\frac{1}{3}\times 6\times 6\times 15=180(\text{cm}^3)$

(직육면체의 부피)$=10\times 6\times 9=540(\text{cm}^3)$

따라서 정사각뿔 모양의 그릇으로 물을 $540\div 180=3$(번) 부어야 한다.

24 정팔면체는 2개의 사각뿔을 붙여 놓은 꼴이고

(사각뿔의 부피)$=\frac{1}{3}\times\left\{\left(\frac{1}{2}\times 6\times 3\right)\times 2\right\}\times 3=18(\text{cm}^3)$

이므로

(정팔면체의 부피)=(사각뿔의 부피)×2

$=18\times 2=36(\text{cm}^3)$

25 (사각뿔대의 부피)

=(큰 사각뿔의 부피)−(작은 사각뿔의 부피)

$=\frac{1}{3}\times 12\times 12\times 8-\frac{1}{3}\times x\times x\times 4$

$=384-\frac{4}{3}x^2(\text{cm}^3)$

이므로

$384-\frac{4}{3}x^2=336,\ \frac{4}{3}x^2=48$

$x^2=36=6^2\qquad\therefore x=6$

26 사각뿔대의 높이를 h cm라 하면

(부피)=(큰 사각뿔의 부피)−(작은 사각뿔의 부피)

$=\frac{1}{3}\times 7\times 7\times(4+h)-\frac{1}{3}\times 4\times 4\times 4$

$=93(\text{cm}^3)$

이므로

$3\times 93=49(4+h)-64,\ 49(4+h)=343$

$4+h=7\qquad\therefore h=3$

따라서 사각뿔대의 높이는 3 cm이다.

27 $\triangle$BCD를 밑면이라 하면 높이는 $\overline{CG}$이므로

(삼각뿔 C−BDG의 부피)$=\frac{1}{3}\times$(밑넓이)×(높이)

$=\frac{1}{3}\times\left(\frac{1}{2}\times 8\times 4\right)\times 6$

$=32(\text{cm}^3)$

28 (작은 도형의 부피)$=\frac{1}{3}\times\left(\frac{1}{2}\times 4\times 2\right)\times 6=8(\text{cm}^3)$

(큰 도형의 부피)=(직육면체의 부피)−(작은 도형의 부피)

$=4\times 2\times 6-8=40(\text{cm}^3)$

따라서 큰 도형의 부피는 작은 도형의 부피의 $40\div 8=5$(배)이다.

29 (정육면체의 부피)$=6\times 6\times 6=216(\text{cm}^3)$

(삼각뿔 C−BGM의 부피)$=\frac{1}{3}\times\left(\frac{1}{2}\times 6\times 3\right)\times 6$

$=18(\text{cm}^3)$

따라서 나머지 부분의 부피는 $216-18=198(\text{cm}^3)$이므로 삼각뿔 C−BGM과 나머지 부분의 부피의 비는

$18:198=1:11$

30 (부피)=(직육면체의 부피)−(자른 삼각뿔의 부피)

$=8\times 8\times 12-\left\{\frac{1}{3}\times\left(\frac{1}{2}\times 4\times 3\right)\times 10\right\}$

$=768-20$

$=748(\text{cm}^3)$

31 (삼각뿔 G−DEF의 부피)$=\frac{1}{8}\times$(삼각기둥의 부피)

이므로

$\frac{1}{3}\times\left(\frac{1}{2}\times 6\times 8\times\overline{GE}\right)=\frac{1}{8}\times\left(\frac{1}{2}\times 6\times 8\right)\times 10$

$8\overline{GE}=30\qquad\therefore\overline{GE}=\frac{15}{4}$ cm

$\therefore\overline{BG}=10-\frac{15}{4}=\frac{25}{4}(\text{cm})$

32 (직육면체의 부피)$=12\times 16\times 5=960(\text{cm}^3)$

(남은 물의 부피)$=\frac{1}{3}\times\left(\frac{1}{2}\times 12\times 5\right)\times 16=160(\text{cm}^3)$

따라서 버려진 물의 양은

$960-160=800(\text{cm}^3)$

33 두 그릇 A, B에 담긴 물의 양이 같으므로
(A 그릇에 담긴 물의 부피)=(B 그릇에 담긴 물의 부피)
$\left(\frac{1}{2}\times8\times2\right)\times6=\frac{1}{3}\times\left(\frac{1}{2}\times6\times x\right)\times4$
$4x=48 \qquad \therefore x=12$

34 (부피)$=\frac{1}{3}\times$(원기둥의 부피)이므로
$30\pi=\frac{1}{3}\times\pi\times3^2\times h$, $3\pi h=30\pi$
$\therefore h=10$

35 (겉넓이)$=\pi r^2+\pi\times r\times2r=\pi r^2+2\pi r^2=3\pi r^2$
이므로
$3\pi r^2=12\pi$, $r^2=4=2^2 \qquad \therefore r=2$

36 밑면인 원의 반지름의 길이를 r cm라 하면
부채꼴의 호의 길이와 원의 둘레의 길이가 같으므로
$2\pi\times12\times\frac{120}{360}=2\pi r \qquad \therefore r=4$
∴ (겉넓이)=(밑넓이)+(옆넓이)
$=\pi\times4^2+\pi\times4\times12$
$=16\pi+48\pi=64\pi(\text{cm}^2)$

37 ① 모선의 길이는 10 cm이다.
② (부채꼴의 호의 길이)$=2\pi\times6=12\pi(\text{cm})$
③ (옆넓이)=(부채꼴의 넓이)이므로
$\pi\times6\times10=60\pi(\text{cm}^2)$
④ 부채꼴의 중심각의 크기를 $x°$라 하면 호의 길이가
12π cm이므로
$2\pi\times10\times\frac{x}{360}=12\pi \qquad \therefore x=216$
따라서 중심각의 크기는 216°이다.
⑤ (부피)$=\frac{1}{3}\times\pi\times6^2\times8=96\pi(\text{cm}^3)$

38 (겉넓이)=(큰 원뿔의 옆넓이)+(작은 원뿔의 옆넓이)
$=\pi\times3\times8+\pi\times3\times4$
$=24\pi+12\pi=36\pi(\text{cm}^2)$

39 (겉넓이)=(반원의 넓이)+(이등변삼각형의 넓이)
+(부채꼴의 넓이)
$=\frac{1}{2}\times(\pi\times6^2)+\frac{1}{2}\times12\times8$
$+\frac{1}{2}\times(\pi\times6\times10)$
$=18\pi+48+30\pi$
$=48\pi+48(\text{cm}^2)$

40 원뿔 모양의 통의 부피는
$\frac{1}{3}\times\pi\times4^2\times15=80\pi(\text{cm}^3)$
따라서 1분에 4π cm^3의 속력으로 물을 부으면 물을 가득 채우는 데 $80\pi\div4\pi=20$(분)이 걸린다.

41 원뿔의 밑면의 둘레의 길이가
$2\pi\times12=24\pi(\text{cm})$
이므로 원 O의 둘레의 길이는
$24\pi\times\frac{4}{3}=32\pi(\text{cm})$
이때 원 O의 반지름의 길이를 r cm라 하면
$2\pi r=32\pi \qquad \therefore r=16$
따라서 원뿔의 모선의 길이가 16 cm이므로
(겉넓이)$=\pi\times12^2+\pi\times12\times16$
$=144\pi+192\pi$
$=336\pi(\text{cm}^2)$

42 (1) (B의 겉넓이)
$=(\pi\times4^2+\pi\times8^2)+(\pi\times8\times10-\pi\times4\times5)$
$=80\pi+60\pi=140\pi(\text{cm}^2)$
(2) (A의 부피)$=\frac{1}{3}\times\pi\times4^2\times3=16\pi(\text{cm}^3)$
(B의 부피)=(큰 원뿔의 부피)−(A의 부피)
$=\frac{1}{3}\times\pi\times8^2\times6-16\pi$
$=128\pi-16\pi=112\pi(\text{cm}^3)$
따라서 A와 B의 부피의 비는
$16\pi : 112\pi=1 : 7$

43 작은 부채꼴의 호의 길이가 $2\pi\times3\times\frac{120}{360}=2\pi(\text{cm})$
이므로 윗면인 작은 원의 반지름의 길이를 r cm라 하면
$2\pi r=2\pi \qquad \therefore r=1$
또, 큰 부채꼴의 호의 길이가 $2\pi\times6\times\frac{120}{360}=4\pi(\text{cm})$
이므로 아랫면인 큰 원의 반지름의 길이를 r' cm라 하면
$2\pi r'=4\pi \qquad \therefore r'=2$
∴ (원뿔대의 겉넓이)
=(두 원의 넓이의 합)+{(큰 부채꼴의 넓이)
−(작은 부채꼴의 넓이)}
$=(\pi\times1^2+\pi\times2^2)+(\pi\times2\times6-\pi\times1\times3)$
$=5\pi+9\pi=14\pi(\text{cm}^2)$

44 반지름의 길이가 6 cm인 구 A에서
(겉넓이)$=4\pi\times6^2=144\pi(\text{cm}^2)$
(부피)$=\frac{4}{3}\pi\times6^3=288\pi(\text{cm}^3)$

또, 반지름의 길이가 3 cm인 구 B에서

(겉넓이)$=4\pi\times3^2=36\pi(\text{cm}^2)$

(부피)$=\frac{4}{3}\pi\times3^3=36\pi(\text{cm}^3)$

따라서 $a=\frac{144\pi}{36\pi}=4$, $b=\frac{288\pi}{36\pi}=8$이므로

$b-a=8-4=4$

45 구의 반지름의 길이를 r cm라 하면

단면인 원의 넓이가 $16\pi\ \text{cm}^2$이므로

$\pi r^2=16\pi$, $r^2=16=4^2$ $\quad\therefore r=4$

$\therefore$ (부피)$=\frac{4}{3}\pi\times4^3=\frac{256}{3}\pi(\text{cm}^3)$

46 (겉넓이)=(반구의 겉넓이)+(원뿔의 옆넓이)

$=\frac{1}{2}\times(4\pi\times3^2)+\pi\times3\times5$

$=18\pi+15\pi=33\pi(\text{cm}^2)$

(부피)=(반구의 부피)+(원뿔의 부피)

$=\frac{1}{2}\times\left(\frac{4}{3}\pi\times3^3\right)+\frac{1}{3}\times\pi\times3^2\times4$

$=18\pi+12\pi=30\pi(\text{cm}^3)$

47 (겉넓이)$=\frac{7}{8}\times(4\pi\times6^2)+\left(\pi\times6^2\times\frac{90}{360}\right)\times3$

$=126\pi+27\pi=153\pi(\text{cm}^2)$

(부피)$=\frac{7}{8}\times\left(\frac{4}{3}\pi\times6^3\right)=252\pi(\text{cm}^3)$

48 (반구 모양의 그릇의 부피)$=\frac{1}{2}\times\left(\frac{4}{3}\pi\times3^3\right)$

$=18\pi(\text{cm}^3)$

(원기둥 모양의 그릇의 부피)$=\pi\times6^2\times6=216\pi(\text{cm}^3)$

따라서 물을 $216\pi\div18\pi=12$(번) 부어야 원기둥 모양의 통에 물이 가득 찬다.

49 (가) (뿔의 부피)$=\frac{1}{3}\times$(기둥의 부피)이므로 ㉠$=3$

(나) (구의 부피)$=\frac{4}{3}\pi r^3$

(원기둥의 부피)$=\pi r^2\times2r=2\pi r^3$

따라서 (구의 부피)$=\frac{2}{3}\times$(원기둥의 부피)

이므로 ㉡$=\frac{2}{3}$

(다) (구의 겉넓이)$=4\pi r^2$, (원의 넓이)$=\pi r^2$

따라서 (구의 겉넓이)$=4\times$(원의 넓이)이므로

㉢$=4$

50 (원뿔 모양의 그릇의 부피)$=\frac{1}{3}\times\pi\times2^2\times9$

$=12\pi(\text{cm}^3)$

원기둥 모양의 그릇에서 물이 채워진 부분의 부피는

$\pi\times2^2\times x=4\pi x(\text{cm}^3)$

즉, $4\pi x=12\pi$ $\quad\therefore x=3$

다른 풀이

(원뿔의 부피) : (원기둥의 부피)=1 : 3이므로 원뿔 모양의 그릇에 담긴 물을 모두 원기둥 모양의 그릇에 부으면 원기둥 모양의 그릇의 높이의 $\frac{1}{3}$만큼 물이 채워진다.

$\therefore x=9\times\frac{1}{3}=3$

51 (원뿔의 부피)$=\frac{1}{3}\times\pi\times6^2\times12=144\pi(\text{cm}^3)$

(구의 부피)$=\frac{4}{3}\pi\times6^3=288\pi(\text{cm}^3)$

(원기둥의 부피)$=\pi\times6^2\times12=432\pi(\text{cm}^3)$

따라서 구의 부피는 원뿔의 부피의 $\frac{288\pi}{144\pi}=2$(배),

원기둥의 부피는 원뿔의 부피의 $\frac{432\pi}{144\pi}=3$(배)이다.

52 원기둥의 밑면의 반지름의 길이를 r cm라 하면

원기둥의 높이는 $2r$ cm이므로 옆넓이는

$2\pi r\times2r=36\pi$, $r^2=9=3^2$ $\quad\therefore r=3$

$\therefore$ (구의 부피)$=\frac{4}{3}\pi\times3^3=36\pi(\text{cm}^3)$,

(원뿔의 부피)$=\frac{1}{3}\times\pi\times3^2\times6=18\pi(\text{cm}^3)$

53 정육면체 모양의 상자의 한 모서리의 길이를 a cm라 하면

(상자의 겉넓이)$=6\times a\times a=216$

$a^2=36=6^2$ $\quad\therefore a=6$

상자의 한 모서리의 길이가 6 cm이므로 유리 구슬의 반지름의 길이는 3 cm이다.

$\therefore$ (유리 구슬의 겉넓이)$=4\pi\times3^2=36\pi(\text{cm}^2)$

54 공 한 개의 반지름의 길이를 r cm라 하면

공 한 개의 겉넓이는 $4\pi r^2$이므로

$4\pi r^2=100\pi$, $r^2=25=5^2$ $\quad\therefore r=5$

즉, 원기둥 모양의 통의 밑면의 반지름의 길이는 5 cm이고, 높이는 $5\times4=20$(cm)이다.

$\therefore$ (통의 겉넓이)$=(\pi\times5^2)\times2+2\pi\times5\times20$

$=50\pi+200\pi=250\pi(\text{cm}^2)$

55 원기둥의 밑면의 반지름의 길이를 r cm라 하면 원기둥의 높이는 $6r$ cm이므로 부피는

$\pi\times r^2\times 6r=48\pi$, $r^3=8=2^3$ $\quad\therefore r=2$

$\therefore$ (구 한 개의 부피)$=\dfrac{4}{3}\pi\times 2^3=\dfrac{32}{3}\pi(\text{cm}^3)$

56 오른쪽 그림과 같이 회전시켜서 생긴 입체도형은 원뿔대이다.

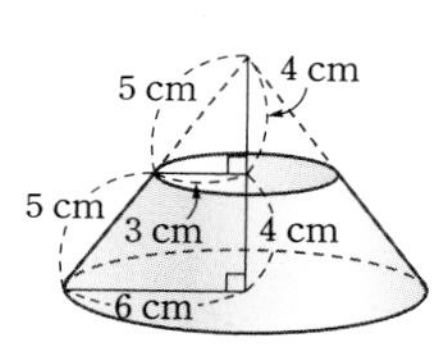

② (겉넓이)=(두 밑넓이의 합)

+(옆넓이)

$=(\pi\times 10^2+\pi\times 5^2)$

$+(\pi\times 10\times 26-\pi\times 5\times 13)$

$=125\pi+195\pi=320\pi(\text{cm}^2)$

③ (부피)=(큰 원뿔의 부피)−(작은 원뿔의 부피)

$=\dfrac{1}{3}\times\pi\times 10^2\times 24-\dfrac{1}{3}\times\pi\times 5^2\times 12$

$=800\pi-100\pi=700\pi(\text{cm}^3)$

57 오른쪽 그림과 같이 회전시켜서 생긴 입체도형은 원뿔대이므로

(겉넓이)

=(두 원의 넓이의 합)

+{(큰 원뿔의 옆넓이)−(작은 원뿔의 옆넓이)}

$=(\pi\times 6^2+\pi\times 3^2)+(\pi\times 6\times 10-\pi\times 3\times 5)$

$=45\pi+45\pi=90\pi(\text{cm}^2)$

(부피)=(큰 원뿔의 부피)−(작은 원뿔의 부피)

$=\dfrac{1}{3}\times\pi\times 6^2\times 8-\dfrac{1}{3}\times\pi\times 3^2\times 4$

$=96\pi-12\pi=84\pi(\text{cm}^3)$

58 주어진 도형을 회전시켜 얻은 입체도형은 오른쪽 그림과 같다.

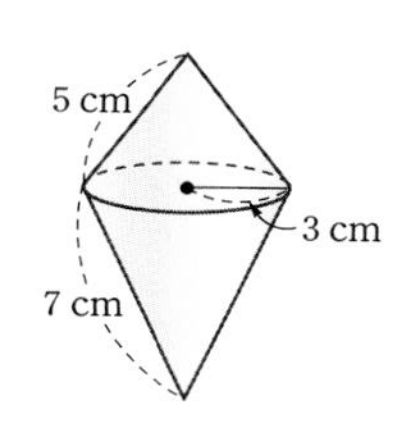

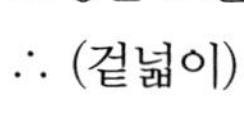

$\therefore$ (겉넓이)

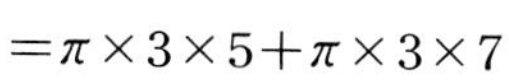

$=\pi\times 3\times 5+\pi\times 3\times 7$

$=15\pi+21\pi=36\pi(\text{cm}^2)$

59 주어진 도형을 회전시켜 얻은 입체도형은 오른쪽 그림과 같다.

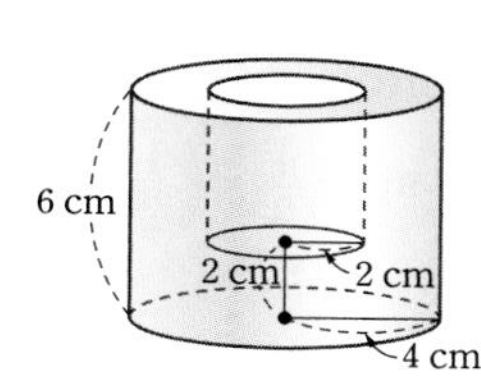

(겉넓이)

$=(\pi\times 4^2)\times 2$

$+(2\pi\times 4\times 6+2\pi\times 2\times 4)$

$=32\pi+48\pi+16\pi=96\pi(\text{cm}^2)$

(부피)=(큰 원기둥의 부피)−(작은 원기둥의 부피)

$=\pi\times 4^2\times 6-\pi\times 2^2\times 4$

$=96\pi-16\pi=80\pi(\text{cm}^3)$

60 주어진 도형을 회전시켜 얻은 입체도형은 오른쪽 그림과 같다.

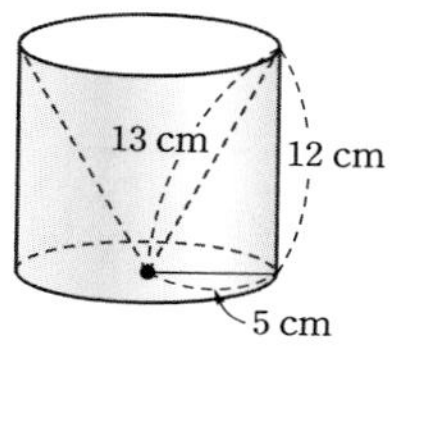

(겉넓이)

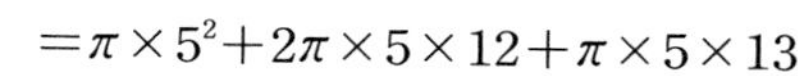

$=\pi\times 5^2+2\pi\times 5\times 12+\pi\times 5\times 13$

$=25\pi+120\pi+65\pi=210\pi(\text{cm}^2)$

(부피)=(원기둥의 부피)−(원뿔의 부피)

$=\pi\times 5^2\times 12-\dfrac{1}{3}\times\pi\times 5^2\times 12$

$=300\pi-100\pi=200\pi(\text{cm}^3)$

61 주어진 도형을 회전시켜 얻은 입체도형은 오른쪽 그림과 같다.

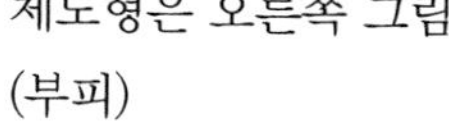

(부피)

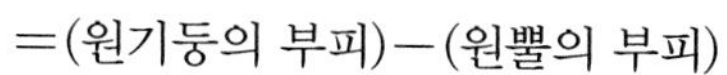

=(원기둥의 부피)−(원뿔의 부피)

$=\pi\times 6^2\times x-\dfrac{1}{3}\times\pi\times 3^2\times x$

$=36\pi x-3\pi x=33\pi x(\text{cm}^3)$

이므로 $33\pi x=198\pi$

$\therefore x=6$

62 주어진 도형을 회전시켜 얻은 입체도형은 오른쪽 그림과 같다.

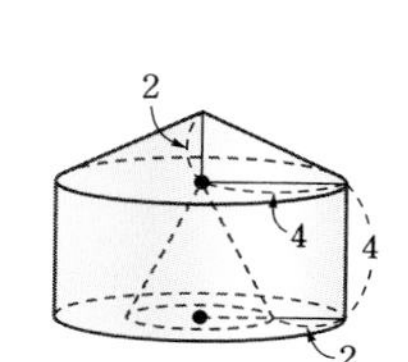

(부피)=(위쪽 원뿔의 부피)

+(원기둥의 부피)

−(아래쪽 원뿔의 부피)

$=\dfrac{1}{3}\times\pi\times 4^2\times 2+\pi\times 4^2\times 4-\dfrac{1}{3}\times\pi\times 2^2\times 4$

$=\dfrac{32}{3}\pi+64\pi-\dfrac{16}{3}\pi=\dfrac{208}{3}\pi$

63 주어진 도형을 회전시켜 얻은 입체도형은 오른쪽 그림과 같다.

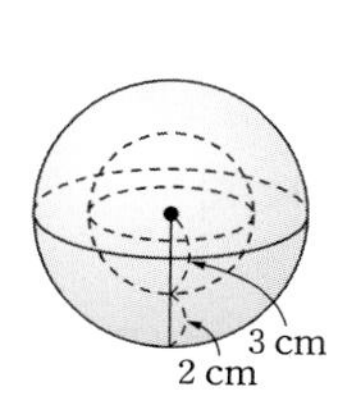

(부피)=(큰 구의 부피)−(작은 구의 부피)

$=\dfrac{4}{3}\pi\times 5^3-\dfrac{4}{3}\pi\times 3^3$

$=\dfrac{500}{3}\pi-\dfrac{108}{3}\pi=\dfrac{392}{3}\pi(\text{cm}^3)$

64 주어진 도형을 회전시켜 얻은 입체도형은 오른쪽 그림과 같다.

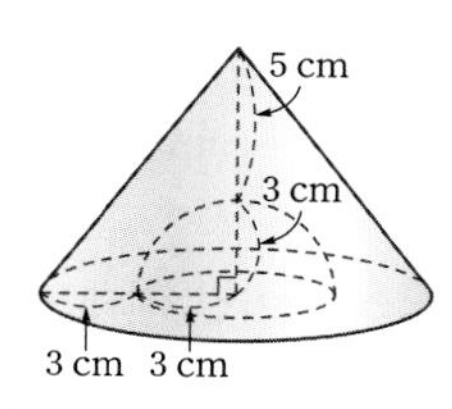

(부피)

=(원뿔의 부피)−(반구의 부피)

$=\dfrac{1}{3}\times\pi\times 6^2\times 8-\left(\dfrac{4}{3}\pi\times 3^3\right)\times\dfrac{1}{2}$

$=96\pi-18\pi=78\pi(\text{cm}^3)$

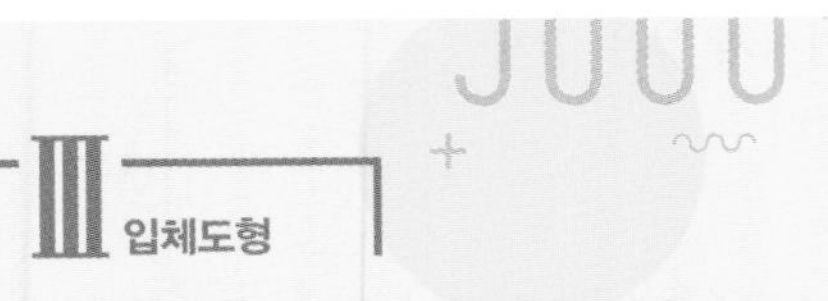

III 입체도형

단원 종합 문제

128~132쪽

01 ③	02 ①, ④	03 ③	04 ①
05 ②, ④	06 정팔면체, 6	07 ②	08 ①
09 ①	10 풀이 참조	11 ③	12 ①
13 $\frac{1}{6}$	14 2	15 ④	
16 24π cm^2	17 90π cm^2, 100π cm^3		
18 840π cm^3	19 (1) 184 cm^2 (2) 38π cm^2		20 ①
21 ⑤	22 174 cm^2		

23 (1) 320 cm^3 (2) 120 cm^3

24 (1) 108π cm^2, $\frac{512}{3}\pi$ cm^3

(2) $(35\pi+20)$ cm^2, 25π cm^3

25 260π cm^2

01 ③ 사각기둥은 육면체이다.

02 ①, ④ 원뿔, 구는 다각형인 면으로만 둘러싸인 입체도형이 아니다.

03 ㄴ. 각뿔대의 옆면의 모양은 모두 사다리꼴이다.
ㄹ. n각뿔대의 모서리의 개수는 $3n$이다.
따라서 보기 중 옳은 것은 ㄱ, ㄷ, ㅁ의 3개이다.

04 n각뿔대의 모서리의 개수는 $3n$이므로
$3n=15$에서 $n=5$
따라서 오각뿔대의 면의 개수는 $5+2=7$, 꼭짓점의 개수는 $5\times2=10$이다.

05 ② 정육면체의 각 면의 모양은 정사각형이다.
④ 정십이면체의 각 면의 모양은 정오각형이다.

06 주어진 전개도로 만들 수 있는 정다면체는 정팔면체로 꼭짓점의 개수는 6이다.

07 ㄱ. 삼각뿔대의 꼭짓점의 개수 : 6
ㄴ. 오각기둥의 모서리의 개수 : 15
ㄷ. 칠각뿔의 모서리의 개수 : 14
ㄹ. 오각뿔대의 꼭짓점의 개수 : 10
ㅁ. 정이십면체의 꼭짓점의 개수 : 12
ㅂ. 십각뿔의 면의 개수 : 11
따라서 개수가 많은 것부터 순서대로 나열하면
ㄴ－ㄷ－ㅁ－ㅂ－ㄹ－ㄱ이다.

08 (나), (다)에서 각뿔대이고, (가)에서 밑면의 모양은 오각형임을 알 수 있다. 따라서 구하는 입체도형은 오각뿔대이다.

09 $\overline{BD}=\overline{BG}=\overline{GD}$이므로 단면의 모양은 정삼각형이다.

10 원뿔을 평면으로 자른 단면의 모양은 다음과 같다.

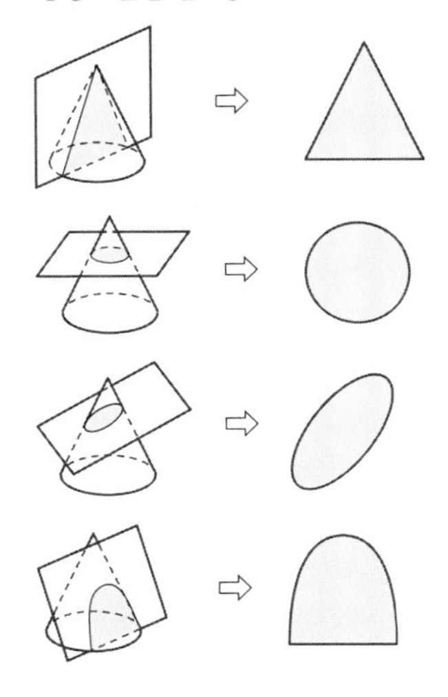

11 (겉넓이)$=$(밑넓이)$\times2+$(옆넓이)
$=(2\times2)\times2+(2+2+2+2)\times x$
$=8+8x$(cm^2)
이므로
$8+8x=72$, $8x=64$
$\therefore x=8$

12 직육면체를 세 꼭짓점 B, E, G를 지나는 평면으로 잘라서 생기는 삼각뿔의 밑면을 직각을 낀 두 변의 길이가 3 cm, 4 cm인 직각삼각형으로 놓으면 높이가 5 cm이므로
(부피)$=\frac{1}{3}\times\left(\frac{1}{2}\times3\times4\right)\times5=10$(cm^3)

13 정육면체의 한 모서리의 길이를 x라 하면
(부피)$=x\times x\times x=x^3$이므로
$x^3=8=2^3$ $\therefore x=2$
따라서 작은 나무토막의 부피는
$\frac{1}{3}\times\left(\frac{1}{2}\times1\times1\right)\times1=\frac{1}{6}$

14 두 그릇에 담긴 물의 부피가 같으므로

$\frac{1}{3}\times\left(\frac{1}{2}\times6\times5\right)\times4=\left(\frac{1}{2}\times5\times x\right)\times4$

$10x=20 \qquad \therefore x=2$

15 원기둥의 높이를 x cm라 하면

(부피)$=\pi\times4^2\times x=16\pi x(\text{cm}^3)$

이므로

$16\pi x=128\pi \qquad \therefore x=8$

따라서 원기둥의 높이가 8 cm이므로

(겉넓이)=(밑넓이)×2+(옆넓이)

$=(\pi\times4^2)\times2+(2\pi\times4)\times8$

$=32\pi+64\pi$

$=96\pi(\text{cm}^2)$

16 $\overline{\text{AC}}$를 회전축으로 하여 1회전 시킬 때 생기는 입체도형은 오른쪽 그림과 같은 원뿔이다.

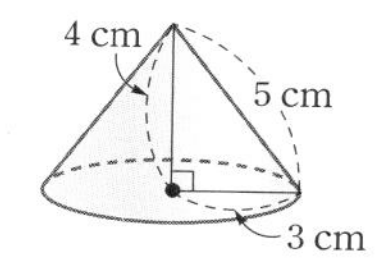

∴ (겉넓이)=(밑넓이)+(옆넓이)

$=\pi\times3^2+\pi\times3\times5$

$=9\pi+15\pi=24\pi(\text{cm}^2)$

17 (겉넓이)$=\pi\times5^2+\pi\times5\times13=25\pi+65\pi$

$=90\pi(\text{cm}^2)$

(부피)$=\frac{1}{3}\times\pi\times5^2\times12=100\pi(\text{cm}^3)$

18 회전체는 오른쪽 그림과 같은 원뿔대이므로

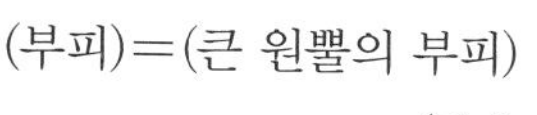

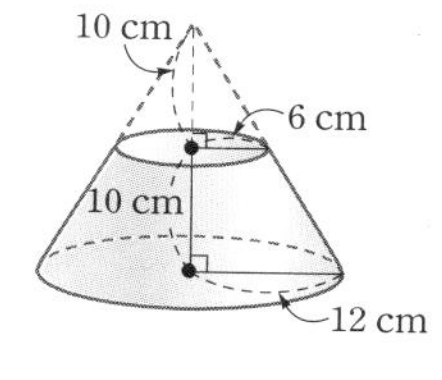

(부피)=(큰 원뿔의 부피)

−(작은 원뿔의 부피)

$=\frac{1}{3}\times\pi\times12^2\times20$

$-\frac{1}{3}\times\pi\times6^2\times10$

$=960\pi-120\pi=840\pi(\text{cm}^3)$

19 (1) (겉넓이)

=(두 밑넓이의 합)+(옆넓이)

$=(8\times8+6\times6)+\left\{\frac{1}{2}\times(6+8)\times3\right\}\times4$

$=100+84=184(\text{cm}^2)$

(2) (겉넓이)

=(두 원의 넓이의 합)+{(큰 원뿔의 옆넓이)

−(작은 원뿔의 옆넓이)}

$=(\pi\times2^2+\pi\times4^2)+(\pi\times4\times6-\pi\times2\times3)$

$=20\pi+18\pi=38\pi(\text{cm}^2)$

20 (구의 부피)$=\frac{4}{3}\pi\times5^3=\frac{500}{3}\pi(\text{cm}^3)$

(원기둥의 부피)$=\pi\times5^2\times10=250\pi(\text{cm}^3)$

따라서 남아 있는 물의 부피는

$250\pi-\frac{500}{3}\pi=\frac{250}{3}\pi(\text{cm}^3)$

다른 풀이

(구의 부피) : (원기둥의 부피)=2 : 3이므로

원기둥 모양의 통에 남아 있는 물의 부피는 원기둥의 부피의 $\frac{1}{3}$이다.

따라서 남아 있는 물의 부피는

$\pi\times5^2\times10\times\frac{1}{3}=\frac{250}{3}\pi(\text{cm}^3)$

21 (구의 부피)$=\frac{4}{3}\pi\times6^3=288p(\text{cm}^3)$

원뿔의 높이를 h cm라 하면

(원뿔의 부피)$=\frac{1}{3}\times\pi\times6^2\times h=12\pi h(\text{cm}^3)$

이므로

$12\pi h\times\frac{3}{2}=288\pi$, $18\pi h=288\pi \qquad \therefore h=16$

따라서 원뿔의 높이는 16 cm이다.

22 (겉넓이)=(밑넓이)×2+(옆넓이)

$=(6\times6-3\times3)\times2$

$+(6+6+3+3+3+3)\times5$

$=54+120=174(\text{cm}^2)$

23 (1) (부피)=(밑넓이)×(높이)

$=\left(\frac{1}{2}\times8\times3+\frac{1}{2}\times8\times5\right)\times10$

$=(12+20)\times10=320(\text{cm}^3)$

(2) (부피)=(밑넓이)×(높이)

$=\left\{\frac{1}{2}\times(3+6)\times2+\frac{1}{2}\times(4+6)\times3\right\}\times5$

$=(9+15)\times5=120(\text{cm}^3)$

24 (1) (겉넓이)$=\frac{1}{2}\times(4\pi\times4^2)+2\pi\times4\times7+\pi\times4\times5$

$=32\pi+56\pi+20\pi$

$=108\pi(\text{cm}^2)$

(부피)$=\frac{1}{2}\times\left(\frac{4}{3}\pi\times4^3\right)+\pi\times4^2\times7+\frac{1}{3}\times\pi\times4^2\times3$

$=\frac{128}{3}\pi+112\pi+16\pi$

$=\frac{512}{3}\pi(\text{cm}^3)$

(2) (겉넓이)

$$=\left(\pi\times4^2\times\frac{150}{360}-\pi\times2^2\times\frac{150}{360}\right)\times2$$
$$+\left(2\pi\times4\times\frac{150}{360}+2\pi\times2\times\frac{150}{360}+2+2\right)\times5$$
$$=10\pi+25\pi+20$$
$$=35\pi+20(\text{cm}^2)$$

$$(\text{부피})=\pi\times4^2\times\frac{150}{360}\times5-\pi\times2^2\times\frac{150}{360}\times5$$
$$=\frac{100}{3}\pi-\frac{25}{3}\pi$$
$$=\frac{75}{3}\pi$$
$$=25\pi(\text{cm}^3)$$

25 큰 원기둥의 높이를 h cm라 하면

(부피)=(큰 원기둥의 부피)−(작은 원기둥의 부피)

$$=\pi\times8^2\times h-\pi\times2^2\times h$$
$$=60\pi h(\text{cm}^3)$$

따라서 $60\pi h=420\pi$이므로 $h=7$

∴ (겉넓이)

=(밑넓이)×2+(큰 원기둥의 옆넓이)

+(작은 원기둥의 옆넓이)

$$=(\pi\times8^2-\pi\times2^2)\times2+2\pi\times8\times7+2\pi\times2\times7$$
$$=120\pi+112\pi+28\pi$$
$$=260\pi(\text{cm}^2)$$

Ⅳ 통계

1 대푯값, 도수분포표와 그래프

주제별 실력다지기

138~154쪽

01 ② **02** 3 : 1

03 (1) 72 (2) −138 (3) −23 **04** ② **05** 98점

06 ② **07** ① **08** 29세 **09** ④

10 ③, ④ **11** 중앙값: 15, 최빈값: 13

12 $a=5$, $b=4$ **13** ④ **14** ③, ④

15 풀이 참조, 75 % **16** 7

17 35자루 **18** 43.2권 **19** ④, ⑤

20 $A=10$, $B=50$ **21** ④ **22** ④

23 ①, ④ **24** ⑤ **25** $A=4$, $B=8$, $C=1$

26 1시간 **27** 30명 **28** 7시간 이상 8시간 미만

29 ③ **30** ⑤ **31** 40 %

32 $A=6$, $B=3$ **33** 8 **34** ②

35 20 % **36** 8명 **37** ⑤ **38** 20명

39 ③ **40** ③, ⑤ **41** 33.3 % **42** 150

43 ④, ⑤ **44** ③, ⑤ **45** 40개 **46** 12개

47 ③ **48** 120명 **49** 82.5 %

50 ③, ④ **51** ③ **52** ㄱ, ㄹ, ㅁ **53** ⑤

54 A 음식점 **55** ②

56 165 cm 이상 170 cm 미만 **57** 28 % **58** ③

59 ④ **60** 20 % **61** 5 %

62 여학생 **63** ④ **64** ② **65** 0.34

66 ④ **67** ② **68** ④ **69** 0.26

70 20회 이상 25회 미만 **71** ① **72** ⑤

73 ②, ⑤ **74** 27명 **75** ④

76 148명 **77** ㄱ, ㄴ, ㄹ **78** ①, ④

01 A반의 기록의 총합은
$15 \times 10 = 150$(초)
B반의 기록의 총합은
$14.4 \times 20 = 288$(초)
따라서 전체 학생 30명의 평균 기록은
$\frac{150+288}{30} = \frac{438}{30} = 14.6$(초)

02 길동이네 반과 이슬이네 반의 학생 수를 각각 x명, y명이라 하면
길동이네 반의 평균 점수가 58점이므로
길동이네 반의 점수의 총합은 $58 \times x = 58x$(점)
또, 이슬이네 반의 평균 점수가 62점이므로
이슬이네 반의 점수의 총합은 $62 \times y = 62y$(점)
두 반을 합한 전체 평균 점수가 59점이므로
$\frac{58x+62y}{x+y} = 59$, $58x+62y = 59x+59y$
$x = 3y$ $\therefore x : y = 3 : 1$
따라서 길동이네 반과 이슬이네 반의 학생 수의 비는 3 : 1이다.

03 (1) 6개의 변량 a, b, c, d, e, f의 평균이 12이므로
$\frac{a+b+c+d+e+f}{6} = 12$
$\therefore a+b+c+d+e+f = 72$
(2) $(-2a+1)+(-2b+1)+(-2c+1)+(-2d+1)+(-2e+1)+(-2f+1)$
$= -2(a+b+c+d+e+f)+6$
$= -2 \times 72 + 6$
$= -138$
(3) 6개의 변량 $-2a+1$, $-2b+1$, $-2c+1$, $-2d+1$, $-2e+1$, $-2f+1$의 평균은
$\frac{(-2a+1)+(-2b+1)+\cdots+(-2f+1)}{6}$
$= \frac{-138}{6}$
$= -23$

다른 풀이

(3) 6개의 변량 a, b, c, d, e, f의 평균이 12이므로
6개의 변량 $-2a+1$, $-2b+1$, $-2c+1$, $-2d+1$, $-2e+1$, $-2f+1$의 평균은
$-2 \times 12 + 1 = -23$

04 4개의 변량 a, b, c, d의 평균이 13이므로
$\frac{a+b+c+d}{4} = 13$
$\therefore a+b+c+d = 52$
따라서 4개의 변량 $2a$, $2b$, $2c$, $2d$의 평균은
$\frac{2a+2b+2c+2d}{4} = \frac{2(a+b+c+d)}{4} = \frac{2 \times 52}{4} = 26$

다른 풀이

4개의 변량 a, b, c, d의 평균이 13이므로 4개의 변량 $2a$, $2b$, $2c$, $2d$의 평균은 $2 \times 13 = 26$

05 중찬이의 4회까지의 평균 점수가 88점이므로 4회까지의 점수의 총합은
$88 \times 4 = 352$(점)
5회까지의 평균 점수가 90점 이상이 되어야 하므로 5회까지의 점수의 총합은 최소 $90 \times 5 = 450$(점)이다.
5회째의 수학 점수를 x점이라 하면
$352 + x = 450$ $\therefore x = 98$
따라서 5회째의 시험에서 중찬이는 최소한 98점을 받아야 한다.

06 지선이의 3회까지의 평균 기록이 17.2초이므로 3회까지의 기록의 총합은
$17.2 \times 3 = 51.6$(초)
4회까지의 평균 기록이 17초 이하가 되어야 하므로 4회까지의 기록의 총합은 최대 $17 \times 4 = 68$(초)이다.
4회째의 기록을 x초라 하면
$51.6 + x = 68$ $\therefore x = 16.4$
따라서 지선이는 4회째의 100 m 달리기에서 16.4초 이내로 달려야 한다.

07 일경, 목련, 주현이의 수학 점수를 각각 x점, y점, z점이라 하면
$\frac{x+y}{2} = 85$에서 $x+y = 170$ ······ ㉠
$\frac{y+z}{2} = 79$에서 $y+z = 158$ ······ ㉡
$\frac{x+z}{2} = 70$에서 $x+z = 140$ ······ ㉢
㉠+㉡+㉢을 하면
$2(x+y+z) = 468$ $\therefore x+y+z = 234$
따라서 세 사람의 평균 점수는
$\frac{x+y+z}{3} = \frac{234}{3} = 78$(점)

08 나이가 가장 적은 선생님과 나이가 가장 많은 선생님의 나이를 각각 x_1세, x_{10}세라 하고 남은 8명의 선생님의 나이를 각각 x_2세, x_3세, x_4세, x_5세, x_6세, x_7세, x_8세, x_9세라 하면 나이가 가장 적은 선생님을 제외한 9명의 평균 나이가 31세이므로

$$\frac{x_2+x_3+\cdots+x_9+x_{10}}{9}=31$$

$\therefore x_2+x_3+\cdots+x_9+x_{10}=279$ …… ㉠

나이가 가장 많은 선생님을 제외한 9명의 평균 나이가 26세이므로

$$\frac{x_1+x_2+\cdots+x_8+x_9}{9}=26$$

$\therefore x_1+x_2+\cdots+x_8+x_9=234$ …… ㉡

또, 조건에서

$x_1+x_{10}=67$ …… ㉢

㉠+㉡+㉢을 하면

$2(x_1+x_2+\cdots+x_9+x_{10})=580$

$\therefore x_1+x_2+\cdots+x_9+x_{10}=290$

따라서 A 중학교 선생님 10명의 평균 나이는

$\frac{x_1+x_2+\cdots+x_9+x_{10}}{10}=\frac{290}{10}=29$(세)

09 ④ 자료 전체의 특징을 대표적인 수로 나타낼 때, 그 값을 대푯값이라 한다. 평균은 대푯값의 한 종류이다.

따라서 옳지 않은 것은 ④이다.

10 주어진 자료를 크기순으로 나열하면

44, 45, 46, 46, 49

① 중앙값은 중앙에 오는 값인 46 kg이다.

② 최빈값은 자료의 개수가 가장 많은 46 kg이다.

③ (평균)$=\frac{44+45+46+46+49}{5}=\frac{230}{5}=46$(kg)

④ (평균)=(최빈값)=(중앙값)

⑤ 평균, 중앙값, 최빈값이 모두 46 kg이므로 세 값의 평균은 46 kg이다.

따라서 옳지 않은 것은 ③, ④이다.

11 주어진 자료를 크기순으로 나열하면

6, 13, 13, 13, 17, 21, 21, 30

따라서 중앙값은 $\frac{13+17}{2}=\frac{30}{2}=15$,

최빈값은 13이다.

12 a, b를 제외하고 크기순으로 나열하면

4, 4, 6, 6, 8

최빈값이 4, 중앙값이 5이므로 a, b의 값은 4, 5이다.

이때 $a>b$이므로 $a=5$, $b=4$

13 a, b를 제외하고 크기순으로 나열하면

6, 8, 9, 10

최빈값이 9점이려면 a 또는 b가 9이어야 한다.

이때 $a+b=14$이고 $a>b$이므로

$a=9$, $b=5$

따라서 주어진 자료 전체를 크기순으로 나열하면

5, 6, 8, 9, 9, 10

이므로 중앙값은

$\frac{8+9}{2}=\frac{17}{2}=8.5$(점)

14 ③ 4|3이 나타내는 변량은 43이다.

④ 가장 큰 변량은 마지막 줄기의 가장 큰 수를 나타내는 잎이고, 가장 작은 변량은 첫 번째 줄기의 가장 작은 수를 나타내는 잎이다.

15 주어진 자료를 줄기와 잎 그림으로 나타내면 오른쪽과 같다.

에그타르트를 먹은 개수

(0|6은 6개)

줄기	잎
0	6 9
1	1 5 7 9
2	0 0 3 6 6 8

참가 인원은 전체 잎의 개수와 같으므로

2+4+6=12(명)

줄기가 1이고 잎이 5 이상인 것은

15, 17, 19, 20, 20, 23, 26, 26, 28의 9명

따라서 에그타르트를 15개 이상 먹은 선수들은

전체의 $\frac{9}{12}\times100=75$(%)이다.

16 (키가 50 cm 미만인 애견들의 키의 합)

$=32+39+40+40+43+46+47+49$

$=336$(cm)

(키가 50 cm 이상인 애견들의 키의 합)

$=52+52+52+55+(50+x)+64+67$

$=392+x$(cm)

이때 $336=392+x-63$이므로

$336=329+x$ $\therefore x=7$

17 볼펜을 가장 많이 사용한 학생은 56자루를 사용하였고, 가장 적게 사용한 학생은 21자루를 사용하였다.

따라서 볼펜을 가장 많이 사용한 학생은 가장 적게 사용한 학생보다 56−21=35(자루)를 더 사용하였다.

18 줄기가 4인 변량은 40, 42, 43, 45, 46이므로

(평균)$=\frac{40+42+43+45+46}{5}=\frac{216}{5}=43.2$(권)

19 ① 변량을 일정한 간격으로 나눈 구간을 계급이라 한다.

② 계급은 a 이상 b 미만으로 작성한다.

③ 변량은 자료를 수량으로 나타낸 것이다.

20 전체 학생 수가 50명이므로 $B=50$
$\therefore A=50-(4+11+17+8)=10$

21 ① 가장 큰 도수는 17명이므로 도수가 가장 큰 계급은 55 kg 이상 60 kg 미만이다.
② 몸무게가 49 kg인 학생이 속하는 계급은 45 kg 이상 50 kg 미만이므로 도수는 11명이다.
③ 계급의 크기는 $45-40=5$(kg)이다.
④ 몸무게가 52.5 kg인 학생이 속하는 계급은 50 kg 이상 55 kg 미만이므로 이 계급의 도수는 $50-(4+11+17+8)=10$(명)이다.
⑤ 몸무게가 60 kg 미만인 학생 수는 $50-8=42$(명)이다.
따라서 옳지 않은 것은 ④이다.

22 몸무게가 45 kg 이상 55 kg 미만인 학생 수는 $11+10=21$(명)이고, 전체 학생 수는 50명이므로
전체의 $\frac{21}{50}\times100=42(\%)$이다.

23 ② 전체 학생 수는 40명이고 통학 시간이 20분 미만인 학생과 20분 이상인 학생 수의 비가 2 : 3 이므로 통학 시간이 20분 미만인 학생 수는 $40\times\frac{2}{2+3}=16$(명)이다.
$A+5=16$이므로 $A=11$
$\therefore B=40-(11+5+11+4)=9$
③ 통학 시간이 30분 이상인 학생 수는 $9+4=13$(명)이므로 전체의 $\frac{13}{40}\times100=32.5(\%)$이다.
④ 통학 시간이 40분 이상인 학생 수는 4명, 30분 이상인 학생 수는 $9+4=13$(명)이므로 통학 시간이 긴 쪽에서 12번째인 학생이 속하는 계급은 30분 이상 40분 미만이다.
⑤ 통학 시간이 20분 이상 40분 미만인 학생 수는 $11+9=20$(명)이다.
따라서 옳은 것은 ①, ④이다.

24 ① 계급의 크기는 $6-0=6$(회)이다.
② E-mail 확인 횟수가 12회 미만인 직원이 전체의 50 %이므로 $5+A=30\times\frac{50}{100}$, $5+A=15$ $\therefore A=10$
$\therefore B=30-(5+10+3+7)=5$
③ 가장 작은 도수는 3명이므로 도수가 가장 작은 계급은 12회 이상 18회 미만이다.
④ E-mail 확인 횟수가 6회 미만인 직원 수가 5명, 12회 미만인 직원 수가 $5+10=15$(명)이므로 E-mail 확인 횟수가 적은 쪽에서 9번째인 직원이 속하는 계급은 6회 이상 12회 미만이다.
⑤ E-mail 확인 횟수가 18회 이상 30회 미만인 직원 수는 $7+5=12$(명)이므로 전체의 $\frac{12}{30}\times100=40(\%)$이다.
따라서 옳지 않은 것은 ⑤이다.

25 전체 남학생 수는 22명이므로
$A=22-(1+5+8+4)=4$
B는 A의 2배이므로
$B=2\times A=2\times4=8$
$\therefore C=18-(4+2+8+3)=1$

26 계급의 크기는 $6-5=1$(시간)이다.

27 전체 학생 수는 $2+4+12+8+3+1=30$(명)이다.

28 가장 큰 도수는 12명이므로 도수가 가장 큰 계급은 7시간 이상 8시간 미만이다.

29 수면 시간이 7시간 이상 9시간 미만인 학생 수는 $12+8=20$(명)이고, 7시간 미만인 학생 수는 $2+4=6$(명)이다.
따라서 수면 시간이 7시간 이상 9시간 미만인 학생 수는 수면 시간이 7시간 미만인 학생 수의 $\frac{20}{6}=\frac{10}{3}$(배)이다.

30 ① 전체 학생 수는 $4+9+8+11+5+3=40$(명)이다.
② 두 번째로 큰 도수는 9명이므로 구하는 계급은 50점 이상 60점 미만이다.
③ 성적이 70점 미만인 학생 수는 $4+9+8=21$(명)이다.
⑤ 성적이 90점 이상인 학생 수는 3명, 80점 이상인 학생 수는 $5+3=8$(명)이므로 성적이 좋은 쪽에서 7번째인 학생이 속하는 계급은 80점 이상 90점 미만이다.
따라서 옳지 않은 것은 ⑤이다.

31 성적이 70점 이상 90점 미만인 학생 수는 $11+5=16$(명)이므로
전체의 $\frac{16}{40}\times100=40(\%)$이다.

32 주어진 히스토그램으로부터 도수분포표를 완성하면 오른쪽과 같다.
따라서 $B=3$이고,
$A=40-(4+11+10+6+3)$
$=6$

기록(초)	학생 수(명)
12이상~14미만	A
14 ~16	4
16 ~18	11
18 ~20	10
20 ~22	6
22 ~24	$B=3$
합계	40

33 계급의 크기는 $14-12=2$(초)이고, 14초 이상 16초 미만인 계급의 도수는 4명이므로 이 계급의 직사각형의 넓이는
$2\times4=8$

34 상위 25 %에 속하는 학생 수는 $40\times\frac{25}{100}=10$(명)이고, 기록이 14초 미만인 학생 수는 6명, 16초 미만인 학생 수는 $6+4=10$(명)이다.
따라서 100 m 달리기 기록이 상위 25 % 이내에 속하려면 16초 미만으로 달려야 한다.

35 직사각형 A의 넓이는 $4\times a=4a$
직사각형 B의 넓이는 $4\times8=32$
직사각형 B의 넓이가 직사각형 A의 넓이의 $\frac{2}{3}$이므로
$4a\times\frac{2}{3}=32 \quad \therefore a=12$
따라서 정한이네 반의 전체 학생 수는
$2+5+12+8+5+3=35$(명),
아버지의 나이가 46세 미만인 학생 수는
$2+5=7$(명)이므로
전체의 $\frac{7}{35}\times100=20(\%)$이다.

36 영어 성적이 80점 이상인 학생 수는 $3+2=5$(명)
전체 학생 수를 x명이라 하면 영어 성적이 80점 이상인 학생이 전체의 20 %이므로
$x=5\times\frac{100}{20}=25$
따라서 전체 학생 수가 25명이므로 영어 성적이 50점 이상 60점 미만인 학생 수는
$25-(2+4+6+3+2)=8$(명)

37 TV 시청 시간이 4시간 이상인 학생 수는
$5+3+2=10$(명)이고, 전체의 $\frac{1}{3}$이므로
전체 학생 수는 $10\times3=30$(명)이다.
따라서 TV 시청 시간이 3시간 이상 4시간 미만인 학생 수는
$30-(3+6+5+3+2)=11$(명)이므로
전체의 $\frac{11}{30}\times100=36.66\cdots(\%)$, 즉 36.7 %이다.

38 비만도가 26 % 미만인 회원이 전체의 82.5 %이므로
비만도가 26 % 이상인 회원은 전체의 17.5 %이다.
비만도가 26 % 이상인 회원 수가 $4+10=14$(명)이므로
전체 회원 수를 x명이라 하면
$x=14\times\frac{100}{17.5}=80$
따라서 전체 회원 수가 80명이므로
비만도가 14 % 이상 22 % 미만인 회원 수는
$80-(6+14+4+10)=46$(명)
이때 비만도가 14 % 이상 18 % 미만인 계급의 도수와 18 % 이상 22 % 미만인 계급의 도수의 비가 10 : 13이므로 비만도가 14 % 이상 18 % 미만인 계급의 도수는
$46\times\frac{10}{23}=20$(명)이다.

39 ③ 도수분포다각형은 히스토그램에서 각 직사각형의 윗변의 중앙에 있는 점을 선분으로 연결하여 그린다.

40 ① 전체 학생 수는 $3+7+10+6+3+1=30$(명)이다.
② 계급의 개수는 6개이다.
③ 윗몸일으키기 기록이 55회 이상인 학생 수가 1명, 50회 이상인 학생 수가 $3+1=4$(명), 45회 이상인 학생 수가 $6+4=10$(명)이므로 윗몸일으키기 기록이 좋은 쪽에서 5번째인 학생이 속하는 계급은 45회 이상 50회 미만이다.
④ 도수가 가장 작은 계급은 55회 이상 60회 미만이다.
⑤ 윗몸일으키기 기록이 45회 이상인 학생 수는
$6+3+1=10$(명)이다.

41 윗몸일으키기 기록이 40회 미만인 학생 수는
$3+7=10$(명)이고, 전체 학생 수는 30명이므로
전체의 $\frac{10}{30}\times100=33.33\cdots(\%)$, 즉 33.3 %이다.

42 (넓이)=(계급의 크기)×(도수의 총합)
$=5\times30=150$

43 ① 전체 학생 수는 $4+9+8+12+5+2=40$(명)이다.
② 가장 작은 도수는 2명이므로 도수가 가장 작은 계급은 90점 이상 100점 미만이다.
③ 성적이 60점 이상 70점 미만인 학생 수는 8명이므로
전체의 $\frac{8}{40}\times100=20(\%)$이다.
④ 성적이 90점 이상인 학생 수가 2명, 80점 이상인 학생 수가 $5+2=7$(명), 70점 이상인 학생 수가 $12+7=19$(명)이므로 성적이 좋은 쪽에서 10번째인 학생이 속하는 계급은 70점 이상 80점 미만이다.
⑤ 도수분포다각형과 가로축으로 둘러싸인 부분의 넓이는 히스토그램의 직사각형의 넓이의 합과 같다.
따라서 옳지 않은 것은 ④, ⑤이다.

44 ① 도수가 가장 큰 계급은 45회 이상 50회 미만이다.

② 줄넘기 횟수가 40회 미만인 학생 수는 $3+7=10$(명)이다.

③ 전체 학생 수는 $3+7+9+12+5+4=40$(명)이다.

이 중 10 %는 $40\times\frac{10}{100}=4$(명)이므로 상위 10 % 이내에 속하려면 기록이 좋은 쪽에서 4번째 이내에 들어야 한다. 기록이 55회 이상인 학생 수가 4명이므로 상위 10 % 이내에 속하려면 줄넘기를 최소한 55회 이상 해야 한다.

④ (넓이)$=$(계급의 크기)$\times$(도수의 총합)

$=5\times(3+7+9+12+5+4)$

$=5\times40=200$

⑤ 줄넘기 횟수가 45회 이상인 학생 수는

$12+5+4=21$(명)이므로

전체의 $\frac{21}{40}\times100=52.5(\%)$이다.

따라서 옳은 것은 ③, ⑤이다.

45 무게가 32 g 이상인 초콜릿의 수는

$13+4+3+1=21$(개)

이고 전체의 52.5 %이므로

(전체 초콜릿의 수)$=21\times\frac{100}{52.5}=40$(개)

46 전체 초콜릿의 수가 40개이므로 무게가 31 g 이상 32 g 미만인 초콜릿의 수는

$40-(7+13+4+3+1)=12$(개)

47 저축액이 50억 원 미만인 은행 수는

$7+5+6+4=22$(개)

전체 은행 수를 x개라 하면

저축액이 50억 원 미만인 은행이 전체의 55 %이므로

$x=22\times\frac{100}{55}=40$

따라서 전체 은행 수가 40개이므로

저축액이 60억 원 이상 70억 원 미만인 은행 수는

$40-(7+5+6+4+11)=7$(개)

48 나이가 18세 이상인 회원 수를 x명이라 하면

18세 미만인 회원 수가 $30+50=80$(명)이므로

$80:x=4:11$, $4x=880$ $\quad\therefore x=220$

따라서 나이가 18세 이상 22세 미만인 회원 수는

$220-(40+30+30)=120$(명)

49 홈런의 개수가 40개 미만인 선수와 40개 이상인 선수의 수의 비가 $3:1$이고, 홈런의 개수가 40개 이상인 선수의 수가 $5+4+1=10$(명)이므로 홈런의 개수가 40개 미만인 선수의 수는 30명이다.

즉, 전체 선수의 수는 $30+10=40$(명)이다.

홈런의 개수가 30개 이상 40개 미만인 선수의 수는 11명이므로 홈런의 개수가 30개 미만인 선수의 수는

$30-11=19$(명)이다.

홈런의 개수가 10개 이상 20개 미만인 선수의 수를 x명이라 하면 20개 이상 30개 미만인 선수의 수는 $(x+5)$명이므로

$x+(x+5)=19$, $2x=14$ $\quad\therefore x=7$

따라서 홈런의 개수가 10개 이상 20개 미만인 선수의 수는 7명이고 20개 이상인 선수의 수는 $40-7=33$(명)이므로

전체의 $\frac{33}{40}\times100=82.5(\%)$이다.

50 ① 전체 학생 수는 $4+6+10+5+4+1=30$(명)이다.

② 수학 성적이 70점 이상 80점 미만인 학생은 중간고사가 5명, 기말고사가 11명이다. 따라서 중간고사보다 기말고사가 6명이 더 많다.

③ 중간고사와 기말고사의 전체 도수가 같으므로 각각의 도수분포다각형과 가로축으로 둘러싸인 부분의 넓이는 같다. 따라서 색칠한 두 부분 A, B의 넓이는 같다.

④ 중간고사 성적이 90점 이상인 학생 수는 1명, 80점 이상인 학생 수는 $4+1=5$(명), 70점 이상인 학생 수는 $5+5=10$(명)이다. 즉, 중간고사 성적이 상위 10등인 학생이 속하는 계급은 70점 이상 80점 미만이다.

또, 기말고사 성적이 90점 이상인 학생 수는 3명, 80점 이상인 학생 수는 $5+3=8$(명), 70점 이상인 학생 수는 $11+8=19$(명)이다. 즉, 기말고사 성적이 상위 10등인 학생이 속하는 계급은 70점 이상 80점 미만이다.

따라서 중간고사와 기말고사에서 각각 상위 10등인 학생이 속하는 계급은 같다.

⑤ 기말고사 성적의 그래프가 중간고사 성적의 그래프보다 오른쪽으로 치우쳐 있으므로 기말고사의 수학 성적이 중간고사의 수학 성적보다 우수하다.

따라서 옳은 것은 ③, ④이다.

51 ① 1반 학생 수는 $1+5+10+9+5+3=33$(명), 2반 학생 수는 $3+5+7+11+6+5=37$(명)이므로 1반 학생 수가 2반 학생 수보다 4명 적다.

② 키가 150 cm 이상 160 cm 미만인 1반 학생 수는 9명, 2반 학생 수는 11명이므로 2반이 1반보다 2명 더 많다.

③ 1반과 2반의 학생 수가 다르므로 각각의 도수분포다각형과 가로축으로 둘러싸인 부분의 넓이는 다르다.

④ 1반과 2반 전체 학생 중에서 키가 170 cm 이상인 학생 수는 1반 3명, 2반 5명으로 모두 $3+5=8$(명), 키가 160 cm 이상 170 cm 미만인 학생 수는 1반 5명, 2반 6명으로 모

두 $5+6=11$(명)이다.
따라서 키가 160 cm 이상인 학생 수는 $8+11=19$(명)이므로 전체 학생 중에서 키가 10번째로 큰 학생이 속하는 계급은 160 cm 이상 170 cm 미만이다.

⑤ 1반의 그래프에서 140 cm 이상 150 cm 미만인 계급의 도수가 10명으로 가장 크다.

따라서 옳지 않은 것은 ③이다.

52 ㄱ. 운동 시간이 70분 이상 80분 미만인 남학생 수는 6명, 여학생은 없으므로 전체 학생 중에서 운동 시간이 가장 많은 학생은 남학생 중에 있다.

ㄴ. 남학생의 그래프가 여학생의 그래프보다 오른쪽으로 치우쳐 있으므로 남학생의 운동 시간이 여학생의 운동 시간보다 많다고 할 수 있다.

ㄷ. 남학생 수는 $2+5+7+11+9+6=40$(명), 여학생 수는 $4+6+10+5+4+1=30$(명)으로 남학생 수와 여학생 수가 다르므로 각각의 도수분포다각형과 가로축으로 둘러싸인 부분의 넓이는 다르다.

ㄹ. 전체 남학생 수는 40명이고, 운동 시간이 50분 이상인 남학생 수는 $11+9+6=26$(명)이므로 남학생 전체의
$\frac{26}{40}\times 100=65(\%)$이다.

ㅁ. 운동 시간이 40분 이상 50분 미만인 남학생 수는 7명, 여학생 수는 5명이므로 남학생이 여학생보다 2명 더 많다.

따라서 보기 중 옳은 것은 ㄱ, ㄹ, ㅁ이다.

53 ⑤ 상대도수의 총합은 항상 1이다.

54 손님의 나이가 10세 이상 20세 미만인 계급의 상대도수는 A 음식점이 $\frac{35}{70}=0.5$, B 음식점이 $\frac{42}{100}=0.42$이므로
A 음식점의 상대도수가 B 음식점의 상대도수보다 크다.
따라서 나이가 10세 이상 20세 미만인 손님 수가 상대적으로 더 많은 음식점은 A 음식점이다.

55 회원 수가 5명인 계급의 상대도수가 0.1이므로
$E=\frac{5}{0.1}=50$
전체 회원 수가 50명이므로
$A=50\times 0.34=17$, $B=\frac{8}{50}=0.16$,
$C=50\times 0.22=11$, $D=\frac{9}{50}=0.18$

56 두 번째로 큰 상대도수는 0.22이므로 구하는 계급은 165 cm 이상 170 cm 미만이다.

57 키가 170 cm 이상인 계급들의 상대도수의 합이
$0.18+0.1=0.28$이므로
전체의 $0.28\times 100=28(\%)$이다.

58 ① 전체 학생 수는 $\frac{6}{0.12}=50$(명)이다.

③ 키가 170 cm 이상 175 cm 미만인 계급의 학생 수는 $50\times 0.18=9$(명)이고, 155 cm 이상 160 cm 미만인 계급의 학생 수는 $50\times 0.26=13$(명)이므로
키가 165 cm 이상 170 cm 미만인 계급의 학생 수는
$50-(4+8+13+6+9)=10$(명)이다.
따라서 키가 165 cm 이상인 학생 수는
$10+9=19$(명)이다.

④ 키가 167.5 cm인 학생이 속한 계급은
165 cm 이상 170 cm 미만이므로 이 계급의 상대도수는
$\frac{10}{50}=0.2$이다.

⑤ 가장 큰 도수는 13명이므로 도수가 가장 큰 계급은 155 cm 이상 160 cm 미만이다.

따라서 옳지 않은 것은 ③이다.

59 TV 시청 시간이 0시간 이상 3시간 미만인 계급에 속하는 학생 수는 7명이고, 이 계급의 상대도수가 0.175이므로
전체 학생 수는
$\frac{7}{0.175}=40$(명)
따라서 TV 시청 시간이 6시간 이상 9시간 미만인 계급의 상대도수는
$\frac{9}{40}=0.225$

60 TV 시청 시간이 10.5시간인 학생이 속하는 계급은 9시간 이상 12시간 미만이므로 이 계급의 상대도수는 $\frac{8}{40}=0.2$이다.
따라서 이 계급에 속하는 학생 수는
전체의 $0.2\times 100=20(\%)$

61 50 m 미만인 계급들의 상대도수의 합과 50 m 이상인 계급들의 상대도수의 합의 비가 4 : 1이므로
50 m 미만인 계급들의 상대도수의 합은 $1\times\frac{4}{5}=0.8$
즉, 40 m 이상 50 m 미만인 계급의 상대도수는
$0.8-(0.2+0.15+0.28+0.12)=0.05$
따라서 기록이 40 m 이상 50 m 미만인 학생은
전체의 $0.05\times 100=5(\%)$이다.

62 남학생은 28명 중 14명이 합격점을 받았으므로
남학생 중 합격점을 받은 학생의 비율은 $\frac{14}{28}=0.5$이다.
여학생은 24명 중 18명이 합격점을 받았으므로
여학생 중 합격점을 받은 학생의 비율은 $\frac{18}{24}=0.75$이다.
따라서 합격점을 받은 학생의 비율은 여학생이 남학생보다 더 높다.

63 A, B 두 집단의 전체 도수를 각각 $2a$, $3a$라 하고, 어떤 계급의 도수를 각각 $4b$, $3b$라 하면
어떤 계급의 상대도수는 각각 $\frac{4b}{2a}$, $\frac{3b}{3a}$이므로 그 계급의 상대도수의 비는
$\frac{4b}{2a}:\frac{3b}{3a}=2:1$

64 천문학 동아리와 수화 동아리의 전체 회원 수를 각각 $5a$명, $2a$명이라 하고, 어떤 계급의 상대도수를 각각 $3b$, $2b$라 하면
어떤 계급의 도수는 각각
$5a\times3b=15ab$(명), $2a\times2b=4ab$(명)이므로 그 계급의 도수의 비는
$15ab:4ab=15:4$

65 남학생 중에서 수학을 좋아하는 학생 수는
$30\times0.4=12$(명)
여학생 중에서 수학을 좋아하는 학생 수는
$20\times0.25=5$(명)
따라서 남녀 전체 학생에 대한 수학을 좋아하는 학생의 상대도수는
$\frac{12+5}{30+20}=\frac{17}{50}=0.34$

66 A 제품의 불량품의 개수는 $30\times a=30a$(개)
B 제품의 불량품의 개수는 $40\times b=40b$(개)
따라서 두 제품 전체에 대한 불량품의 상대도수는
$\frac{30a+40b}{30+40}=\frac{3a+4b}{7}$

67 1반 학생 중에서 70점 이상 80점 미만인 계급에 속하는 학생 수는
$x\times0.36=0.36x$(명)
2반 학생 중에서 70점 이상 80점 미만인 계급에 속하는 학생 수는
$y\times0.325=0.325y$(명)
따라서 1반과 2반 전체 학생에 대한 70점 이상 80점 미만인 계급의 상대도수는
$\frac{0.36x+0.325y}{x+y}=\frac{72x+65y}{200(x+y)}$

68 전체 학생 수는 40명이고, 영어 성적이 80점 이상인 계급들의 상대도수의 합은 $0.4+0.25=0.65$이므로 80점 이상인 학생 수는 $40\times0.65=26$(명)이다.

69 25회 이상 30회 미만인 계급의 상대도수는 0.26이다.

70 가장 큰 상대도수는 0.34이므로
구하는 계급은 20회 이상 25회 미만이다.

71 턱걸이 횟수가 20회 미만인 계급들의 상대도수의 합은
$0.06+0.2=0.26$이므로
전체의 $0.26\times100=26(\%)$이다.

72 턱걸이 횟수가 30회 이상인 계급들의 상대도수의 합은
$0.1+0.04=0.14$이므로
전체 학생 수는 $\frac{35}{0.14}=250$(명)이다.

73 ② 통학 시간이 50분 이상인 학생 수가 35명이고
이 계급들의 상대도수의 합은 $0.18+0.17=0.35$이므로
전체 학생 수는 $\frac{35}{0.35}=100$(명)이다.
③ 통학 시간이 30분 미만인 계급들의 상대도수의 합은
$0.11+0.15=0.26$이므로 전체의 $0.26\times100=26(\%)$이다.
④ 도수가 가장 작은 계급은 상대도수가 가장 작은 계급인 10분 이상 20분 미만이고 이 계급의 상대도수가 0.11이므로 학생 수는 $100\times0.11=11$(명)이다.
⑤ 통학 시간이 60분 이상인 학생 수는 $100\times0.17=17$(명),
50분 이상 60분 미만인 학생 수는 $100\times0.18=18$(명)이므로 통학 시간이 25번째로 긴 학생이 속하는 계급은
50분 이상 60분 미만이다.
따라서 옳지 않은 것은 ②, ⑤이다.

74 한 달 용돈이 4만 원 이상 5만 원 미만인 계급의 학생 수는 45명이고 상대도수는 0.3이므로 전체 학생 수는
$\frac{45}{0.3}=150$(명)
이때 한 달 용돈이 5만 원 이상 6만 원 미만인 계급의 상대도수는
$1-(0.06+0.14+0.24+0.3+0.08)=0.18$
이므로 이 계급의 학생 수는

$150 \times 0.18 = 27$(명)

75 나이가 50세 미만인 회원 수가 34명이고,
50세 미만인 계급들의 상대도수의 합이
$0.04 + 0.14 + 0.22 + 0.28 = 0.68$
이므로 전체 회원 수는
$\frac{34}{0.68} = 50$(명)
55세인 회원이 속하는 계급은 50세 이상 60세 미만이고,
이 계급의 상대도수는
$1 - (0.68 + 0.08) = 0.24$
따라서 55세인 회원이 속하는 계급의 회원 수는
$50 \times 0.24 = 12$(명)

76 방문 시간대가 12시 전인 계급들의 상대도수의 합은
$0.04 + 0.12 = 0.16$
이 계급들에 속하는 고객 수가 64명이므로 전체 고객 수는
$\frac{64}{0.16} = 400$(명)
방문 시간대가 12시부터 13시 전인 계급에 속하는 고객 수가 108명이므로 이 계급의 상대도수는
$\frac{108}{400} = 0.27$
이때 방문 시간대가 13시부터 14시 전인 계급의 상대도수는
$1 - (0.04 + 0.12 + 0.27 + 0.14 + 0.06) = 0.37$
따라서 이 시간대에 방문한 고객 수는
$400 \times 0.37 = 148$(명)

77 ㄱ. 20대의 그래프가 30대의 그래프보다 오른쪽으로 치우쳐 있으므로 윗몸일으키기 기록은 20대 회원이 30대 회원보다 상대적으로 더 좋다.
ㄴ. 윗몸일으키기 기록이 10회 이상 15회 미만인 회원 수는 20대가 $50 \times 0.08 = 4$(명), 30대가 $100 \times 0.2 = 20$(명)이므로 30대가 더 많다.
ㄷ. 윗몸일으키기 기록이 20회 이상 25회 미만인 회원 수는 20대가 $50 \times 0.28 = 14$(명), 30대가 $100 \times 0.28 = 28$(명)이므로 30대가 14명 더 많다.
ㄹ. 30대 회원의 기록 중 도수가 가장 큰 계급은 상대도수가 가장 큰 계급인 15회 이상 20회 미만이므로 이 계급의 회원 수는 $100 \times 0.34 = 34$(명)이다.
따라서 보기 중 옳은 것은 ㄱ, ㄴ, ㄹ이다.

78 ① 독서 시간이 6시간 이상 9시간 미만인 학생 수는 남학생이 $200 \times 0.22 = 44$(명), 여학생이 $150 \times 0.16 = 24$(명)이므로 남학생이 여학생보다 20명 더 많다.
② 상대도수의 총합은 항상 1이고 두 그래프에서 계급의 크기가 각각 같으므로 각 그래프와 가로축으로 둘러싸인 부분의 넓이는 같다.
③ 여학생의 그래프가 남학생의 그래프보다 오른쪽으로 치우쳐 있으므로 여학생의 독서 시간이 남학생의 독서 시간보다 상대적으로 더 많다.
④ 독서 시간이 3시간 미만인
남학생 수는 $200 \times 0.18 = 36$(명),
여학생 수는 $150 \times 0.04 = 6$(명)이므로
모두 $36 + 6 = 42$(명)이다.
따라서 전체의 $\frac{42}{200+150} \times 100 = 12(\%)$이다.
⑤ 여학생의 독서 시간 중 도수가 가장 큰 계급은 상대도수가 가장 큰 계급인 9시간 이상 12시간 미만이다.
따라서 옳지 않은 것은 ①, ④이다.

IV 통계

단원 종합 문제

155~160쪽

01 ①	**02** ③	**03** ⑤	**04** ④
05 25회	**06** 86점	**07** ④	**08** ④
09 12시간 이상 16시간 미만		**10** ②	**11** ②
12 ③	**13** 10명	**14** ③, ⑤	**15** ③
16 ③	**17** $A=0.4$, $B=0.1$, $C=1$		**18** 2.4
19 ④, ⑤	**20** ③	**21** ③, ⑤	**22** 90점
23 24 %	**24** 16명	**25** 9 : 7	

01 ① 사람의 염색체는 일반적으로 46개이지만 45개 또는 47개인 사람도 있다. 따라서 사람의 염색체의 개수는 대푯값으로 최빈값을 사용한 것이다.
③ 자료의 개수가 짝수이므로 중앙에 있는 두 값 4와 6의 평균인 $\frac{4+6}{2} = 5$가 중앙값이다.
④ 9와 15가 모두 두 번씩 가장 많이 나왔으므로 최빈값은 9와 15이다.

⑤ 다수 득표로 선출하는 방법은 대푯값으로 최빈값을 사용한 것이다.

따라서 대푯값의 사용이 적당하지 않은 것은 ①이다.

02 주어진 변량을 크기순으로 나열하면

1, 1, 5, 5, 6, 8, 8, 8, 9, 9

이므로 평균은

$a=\frac{1+1+5+5+6+8+8+8+9+9}{10}=\frac{60}{10}=6$

또, 변량의 개수가 짝수 개이므로 중앙값은 5번째의 값과 6번째의 값인 6, 8의 평균이다.

$\therefore b=\frac{6+8}{2}=7$

최빈값은 변량의 개수가 가장 많은 8이므로

$c=8$

$\therefore a+b+c=6+7+8=21$

03 A반 학생들의 미술 실기 시험 점수의 총합은

$38\times8=304$(점)

B반 학생들의 미술 실기 시험 점수의 총합은

$43\times12=516$(점)

따라서 전체 학생 20명의 점수의 평균은

$\frac{304+516}{20}=41$(점)

04 ④ A 과수원의 사과는 $4+6+7+4+3=24$(개),

B 과수원의 사과는 $3+4+6+7+4=24$(개)이므로

두 과수원에서 수확한 사과의 수는 같다.

05 (평균)$=\frac{15+20+24+29+30+32}{6}=25$(회)

$=\frac{150}{6}=25$(회)

06 (남학생 중 수학 성적이 70점 미만인 학생들의 점수의 합)

$=56+59+60+67=242$(점)

(여학생 중 수학 성적이 75점 이상인 학생들의 점수의 합)

$=75+81+(80+x)+97=x+333$(점)

즉, $242=(x+333)-97$에서 $x=6$

따라서 높은 점수부터 차례로 나열하면 97, 93, 87, 86, ⋯ 이므로 수학 성적이 높은 쪽에서 4번째인 학생의 수학 점수는 86점이다.

07 ① 도수분포표를 직사각형 모양의 그림으로 나타낸 것이 히스토그램이다.

② 도수의 총합은 일정하지 않다.

③ 도수분포표를 만들 때, 계급의 개수가 너무 많거나 너무 적으면 자료 전체의 분포를 알아보는 데 불편하므로 계급의 개수는 보통 5~15개로 정하는 것이 좋다.

⑤ 도수분포다각형은 각 계급의 가운데 값에 도수를 표시한다.

08 ㄷ. 90분 동안 학습한 학생이 속하는 계급의 도수는 3명이다.

09 $B=(3+6+6)\times\frac{100}{37.5}=40$,

$A=40-(3+6+6+11+2+5)=7$

학습 시간이 24시간 이상인 학생 수는 5명,

20시간 이상인 학생 수는 $7+5=12$(명),

16시간 이상인 학생 수는 $2+12=14$(명),

12시간 이상인 학생 수는 $11+14=25$(명)

따라서 학습 시간이 많은 쪽에서 15번째인 학생이 속하는 계급은 12시간 이상 16시간 미만이다.

10 봉사 활동 시간이 35시간 이상인 학생 수는 7명,

30시간 이상인 학생 수는 $8+7=15$(명)

이므로 봉사 활동 시간이 12번째로 많은 학생이 속하는 계급은 30시간 이상 35시간 미만이다.

따라서 이 계급의 학생 수는 8명이다.

11 봉사 활동 시간이 20시간 이상 30시간 미만인 계급에 속하는 학생 수는

$50-(6+5+8+7)=24$(명)

이므로 봉사 활동 시간이 27.5시간인 학생이 속하는 계급은 25시간 이상 30시간 미만이고, 이 계급에 속하는 학생 수는

$24\times\frac{2}{3}=16$(명)

따라서 이 계급에 속하는 학생 수는 전체의

$\frac{16}{50}\times100=32(\%)$이다.

12 도수가 가장 큰 계급은 70회 이상 75회 미만이므로 이 계급의 최솟값은 70회이고, 도수가 가장 작은 계급은 85회 이상 90회 미만이므로 이 계급의 최솟값은 85회이다.

따라서 $a=70$, $b=85$이므로

$a+b=70+85=155$

13 (1분당 맥박 수가 75회 미만인 학생 수)$=6+7+12$

$=25$(명)

(1분당 맥박 수가 75회 이상인 학생 수)$=5+6+4$

$=15$(명)

따라서 $25-15=10$(명)이다.

14 ① 남학생 수는 $2+10+16+18+10+6=62$(명), 여학생 수는 $6+14+20+14+6+2=62$(명)이므로 서로 같다.
② 남학생 수와 여학생 수가 같으므로 각각의 그래프와 가로축으로 둘러싸인 부분의 넓이는 같다.
③ 남녀 전체 학생 중에서 수학 성적이 90점 이상 100점 미만인 학생 수는 남학생 6명, 여학생 2명으로 모두 $6+2=8$(명), 80점 이상 90점 미만인 학생 수는 남학생 10명, 여학생 6명으로 모두 $10+6=16$(명), 70점 이상 80점 미만인 학생 수는 남학생 18명, 여학생 14명으로 모두 $18+14=32$(명)이다.
따라서 전체 학생 중에서 수학 성적이 80점 이상인 학생 수는 $8+16=24$(명), 70점 이상인 학생 수는 $24+32=56$(명)이므로 성적이 좋은 쪽에서 30번째인 학생이 속하는 계급은 70점 이상 80점 미만이다.
④ 남학생의 성적에서 도수가 가장 큰 계급은 70점 이상 80점 미만이고, 여학생의 성적에서 도수가 가장 큰 계급은 60점 이상 70점 미만이므로 도수가 가장 큰 계급은 서로 다르다.
⑤ 남학생의 그래프가 여학생의 그래프보다 오른쪽으로 치우쳐 있으므로 남학생의 성적이 여학생의 성적보다 좋다고 할 수 있다.
따라서 옳지 않은 것은 ③, ⑤이다.

15 $(\text{어떤 계급의 상대도수})=\dfrac{(\text{그 계급의 도수})}{(\text{도수의 총합})}$
$=\dfrac{12}{30}=0.4$

16 승훈이네 반 학생 중에서 키가 170 cm 이상 180 cm 미만인 계급에 속하는 학생 수는 $36\times x=36x$(명)이고, 상화네 반 학생 중에서 키가 170 cm 이상 180 cm 미만인 계급에 속하는 학생 수는 $42\times y=42y$(명)이다.
따라서 두 반 전체 학생에 대한 키가 170 cm 이상 180 cm 미만인 계급의 상대도수는
$\dfrac{36x+42y}{36+42}=\dfrac{36x+42y}{78}=\dfrac{6x+7y}{13}$

17 $A=\dfrac{8}{20}=0.4$, $B=\dfrac{2}{20}=0.1$
상대도수의 총합은 항상 1이므로
$C=1$

18 전체 도수가 $\dfrac{6}{0.3}=20$(명)이므로 (다)$=20$
(가)$=20\times0.1=2$, (나)$=20\times0.15=3$,
(라)$=\dfrac{1}{20}=0.05$, (마)$=\dfrac{8}{20}=0.4$
따라서 구하는 값은 $2\times3\times20\times0.05\times0.4=2.4$

19 ① 계급의 크기는 $20-10=10$(세)이다.
② 10세 이상 20세 미만인 계급의 주민 수가 5명이고 이 계급의 상대도수는 0.1이므로 전체 주민 수는 $\dfrac{5}{0.1}=50$(명)이다.
③ 도수가 가장 큰 계급은 상대도수가 가장 큰 계급인 50세 이상 60세 미만이다.
④ 30세 이상 40세 미만인 계급의 상대도수가 0.2, 40세 이상 50세 미만인 계급의 상대도수가 0.24이므로 30세 이상 50세 미만인 주민 수는 $50\times(0.2+0.24)=22$(명)이다.
⑤ 20세 미만인 주민 수는 $50\times0.1=5$(명), 20세 이상 30세 미만인 주민 수는 $50\times0.04=2$(명), 30세 이상 40세 미만인 주민 수는 $50\times0.2=10$(명)이므로 나이가 12번째로 적은 주민이 속하는 계급은 30세 이상 40세 미만이다.
따라서 옳은 것은 ④, ⑤이다.

20 각 반에 수학 성적이 85점 이상인 학생은
A반 : $10\times0.1=1$(명)
B반 : $10\times x=10x$(명)
C반 : $30\times0.1=3$(명)
D반 : $50\times0.3=15$(명)
전체 학생 수는 $10+10+30+50=100$(명)이므로 수학 성적이 85점 이상인 학생들의 상대도수는
$\dfrac{1+10x+3+15}{100}=0.22$
$10x+19=22$, $10x=3$
$\therefore x=0.3$

21 ① B 중학교 학생의 수학 성적 중 도수가 가장 큰 계급은 상대도수가 가장 큰 계급인 80점 이상 90점 미만이다.
② B 중학교의 그래프가 A 중학교의 그래프보다 오른쪽으로 치우쳐 있으므로 B 중학교 학생의 수학 성적이 A 중학교 학생의 수학 성적보다 상대적으로 더 우수하다.
③ 수학 성적이 60점 이상 70점 미만인 학생 수는 A 중학교가 $100\times0.3=30$(명), B 중학교가 $200\times0.15=30$(명)이므로 두 학교의 학생 수가 같다.
④ A 중학교 학생 중 수학 성적이 80점 이상인 학생 수는 $100\times(0.12+0.08)=100\times0.2=20$(명)이다.
⑤ 수학 성적이 60점 이상 80점 미만인 학생의 비율은 A 중학교가 $0.3+0.14=0.44$, B 중학교가

$0.15+0.21=0.36$이므로 A 중학교가 더 높다.

22 전체 10과목 중 수학, 국어, 사회, 과학 4과목의 점수를 각각 x_1점, x_2점, x_3점, x_4점이라 하고 나머지 6과목의 점수를 각각 x_5점, x_6점, $\cdots$, x_{10}점이라 하면

전체 점수의 평균이 92점이므로

$$\frac{x_1+x_2+x_3+\cdots+x_{10}}{10}=92$$

$$\therefore x_1+x_2+x_3+\cdots+x_{10}=920$$

또, 수학, 국어, 사회, 과학 점수의 평균이 95점이므로

$$\frac{x_1+x_2+x_3+x_4}{4}=95$$

$$\therefore x_1+x_2+x_3+x_4=380$$

따라서 나머지 6과목의 점수의 평균은

$$\frac{x_5+x_6+\cdots+x_{10}}{6}$$

$$=\frac{(x_1+x_2+\cdots+x_{10})-(x_1+x_2+x_3+x_4)}{6}$$

$$=\frac{920-380}{6}$$

$$=\frac{540}{6}=90(\text{점})$$

23 앉은 키가 80 cm 이상인 학생 수가

$$50\times\frac{54}{100}=27(\text{명})$$

이므로 앉은 키가 80 cm 이상 85 cm 미만인 학생 수는

$27-(8+7)=12$(명)이다.

따라서 전체 학생 수가 50명이므로 앉은 키가

80 cm 이상 85 cm 미만인 학생은 전체의

$\frac{12}{50}\times100=24(\%)$이다.

24 상대도수의 총합은 1이므로 50초 이상 60초 미만인 계급의 상대도수는

$1-(0.05+0.1+0.2+0.2+0.05)=0.4$

따라서 종이학 한 마리를 접는데 걸리는 시간이 50초 이상 60초 미만인 회원 수는 $40\times0.4=16$(명)이다.

25 A, B 두 지역의 전체 인구 수를 각각 $2a$명, $3a$명이라 하면 나이가 20세 이상 30세 미만인 인구 수의 상대도수는 각각

$$\frac{36000}{2a},\ \frac{42000}{3a}$$

이므로 상대도수의 비는

$$\frac{36000}{2a}:\frac{42000}{3a}=9:7$$

개념 확장

최상위수학

수학적 사고력 확장을 위한
심화 학습 교재

심화 완성

개념부터 심화까지

수학은 개념이다